普通高等教育“十一五”国家级规划教材

网络化计算机辅助设计与制造技术

第 2 版

主编　江平宇（西安交通大学）
参编　周光辉（西安交通大学）
莫蓉（西北工业大学）
殷国富（四川大学）
乔立红（北京航空航天大学）
主审　姚英学（哈尔滨工业大学）
明新国（上海交通大学）

机 械 工 业 出 版 社

为适应新形势发展的需要，本书在第1版的基础上，对每章的内容均进行了大量的修改与增补。

本书共分7章。第1章主要介绍网络化CAD/CAM技术的相关概念和原理等；第2章介绍网络化CAD/CAM的支持技术与实现结构；第3~6章在介绍传统的CAD、CAPP、CAM技术的基础上，阐述因网络化而带来的新问题，以及网络化CAD/CAM系统集成技术；第7章讲解了两个网络化CAD/CAM系统实例。

本书可作为制造工程相关专业的本科生教材、研究生教学参考书，也可作为从事制造工程相关工作的技术人员的参考书。

图书在版编目（CIP）数据

网络化计算机辅助设计与制造技术/江平宇主编．—2版．—北京：机械工业出版社，2011.6

普通高等教育“十一五”国家级规划教材

ISBN 978-7-111-34500-8

Ⅰ．①网…　Ⅱ．①江…　Ⅲ．①机械设计—计算机辅助设计—高等学校—教材②机械设计—计算机辅助制造—高等学校—教材　Ⅳ．①TH122 ②TH164

中国版本图书馆CIP数据核字（2011）第115759号

机械工业出版社（北京市百万庄大街22号　邮政编码100037）
策划编辑：刘小慧　责任编辑：刘小慧　黄金荣　任正一
版式设计：霍永明　责任校对：姜　婷
封面设计：张　静　责任印制：乔　宇
三河市宏达印刷有限公司印刷
2011年10月第2版第1次印刷
184mm×260mm · 16.5印张 · 406千字
标准书号：ISBN 978-7-111-34500-8
定价：35.00元

前　言

制造业是社会可持续发展的基石，是创造社会财富的直接源泉。当前，随着信息技术和网络技术的发展，市场全球化进程大为加快，市场响应的快速化、产品的客户化等要求促使制造业必须采用先进的制造模式来组织生产，而计算机辅助设计与制造（CAD/CAM）技术作为支持产品设计与制造的关键单元技术应起重要的作用。

CAD/CAM 技术是以工程领域为对象，以制造技术、数控技术、计算机科学、信息技术等为支撑的先进实用化技术。应用 CAD/CAM 技术的目的在于从缩短生产周期、降低成本、提高质量、减少对环境的影响等方面支持各种产品的开发与制造过程。

CAD/CAM 技术的发展不仅受各种先进制造技术的影响，而且也有其自身发展的规律。当前，网络技术尤其是 Internet 技术的发展对 CAD/CAM 技术最直接的影响是正改变着其应用模式的进化方向，以及与应用模式相匹配的各项使能技术的实现方法等。据此，本书在传统 CAD/CAM 技术知识的基础上，结合因网络技术引入所带来的新问题，来论述网络化 CAD/CAM 技术的概念、原理、方法及实现模式。

本书的第 1 版已于 2004 年由机械工业出版社出版。在此基础上，第 2 版修订工作于 2006 年启动，并列入教育部普通高等教育“十一五”国家级规划教材。在第 1 版的基础上，编者对每章的内容均进行了大量的修改与增补。

通过本书，读者能在了解传统 CAD/CAM 技术内容及方法的基础上，从一个新的视点，掌握在引入网络技术后 CAD/CAM 技术的变化，掌握网络化 CAD/CAM 的实现模式、关键技术及实施过程，了解网络化 CAD/CAM 的支撑技术，以便适应新形势的需要，适应社会发展的需要。

全书由西安交通大学的江平宇教授主编、统稿。各章编写人员的分工如下：第 1 章、第 2 章（2.5）、第 5 章、第 7 章（7.1）由西安交通大学的江平宇教授修改与增补；第 2 章（2.1~2.4）、第 7 章（7.2）由西安交通大学的周光辉副教授修改与增补；第 3 章由西北工业大学的莫蓉教授重新编写；第 4 章由四川大学的殷国富教授重新编写；第 6 章由北京航空航天大学的乔立红教授修改与增补。

由于本书内容涉及面较广，部分内容首次出现在 CAD/CAM 类图书中，加之水平有限，错误之处在所难免，希望读者不吝赐教，在此谨表衷心的感谢！

编　者

目 录

第1章 绪 论

计算机辅助设计与制造（CAD/CAM）技术是以工程领域的通用与专用应用技术为基础，以数控技术、计算机科学、信息技术等为支撑的先进实用化技术。应用 CAD/CAM 技术的目的在于，从缩短生产周期、降低成本、提高质量、减少对环境的影响等方面，支持各种产品的开发与制造过程。同时，CAD/CAM 技术也是各种先进制造技术如敏捷制造、可重组制造、大规模定制生产等的关键单元技术。

CAD/CAM 技术的发展既受各种先进制造技术的影响，也有其自身发展的规律。当前，网络技术，尤其是因特网（Internet）技术的发展，对 CAD/CAM 技术的最直接影响是改变其应用模式的进化方向，以及与应用模式相匹配的各项使能技术的实现方法等。然而，即便网络技术对传统 CAD/CAM 技术的内容有一定的影响，但 CAD/CAM 技术的基础部分仍起着重要作用，且并不随着网络技术的引入而改变，网络化 CAD/CAM 技术的概念、原理、方法和实现模式都建立在传统 CAD/CAM 技术的基础上。

作为概念性描述，第 1.1 节首先给出了 CAD、CAM、CAD/CAM 集成技术的定义、发展历史、应用，以及引入网络化技术后导致的 CAD/CAM 应用模式的变化；第 1.2 节将介绍网络化 CAD/CAM 系统的软硬件组成及模式；第 1.3 节将描述现代设计技术和现代制造技术对网络化 CAD/CAM 技术的影响。

1.1 网络化 CAD/CAM 技术的定义

1.1.1 传统 CAD/CAM 技术的定义

从传统意义上看，CAD/CAM 技术是指计算机辅助设计（Computer Aided Design，CAD）、计算机辅助制造（Computer Aided Manufacturing，CAM）、CAD/CAM 集成技术的总和。其中，CAD/CAM 集成技术依赖于计算机辅助工艺规划（Computer Aided Process Planning，CAPP）技术，而 CAPP 恰是实现 CAD 与 CAM 集成的桥梁。有时，CAD/CAM 技术也可称为 CAD/CAPP/CAM 技术。

1. CAD 的定义与概况

CAD 技术是指采用计算机及其交互设备，辅助人们实现产品设计全过程，并产生最终产品设计方案、图样及相关文档的技术。CAD 技术有三个层面上的含义，即数据层面、过程层面和方法层面。

CAD 技术的数据层面含义是指相关产品数据的生成、表达、传递、存储、变换等的产品建模；CAD 技术的过程层面含义是指过程链建模，以及基于过程事件与状态数据处理的规划与调度等；而 CAD 技术的方法层面含义是指采用何种设计方法学支持过程链运行，以产生产品数据。CAD 技术的实现依赖于产品造型系统及相关的设计支持工具集。典型的产品造型系统有 SolidWorks、Pro/Engineer、CATIA 等，设计支持工具有生命周期分析（Life

Cycle Assessment，LCA）工具、设计链规划工具、DFX评价工具等。

CAD技术起源于20世纪60年代初出现的计算机绘图技术。1962年，美国麻省理工学院的萨瑟兰（Sutherland）首次提出了交互式计算机图形学的概念，并据此开发了阴极显像装置及光笔等硬件设备。而CAD概念的正式定义则出现于由孔斯（Coons）在美国计算机联合大会上发表的论文中。自此，CAD技术不断地从原理和方法等方面进行扩张，通过设计方法学、计算机图形学、优化理论、有限元分析、自由曲面理论、人工智能，乃至并行工程、虚拟现实与高性能计算等技术的支持，CAD技术到目前已取得了很大的发展。

2. CAM的定义与概况

CAM技术是指采用计算机及其交互设备辅助人们实现数控编程，并控制、监测、处理、变换和管理加工过程的一种技术。CAM技术伴随着20世纪50年代中期数控技术的出现而产生。随后，APT/EXAPT自动编程语言开始出现，并用于提高数控加工的效率。20世纪70年代用于单件小批量生产的柔性制造系统，以及随后在80年代开始风行的CIMS技术的出现，为CAM技术的发展提供了新的契机，CAM技术也从狭义的辅助数控加工，延伸到包括制造过程监控与管理、质量保证等在内的多个方面，且是FMS和CIMS的一项重要基础使能技术。

3. CAD/CAM集成技术的定义与概况

CAD/CAM集成技术是指在不同的CAD、CAM系统间无缝地传递各种数据，并从过程链的角度作为一个整体共同完成从产品设计、工艺规划、NC编程到制造辅助等相关方面的工作。CAD/CAM系统的集成可通过接口或系统的整体开发两种模式实现，其中，前者用于在已有系统间实现集成，后者用于单一系统模式的实现。

在CAD、CAM技术的概念、原理与方法形成的初期阶段，CAD、CAM技术是按各自的轨迹单独发展与进化的。20世纪70年代初以来，伴随着应用的深化，一方面人们认识到不同CAD系统之间、CAD与CAM系统间应该能达到数据共享，以便产品的设计数据能被直接用于加工制造，由此引发了对产品数据交换标准的研究，这些标准诸如初始图形交换标准IGES、SET以及后来的STEP等，用来指导集成接口的开发；另一方面，人们也发现在CAD与数控加工之间还应包含计算机辅助工艺规划（CAPP）。因此，在某种程度上，CAD与CAM技术之间的连接环节是生产准备阶段实现的工艺规划。然而，20世纪60年代末出现的CAPP技术在开始时并未考虑到直接从CAD系统中获取数据。尽管如此，CAPP的出现使得人们有机会开始把CAD/CAM作为一种整体技术来加以考虑与实现。为了使CAPP/CAM系统能直接获取CAD数据，在20世纪80年代中期，研究者提出了以形面特征为基础的特征造型概念，并由此派生出基于特征的CAD/CAPP/CAM集成方案。依据CAD系统与特征的相关性，特征识别与特征造型技术均获得了长足的发展。

1.1.2 网络化CAD/CAM技术的引入与定义

网络技术出现于20世纪70年代，到20世纪90年代，Internet/Intranet、尤其是万维网（World Wide Web，WWW）技术得到不断发展与完善。CAD/CAM技术向网络化的过渡主要以Internet/Intranet为计算环境方面的基础支撑。另一方面，网络化CAD/CAM技术的发展还需要工程技术的支持，这就是在20世纪90年代前后同时出现的敏捷制造哲理、虚拟制造技术、并行工程、网络化制造技术等先进制造技术。这两方面的因素促使了网络化CAD/CAM

技术向纵深方向的发展。

到目前为止，网络化 CAD/CAM 技术仍是一个发展中的技术。一般人们将网络化 CAD/CAM 技术定义为：在网络环境下分布在不同地理位置上的不同 CAD、CAM 系统间无缝地传递各种数据，并以过程链为纽带，从整体协同的角度完成从产品设计、工艺规划、NC 编程到制造辅助等方面工作的一种集成技术。

网络化 CAD/CAM 技术大规模的展开得益于 Internet 的发展，且已成为上述提及的若干先进制造技术的基本使能单元技术。图 1-1 展示了 CAD、CAM、CAD/CAM、网络化 CAD/CAM 技术的发展历程、相互关系与支撑技术。

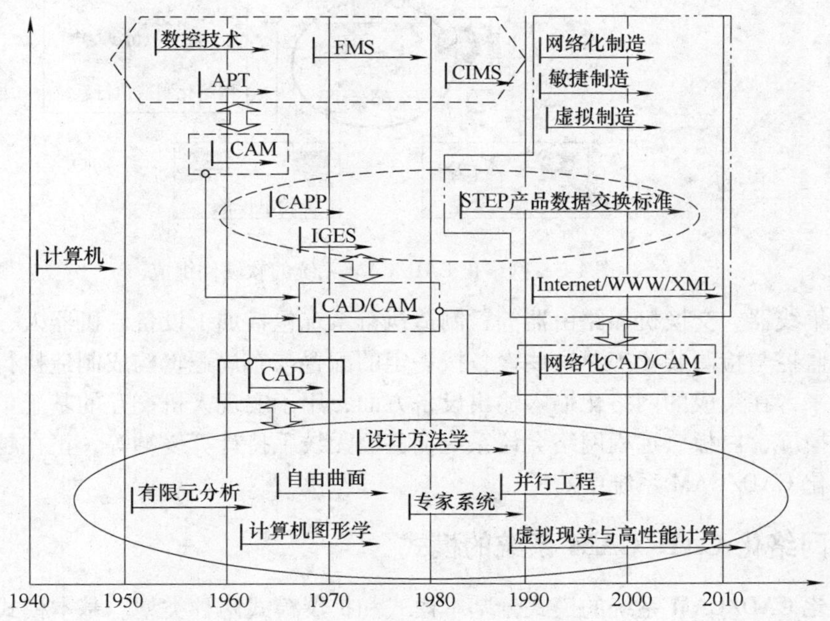

图 1-1 CAD、CAM、CAD/CAM、网络化 CAD/CAM 技术的发展历程、相互关系与支撑技术

1.2 网络化 CAD/CAM 系统的组成

网络化 CAD/CAM 技术的物理体现形式是网络化 CAD/CAM 系统。以下将讨论网络化 CAD/CAM 系统的软硬件组成及模式。

1.2.1 网络化 CAD/CAM 系统的软硬件组成

网络化 CAD/CAM 系统的软硬件组成如图 1-2 所示。

在软件方面，网络化 CAD/CAM 系统包括 CAD 系统、CAPP 系统、CAM 系统、数据库系统等。各软件系统既可以以一体化的 CAD/CAPP/CAM 系统的不同模块出现，也可以是由独立的系统通过统一接口模块构成的集成软件系统。

在硬件方面，网络化 CAD/CAM 系统包括计算机、输入设备、输出设备、网络化 CNC 加工设备和制造执行系统等。其中，输入设备包括鼠标（含三维鼠标）、键盘、数字化仪、光笔、数据手套等；输出设备包括打印机、绘图机、头盔显示器、立体眼镜等；网络设备包

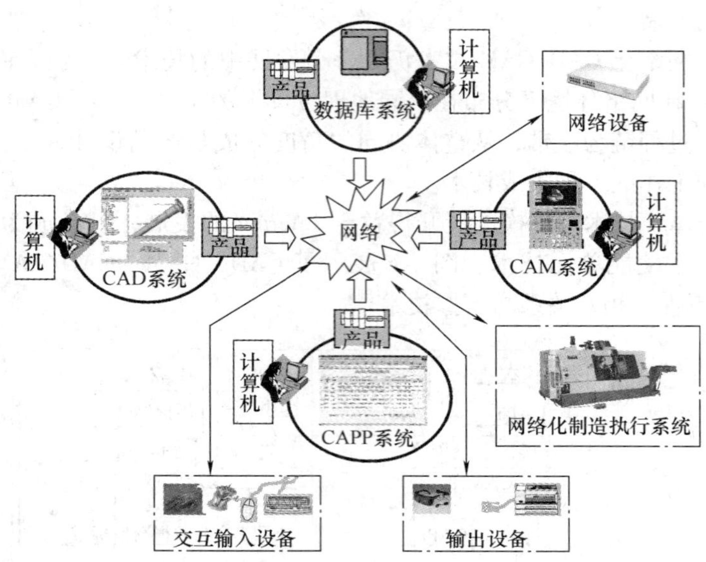

图1-2 网络化 CAD/CAM 系统的软硬件组成

括网线、集线器、交换机、路由器等；制造执行系统包括加工设备、机器人、搬运设备、仓储设备、监控与检测装置等，这些设备按一定的配置与布局逻辑构成制造执行系统。

近年来，在集成的网络化输入输出设备方面，用于实现人机交互的基于单点或多点触控机理的触摸屏、白板、远程网络会议系统，甚至无线手持计算终端等，正在越来越多地被使用在网络化 CAD/CAM 系统中。

1.2.2 网络化 CAD/CAM 系统的模式

网络化 CAD/CAM 系统的模式分基本模式和扩展模式两种类型。基本模式包括基于直接网络集成接口模式、网络数据库模式、客户机/服务器（Client/Server，C/S）结构模式和浏览器/服务器（Browser/Server，B/S）结构模式4种；扩展模式根据所采用的基础信息架构的不同分为基于智能代理（Agent）的模式、基于移动智能代理的模式、基于 CORBA 的模式和基于 Web Services 的模式。基本模式可单独存在，扩展模式则在基本模式的基础上使用。

1. 网络化 CAD/CAM 系统的基本模式

基于直接网络集成接口模式的网络化 CAD/CAM 系统是指将分立的 CAX 系统，通过附加数据交换接口组合在一起，其中，不同 CAX 系统分布在不同的地点，并通过网络互联。一方面，各个系统完成自身的工作，当需要数据交换时，通过接口直接与相关的系统进行基于数据上、下载的通信。这种模式在接口方面既可设计成一对一的专用型接口，也可利用数据交换标准如 STEP 开发统一接口。当 CAX 系统属于一体化的 CAD/CAM 系统的不同模块时，模块间的数据交换则变得简单。实际上，现有商用 CAD/CAM 系统在网络化支持方面的工作是沿此方向进行的。

网络数据库模式是另一种传统的网络化 CAD/CAM 系统实现模式。同样，分立的 CAX 系统也是通过附加数据交换接口组合在一起的，但数据交换时采用数据库作为中间件，而不是系统对系统的直接交换。此外，支持 CAD/CAM 全过程的产品与过程数据可进行统一建模，并通过数据库进行管理。显然，此模式的数据统一性优于基于直接网络集成接口模式。

C/S 结构模式是指将分立的 CAX 系统或一体化的 CAD/CAM 系统的不同 CAX 模块的程序分为服务器端和客户端程序两部分，且系统的运行与交互界面功能通过客户端程序完成。C/S 结构模式的优点在于运用真正的网络化编程技术实现系统功能，并弥补了前两种模式“伪”网络化且不能很好地支持网络化协同工作的缺陷。

B/S 结构模式是在 C/S 模式的基础上发展而来的。与 C/S 模式不同，它基于 Web 技术来实现，分立的 CAX 系统或一体化的 CAD/CAM 系统的不同 CAX 模块的程序均为服务器端程序，系统在客户端通过 Web 浏览器（如 Netscape、Internet Explorer 等）运行。同样，B/S 模式也是真正的网络化编程实现模式。

2. 网络化 CAD/CAM 系统的扩展模式

网络化 CAD/CAM 系统除继承了传统 CAD/CAM 系统的功能外，最主要的功能扩展是协同技术，以及伴随协同而产生的频繁的网上数据交换。因此，在基本模式的基础上采用不同的基础信息架构将有助于提高数据交换的效率，从而有助于协同工作的顺利进行，并达到扩展网络化 CAD/CAM 技术的目的。有关基于智能代理、移动智能代理、CORBA 和 Web Services 的网络化计算模型将在第 2 章中重点介绍。

1.3 网络化 CAD/CAM 技术的新支持技术

网络化 CAD/CAM 技术除继承了传统 CAD/CAM 技术所需的支持技术外，还依赖于不断发展的现代设计和现代制造技术的支持。

1.3.1 现代设计支持技术

新一代的网络化 CAD/CAM 技术需要现代设计技术的匹配与支持。这种匹配与支持主要体现在 3 个层次上，即产品设计方法、产品设计链建模和调度执行技术、多学科设计决策与基于知识的设计综合方法。此外，新一代的人机交互技术以及相关的硬件，为网络化 CAD/CAM 系统提供了更强有力的支撑。在此基础上，形成新的协同设计架构、理论方法与相应的关键技术。

1. 产品设计方法

产品设计方法是产品设计的灵魂，它规定了如何产生设计结果即产品文档的规范、流程、可使用的设计资源（如算法、知识、信息等）和问题求解的思路等。产品设计方法主要有以贝茨（Beitz）等为代表的欧洲学派和以苏哈（N. Suh）为代表的美国学派，他们先后发展了如 VDI2221、公理设计法等设计理论。此外，产品设计方法根据应用场合的不同，还有诸如等寿命设计法、优化设计法、可靠性设计法、基于 DFX 的设计法等，并已有相应的设计支持工具。

满足产品个性化需求的设计理论是近年来学术研究与工业应用的重点，与此相适应的产品平台设计方法则是在 20 世纪 90 年代末发展起来的一种新的设计理论，目前仍在发展之中。产品平台设计方法旨在利用一个通用、成熟的产品平台（Platform），通过匹配功能、色彩、性能等不同的定制模块，以最短的开发周期、最低的成本向市场提供不同系列的产品，以满足不同客户群的需求。

产品平台设计方法是制造企业快速开发产品、降低成本、实现大批量定制生产的有效途径，被汽车、家电、计算机等行业的制造企业广泛采用。产品平台可支撑产品族设计，从而为产品的个性化需求提供支持产品族设计的基本流程如图1-3所示。

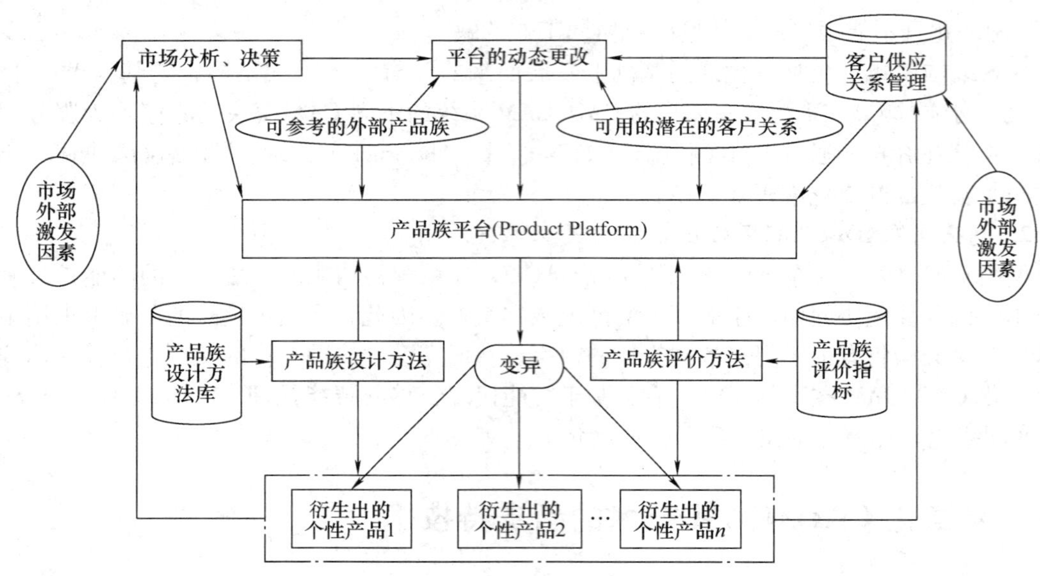

图1-3 产品族设计的基本流程

这里，产品设计工作从识别客户和市场需求开始，产品平台是产品族设计的核心，是衍生新的变异产品的基础。一个完整的产品平台设计框架必须由产品平台设计、产品平台评价、产品变异等模块组成。通过客户关系管理，客户可以对自己所关心的产品功能直接进行动态配置，并且客户得到的最终定制产品也能够通过客户、市场关系映射到产品的功能视图上，因此产品平台设计框架是一个动态、闭环的结构。

2. 产品设计链建模与调度执行技术

随着市场竞争的加剧，企业间的合作也越来越密切，许多企业意识到与供应商的合作会带来更大的利益，于是越来越多的供应商得以参与到产品早期的设计过程中，企业与供应商的产品协同设计网络就构成了产品设计链（Product Design Chain，PDC）的概念。英国学者特威格（Twigg）、美国学者马丁（Martin）和设计链协会（Design Chain Associations，DCA）等都从不同角度给出了设计链的概念。但总体来说，关于设计链没有公认的统一定义。我们可以将设计链描述为：以协同设计、先进制造、供应链等理论为基础，以计算机技术和通信技术为支撑，以动态、分布式的产品设计网络为载体，通过建立设计过程链模型和优化配置设计过程中的各种资源，以缩短开发周期、降低成本、提高企业核心竞争力为目标的一种设计哲理。

设计链的研究内容非常广泛，主要包括设计链的建模与调度、供应商的早期介入、设计链的管理等方面，其中设计链的建模与调度是非常重要的。该技术分为两个层次，一层为参考模型，一层为执行模型。参考模型从整体的角度定义设计链，如供应链协会（Supply Chain Council，SCC）提出的设计链参考模型（Design Chain Operation Reference model,

DCOR）就是一个业界公认的参考模型。DCOR 是一个以流程观点、绩效评价观点和行业最佳实践等构建的设计链架构工具，该模型对企业构建合理的设计链具有良好的参考作用，但是缺乏运营模式分析、对流程的处理也较为粗糙，目前还在完善中，一般用于企业层面的设计链建模。

执行模型则是从具体的设计角度入手，构建设计过程的模型，并采用相应的数学手段对设计过程进行计算分析，以达到对模型优化和调度执行的目的。常用的方法有工作流技术、图论、设计结构矩阵（Design Structure Matrix，DSM）和 Petri 网等。如采用图论的方法，其建模和调度流程可描述如下：将设计活动定义为一个节点，并赋予节点相应的属性；根据节点间的相互关系（如串行、并行、条件和循环等）构建设计过程的有向图模型；然后将有向图转化为树状结构，根据相应的约束对树进行广度和深度搜索，寻找最优路径，达到对设计过程调度的目的。

设计链的建模和调度执行技术如图 1-4 所示。

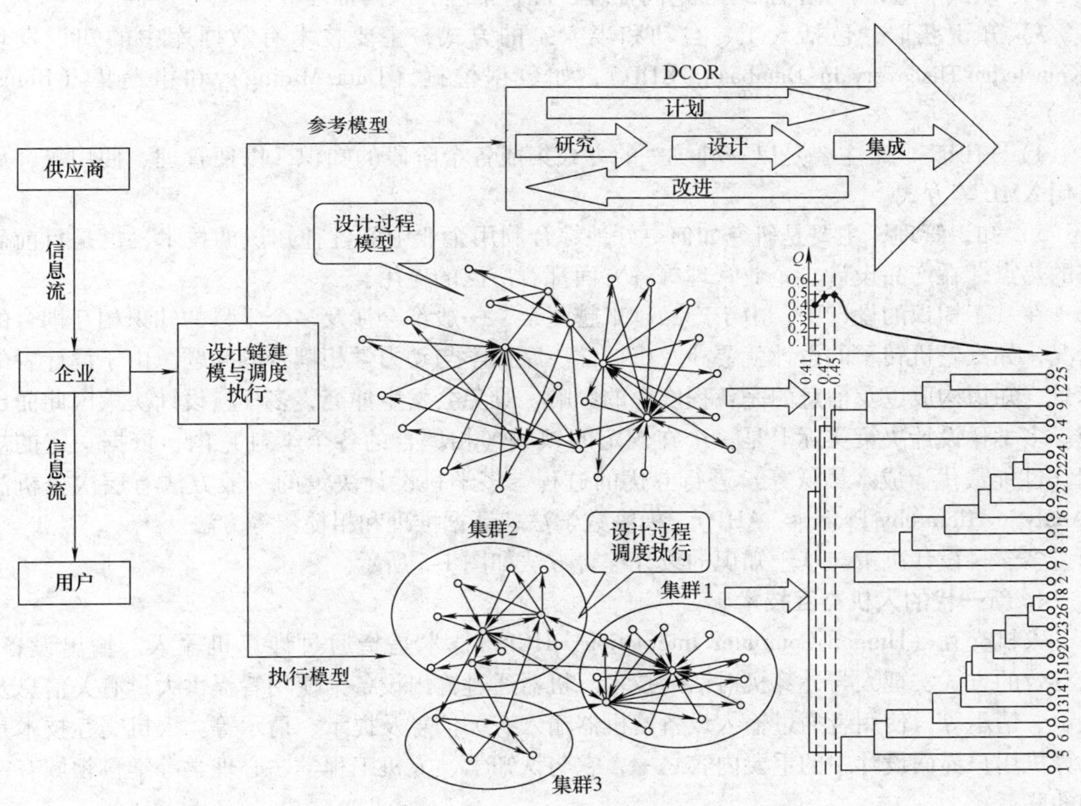

图 1-4 设计链的建模与调度执行技术

3. 多学科设计决策与基于知识的设计综合方法

在现代设计的整个周期的各个阶段，都包含着大量的知识，现代产品设计过程实际上就是一个知识驱动的创新设计过程。基于知识的设计方法正是面向现代设计要求而产生的新型智能设计方法，已经成为现代设计发展的重要方面。在基于知识的设计过程中，会涉及众多不同学科的知识，有可能会出现不同学科间的冲突，这就需要用到多学科协同设计决策的方法。

这里首先要说明数据、信息和知识之间的区别与联系。数据一般是指一组数值，如果不在具体的语境下就没有特定的意义；信息是有相互关系的数据，且具有一定的意义；知识则是通过信息之间的关系来表明某种规律。这三者既是信息逐步取精逐步细化的过程，也体现了人类认识逐步提高的过程。

基于知识的设计方法是一种面向设计全过程的方法，它以先进制造技术、人工智能、计算机技术等为基础，以CAD技术等为辅助，将与知识相关的技术，如知识表示、推理、获取、集成、管理等集成到设计过程的各个阶段，达到提高设计的效率和企业核心竞争力的目的。基于知识的设计方法的核心内容是与知识相关的技术，其中包括：

1）知识的表达，如产生式规则、谓词逻辑、面向对象、语义网络、本体论等，以及其中几种的混合表达方式。

2）知识推理，有正向推理、逆向推理、混合推理和双向推理等。

3）知识获取，包括人工、自动和半人工的方式，主要技术有数据库中的知识发现（Knowledge Discovery in Database，KDD），如数据挖掘（Data Mining）和粗糙集（Rough Sets）等。

4）知识集成，主要是以一种统一的方式集成各个阶段的知识，以便管理、使用等，如采用XML等方式。

5）知识管理，主要是研究如何更好地综合利用企业中的各种知识的技术，也是目前研究的热点，在产品设计、企业管理等各方面都有广泛的应用。

在基于知识的设计中，由于产品越来越复杂，一般都会涉及多个学科的知识相互耦合的情况，如汽轮机转子的设计就要涉及机械学、摩擦学与动力学相耦合的问题。由于设计者的背景、知识构成以及信息的完备程度等的影响，难免会发生冲突，多学科设计决策因此而出现。多学科设计决策实际上是一个在规定的领域（相耦合的各个学科）内，依据一定的规则（性能最优、成本最低等）进行寻优的过程。多学科设计决策的一般方法有层次分析法（Analytic Hierarchy Process，AHP）、模糊数学法、证据推理和粗糙集等方法。

多学科设计决策与基于知识的设计综合方法如图1-5所示。

4. 新一代的人机交互技术

人机交互（Human-Computer Interaction，HCI）技术是指通过计算机输入、输出设备，以有效的方式实现人与计算机对话的技术。机器通过输出设备给使用者提供大量有关信息及提示、请示等，使用者通过输入设备给机器输入有关信息及提示、请示等。人机交互技术是计算机用户界面设计中的重要内容之一，它与认知学、人机工程学、心理学等学科领域有密切的联系。

传统的人机交互技术主要包括标准的输入输出设备，如鼠标（含三维鼠标）、键盘、显示器、立体眼镜等。新一代的人机交互技术则更注重用户的感受和随时随地参与交互的需求，其中单点或多点的触控技术、白板、无线手持终端等正是这一技术的代表。

单点或多点触控是一种新的人机交互模式，它抛弃了传统的鼠标、键盘等人机交互设备，通过触摸以及手指的动作来实现操作。触摸屏就是一种触控技术，但是它只支持单点和固定屏幕的操作，现在有很多厂家和研究所在对这一技术进行研究，比较著名的有微软的表

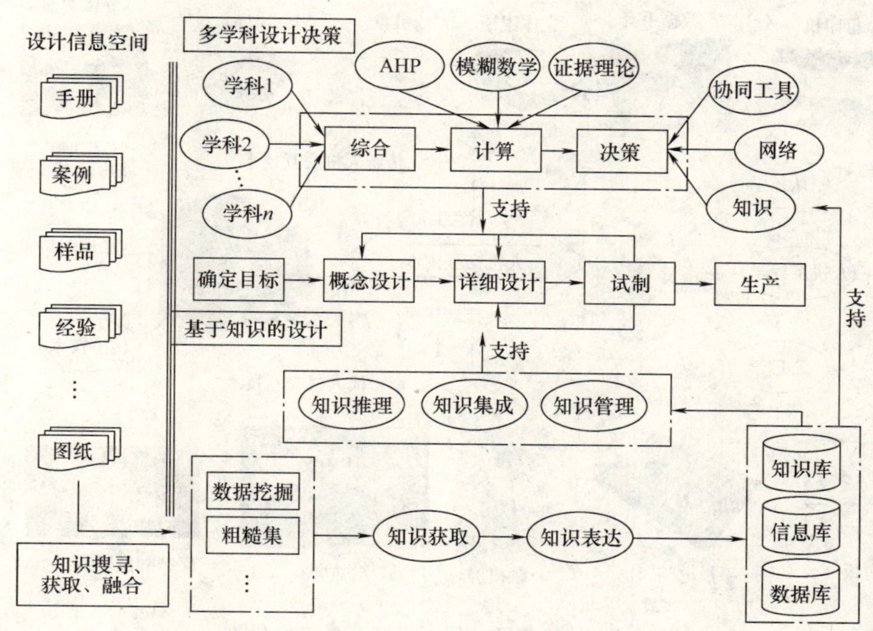

图 1-5 多学科设计决策与基于知识的设计综合方法

面计算（Surfacing Computing）。微软组建了一个 Surface 平台，用来实现 Surfacing Computing 技术，该平台是一个表面安装了 30in（1in = 25.4mm）显示器的工作台，分辨率为 1024 × 768，刷新率为 60Hz，内部驱动硬件包括奔腾 4（Pentium 4）3GHz 处理器、2GB 内存、标准桌面独立显卡、电源、立体声扬声器、红外照明灯等，成像部分则是五个重叠的镜头和一个短焦广角 DLP 投影仪，镜头距离桌面 21in。其显示器可以接收多个触摸输入信号，支持多人同时操作。麻省理工学院（MIT）则演示了一种可以投影在皮肤上进行操作的技术，该技术支持操作者在自己手臂或身体的其他部位敲击投影的屏幕，进行相应的操作，甚至在运动过程中也可达到不错的识别程度。

白板（White Board）是另一种新兴的人机交互设备，由硬件白板和相应的操作软件组成。它的核心组件是电子感应的白板、感应笔、计算机和投影仪。白板集传统的黑板、计算机、投影仪等多种功能于一身，使用非常方便。利用特定的定位笔代替鼠标在白板上进行操作，可以运行任何应用程序，可以对文件进行编辑、注释、保存等。白板还为远程协同交互提供了新的解决方案，使用者可以以白板为载体召开远程网络会议。

随着人们对网络的利用率越来越高，许多便携式的计算终端不断出现，以满足人们随时随地接入网络的要求，如上网本、PDA、平板电脑等。这些终端以其携带方便、功能强大而逐渐成为人们的新宠。这些终端的操作方式，从早期的键盘鼠标操作（如上网本等），到后来的触摸屏操作（如 PDA 等），再到后来的多点触控操作（如平板电脑等），也验证了新一代人机交互技术的进展。

新一代人机交互设备的广泛运用，对于计算机技术及其相关领域的发展有着不可估量的作用。图 1-6 所示为传统与新一代人机交互系统示意图。

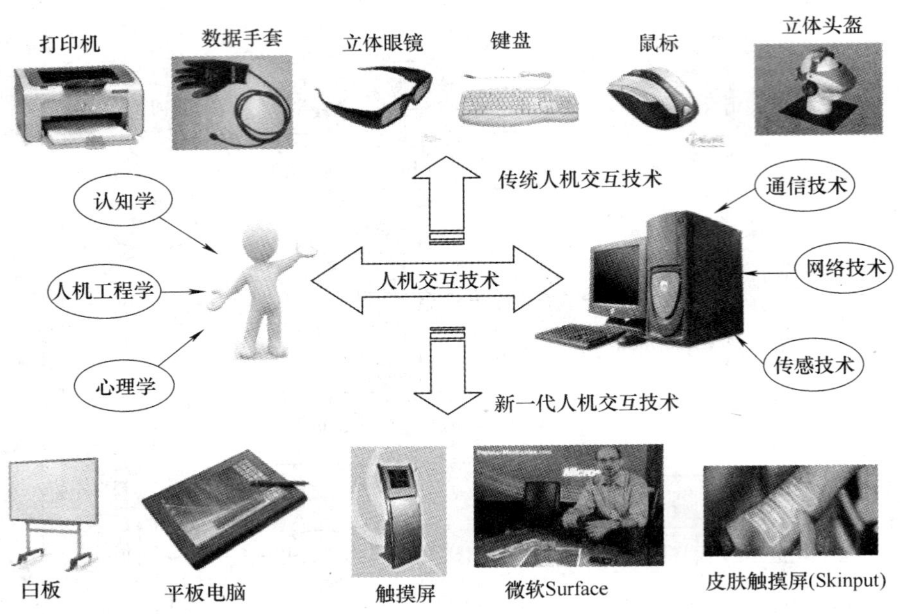

图 1-6 传统与新一代人机交互系统示意图

1.3.2 现代制造支持技术

新一代的网络化 CAD/CAM 技术也需要与现代制造技术相匹配，需要它的支持。这种支持主要体现在以下 4 个层次，即新制造模式、新制造工艺、新制造设备和新数字化加工控制系统。

1. 新制造模式

制造模式是指企业体制、经营、管理、生产组织和技术系统的形态和运作的模式。从更广义的角度看，制造模式就是一种有关制造过程和制造系统建立和运行的哲理和指导思想。制造过程的运行、制造系统的体系结构以及制造系统的优化管理与控制等，均受到制造模式的制约，必须遵循制造模式确定的规律。因此，对制造模式进行深入研究，对于网络化 CAD/CAM 技术的研究和应用具有重要意义。

以敏捷制造模式为例。在敏捷制造模式下，要求 CAPP 技术能从“粗”、“精”规划两个层面上支持动态企业联盟的生成与评价，支持面向不同企业的不同制造资源的 CAPP 生成技术；要求 CAM 具备对动态企业联盟的网络化制造执行系统的加工过程的支持，这种支持包括对分布在不同地点的不同类型加工设备进行数控（NC）代码生成、传递与管理方面的功能，制造监控功能以及加工工况信息反馈功能等。再例如，为适应大规模定制制造模式，面向产品平台的 CAPP 技术、产品加工组织、监控方式等的 CAM 技术均是应该深入研究的新问题。

同样，服务型制造模式是伴随着制造和服务的融合而产生的一种新型制造模式。这里，服务更多的是指生产性服务，包含传统的外包服务（即将部分业务外包给第三方），还包含新的产品服务系统。

1）传统的外包服务：制造企业由于资源受限将部分业务外包给第三方，如许多中小型制造工厂没有铸造车间，将铸造业务外包给专业从事铸造的第三方；另一方面，制造企业为了缩减成本，将非核心业务外包给配套企业，如叶片制造厂家将叶片的粗加工工序外包。传统的外包服务催生了定点生产（Original Equipment Manufacture，OEM）的制造模式并在富士康科技集团等企业得到了成功的实践和应用。

2）产品服务系统（Product Service System，PSS）：PSS 的概念起源于 20 世纪 90 年代，2002 年联合国环境规划署（UNEP）正式报告并向世界推介 PSS，认为 PSS 模式是驱动可持续发展的重要手段之一。近年来，一些研究人员将 PSS 引入到制造和生产领域，提出了工业产品服务系统（Industrial Product Service System，IPSS）的概念。IPSS 是工业产品（如机床和锻压设备等）和服务（工业产品的定制设计、操作、维护、回收等）的集成，为用户提供本地化的产品服务解决方案；从经济学角度看，IPSS 为用户提供工业产品的使用价值（Value in Use），从工程科学的角度看，IPSS 为用户提供工业产品的加工能力（Machining Capacity）以满足用户需求。

这两种服务模式与制造相融合，催生了新型的服务型制造执行模式，如图 1-7 所示。首先核心制造企业将一部分业务外包给第三方，如图 1-7 中的工序①和②，核心制造企业接收第三方完成的半成品；继而在半成品的基础上，核心企业将任务（如图 1-7 中的工序③、④和⑤）分配到自己的车间，车间再将制造任务调度分配到各台设备，这里设备既有用户自有设备，还有 IPSS 设备，所用到的刀具、夹具、量具，既有用户自有的，又有 IPSS 模式的。这种新型的服务型制造执行模式涉及核心企业、第三方、IPSS 提供商等多方，产品的制造是多方协作的结果，因此有必要发展新的制造模式以支撑网络化的 CAD/CAM 技术的发展。

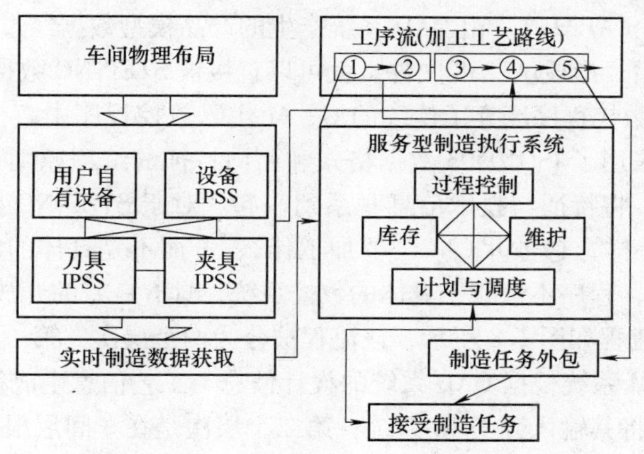

图 1-7 服务型制造执行模式

2. 新制造工艺

新一代的网络化 CAD/CAM 技术也应适应新制造工艺的需求，这一点不仅要在 CAPP、CAM 系统中加以体现，而且也要在用于产品设计的 CAD 系统中体现。例如，某种产品设计方案在新工艺出现前可能在制造分析中被否决。但当相应的新工艺出现后，不可行设计方案将会转化为可行方案。可见，新工艺对基于 DFX 的设计支持工具的影响很大。新的制造工艺对 CAPP、CAM 系统的影响将是直接的。例如，对应于高速干切削加工、超精加工、激光加工、微系统加工等新工艺的 CAPP 会延伸传统的 CAPP 的某些规划方法、规划规则与内容，相应的 CAM 也会有所变化。

3. 新制造设备

新一代的网络化 CAD/CAM 技术也应适应新制造设备的需求。例如，随着快速成型设备、并联机床、微机电加工设备的出现，与之配套的设计支持工具、CAPP、CAM 系统也需进行功能的增加与变更。例如，快速成型设备所依赖的 STL 文件格式，以及分层的增材制造方式也导致了 CAPP、CAM 系统与传统系统间的差异。

4. 新数字化加工控制系统

根据 CAD/CAM 系统产生、传递和处理的信息进行数控加工以提高加工质量和加工效率，这是研究网络化 CAD/CAM 技术的最终目的之一。因此，网络化 CAD/CAM 系统环境下，数控系统需要具有开放性和智能化特点，能够与 CAX 系统之间共享和传递产品设计信息与加工信息，而传统的面向运动和开关控制的数控程序限制了 CNC 系统的开放性和智能化发展，成为 CNC 与 CAX 技术发展的瓶颈，这就需要一种数控技术标准。1997 年，欧共体通过 OPTIMAL 计划，开发了一种遵从 STEP 标准和面向对象的数据模型，重新定义了面向铣削加工的编程界面，提出了 STEP-NC 的概念。

STEP-NC 将产品数据转换标准 STEP 扩展至 CNC 领域，定义了一个新的 STEP 应用协议（即 AP238，尚在完善中）作为 CAM 和 CNC 系统之间的接口标准。STEP-NC 在 STEP 的基础上采用面向对象的形式，将产品的设计信息与制造信息联系起来，使 CAD/CAPP/CAM 和 CNC 使用统一的数据模型和程序结构，实现信息的无损和双向传输。AP238 的内容涵盖了从产品建模到加工的全过程，包括 CAD 产品数据模型几何信息（AP203/AP214）、公差定义（AP219）和特征定义（AP224）。由 CAD 系统产生的产品模型数据经过 CAPP、CAM 添加工艺信息和刀具信息之后，形成 AP238 文件，就可以直接被 STEP-NC 数控机床读取。

基于 STEP-NC 的数控程序废弃了传统的 G、M 代码数控程序中直接对坐标轴和刀具动作进行编程的做法，采用了 ISO10303 数据格式和面向特征的编程原则。它以工作步骤作为加工流程的基本单位，将特征与技术信息联系到一起。对于 STEP-NC 控制器而言，其数据格式（AP238）完全一样，它告诉 CNC“要加工什么”，而不是具体的加工动作，具体的动作由 CNC 确定，因此，程序不依赖于具体的数控系统，具有良好的开放性和可移植性。

STEP-NC 的工作流程如图 1-8 所示，该流程被分为两个层次：第一个层次是进行加工操作的选择与排序，CAM 系统根据 CAD 系统的设计信息与工艺信息生成符合 AP238 应用协议的 STEP-NC 文件，并将其输入到 DNC 系统；第二个层次是在车间层根据生成的数控程序安排生产，主要是作业调度与产能规划，由制造执行系统制订车间作业计划，并在不同时间将相应的 STEP-NC 文件传递给数控机床，然后由 STEP-NC 控制器根据该文件直接驱动机床进行加工操作。如图 1-8 所示，STEP-NC 文件不仅从 CAM 系统向数控机床单向传递加工信息，而且可以将加工过程出现的问题及车间信息向上传递给 CAM 系统，以形成工艺计划的信息反馈。

综上所述，STEP-NC 的发展使得 STEP 标准延伸到了自动化加工的底层设备，以 STEP 统一表征 CNC 加工过程中涉及的全部信息，为 CNC 的开放性和智能化奠定了基础，也使得 CNC 系统与 CAD/CAM 系统之间实现了双向无缝连接（例如，CAD 系统可以直接从 CNC 系统读取 STEP-NC 数据中的几何信息），为实现基于网络的制造模式和技术创造了条件。

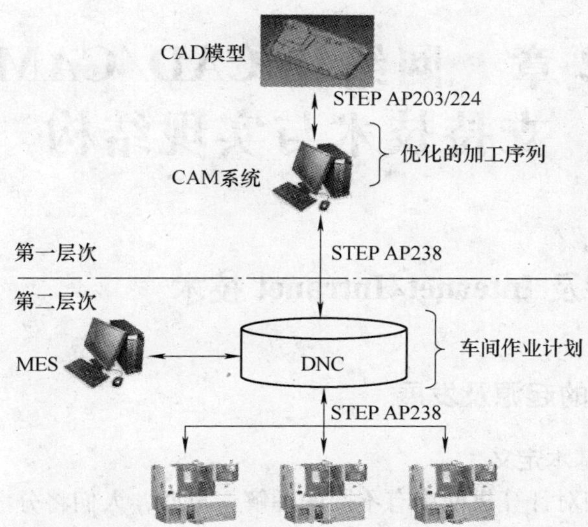

图 1-8 STEP-NC 的工作流程

1.4 思考题

1. 简述网络化 CAD/CAM 技术的定义与内涵。
2. 简述网络化 CAD/CAM 系统的软硬件组成。
3. 网络化 CAD/CAM 技术的新支持技术有哪些?

第2章　网络化 CAD/CAM 的支持技术与实现结构

2.1　计算机网络及 Internet/Intranet 技术

2.1.1　计算机网络的起源及发展

1. 计算机网络的基本定义

在不同时期，人们对计算机网络有不同的理解。早期，人们将分散的计算机、终端及其辅助设备，利用通信媒体连接起来，实现相互通信的系统称为计算机网络。1970 年，在美国信息处理协会召开的春季计算机联合会议上，计算机网络被定义为“以能够共享资源（如硬件、软件和数据等）的方式连接起来，并且各自具备独立功能的计算机系统的集合”。这两种描述的主要区别是：后者各结点的计算机必须具备独立的功能，而且资源（如文件、数据和打印机等）必须实现共享。随着分布处理技术的发展和从用户使用角度考虑，计算机网络的概念也发生了变化，相关的定义为“必须具有能为用户自动管理各类资源的操作系统，由操作系统调度完成网络用户的请求，使整个网络资源对用户透明”。

综合以上的各种定义，我们将计算机网络的定义作如下描述：计算机网络是利用通信线路将地理位置分散的、具有独立功能的许多计算机系统连接起来，按照某种协议进行数据通信，以实现资源共享的信息系统。

2. 计算机网络的起源和发展概况

计算机网络是计算机技术和通信技术紧密结合的产物。计算机网络的发展经历了一个从简单到复杂、从低级到高级的过程。概括地说，其发展历程可划分为 3 个阶段：

1）早期阶段：本阶段主要是以交互式处理和批处理为特征的主机系统和远程终端之间的数据通信，起源于 1951 年美国麻省理工学院林肯实验室的 SAGE 项目。

2）发展阶段：本阶段以远程大规模互联为主要特征，起源于 1969 年美国国防部高级研究计划局（DARPA）建成的 ARPANET 网，特点是资源共享、分散控制、分组交换，采用专门的通信控制机制以及分层的网络协议。大多学者认为，这是现代意义上的计算机网络的起源。20 世纪 70 年代中后期，相应发展起来的大型计算机网络有英国邮政局的公用分组交换网络 EPSS、法国信息与自动化研究所的分布式数据处理网络 CYCLADES、加拿大的公用分组交换网 DATAPAC、日本电报电话公司的公用数据网 DDX-3 等。

3）标准化阶段：20 世纪 80 年代，针对各大公司制订的网络技术标准差异性和局限性，国际标准化组织 ISO 响应业界要求制定统一技术标准的呼声，提出了 7 层结构的开放系统互联参考模型 OSI（Open System Interconnection），规定了相应的通信协议，从而促进了计算机网络的进一步发展。特别是 20 世纪 90 年代，Internet 的建立使计算机网络的发展更加迅速。

3. 计算机网络的分类

计算机网络具有多种不同的分类方式，根据不同的建网原理和目的，可得到不同的计算机网络。

按网络节点分布分类，可将网络分为局域网（Local Area Network，LAN）、广域网（Wide Area Network，WAN）和城域网（Metropolitan Area Network，MAN）。

按网络的拓扑结构分类，可将网络分为星形网络、总线型网络、环形网络、网状形网络和混合型网络。

按交换方式分类，可将网络分为线路交换网络（Circuit Switching）、报文交换网络（Message Switching）和分组交换网络（Packet Switching）。

按采用的协议分类，可将网络分为以太网（Ethernet）、令牌环网（Token Ring）、FDDI网络、X.25分组交换网络、TCP/IP协议网络、SNA网络、异步传输模式网络（ATM）等。

4. 计算机网络的功能

计算机网络以共享为目的，它应包括以下基本功能：

1）数据通信：该功能为计算机网络的基本功能，用于实现计算机与终端、计算机与计算机之间的数据传输和信息交换。

2）资源共享：资源共享是计算机网络的核心目标。通过计算机网络，实现对硬件（如打印机、扫描仪、绘图仪等）、软件和信息的共享，可最大限度地降低成本和提高效率。

3）远程传输：通过计算机网络实现信息的远程异地传输和协同工作。

4）均衡负荷：通过网络控制中心的实时检测和动态分配机制，实现不同计算机系统的负荷均衡，以提高工作效率。

5）分布式处理：计算机网络的发展使得分布式处理成为可能，通过对大型项目的分布式处理，以达到提高效率的目的。

2.1.2 Internet/Intranet 技术简介

2.1.2.1 Internet 技术

（1）Internet 定义

Internet是信息技术和现代通信技术的产物。它是一个开放的、互联的、遍及全世界的计算机网络系统，是一个使世界上不同类型的计算机能交换各类数据的通信媒介。在当今的计算机网络应用中，它是最受重视、发展最快、对人类社会影响最大的一项新技术，是所有基于TCP/IP协议的计算机网络的集合。

其内涵及特点如下：

1）Internet的通信协议基于TCP/IP协议。

2）Internet是构筑于极其灵活的现代通信技术之上的一个硕果累累并且继续飞速发展的全球化数字信息库。这个信息库提供了用来产生、浏览、访问、搜索、阅读和交流信息等种种服务。

3）Internet是一个逻辑上的概念，它不同于我们通常所说的局域网（LAN）、ATM网等。因为局域网和ATM网等都是基于物理概念的，而Internet是一个超越国界、面向公众并由许许多多的资源、知识与信息所组成的全球网络。

4）Internet是世界上最大、最流行的计算机网络，同时也是目前影响最大的一种全球性、开放性的信息资源网，是信息时代的基础，是未来社会的信息命脉。

(2) Internet 的起源和发展

Internet 最早源于美国国防部的 ARPANET 计划，目标是把当时美国各种不同的网络连接起来，以共享信息。从20世纪70年代初到1983年完成了当时的 ARPANET。1986年，美国国家科学基金会使用 TCP/IP 协议建立了新的 NSFNET，将全美各大校园网及地区局域网连接起来，构成了 Internet 的雏形。1989年，CERN 成功开发出万维网（World Wide Web，WWW），为 Internet 实现广域网超媒体信息传播/检索奠定了基础。1994年，Internet 由美国的商业机构接管，使得 Internet 从美国国家科学网络演变成一个世界性的商业网络，从而加速了 Internet 的普及和发展。

1994年，中国的 Internet 只有一个国际出口，300多个入网用户，到1996年已发展到有7条国际出口线，两万多个入网用户。目前中国和国际 Internet 网络互联的主干网络有中国科学技术网（CSTNET）、中国教育和科研计算机网（CERNET）、中国金桥信息网（ChinaGBN）以及中国公用计算机互联网（ChinaNET）等。

(3) 物理逻辑结构

针对 Internet 定义及特征，其物理逻辑结构图如图2-1所示。

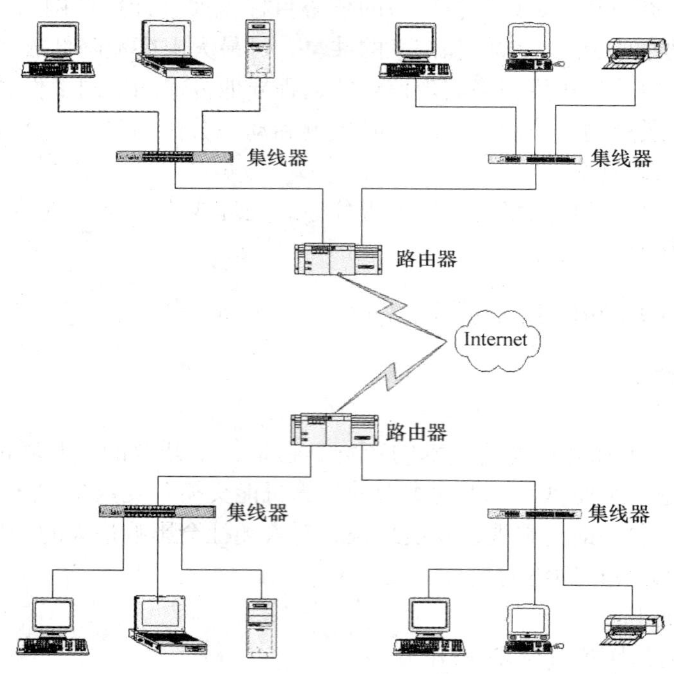

图2-1　Internet 的物理逻辑结构图

(4) Internet 的主要服务内容

- 电子邮件（E-mail）；
- 文件传输（FTP）；
- 远程登录（Telnet）；
- 电子公告板（Bulletin Board System，BBS）；

- 新闻群组；
- 电子杂志；
- 目录服务；
- 万维网（WWW）服务。

2.1.2.2　Intranet 技术

如果说 Internet 是一种广域网，那么内联网（Intranet）从某种意义上来说就是一种局域网。自 20 世纪 90 年代以来，企业网络已经成为连接企、事业单位内部各部门并与外界交流信息的重要基础设施。基于局域网和广域网技术发展起来的企业网络技术也得到了迅速的发展，尤其是企业网络开放系统集成技术受到人们的普遍重视。在市场经济和信息社会中，企业网络对企业的综合竞争力起着十分重要的作用。但是，Internet 在企业的特定需求以及网络的安全性方面，还不能完全满足企业网络的需求。另外，由于历史发展的原因，企业网络的开放性以及建立和使用企业网络的方便性方面也存在许多不足之处，因此将 Internet 技术和现存的企业网络相结合，以更好地满足企业经营和发展需求已经成为目前企业网络发展的目标。于是，一种新型的企业网络——Intranet 就被提出来，并获得了长足的发展。

（1）Intranet 的定义

Intranet 是一种内部的 Internet，是 Internet 的局部化，即采用 Internet 技术和产品建立的公司专用企业网络。人们可利用现有的内部网络硬件、软件和服务器，采用 Internet 技术和标准（如 TCP/IP、HTTP、SMTP、HTML 等）来建立企业 Intranet。当前公认的 Intranet 所提供的 8 项服务包括 Web 电子出版、目录服务、电子邮件、安全性管理、广域网络互联、文件、打印和网络管理。

从定义出发，可导出 Intranet 具备以下特点：

1）Intranet 是根据企业内部的需求而设定的，其规模和功能的设定对应于相应企业或机构的规模和功能。

2）Intranet 是一个局部化的 Internet，它不是一个孤岛，能方便地与外界进行互联和通信，尤其是和 Internet 的连接。

3）Intranet 采用 TCP/IP 协议作为其通信协议，是一个开放的系统。

4）Intranet 可以根据相关企业的具体安全需求，采用配置相应的防火墙、安全代理等安全措施，保护企业内部信息，防止外界的入侵。

5）Intranet 能广泛采用万维网（WWW）工具，实现对企业内部信息和外界 Internet 信息资源的浏览和挖掘。

（2）Intranet 的组成

为构建一个完整的 Intranet，其基本组件主要包括以下 7 点：

- Web 浏览器；
- TCP/IP 协议；
- Web 服务器；
- 域名服务器；
- Proxy 服务器；
- 防火墙；
- 其他应用系统如 IE4、Website Professional 等。

（3）Intranet 的作用

Intranet 作为企业最基本的信息平台和行业标准，具有以下作用：

1）利用电子邮件，降低通信费用，企业员工可方便快速地应用电子邮件来收发信息。

2）利用 Web 电子出版发布企业各种信息，供企业内部或指定客户使用。

3）在 Web 上开展电子商务，主要方式有全球范围内的产品展览、销售的信息服务等。

4）远程用户登录，企业分支机构可通过电话线路访问总部的信息。

5）远程信息传送，将企业总部的信息传送到用户的工作站上进行处理。

6）企业管理信息系统（MIS）应用，如一般的人事、财务管理系统等。

7）企业无纸化办公。

8）通过与 Internet 相连，进行全球范围的通信及视频会议。

9）新闻组讨论，企业员工可就某一事件通过网络进行深入讨论且自动记录在服务器中。

10）Intranet 在企业内部构成强大的信息网络平台，方便用户共享信息资源；Intranet 也可通过防火墙软件与 Internet 相连、向业务伙伴提供访问网络的安全途径。

2.1.2.3 Internet 和 Intranet 的区别

基于以上对 Internet 和 Intranet 技术的介绍，可得出两者的主要区别在于：

1）从定义上看，Internet 包括 Intranet，Intranet 只是 Internet 一个子部分。

2）从安全性上看，Intranet 内的敏感和享有版权保护的信息受防火墙、网关的保护，Intranet 只允许经过授权的用户进入企业内部 Web 站点，故安全性较高；而 Internet 是没有防火墙保护的，是全开放的，因而安全性较低。

2.2 C/S 与 B/S 结构

2.2.1 C/S 计算结构模式

2.2.1.1 基本定义

美国计算机专家 P. 史密斯（P. Smith）对 C/S 的描述为：客户机（Client）是一种单用户工作站，它提供与应用有关的表示、计算、联网、访问数据库和各类用户接口程序，服务器（Server）通常是一种存储器共享型的多用户处理机，它提供应用所需的计算、联网、数据库管理和各类接口服务。客户机/服务器（C/S）结构是由客户机和服务器构成的一种网络计算环境，它把应用程序所要完成的任务分派到客户机和服务器上。通常，客户机/服务器结构由异型机构成，其间的通信是由标准程序接口和远程调用实现的。

基于以上的描述，我们将 C/S 计算结构模式的定义概括为：在 Internet 环境下，分别开发客户端和服务器端应用程序，客户端通过运行客户端应用程序，基于特定的通信协议，实现与服务器端应用程序的通信，以协同完成相应任务的工作模式。

客户机/服务器系统的引入，给许多桌面系统注入了新的活力，如在电子消息系统方面，目前的 Lotus Notes、Microsoft Exchange Server 等都使用了客户机/服务器概念，在降低客户机内存负担的同时，提高了效率；网络数据库方面，客户端发出的请求通过网络传送到数据库服务器，服务器解释该查询请求，从一个或多个数据库中取出数据，然后查询，从而降低了网络流量。目前，基于C/S的计算模式已经广泛应用于机械制造业中，CIMS工程就是一个很好的例证。

2.2.1.2　逻辑结构及工作原理

客户机/服务器（Client/Server，C/S）是一种分布式的计算模式，与传统的基于主机的结构相比，具有较好的可伸缩性和较优的性价比。传统C/S结构大都是基于“肥客户机”的两层结构：客户端和服务器端，所有客户端各自实现自己的用户界面和应用逻辑，这种结构面临的主要问题是系统的可伸缩性差和安装维护困难。随着系统的不断扩展，这种两层的C/S模式逐渐暴露出它的缺陷，由于最终客户需求的多样性，客户端可能会不堪重负，而客户端程序的过于庞大显然与分布式计算的思想背道而驰。解决上述问题的方案，就是采用多层的C/S结构。目前，其通常被规划为客户机层、应用服务器层和数据库层3层。C/S计算模式逻辑结构如图2-2所示。

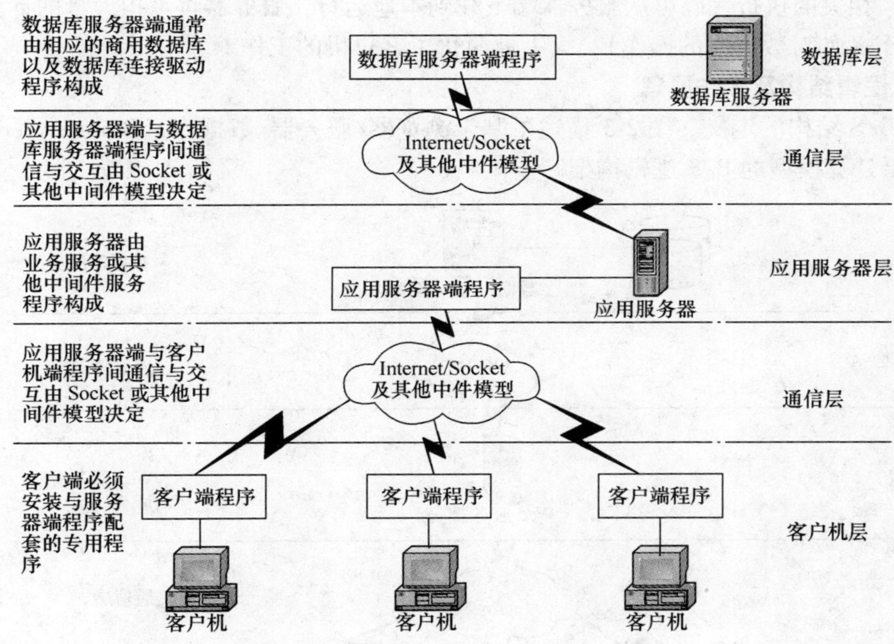

图2-2　C/S计算模式逻辑结构

（1）客户机层

客户机层主要由客户端应用程序构成，通过执行客户端应用程序，基于特定的网络通信协议（如TCP/IP），实现与应用服务器端的通信和交互，以完成相应的服务。

（2）应用服务器层

应用服务器层主要由一系列应用服务器构成，如常用的Web服务器、支持CORBA、DCOM、智能代理、移动智能代理等中间件的中间件服务器等。通过构建相应的服务器，可实现应用服务器端程序与客户端程序以及数据库端应用程序的交互和信息传输。

（3）数据库层

数据库层由一系列商用数据库（如Oracle，SQL Server，Sybase等）和相应的数据库连接管理驱动程序，以及其他文档信息如电子邮件（E-mail）、Lotus Notes等构成。

2.2.2 B/S 计算结构模式

2.2.2.1 基本定义

20 世纪 80 年代末，随着 Internet 技术和 Web 技术的发展和广泛应用，以及浏览器的出现和发展，原来基于局域网的 C/S 结构和模式开发的人们意识到，浏览器可作为 C/S 结构中的瘦客户端。因此，导致一种新的体系结构浏览器/服务器（Browser/Server，B/S）的产生，并获得了飞速地发展。本质上说，B/S 结构也是一种 C/S 结构，它是三层 C/S 结构在 Web 上应用的特例。

在基于 B/S 结构的应用系统中，用户通过浏览器向不同的服务器发送服务请求，从而突破了应用系统的特定客户应用程序只能针对特定的服务器程序的限制。在基于 B/S 结构的应用系统中，客户端无需安装客户端专用服务程序，只需安装、配置相应的针对浏览器的插件即可，相关的执行代码可从服务器端下载到本地运行，服务器将承担大量的计算及其他服务性工作（如对数据库的操作），大大地简化了客户机的工作。

2.2.2.2 逻辑结构及工作原理

根据 B/S 结构的定义，图 2-3 描述了基于浏览器/服务器/数据库（Browser/Server/Database）三层计算模型的 B/S 逻辑构架。

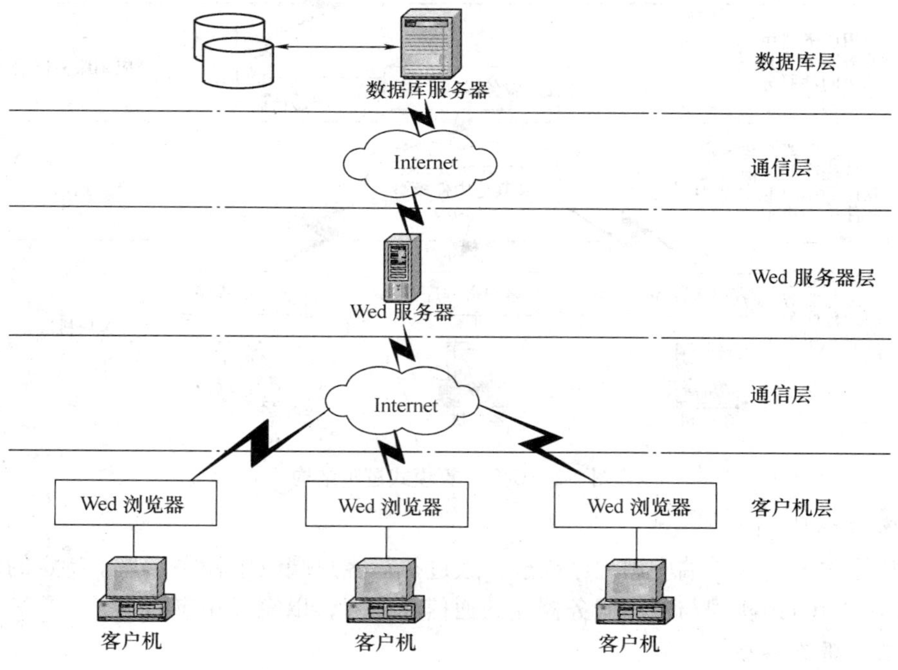

图 2-3 三层计算模型的 B/S 逻辑构架

（1）客户机层

客户机层由 Web 浏览器和客户机构成。在本层中包含系统的显示逻辑，其任务是：客户通过 Web 浏览器向位于网络上的某一 Web 服务器发送服务请求，Web 服务器响应客户机请求，在对客户的身份进行验证后利用 HTTP 网页将服务结果回传给客户端，客户机接收回传来的 HTTP 文件，并将其显示到 Web 浏览器上。

（2）Web 服务器层

服务器通常指的是具有扩展功能的 Web 服务器，Web 服务器层主要包含系统的处理逻辑，其操作流程是：当接收到客户通过 Web 浏览器发送来的服务请求时，其首先执行相应的扩展服务应用程序进行求解，如果服务请求涉及对数据库操作，则首先执行对数据库的连接操作；在连接操作完成以后，通过 SQL 等方式向数据库服务器提出服务请求；数据库服务器在接收到服务请求之后，进行相应的权限验证，对相关数据库进行诸如查询、增加、删除、修改等操作，并将操作结果回传给 Web 服务器，再由 Web 服务器传送给客户端。

（3）数据库层

数据库层由数据库服务器构成，用于对数据库处理逻辑的操作。它的任务是：在接收到服务器端的服务请求后，对相应数据库执行查询、修改、更新等操作，并将操作结果返还给 Web 服务器端。

根据对 B/S 结构的功能描述，图 2-4 示例了基于 Web 的 B/S 结构工作逻辑，即“请求-响应”工作模式的工作原理。

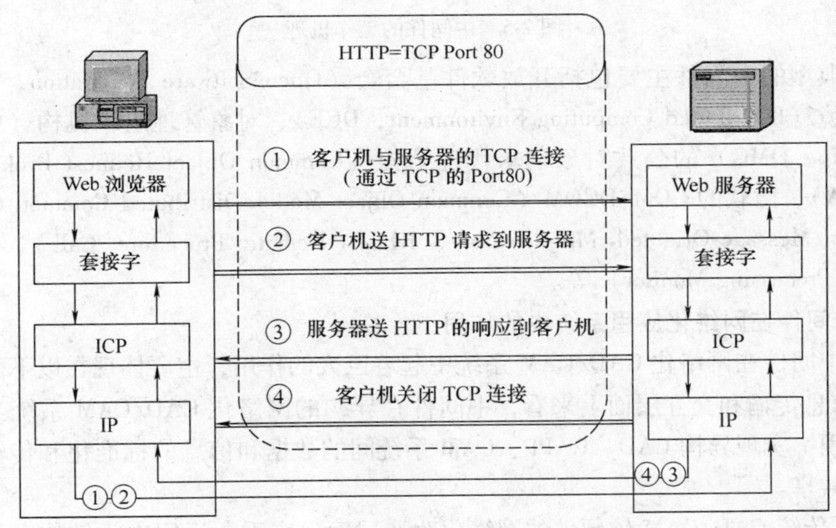

图 2-4　基于 Web 的 B/S 结构工作逻辑

2.3　CORBA、DCOM 及其他中间件技术

2.3.1　中间件技术的概念及其在网络化应用系统中的作用

2.3.1.1　中间件的概念

随着分布式系统的出现和发展，中间件也随之而产生并获得了飞速的发展。

所谓中间件，就是包括一系列使能服务的、位于操作系统和应用软件之间的一个连接软件层，通过该软件层，可实现不同机器的不同进程间的网络通信。通过引进中间件技术，可实现不同应用系统的跨平台网络通信。

在实际使用中，通常把一组中间件集成在一起构成一个虚拟平台，作为应用系统和操作系统的桥梁，实现应用系统的跨平台操作和通信。图2-5所示为中间件的工作机理。

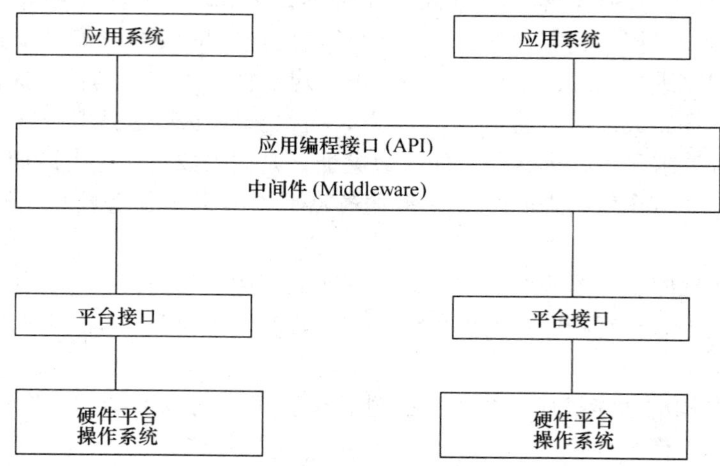

图2-5 中间件的工作机理

目前，典型的中间件主要包括开放软件基金会（Open Software Foundation，OSF）的分布式计算环境（Distributed Computing Environment，DCE）、对象管理组织机构（Object Management Group，OMG）的公共对象请求代理结构（Common Object Request Broker Architecture，CORBA）、微软的COM/DCOM（Common Object Model/Distributed Common Object Model）、MOM（Message-Oriented Middleware）、RPC（Remote Procedure Call）、TP Monitor（Transaction Processing Monitor）等。

2.3.1.2 中间件在网络化应用系统中的作用

目前，中间件在网络化CAD/CAM系统中起着巨大的作用，主要体现在以下两个方面：

1）从信息传输和交互层面上来看，中间件在异构的网络化CAD/CAM系统当中起着传输中介的作用，实现异构CAD、CAPP、CAM系统间的数据和信息的标准化和传输，实现数据及信息的共享。

2）从对传统CAD/CAM软硬件的网络化改造层面上来看，运用中间件技术，实现对传统的CAD/CAM软硬件的网络化封装和即插即用配置，以达到在低成本、低技术要求下对传统CAD/CAM软硬件的网络化改造的目的。

2.3.2 CORBA及其功能

2.3.2.1 什么是CORBA

CORBA，即公共对象请求代理结构，是由国际对象管理组织机构（OMG）定义的应用软件体系结构和技术规范。它作为一种通信中间件，提出的目的是为了解决传统客户机/服务器（C/S）模式的运行效率低下、系统安全性和升级能力差的问题，为分布式计算环境中的不同设备和应用软件的互联和交互，以及应用软件的网络间的互操作提供新的解决方案。CORBA的核心是一套标准的语言、接口和协议，以支持异构分布应用程序间的互操作及独立于平台和编程语言的对象重用。

1991 年，OMG 发布了 CORBA1.1，定义了接口定义语言（IDL）和应用编程接口（API），以通过实现对象请求代理（Object Request Broker，ORB）来激活客户机/服务器的交互。1994 年，OMG 又发布了 CORBA2.0，用于解决跨越不同 ORB 提供者进行通信的问题。作为面向对象系统的对象通信核心，CORBA 为当今网络计算环境带来了真正意义上的互联，使构造灵活的分布式应用系统成为可能。

2.3.2.2　CORBA 的体系结构及功能描述

CORBA 规范充分利用了当今软件技术发展的最新成果。在基于网络的分布式应用环境下实现应用软件的集成，使得面向对象的软件在分布式异构环境下实现可重用、可移植和互操作。图 2-6 示例了 OMG 对象管理体系结构（Object Management Architecture，OMA），它是 CORBA 体系结构的基础。

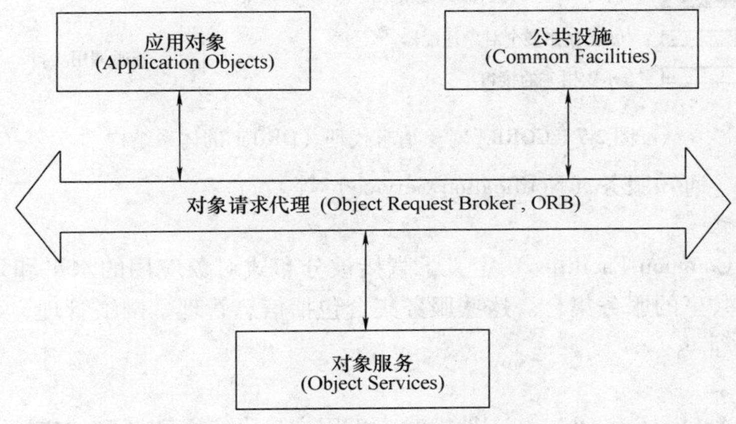

图 2-6　OMG 对象管理体系结构

CORBA 内容主要包括如下几方面：

（1）对象请求代理

对象请求代理又称为对象总线（Object Bus）或软件代理（Software Broker），是 CORBA 的核心机制。它为实现分布式对象间的互操作提供访问透明性和位置透明性，通过标准接口，使对象能够在分布式异构环境中透明地发送请求和接收响应，是构造分布式对象应用、并使应用在不同层次的异构环境下进行互操作的基础，图 2-7 所示为其体系结构。

图 2-7 是一个独立的对象请求代理（ORB）的结构，ORB 的接口是花色的矩形，箭头说明 ORB 的调用关系。为了提出一个请求，客户端可使用动态调用接口（Dynamic Invocation Interface，和目标对象的接口独立）或者一个 OMG 的 IDL 占位程序（具体的占位程序依赖于目标对象的接口）。客户端也可直接和 ORB 在某些地方交互。对象的实现通过 OMG 的 IDL 产生的框架或者是一个动态框架的调用来接受请求，在处理请求或其他的时候调用 ORB。

（2）对象服务

对象服务（Object Services）是为公共设施和各种应用对象提供的系统级服务集合，它主要包括命名服务（Naming Service）、事件服务（Event Service）、生命周期服务（Lifecycle Service）、安全服务（Security Service）、事务处理服务（Transaction Service）、交易服务

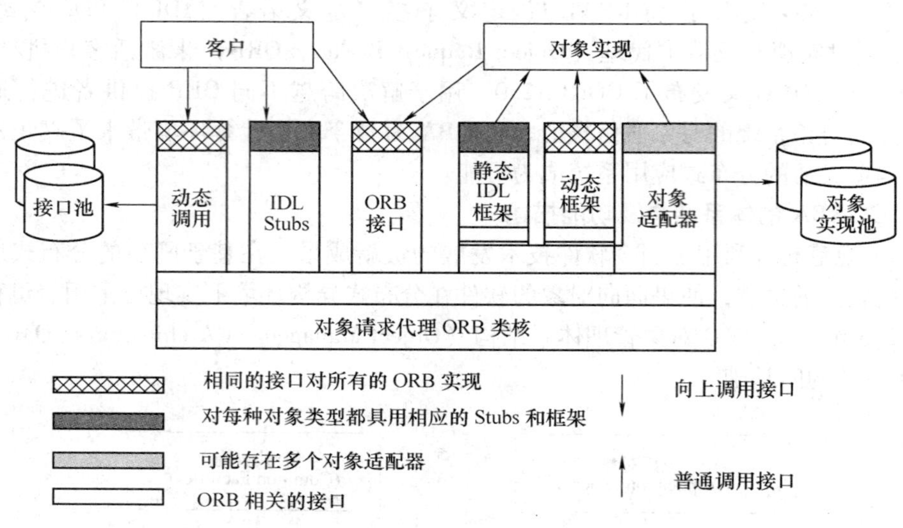

图 2-7 CORBA 对象请求代理（ORB）的体系结构

（Trader Service）、通知服务（Notification Service）等。

（3）公共设施

公共设施（Common Facilities）定义了直接被分布式对象应用的水平和垂直应用程序框架，为应用提供共享的服务集合。这些服务集合包括信息管理、网络管理、系统管理、任务管理、用户接口等。

（4）应用对象

应用对象（Application Objects）是指对应于用户自己定义和开发的应用，可由单个厂商生产，是本参考模型的最高层，OMG 对此不作标准化。应用对象使用 CORBA 提供的各种对象服务以完成相应的工作。

在使用过程中，为使互操作的对象双方对提供操作服务对象的对象接口所提供的信息在一致的含义下进行互操作，OMG 通过提供接口定义语言（Interface Definition Language，IDL），对对象接口（包括该对象的属性、所能提供的操作服务以及进行通信所需的基本信息）进行定义和描述。IDL 仅是一种标准化的中性描述语言，并不涉及对象的具体实现，与具体的程序设计语言无关。

2.3.3 DCOM 及其功能

2.3.3.1 什么是 DCOM

微软的分布组件对象模型（DCOM）是继 CORBA 后的另一种流行的中间件技术，它是在扩展了组件对象模型技术（COM）的基础上产生的，并增加了远程调用 COM 组件的功能，使其能够支持不同应用程序或组件对象在局域网、广域网甚至 Internet 上的不同计算机之间进行通信和互操作。这意味着可在应用程序中或者动态链接程序库中建立对象，并且提供这个对象的各种服务，在另外一台不同的机器中的应用程序可调用这个对象的方法或者是访问它的属性值。DCOM 是 COM 的无缝扩展，因此，DCOM 不但具备了 COM 组件的基本特性如可重用性、语言无关性等，而且被赋予了诸如位置独立性、协议无关性、平台无关性、可扩展性、对称多进程处理等中件的特征。

2.3.3.2 DCOM的体系结构及功能描述

DCOM是COM组件的进一步扩展，用以实现网络中不同计算机上的应用程序或组件对象之间的通信。图2-8描述了DCOM的体系结构及客户与组件对象间的交互机制。从图中可看出，COM运行库为客户和组件提供了面向对象的服务，并且使用RPC和安全机制产生符合DCOM线路的协议标准的标准网络包。因为DCOM组件派生于ActiveX技术，所以可支持现有的TCP/IP、HTTP等网络协议，并对Java兼容。对于客户来说，组件程序所处的位置是透明的，不必再编写任何处理远程调用的代码。

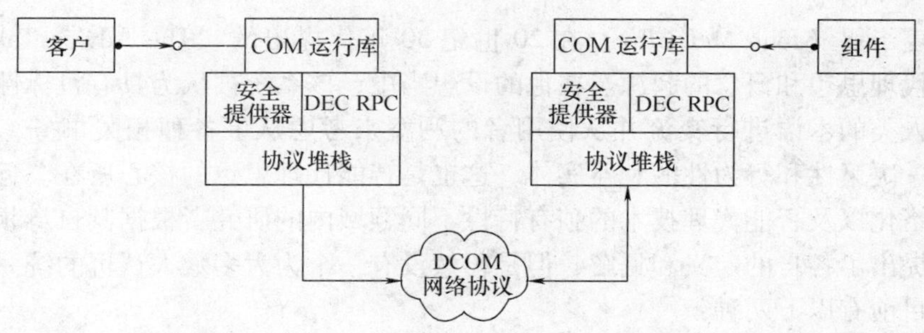

图2-8 DCOM的体系结构及客户与组件对象间的交互机制

DCOM的技术特点是：每个程序组件不必存储于客户端，也不必下载到客户端执行，通过把要执行的DCOM组件安装于作为服务器的计算机内，客户可通过网络对其进行访问，以完成相应的任务。这种运行模式可大大节省存储空间。同时，当通过DCOM组件构建大型程序时，根据其功能组成可将其划分为一系列DCOM组件，这样其他组件就可通过网络对其进行调用，即可完成相同的工作。当程序流程及功能发生改变时，只需修改相应的组件模块，即可完成系统的重组和重构，最终达到提高系统的灵活性的目的。

图2-8表示的是不同计算机之间的DCOM组件调用机制。如果组件与客户位于同一台机器中，其运行机制类似于以上描述，只是将网络通信协议替换为本地进程之间的通信。不同进程之间的DCOM组件通信机制如图2-9所示。

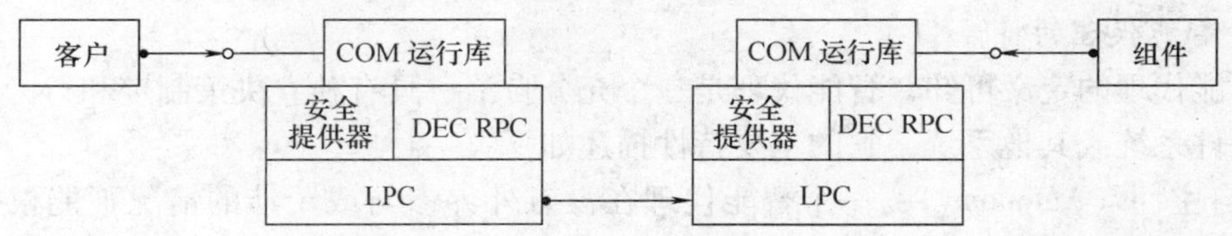

图2-9 不同进程之间的DCOM组件通信机制

目前，支持开发DCOM组件的软件主要有Java、Visual C++、Visual Basic、Delphi和PowerBuilder等。针对特定的应用系统，可以采用相应的编程语言或几种语言混合编程进行开发。

至于DCOM的运行环境的设置问题，在此作一下简单描述。目前，微软操作系统如Windows 95/98/2000/NT中，都附带有DCOM运行环境的设置程序Dcomcnfg. exe（位于Windows 95/98的system目录中和Windows 2000/NT的system32中）。通过运行这个程序，即可对 DCOM 属性进行调整。当 Dcomcnfg. exe 应用程序启动以后，目前机器中的 Automation Server 和应用服务器将被显示出来，通过单击需设计的应用程序服务器，即可逐步配置其属性。

2.3.4 智能代理及其功能

2.3.4.1 什么是智能代理

智能代理（Agent），是人工智能技术（Artificial Intelligence，AI）和网络技术发展的必然产物。它是一个充分自治的、具有独立决策制定和行为控制能力的软、硬件系统或其他系统。

约翰·麦卡锡（John McCarthy）在20世纪50年代提出的“The Advice Taker”系统可认为是智能代理思想和概念的起源。在他的设想当中，该系统被认为具有目标性，系统内实体间可使用人类的术语进行交流并从使用者的利益来考虑从事各种相关事务，是具有自主性、目标性、决策性和行为性的利益实体，这也是智能代理思想的核心所在。近年来，由于智能化和网络化以及智能代理技术的独有特性不同领域内的研究者根据其自身领域的特性都对智能代理提出了各自的定义和见解，但是仍然没有一个为大多数人认可的统一的定义。代表性的定义目前有以下两种：

1）“智能代理是驻扎在其相关环境中的各种实体，它可对从环境中获得的并能反映环境中所发生的事件的信息进行解释，并且执行对环境产生影响的行为”。本定义是由 FIPA（Foundation for Intelligent Physical Agent）提出的。FIPA 是一个致力于智能代理技术标准化的组织。从这个定义中，智能代理被定义为一种在环境中“生存”的实体，它既可以是硬件，也可以是软件。

2）“智能代理是能为用户执行特定的任务、具有一定程度的智能以执行部分和全部任务并以一种适当的方式实现与外部环境相互作用的软件实体（软件程序）”。本定义是从软件的角度对智能代理进行定义的，相当于具备一定功能和行为的软件中间件。目前，存在着一种更为广义的定义，那就是把凡是具有智能行为和交互特征的分布式实体都称为智能代理。在该定义下，人类、机器人、智能嵌入设备、计算机、智能软件等都可认为是智能代理。

2.3.4.2 智能代理的特性及分类

（1）智能代理的特性

从智能代理的定义可知，智能代理是一个充分自治、具有独立决策制定和行为控制能力的软、硬件系统或其他系统，它的主要特性描述如下：

1）自主性（Autonomy）：一个智能代理在没有外界参与或干涉的情况下能根据自身的状态和行为、内部状态和环境信息自主地独立执行任务。这是智能代理的本质的特性。

2）社会性（Sociality）：智能代理能通过某种通信语言与其他智能代理实施交互和通信，能与其他智能代理系统或人员等外界环境进行合作和协同，以达到完成自己的任务或协同其他智能代理完成相关任务的目的。

3）响应性（Reactivity）：智能代理都是生存于一定的环境当中，因此，其必须对来自环境的影响和信息做出适当的响应，并通过动作和行为来影响环境。

4）主动性（Proactivity）：智能代理不仅能够对环境当中的事件做出反应，而且为了实现其内在的目标，可表现出一定的投机性和由目标引导的行为，在适当的时候主动采取合理的行动。

5）智能性（Intelligence）：每个智能代理都能够主动地去完成或者提示用户去完成所面临的任务。

6）并发性（Concurrence）：由于智能代理的驻留性、反应性等特征，预示着智能代理的行为是并发地发生的。

7）推理/学习/自适应能力（Reasoning/Learning/Adapting）：智能代理的智能主要由 3 个部件完成，即内部知识库、学习或自适应能力以及基于知识库内容的推理能力。

8）合作/协同性（Cooperation/Coordination）：通常，智能代理的问题求解是通过多个智能代理之间的协作来完成的。

（2）智能代理的分类

从不同的角度，可对智能代理进行不同的分类。基于行为方式，可将其分为以下 3 种类型：

1）自主智能代理（Autonomous Agent）：指的是能在复杂、动态环境中具有自主感知和行为的智能代理。

2）多智能代理（Multi-Agent）：多智能代理目前在多个领域（如制造业、计算机、网络、信息、现代企业管理、交通与运输等）内获得了广泛的应用，它是分布式人工智能（Distributed Artificial Intelligence）领域的一个主要内容。它着重研究一组拥有分布式知识的智能代理（通过网络实现互联）为达到某一全局目标，如何协调各自知识、意图、策略、规划和行为，如何相互协商与协作，对问题求解以协同完成共同的任务。多智能代理的基本特点主要体现在每个智能代理的自主能力和多智能代理间的协同能力。

3）移动智能代理（Mobile Agent）：是指基于移动思想的智能代理。它位于网络当中，通过移动或服务接口实现与其他软硬件的通信。

2.3.4.3　智能代理体系结构及功能描述

由于不同应用领域的智能代理具备不同的功能，它的体系结构必然也不尽相同，在这里，仅针对智能代理的基本功能提出了一种参考体系结构，如图 2-10 所示。

从图 2-10 中可看出，智能代理体系结构主要包括以下 9 个基本功能模块：

1）用户界面：为操作者和组织提供一个与智能代理及其功能实体进行交互的接口和界面，通过它可实现用户信息的输入和结果信息的输出。

2）通信管理：主要负责网络通信事务的管理，它由网络接口、通信协议以及协作管理功能子模块构成，用以实现网络信息的传输和识别、解释和处理工作。

3）感知模块：用于对输入信息进行过滤和分类等处理操作。

4）学习模块：是指根据智能代理的自身状态、行为和外部环境信息及其他智能代理的状态、行为，通过执行学习算法，或者向其他智能代理学习，实时动态地调整、修改、补充和完善知识库中的领域知识和数据、协作知识和数据以及模型等。

5）推理模块：根据当前智能代理的自身行为、状态、资源、知识和能力，以及相关的知识和数据，对输入信息进行推理。

6）决策模块：主要是根据推理结果进行评价和决策操作。

7）计划模块：用于针对决策结果制定相关的行动计划。

8）执行模块：用于具体执行已制订的行动计划。

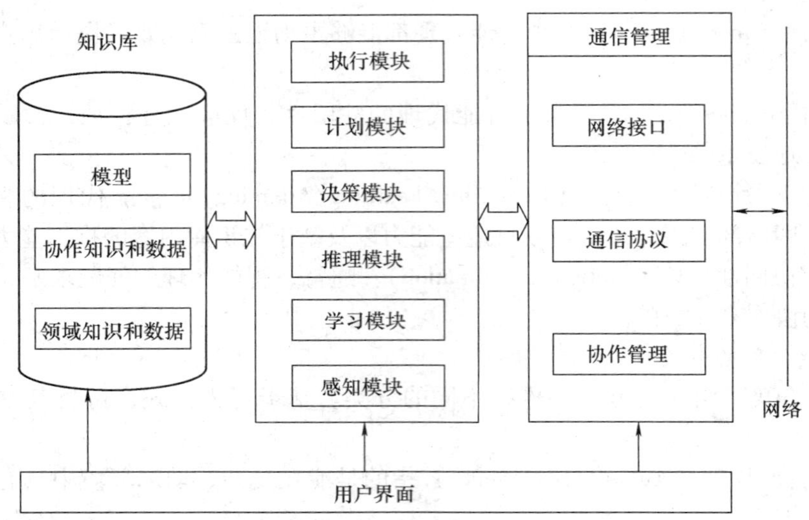

图 2-10 智能代理参考体系结构

9）知识库：包含了一个智能代理为完成其任务所必需的知识和数据，主要包括领域知识和数据、协作知识和数据以及模型（如规划模型、行为模型）等。

2.3.5 移动智能代理及其功能

2.3.5.1 什么是移动智能代理

移动代理（Mobile Agent，MA）是一种新型的分布式网络计算模式，起源于 20 世纪 90 年代，由 General Magic 公司在推出其商业系统 Telescript 时提出。它不仅结合了智能代理的自治、智能的特点，而且引入了移动的思想，极大地扩展了分布式计算的概念，是智能代理技术和分布式计算技术相结合的产物。它的提出不仅使分布式计算技术具有了动态性、智能性等特点，也使智能代理技术具有了求解大规模问题的能力，非常适合于现代网络计算的需求。目前，其应用领域主要包括制造业、电子商务、网络管理等。

移动智能代理，是传统智能代理的深化和发展。它具有自身的行为、数据、运行状态和路线，并且将它们进行捆绑，作为一个独立的单元对象，通过其派遣和回收机制，实现在网络计算机之间移动，以达到数据、信息的获取和传输等操作的目的。相对于传统静态智能代理，其具有以下的特征：

1）对象移动：当移动智能代理对象移动时，其整个智能代理对象（包括运行代码和运行状态）作为一个单一的单元在网络计算机之间移动。

2）集中控制：移动智能代理通常集中驻扎在源服务器端，在派遣时才移动到指定的服务器端。因此，其代码的维护和版本的升级只需在源服务器端执行，易于对其进行集中控制。

3）自治性：移动智能代理根据自身的信息决定其自身行为和移动的方向。

4）本地交互：移动智能代理可以同本地的移动智能代理和静态智能代理实现交互，其交互方式是通过派遣相应的移动智能代理到目标主机以实现交互操作。

5）并行操作：不同的移动智能代理可以并行地被派遣到不同的目的地执行不同的

任务。

6）独立操作：当移动智能代理被派遣到目标主机以后，可以根据其自身状态和相关环境决定其操作内容，而与其源端主机具体运行状态无关。例如，网络的断开、失效以及源端移动智能代理服务器的彻底关闭，都不影响目标主机上移动智能代理的运行。

目前，针对移动智能代理的开发环境和开发工具通常有 JAT、JAM、Voyager 和 Aglets 等。

2.3.5.2　移动智能代理的体系结构及功能描述

目前，针对不同的应用领域，有多种移动智能代理系统的体系结构，但其基本结构是相似的。图 2-11 示例了移动智能代理系统的参考体系结构。

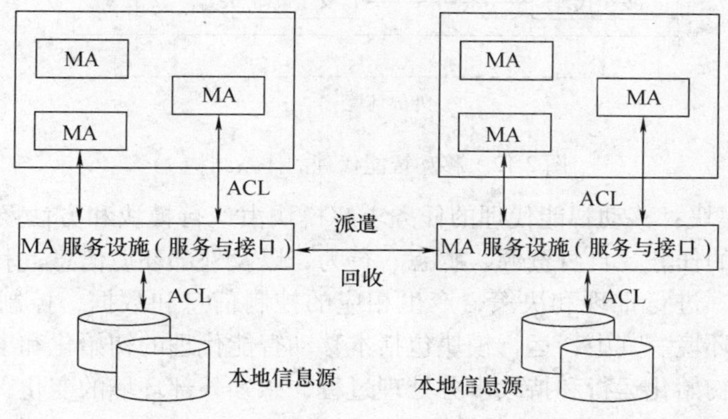

图 2-11　移动智能代理系统参考体系结构

从图 2-11 中可看出，一个移动智能代理系统由移动智能代理和移动智能代理服务设施（Agent Environment）两部分构成。移动智能代理服务设施为每个安装在其中的移动智能代理提供运行环境和服务接口，并利用移动智能代理的传输协议 ATP，实现不同移动智能代理在网络节点之间的移动和信息传输。移动智能代理在服务设施中运行，彼此间的相互通信和对服务设施的访问通过移动智能代理的通信语言（ACL）加以实现。其工作机理可概括为：移动智能代理未被派遣时在被派遣端通过与本地的信息源链接，获取本地的相关信息；被派遣时，将本地的相关信息和操作发送到目的主机，在目的主机上执行相关操作，并与目的主机的信息源链接获取相关信息，操作完成以后返回操作结果，并终止目的主机上被派遣移动智能代理的运行。

（1）移动智能代理

一个移动智能代理通常由以下几个相互关联的模块构成：安全代理、环境交互模块、任务求解模块、知识库、内部状态集、约束条件以及路由策略等，其体系结构如图 2-12 所示。

1）安全代理模块：从图中可看出，移动智能代理体系结构的最外层为安全代理模块，主要作用是担当移动智能代理与外界通信的中介，执行本移动智能代理定义的安全策略，防止外界对其攻击，保护其正常运行。

2）环境交互模块：移动智能代理通过环境交互模块感知外部环境变化并反过来作用于外部环境。环境交互模块定义和实现了 ACL 语义，并保证具备相同 ACL 语义的移动智能代理和服务设施之间的正确通信和协商，而通信的内容与 ACL 语义无关。

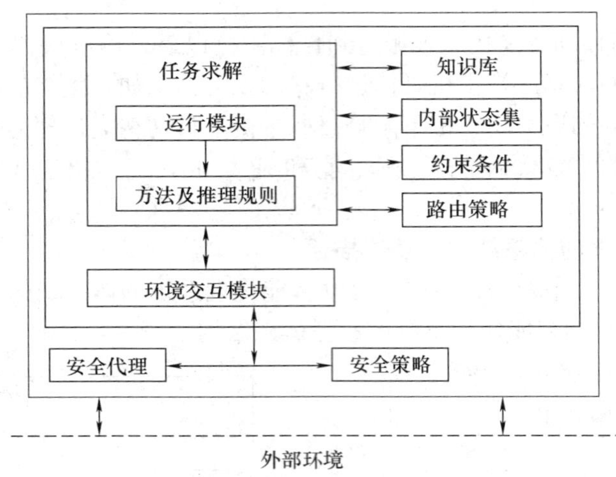

图 2-12 移动智能代理的体系结构

3）任务求解模块：移动智能代理的任务求解模块由运行模块和方法及推理规则模块组成，它根据所获得的任务、自身资源、状态、行为，以及外部环境信息，利用知识库所提供的相关知识和数据，进行推理和决策，产生相应的控制信息和数据，控制自身的操作和运行，并作用于外部环境。其中，运行模块包括本移动智能代理的初始化和事务处理程序，以实现本智能代理的初始化运行和持续事务处理过程，感知外部环境的变化，并依据内部定义的规则和状态产生相应的动作；方法及推理规则模块主要包括一系列的推理方法及决策规则集。

4）知识库：包含了一个移动智能代理为完成其任务所必需的知识和数据，主要指的是移动智能代理的任务求解结果以及在移动过程中获取的信息。

5）内部状态集：是指移动智能代理执行过程中的状态集合，其影响移动智能代理的任务求解过程，同时移动智能代理的任务求解又作用于内部状态集。

6）约束条件：是指为了约束移动智能代理的行为和性能而定义的一系列规则和约束条件。

7）路由策略：主要用于定义和决定移动智能代理的移动路径，其既可能是静态的服务设施列表，也可能是基于规则的动态路由，以满足复杂和非确定性任务的求解。

（2）服务设施

服务设施为移动智能代理提供基本服务（如移动智能代理的创建、传输、存储、执行以及销毁等），并通过 ACL 实现与移动智能代理的协商。其体系结构如图 2-13 所示。

1）移动智能代理执行环境：主要负责激活和执行相关的移动智能代理，并且同时执行服务设施的安全策略，以保证主机不受攻击。

2）环境接口模块：由移动智能代理传输控制模块和通信控制模块组成，它们分别响应和处理不同的外部请求。其中，传输控制模块采用 ATP 协议，实现移动智能代理的网上传输；而通信控制模块采用 ACL 通信语言完成除传输操作以外的其他通信操作。

3）服务设施事件处理系统：由初始化程序和事件处理模块构成。事件处理模块是整个移动智能代理服务设施的核心，它控制着整个服务设施中的其他模块，并根据移动智能代理

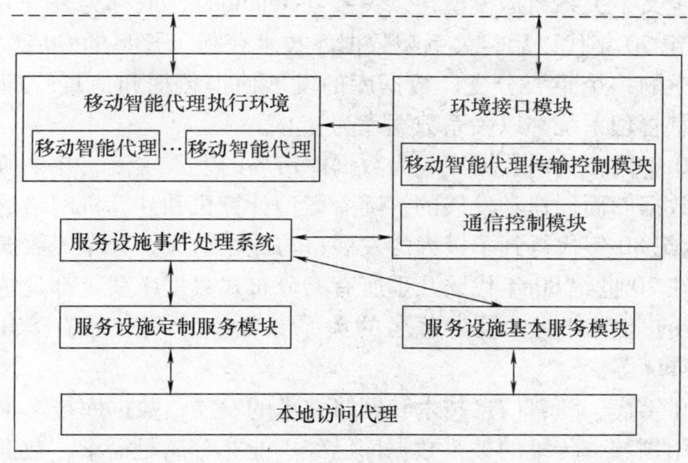

图2-13　服务设施体系结构

的自身执行环境和外部环境的不同服务请求，协调相关组件完成相应的任务。

4）服务设施基本服务模块：为移动智能代理提供基本服务，主要包括生命周期服务、事件服务、目录服务、安全服务等。

5）服务设施定制服务模块：用于在基本服务的基础上为特定应用服务提供相应的服务定制及接口服务。

6）本地访问代理：用于提供服务设施与本地应用程序的接口，实现移动智能代理与本地应用程序的通信和交互。

2.4　数据库技术

随着科学技术的飞速发展，人类已经进入到信息时代，信息已成为社会和经济发展的重要支柱之一。大量复杂的信息的产生和传播，信息技术的高速发展，推动着社会的进步和经济的发展，同时也增加了处理信息的难度。如何处理如此庞大复杂的信息是摆在人们面前的重要问题，而数据库技术是解决这一问题的重要途径。数据库技术就是研究如何科学地组织和存储数据，如何高效地检索数据和处理数据的一门技术。

2.4.1　数据库技术的发展

数据库技术的发展大体上可分为两个阶段：层次、网状数据库阶段和关系数据库阶段。

层次、网状数据库是20世纪60年代技术条件下的产物。美国通用电器公司Bachman等人于1964年成功开发出的集中数据库（Integrated Data Store，IDS）应是网状数据库的起源。1969年IBM公司提出的基于层次模型数据库管理系统（Hierarchical Database Management System，HDBMS），标志着层次数据库模型的诞生。

层次、网状数据库的出现为数据库的发展奠定了基础，拓展了数据库应用的领域。但数据库真正里程碑式的发展应是关系数据库技术的诞生和发展。1970年，IBM公司发表的基于关系数据库模型的著名论文“大型共享数据库的关系模型”，标志着关系数据库系统的诞生。在该论文中，定义了关系数据模型，以关系（Relation），或称为表（Table），作为描述数据的基础。20世纪70年代以后，关系型数据库技术获得了长足的发展，得到了广泛的应用，成为计算机科学的一个重要分支。数据库的发展使得数据和信息管理上了一个新的台阶，几乎所有的信息管理系统都以关系数据库为核心。

到了20世纪80年代，关系数据库成为数据库市场的发展主流，几乎所有的数据库管理系统都是基于关系数据库而创建和发展的。随着微型计算机和计算机网络的广泛应用，分布式处理系统在20世纪80年代得到了极大的发展，与此相适应，分布式数据库系统也成为数据库研究的重点。在20世纪80年代，几乎所有的分布式数据库系统都是基于关系型的，关系数据库处于发展的全盛时期。最为著名的关系数据库管理产品有SQL Server、Oracle、DB2、Sybase、Informix等。

进入20世纪90年代，随着信息技术和网络技术的发展，数据库技术出现了新的发展方向。针对不同的应用领域，传统的关系数据库已经不能充分满足需求，数据库技术与网络技术、人工智能技术、面向对象程序设计技术、并行工程、Web技术等相互渗透、相互结合。知识库系统、实时系统、CAX、多媒体等应用领域的需求推动了数据库技术的新一轮的研究热潮，成为当前数据库发展的主要特征。新的数据库系统层出不穷，典型的有以下几种：

1）分布式数据库系统（Distributed Database System，DDBS）：运用计算机网络将分散在各地的数据库连接起来并进行通信，这样形成的数据库系统称为分布式数据库系统。其主要用于解决地理上分布的、逻辑上集中的数据库之间的数据集成和共享问题。

2）并行数据库系统（Parallel Database System，PDBS）：运用多线路技术和虚拟服务技术实现对数据的并行处理的数据库系统称为并行数据库系统。并行数据库技术包括了对数据库的分区管理和并行查询两大功能。它通过将一个数据库任务分割为一系列子任务，并由多个处理机并行协同操作以完成该任务，从而大大地提高了事务处理能力。

3）联邦数据库系统（Federal Database System，FDBS）：联邦数据库通常用来处理分布、异构数据数据库的集成和共享问题，它是一组彼此协作又相互独立的单元数据库的集合，将单元数据库系统按不同程度进行集成，并进行整体控制和协同操作。

4）多媒体数据库系统（Multimedia Database System，MDBS）：是指能够管理多媒体信息（如数据、文字、表格、图形、图像以及声音等）的数据库系统。其系统结构主要包括单一MDBS、主从型MDBS和混合型MDBS。

5）面向对象数据库系统（Object-Oriented Database System，OODBS）：它是面向对象技术和数据库技术相结合的产物，是以面向对象模型为主要特征的数据库系统。该数据库系统具备两个标准，一是其必须是一个数据库系统，二是其是一个面向对象系统。对象是该数据库操作的基本单元。相比于传统的数据模型，其优点主要包括：复杂对象的表达和构造能力，基于封装和消息隐藏技术的程序模块化机制，基于继承和类层次技术的软件重用机制，以及基于滞后联编等技术的系统扩展能力。

6）工程数据库系统（Engineering Database System，EDBS）：由于不同工程领域的数据信息的复杂性（如CAD/CAM集成系统中的复杂实体图形信息和非几何信息的表达），传统的数据库系统不能满足要求。在这种情况下，工程数据库系统应运而生。工程数据库系统在本质上就是一种面向对象数据库系统，是面向对象数据库系统在不同工程领域内的具体应用，以达到对复杂工程实体信息的管理。

7）Web 数据库系统（Web-based Database System，WDBS）：是 Web 技术和数据库技术相结合的产物。Web 是目前 Internet 发展最快也是最重要的信息检索媒介，为了实现网上数据的高效存取和交互式动态 Web 页面，这必须以大量的数据信息为支撑，从而引入了 Web 数据库系统。

2.4.2　基于 Web 的数据库系统

2.4.2.1　网络化 CAD/CAM 信息管理和集成的需求

由网络化 CAD/CAM 的定义可知，它是传统 CAD/CAM 集成系统的拓展和外延，是传统 CAD/CAM 技术与网络技术相互融合的产物。网络化 CAD/CAM 系统的核心在于集成，即信息和资源的集成。网络化 CAD/CAM 系统中各分系统的异构性和自治性以及地理位置上的分散性，对其信息管理和集成提出了新的需求和挑战，主要表现在以下几个方面：

1）位置透明性：用户在使用网络化 CAD/CAM 系统时，不必知道数据信息的物理存储地，就可实现对分布式异地数据的访问和操作。

2）异种数据的透明性：用户在使用网络化 CAD/CAM 系统时，可方便快捷地实现对各分系统产生的不同格式数据信息的透明地访问。

3）数据的一致性和完整性：其可通过数据库本身的分布式事务管理机制来实现。分布式事务管理主要包括两个方面：恢复控制和并发控制。

2.4.2.2　基于 Web 的数据库系统的工作逻辑和体系结构

为适应基于 Web 的数据和信息的存储要求，基于 Web 的数据库系统应具备如图 2-14 所示的体系结构。

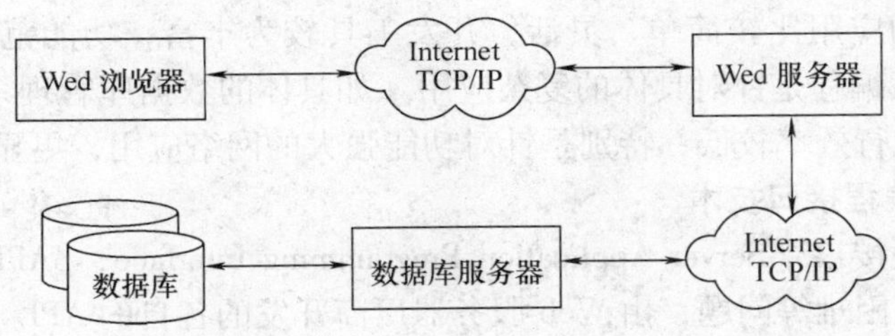

图 2-14　Web 数据库系统体系结构

从图 2-14 中可看出，一个典型的 Web 数据库系统主要由 Web 浏览器、Web 服务器和数据库服务器三大部分组成，它们的功能分别如下：

1）Web 浏览器：Web 浏览器作为客户端 Web 界面，用户通过其向 Web 服务器提出服务请求，Web 服务器对服务请求做出相应的解释并求解，以 HTTP 的形式返回给客户，客户机接收回传过来的主页文件，并通过浏览器将其以网页的形式显示出来。

2）Web 服务器：Web 服务器包含相关事务处理逻辑。它的任务是接受用户请求，执行相关的扩展应用程序并与数据库服务器相连接，通过数据库查询语言 SQL 等方式向相应的数据库服务器提出数据处理服务申请，数据库服务器解释服务申请并执行相应的数据处理操作，当操作完成以后，将处理结果返回给 Web 服务器。Web 服务器接收数据处理结果并返回给 Web 浏览器。

3）数据库服务器：数据库服务器用于执行相关数据处理逻辑。其主要任务是接收 Web

服务器对其发出的对数据库操作的请求，执行对数据库的查询、修改、增删、更新等具体操作，并将操作结果返回给 Web 服务器。

2.4.2.3 Web 环境下的数据库互联技术

目前，用于 Web 环境下的数据库互联技术主要包括 CGI 技术、服务器 API 技术、RAD 技术、JDBC 技术等。

1. 通用网关接口技术

通用网关接口（Common Gateway Interface，CGI）是用来扩充 Web 服务器功能的一种开放式协议和规范。早期的 Web 只能提供静态的 HTML 文档，缺乏与后端数据库信息的动态交互能力。而 CGI 技术的引入为该问题的解决提供了一种有效的途径。其运作机理是：客户通过浏览器利用 HTTP 协议实现与 Web 服务器的通信，而 Web 服务器则以 CGI 规则实现对 CGI 程序的调用，CGI 应用程序再以数据库服务器实现对其他信息服务器的访问，并将访问结果通过 CGI 返回给 Web 服务器，通过 Web 服务器再返回给客户浏览器。图 2-15 所示为 CGI 的运行流程。

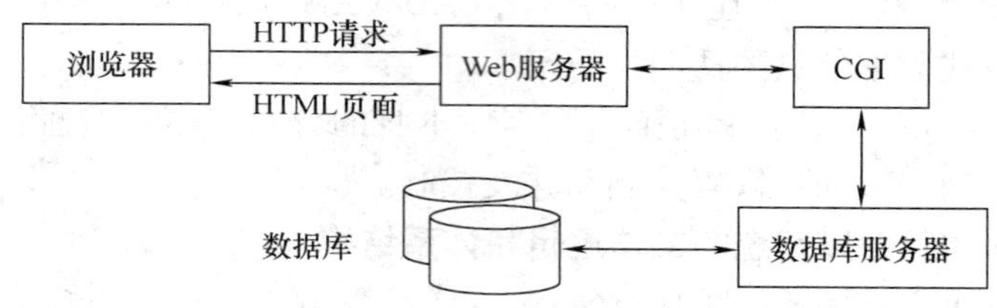

图 2-15 CGI 运行流程

基于 CGI 接口的应用比较简单、灵活，开发工具较为丰富，功能范围广，技术较为成熟。但是，使用 CGI 编程是针对具体的复杂应用（如具体的数据库管理系统），平台的无关性差，连接效率和运行效率较低，特别是针对功能强大的网络应用，更显得力不从心。

2. 服务器应用编程接口技术

服务器应用编程接口（Server Application Programming Interface，SAPI）技术是针对 CGI 运行效率低下、编程困难等问题，由 Web 服务器厂商开发的各自的 API。目前，影响较大的主要有微软公司的 IDC、网景公司（Netscape）的 Live Wire/Live Wire Pro 以及后来取代 IDC 的 ASP/ADO 技术。

IDC 模块是 IIS（Internet Information Server）包含的一个动态链接库，它通过 ODBC（开放数据库互联）以实现对各类数据库的访问。其主要由两类文件构成：IDC 脚本文件（IDC）和 HTML 模板文件（HTX）。前者用来控制对数据库的访问，后者以直观的方法说明怎样将查询到的数据插入到 Web 页面当中。

Live Wire 不仅是 Netscape 的一个数据库访问接口，而且是一个强大易用的 Web 开发环境。其开发语言通常采用 JavaScript。在 JavaScript 中包含一个 Database 对象以实现对相应数据库的访问操作。

动态服务网页（Active Server Pages，ASP）技术是微软公司推出的 Web 应用程序开发技术，可以生成和运行动态的、交互的和高性能的 Web 服务器程序，它与动态数据对象（ActiveX Data Object，ADO）充分结合，提供了一种强大的数据库访问功能。目前，它已经成为网上数据库管理的一种支撑工具。ASP 内含于 IIS 当中，通常使用 VBScript、JavaScript 等脚本语言开发并镶嵌于 HTML 格式当中。当用户通过浏览器向 Web 服务器发出请求时，ASP 程序通过 ADO，实现对数据库服务器的访问，并将访问结果返回给 Web 服务器。通过 Web 服务器，将相应的结果转化为标准 HTML 格式的主页内容，返回给浏览器显示。其整个运行流程如图 2-16 所示。

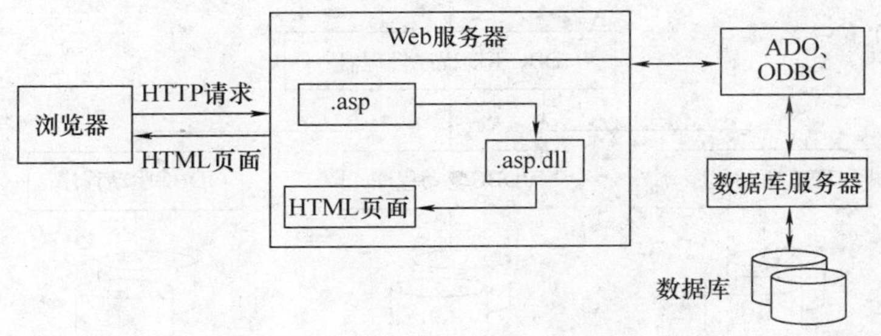

图 2-16　ASP 的运行流程

使用 SAPI 编写的程序具有运行效率高、功能强大的特点。但是由于不同的 API 是由不同的厂商开发的，因此它们之间缺乏互通性和跨平台性，从而限制了应用范围。

3. 快速应用开发技术

快速应用开发（Rapid Application Development，RAD）作为一种快速软件开发技术，早在 Web 数据库出现之前就已经产生。传统的 RAD 工具包括 PowerBuilder、Delphi、Uniface、Oracle/Developer2000 等，它们在数据库开发和管理方面提供了强有力的工具。目前，随着 Web 数据库应用需求的不断升温，基于 Web 数据库的 RAD 工具不断涌现并获得了显著的发展，典型的有 IntraBuilder、集成 Internet Development Kit 的 PowerBuilder 等。

RAD 工具的主要特点是具有图形开发界面和可视化计算技术的支持。用户通过具体的图形界面和鼠标点击以及键盘操作即可方便快捷地开发出相应的程序代码。RAD 工具虽然解决了直接使用 SAPI 技术编程带来的缺陷和困难，提高了程序的开发效率，但是其与 SAPI 技术有同样的缺点，即与特定的 Web 服务器捆绑得太紧，缺乏跨平台性和通用性。

4. JDBC 技术

Java 的出现，为 Web 数据库的应用扩展提供了新的思路。由于 Java 语言具备平台无关性、安全性高以及功能强大等特性，使得其成为解决和开发 Web 数据库应用的强有力的工具。

Java 数据库互联（Java Database Connectivity，JDBC）技术是由太阳微系统公司 JavaSoft 分公司（Sun Microsystems，Inc.，Java Software Division）设计的 Java 语言的数据库访问技术。其内涵就是实现了 Java 数据库互联的一种 API 规范，提供了 Java 语言与数据库连接的接口。JDBC 实际上是 Java 语言执行 SQL 语句的 API，它由一系列类和接口组成。通过这些 API，即可实现 Java 程序与数据库系统的连接，执行 SQL 操作并返回操作结果。

JDBC 技术的最大的特点就是虚拟关系数据库互操作机制。这就意味着通过使用 JDBC API 来进行数据库访问，可以在不修改应用程序的情况下，改变所有的数据库驱动程序（或称为数据库引擎）。也就是说，在编写应用程序时，可以不了解某个数据库系统的细节，只要按照标准的 JDBC API 规范执行，并安装与所用的数据库相对应的 JDBC 驱动程序即可。图 2-17 所示为 JDBC 的互操作性机制。

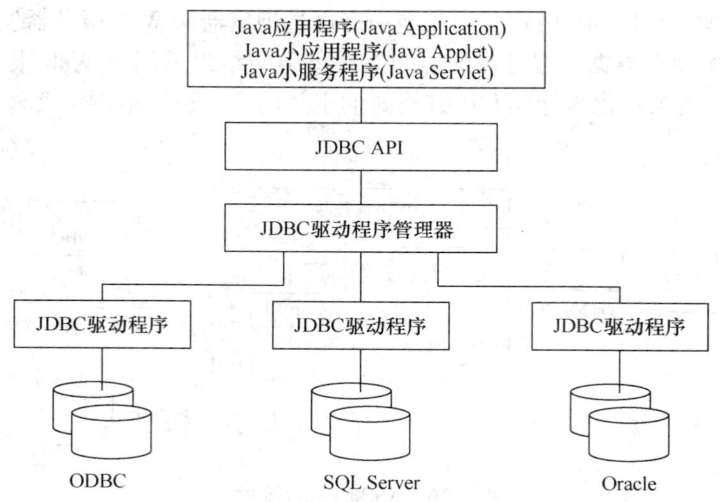

图 2-17 JDBC 互操作性机制

目前，JDBC 驱动程序存在 4 种类型，分别为 JDBC-ODBC 桥、Java 到本地 API、Java 到专有网络协议以及 Java 到本地数据库协议。下面分别对其机理进行阐述。

（1） JDBC-ODBC 桥

JDBC-ODBC 桥是在 ODBC（开放数据库互联）技术的基础上开发出来的。它作为一个 JDBC驱动程序，通过使用本地库来调用现有的 ODBC 驱动程序以实现访问数据库引擎的目的。图 2-18 显示了其工作机理。目前，JDBC-ODBC 桥包含于 JavaSoft 的 JDK 的 sun. jdbc. odbc 包中。由于其运行效率较为低下，因此其应用范围主要包括快速原型系统验证、第三方数据库系统、提供了 ODBC 驱动程序但未提供 JDBC 驱动程序的数据库，以及使用了 ODBC 驱动程序的低成本数据库解决方案。

（2） Java 到本地 API

Java 到本地 API 的工作机理是 JDBC 驱动程序利用开发商提供的本地库来直接与数据库进行通信，如图 2-19 所示。由于使用了本地库，这类驱动程序具有与 JDBC-ODBC 桥一样的

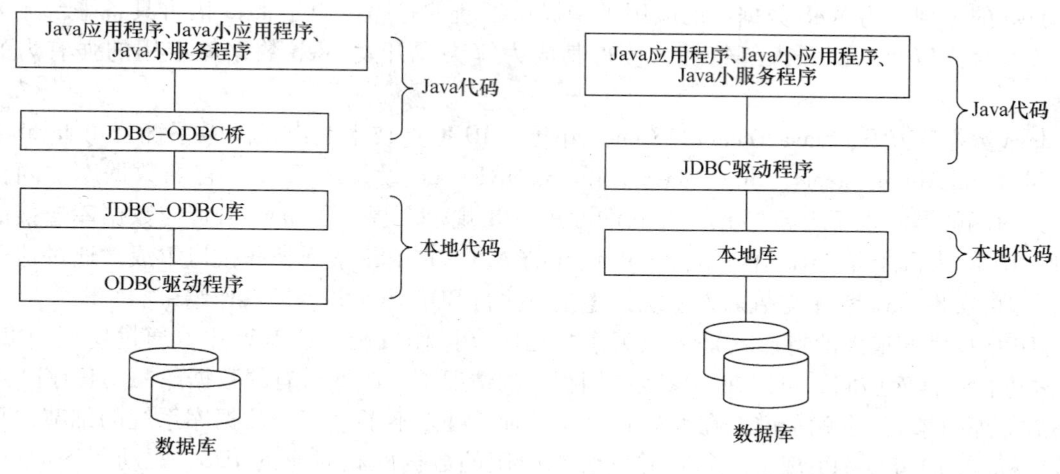

图 2-18 JDBC-ODBC 桥的工作机理

图 2-19 Java 到本地 API 驱动程序工作机制

限制，如连接效率低、灵活性差等。其最为严重的缺陷在于它不支持与未授权的Java小应用程序（Applet）间通信。另外，由于本地库的引入，它必须首先安装和配置在含有本驱动程序的机器上，柔性相对较差。它主要用于代替JDBC-ODBC桥，由于直接与数据库接口，因此比JDBC-ODBC桥的性能略好。

（3）Java到专有网络协议

Java到专有网络协议的JDBC驱动程序具备很大的柔性，主要适用于第三方解决方案中。这种类型的驱动程序是基于纯Java语言开发的，通过驱动程序厂商所建立的专有网络协议实现与位于Web服务器或数据库服务器上的中间件的通信，并且通过中间件实现与数据库的通信。其工作机理如图2-20所示。

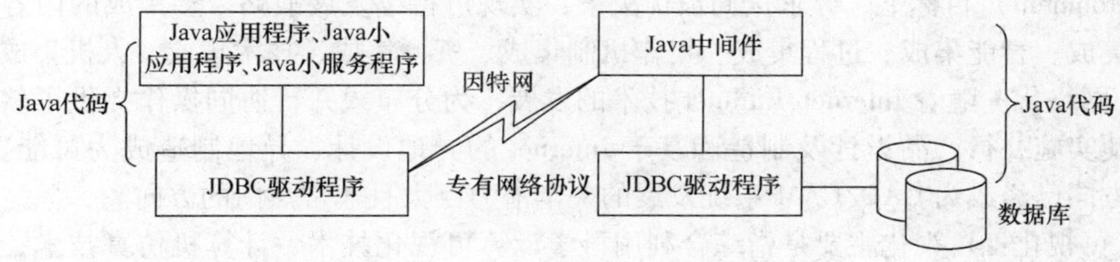

图2-20　Java到专有网络协议驱动程序工作机理

（4）Java到本地数据库协议

Java到本地数据库协议的JDBC驱动程序是通过相应的数据库本地协议实现与数据库引擎的通信，它也是基于纯Java语言开发的。通过本地的通信协议，这种驱动程序具备在Internet装配的能力。与上面所述的3种类型的驱动程序相比，这种类型的驱动程序的优点表现在其客户和数据库引擎之间不存在任何其他的本地代码或中间件，因此具备良好的性能。图2-21示例了其工作机制。

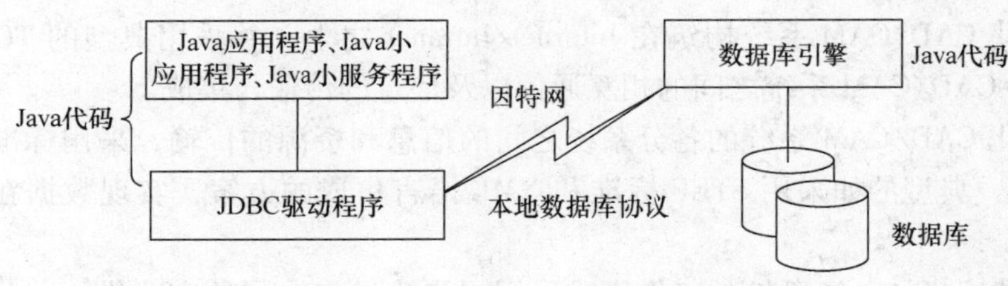

图2-21　Java到本地数据库协议驱动程序的工作机制

2.5　网络化CAD/CAM系统的实现结构

2.5.1　CAD/CAM系统的特征

近40年来，CAD、CAPP、CAM单项技术获得了飞速的发展。在单元技术日趋成熟的同时，以集成化为目标的CAD/CAM集成系统也得到了人们的重视并已获得迅速的发展。

如前所述，CAD/CAM集成系统并不是CAX单项系统的简单叠加，它作为一个整体名词、一个整体系统而存在，是以集成化为主要特征的多学科的综合运用。目前，随着信息技术和网络技术的发展，为满足瞬息万变的市场竞争需求，传统的CAD/CAM系统正朝着智能化、集成化、网络化和可视化的方向发展。

1）智能化：结合领域专家的知识和经验，运用人工智能技术，构成规则库和知识库，再利用推理机制，进行推理和判断，最终运用计算机处理后，获得具有专家水平的结果。

2）集成化：传统的集成指的是基于信息的集成，它是以统一产品数据模型及工程数据库为基础，在CAD/CAM系统之间或系统的内部实现信息传递、响应、分析及反馈，从而达到系统各模块之间的无缝集成。其核心问题是实施标准及建立基于特征的统一的产品数据模型和工程数据库。目前，随着对集成内涵认识的不断深入，集成被认为是以信息集成为基础的多集成，实现多集成的目的是在TQCSE（T—Time，Q—Quality，C—Cost，S—Service，E—Environment）目标下，寻求全局最优决策，实现可持续发展战略。多集成的内容主要包括信息集成、智能集成、过程集成、工作机制集成、资源集成、技术集成、人机集成等。

3）网络化：随着Internet/Intranet技术的发展，为分布式并行协同操作提供了软、硬件环境，使实施并行产品设计及制造和基于Internet的异地设计、异地制造成为可能。目前，网络化方向已经成为CAD/CAM系统发展的一个潜力巨大且非常热门的方向。

4）可视化：可视化主要是指综合利用科学计算可视化技术、计算机仿真技术、虚拟现实技术及多媒体技术。主要内容包括：①科学计算结果数据的数字及图形动态显示；②产品及其零部件的几何仿真，包括产品装配过程仿真；③产品性能的物理及力学仿真；④产品工作过程仿真，并使其具有亲临其境感和驾驭感。

这里应强调的是，网络化是实现异地不同的CAD/CAM系统之间信息、资源和技术等的传输、集成、交互和共享的关键方法。网络化CAD/CAM系统的基本特征如下：

1）网络化CAD/CAM系统的组织结构应具备异构性和地理位置上的分布性。网络化CAD/CAM系统扩展了传统CAD/CAM系统的概念和内涵，其各分系统之间均由异构自治的CAD、CAPP、CAM软件构成，并且在地理位置上具有分散性。

2）网络化CAD/CAM系统构筑在Internet/Intranet之上，并采用典型的TCP/IP等通信协议，实现各CAD/CAM系统之间的相互通信以及信息的传输与集成。

3）网络化CAD/CAM系统的各分系统之间的信息和资源的传输，采用标准的产品数据建模语言进行，典型的如采用STEP标准和XML语言集成的方案，实现数据在各分系统之间的传输。

4）网络化CAD/CAM系统的工作模式采用同步或异步协同的方式进行。具备一定权限的设计人员、工艺人员，采用基于白板、在线交流以及集成音视频等机制的协同工作模式，进行产品的在线设计和制造。

2.5.2 网络化CAD/CAM系统的工作逻辑

网络化CAD/CAM系统是基于Internet/Intranet的跨企业、跨地域的协同式新型CAD/CAM系统，因此，其工作逻辑较传统的CAD/CAM系统有较大的差异。网络化CAD/CAM系统的工作逻辑具有以下特点：

1）不同于传统CAD系统基于单机的孤岛式系统，网络化CAD系统采用协同式的工作模式进行工作。图2-22示例了一种采用B/S结构的协同CAD工作逻辑。

从图2-22中可看出，协同CAD工作逻辑是：首先，客户机6通过同步白板将所绘制的

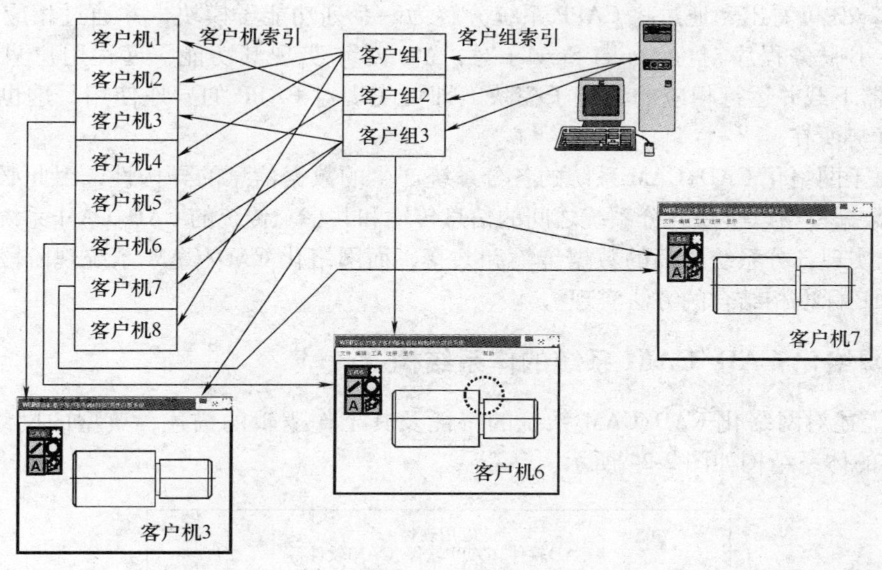

图 2-22　基于 B/S 结构的协同 CAD 工作逻辑

虚线圆送至服务器端；其次，服务器通过与 Web 数据库连接，查找客户机所属的客户组；最后，服务器在查找出相应的客户组以后，将虚线圆信息发送到该客户组内所有的其他客户机，以执行协同式 CAD 过程。

2）不同于传统 CAPP 系统基于单机或局域网内的孤岛式系统，网络化 CAPP 系统是基于网络计算模式的新型 CAPP 系统。图 2-23 示例了一种基于 B/S 结构的 CAPP 系统的实现逻辑。

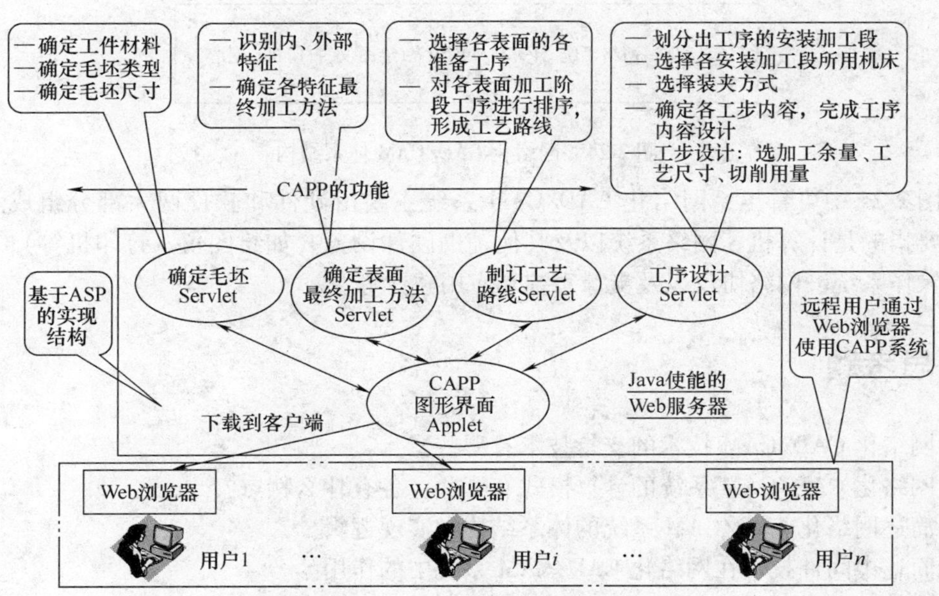

图 2-23　基于 B/S 结构的 CAPP 系统实现逻辑

从图 2-23 可看出，通过将 CAPP 系统分解为一系列功能子模块，并通过相应的 Java 小应用程序-小服务程序对（Applet-Servlet 对，A-S 对）实现其功能，远程用户只需要通过 Web 浏览器下载并运行相应的功能子模块，即可实现对 CAPP 的异地使用，这也是网络化 CAPP 的优势所在。

3）由于网络化 CAD/CAM 系统的各分系统产生的数据信息的异构性，因此必须采用统一的产品数据模型以实现各分系统之间的信息传输和共享。传统的 CAD/CAM 系统通常采用 STEP 标准实现各分系统之间的数据传输和共享，而网络化 CAD/CAM 系统现阶段通常采用 XML + STEP 标准相结合的方法实现。

2.5.3 网络化 CAD/CAM 系统的体系结构

基于上述对网络化 CAD/CAM 系统的特征及其工作逻辑的描述，典型的网络化 CAD/CAM 系统的体系结构如图 2-24 所示。

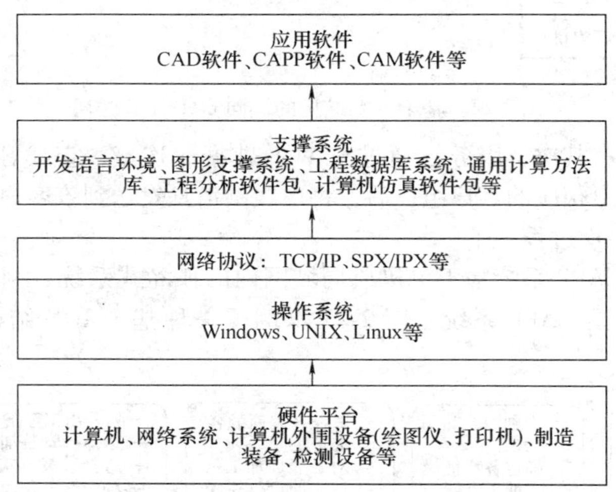

图 2-24 网络化 CAD/CAM 体系结构

从图 2-24 中可看出，网络化 CAD/CAM 系统主要由硬件和软件两大部分组成。其中，硬件主要指的是计算机、网络系统以及其他辅助硬件设备（如绘图仪、打印机等）；而软件则包括操作系统、网络协议以及支撑系统和应用软件等。

2.6 思考题

1. 网络化 CAD/CAM 技术的支持技术有哪些？
2. 网络化 CAD/CAM 系统的计算模式有哪些，各有什么特点？
3. 简述网络化 CAD/CAM 系统的体系结构和实现逻辑。
4. 简述中间件技术在网络化 CAD/CAM 系统中的作用。

第3章 网络化计算机辅助设计技术

3.1 CAD与网络化

3.1.1 应用工具对CAD技术的影响

计算机技术和各种应用工具的发展对CAD技术产生了很大的影响。这些影响促进了网络技术和CAD技术更紧密的结合，也为协同设计提供了更加实用的环境。例如，NetMeeting与白板的结合，就为协同设计者提供了共享工作空间的一种协同工作方式，快速成型与网络远程服务结合提供了一种新的服务模式，虚拟仿真与分布式技术结合形成分布式仿真等。

3.1.1.1 共享空间技术——白板和NetMeeting

白板由普通白板发展而来，是一种电子化的为用户提供书写和绘图的硬件设备。一般的交互式白板可与个人计算机（PC）相连，此时的白板就相当于一个面积很大的手写板，可以在上面任意书写、绘画并即时在PC上显示，其存储格式为图形文件。微软公司还提供了简单的软件白板，此功能一般通过Microsoft NetMeeting在网络环境下使用，通过网络与其他办公室、会议室的人员进行交流，实现网络会议，因此也可将其作为协同设计的工具。

NetMeeting是Windows操作系统中自带的一个通信组件，是一个简单、实用的网上实时交互工具软件，提供了一种网络环境下的共享空间环境，配合白板工具、语音和视频，就可以形成一个异地的工作会议应用环境，设计者可以利用它进行简单的协同设计。例如，用户通过网络主持实时的声音和视频会议，呼叫网上的其他用户，提供基于标准的语音、视频和多点数据会议支持；通过程序共享、白板（画图、粘贴各种图）、聊天方式发送消息、文件传送等交流工具与其他人共享数据和信息。图3-1是一个白板的应用示意图，用户可以在白板上画出要讨论的图形（见图3-1a）或者粘贴一个CAD模型图，鼠标指点某个零件部位，然后借助于聊天（见图3-1b）、语音和视频进行讨论。

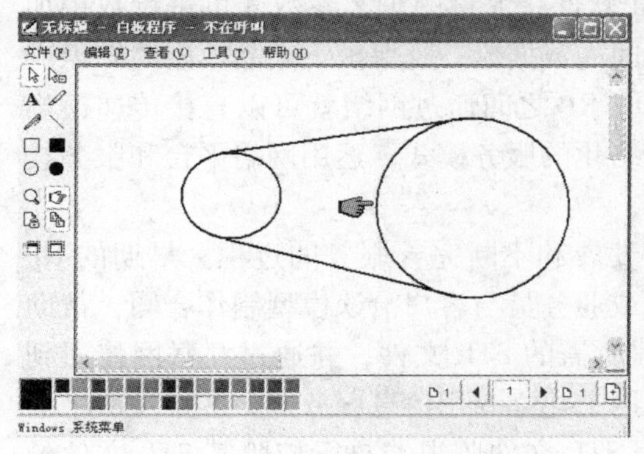

a)

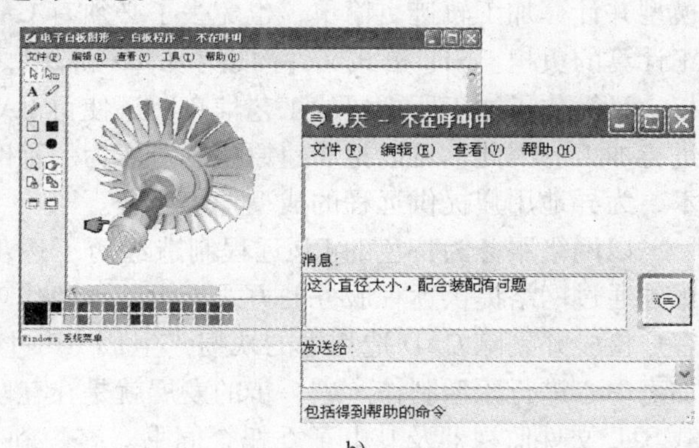

b)

图3-1 白板应用示意图

但是，这种即时的白板绘图只能支持简单的图形绘制，对于由 CAD 系统生成的复杂模型只能以图片形式而不能在 CAD 系统中操作。因为利用 NetMeeting 也只能够实现屏幕共享，并且受到网络带宽的限制，因此难以处理复杂的协同设计工作。尽管如此，它的出现仍然为 CAD 的网络化应用提供了一种共享空间的工作方式。共享空间的目标就是满足在网络环境下异地设计的需求，其最基本的功能如下：

1）共同浏览：可以共享屏幕，将屏幕上的信息复制到多个远程终端上供多个用户浏览查看。

2）远程操作：利用提供的鼠标和白板等工具，用户之间可以相互交流信息（如文字、图像、图形、声音、视频等），共同就感兴趣的问题进行讨论协商。

3.1.1.2 RP 设备下的实物原型远程制造

快速原型制造（Rapid Prototype，RP）是综合了计算机技术、机械设计、CAD 技术、数控技术、激光技术、材料技术等进行零件快速成型的先进制造方法。其基本过程是对来自设计部门的 CAD 模型进行分层扫描，并逐层叠加材料，最终完成零件的成型。

快速原型制造基本流程如下。

1）在 CAD 系统中设计三维零件。

2）转换 CAD 模型为 STL 格式文件（模型表面由三角形逼近），作为快速成型系统的输入信息。

3）对 STL 文件进行“切片”处理，得到切片数据及扫描路径（SLI 文件）。

4）把 SLI 转化为数控命令代码，输入到计算机数控系统（CNC）中。

5）由计算机数控系统完成零件的扫描加工成型。图 3-2 所示是 RP 制造的一般过程。

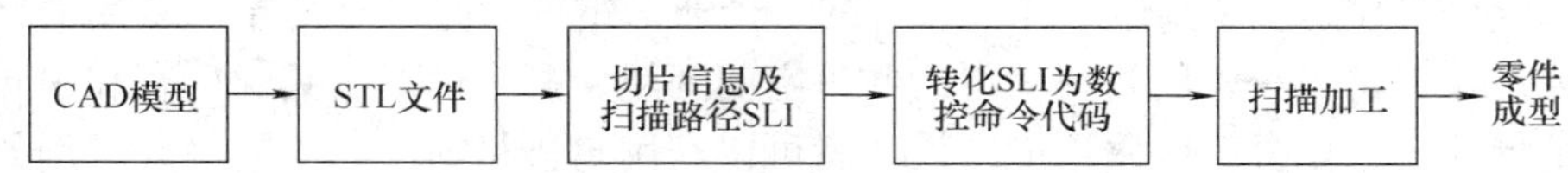

图 3-2 RP 制造的一般过程

快速成型技术与传统的机械加工相比，具有制造快速、无加工工艺限制、加工复杂度低等特点，成为机械制造的一个新兴的加工方法。来自设计的 CAD 模型通过标准的 STL 文件格式转换到 RP 设备，即可由 RP 设备处理后进行成型加工，这比一般的数控加工需要几何模型并计算加工轨迹更简单，也免去了必须有 CAM 软件、大量的工艺参数才可进行数控加工计算的负担。STL 格式文件沟通了 CAD 和 RP 之间的数据流，既保护了产品模型的知识产权，又简化了加工所需要的工艺信息，还使得 CAD—RP 之间通过网络就可以直接传递模型进行加工。因此，可以把快速原型制造作为一种网络化的服务模式，运用网络平台和服务技术，为异地用户提供远程的成型加工服务。

以网络服务为特色的 RP 远程制造经历了逐步发展和不断完善服务的过程。早期的 RP 服务通过网络提供远程服务的方式，由其异地代理或业务员与客户洽谈模型制作合同，帮助客户检验并剔除 CAD 造型中的缺损，生成 RP 过程所需的 STL 文件，并通过互联网传回到加工中心进行原型制作。进一步的发展就是在互联网上建立专用信息服务器，客户可从中下载 STL 文件监视器及其电子委托合同书。客户利用 STL 文件监视器自行校验其 STL 文件的完整性，以避免因 STL 文件缺损而导致原型制作失败，然后正式提交 RP 制作服务委托的电子合同，得到确认后，客户可将其确认后的电子合同及其压缩后的STL文件作为E-mail的附件发送到该服务器上，服务人员定期进行作业处理，实现原型制造。

为了实现远程操作RP机器，即把快速原型制造设备当做远程可共享的“外围设备”使用，需开发支持这种远程操作的服务软件。远程用户可通过互联网向服务商提出RP服务的委托。这种服务软件具备CAD文件检验、STL文件修补、RP服务计费等功能。这种初步的远程服务功能较弱，难以直接用于企业的实际加工。此后，RP远程制造服务技术不断得到发展，希望通过互联网远程控制RP机器的操作成型加工，例如建立远程“虚拟RP机”，将成型机的控制器进行电路改造，使之可通过互联网远程控制运行。成型机上安有摄像机，将RP过程的视频数据流通过互联网传送到远程的操作者工作站上，用户可以清楚地了解加工的情况和进度，节省大量的时间和物力，在最短时间内得到加工产品。为了更有效地管理和提供更完善的服务，在软件功能方面，增加了STL文件可视化检验、局部缺损的自动修补、RP过程计价等。

用户远程控制加工的服务方式，使用户处于制造模型的主体地位，用户对制造过程进度了解清晰，并具有一定的主动权。用户可自行决定在服务拥堵时放弃某个中心的服务，寻求其他空闲的服务中心。因此用户远程控制加工的服务方式给用户带来极大的方便，不仅可以节省用户的时间，更增强了用户对快速服务主动参与的积极性。

对于RP远程制造的服务，可以针对图3-2中的流程在不同的位置进行分割，使得客户端和服务器端承担不同的工作。图3-3所示为3种不同形式的RP远程控制制造。通过网络可以将一个RP远程服务分解为客户端任务与服务器端分别承担的任务其基本思想是：根据客户请求服务的层次不同，分别提供不同的RP加工服务。

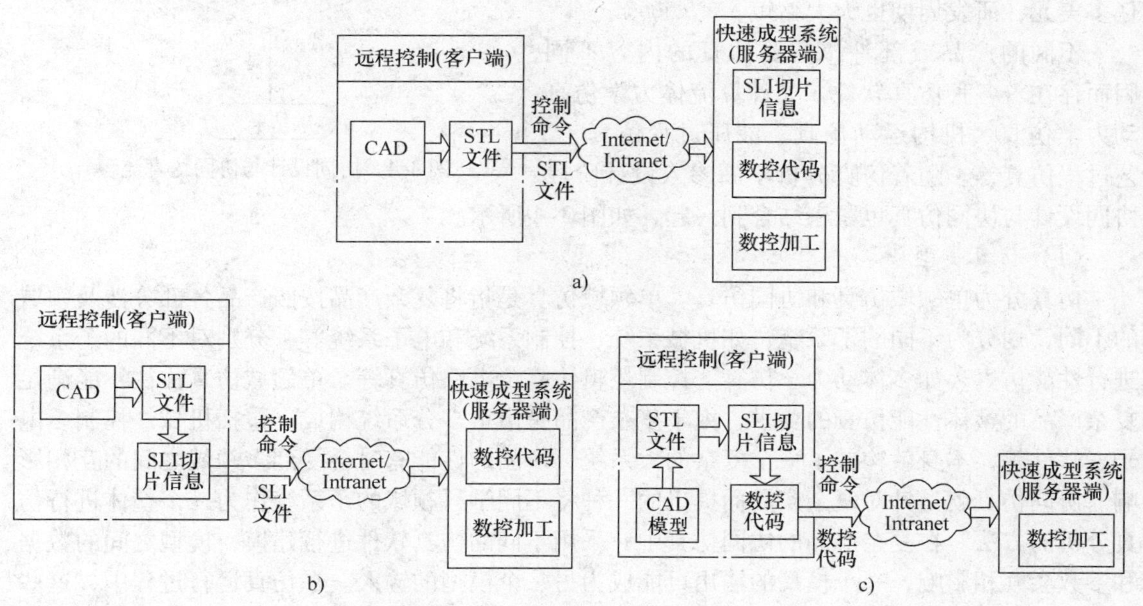

图3-3 3种不同形式的RP远程控制制造

上述RP制造服务方式对网络的要求较高，如较高的传输速度和先进的数据分组传输技术及高效的纠错能力等，这种以网络化服务为特色的RP远程制造方法大大减少了RP加工的地域限制，方便地实现了远距离的操作加工，实现了设计制造的一体化。

3.1.1.3 分布式仿真或虚拟现实

产品设计是一个循环迭代不断优化的过程，在这个过程中，计算机辅助分析和仿真优化起着重要的作用。在设计阶段进行仿真有如下考虑：

1）对复杂精密产品（或系统）而言，如果用实际的物化产品来做试验，存在经济性及安全性的问题，因此人们希望先在数字模型上试验而不是在真实系统上进行试验以降低成本。

2）在一个产品未完成之前需要预测和检查它的性能，则只能用数字模型进行试验，为设计改进提供依据。

产品是否达到设计要求，传统的方法是对产品样机进行各种试验，不但成本高而且由于已经制成物理样品，一旦发现问题就会导致大返工，拖延整个产品的研制进度。而采用计算机仿真技术可以将后期试验的工作提前到设计阶段，对产品进行各种仿真分析，找出问题所在，及时修改设计，从而大大降低产品研制成本，减少物理试验的次数，缩短研制周期。以美国福特公司为例，每一辆样车定型之前，已经进行了全部仿真分析的95%，因而不再需要生产物理样机。福特公司通过在设计阶段引入仿真技术，可在工程开发阶段节省四千多万美元，在制造阶段节省十亿多美元，研发周期也大大缩短。

不同的产品或部件，需要仿真的内容不同，因而存在着各种仿真软件，如计算流体力学仿真、动力学仿真、机构运动仿真、液压过程仿真、工艺过程仿真等。随着仿真分析不断渗入设计阶段，协同设计与协同仿真也紧密结合到一起，如图3-4所示。

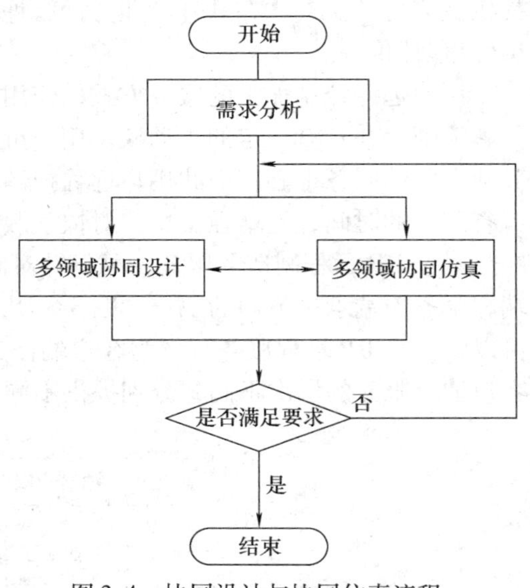

图3-4 协同设计与协同仿真流程

（1）仿真类型

仿真分为单领域仿真和协同仿真。单领域仿真是指将复杂产品按照产品各部分涉及领域的不同，划分为不同的子系统，如机械系统、控制系统和电子系统等，分别对不同的子系统进行性能仿真，如多体动力学仿真、控制逻辑仿真、电路仿真等。单领域仿真往往不能满足复杂产品的整体性能仿真的要求，由于复杂产品是由很多分系统构成，包括机械、控制、电子、软件等，本身就构成了一个复杂的大系统，产品的性能有时会受到多领域之间的互相影响。协同仿真就是针对复杂产品而提出的一种将不同学科领域的子系统作为一个整体进行仿真分析的方法。在复杂产品的协同仿真中，采用不同的仿真软件进行建模，模型之间的数据和参数会互相影响，一个模型的输出可能成为另一个模型的输入。在仿真运行过程中，这些由不同仿真软件生成的不同模型通过进程间通信的方法进行信息交换，然后利用各自的求解器进行求解，以完成整个系统的仿真。因此，产品的协同仿真可以在以下三个阶段中发挥作用：

1）初步设计阶段：对尚未建立起来的系统进行方案论证及可行性分析，为系统设计打下基础。

2）设计进行阶段：设计人员通过建立系统仿真模型和仿真验证，进行优化设计。

3）建成阶段：利用仿真技术分析系统的运行状况，寻求改进系统的最佳途径。

（2）仿真建模

仿真需要建立模型才能完成，模型是仿真的基础。模型是系统某种特定性能的一种抽象形式。通过模型可以描述系统的内在关系。模型一般分为物理模型和数学模型两大类。物理模型与实际系统有相似的物理性质。这些模型可以是按比例缩小了的实物外形，如风洞试验的飞行器外形分析等。而数学模型是用抽象的数学方程描述系统内部物理变量之间的关系而建立的模型，通过对系统的数学模型描述，分析系统内部的性质和规律。

仿真界专家和学者对仿真下过不少定义。其中内勒（T. H. Naylor）对仿真作了如下定义："仿真是在数字计算机上进行试验的数字化技术，它包括数字与逻辑模型的某些模式，这些模型描述某一事件或经济系统（或者它们的某些部分）在若干周期内的特征。"系统仿真实质上涉及仿真建模和仿真试验。

（3）网络环境下的协同仿真

网络环境下的协同仿真除了一般协同仿真的功能外，特别在网络环境和分布式处理上具有独特的能力：

1）分布式建模技术：实现仿真首先要建立仿真模型。复杂产品的设计仿真涉及多个子系统，不同领域的专家和协同团队成员工作在不同的地方，仿真建模可能是异地完成的，不同地方的建模人员分别在各工作地建立自己的模型，最终通过网络将这些模型联合进行仿真。因此，分布式建模是网络化仿真建模的关键。

2）分布式协同仿真运行：一般的单领域仿真软件，建模、仿真运行、输出都可以在一台计算机上完成。而协同仿真由于建模、仿真、结果都可能存在异地的情况，因此协同仿真运行就需要针对上述的各种情况进行处理。一种是将所有模型通过网络传送到一个有仿真软件的机器上，在这台机器上进行仿真；还有一种就是分布式仿真运行，仿真程序在不同的机器上共同进行仿真。

3）分布式仿真显示：仿真结果有各种形式，如数据、表格、简单图形、复杂图像与动画演示等。其中尤以复杂图像和动画显示更为直观。分布式仿真显示可以通过网络将仿真结果"广播"到所有的机器上，让协作组成员共享仿真结果。

（4）虚拟现实和分布式虚拟现实仿真

通过对给定模型进行计算，仿真过程和结果表示可以分为：简单仿真、可视化仿真、多媒体仿真、虚拟现实仿真。

1）简单仿真：对给定的结果数据，主要以文本、图形、曲线、趋势图显示。

2）可视化仿真：文本提示、图形、图像、动画表现，使仿真过程更加直观，结果更容易理解，并能验证仿真过程是否正确。

3）多媒体仿真：在可视化仿真的基础上加入声音，就可以得到多媒体仿真。

4）虚拟现实仿真：在多媒体基础上，增加与环境的交互功能，支持位姿、力觉、运动感知触觉等，提供具有沉浸感和感知环境的能力，是一种比较高级的仿真模拟。

虚拟现实（Virtual Reality，VR）系统是一种利用计算机模拟真实物理环境，对给定对象进行仿真的系统。该系统通过模拟人的视觉、听觉、触觉，使用户产生身临其境的感觉。

虚拟现实在协同设计中也有着广泛的用途。例如，设计环节的产品虚拟装配，可以模拟真实装配环境下的装配场景，用户戴着虚拟手套“抓取”零件进行组装，零件随着手的活动沿装配路径运动，如果与周围环境发生碰撞，碰撞区域就以高亮显示并用声音报警，因此就可以找到问题所在，从而指导设计修改。对产品内部的检查也可以用虚拟现实技术完成，利用特殊的虚拟现实硬件，用户置身于虚拟产品内部，检查产品内部的各项设计。由于通过VR仿真了实际的物理环境，因此可及早发现问题，从而节省研制成本，缩短研制周期。虚拟现实在创新设计中也扮演着重要的角色，例如“虚拟油泥”技术，在进行车身设计时模拟油泥模型的生成过程，用虚拟现实的“虚拟刮板”进行汽车外观的创造性设计，得到美观大方的汽车外形再转化为CAD模型。

虚拟现实系统的功能特征如下：

1）多感知性：除了计算机技术所具有的视觉感知外，还有听觉感知、触觉感知、运动感知，甚至包括味觉感知、嗅觉感知等。

2）沉浸感：虚拟环境的逼真度达到了让用户真假难辨的程度，用户感到自己作为主角存在并融入该系统中，从而有身临其境的感觉。

3）交互性：用户能对虚拟环境内的实体进行操作并能从环境中得到反馈。

4）实时性：自然交互手段符合人的感知速度，实体间的交互速度在时间上符合实际规律。

5）自主性：虚拟环境中的实体行为、状态应遵循物理规律。

分布式虚拟现实（Distributed Virtual Reality，DVR）是一种工作在网络环境下的虚拟现实，因此也被称为网络化虚拟现实（Networked Virtual Reality，NVR），它通过网络将仿真的多个虚拟环境“场地”连接在一起，实现多个用户在一个虚拟环境中彼此之间协同交互地工作，以完成更复杂的设计工作。

DVR建立在网络环境下，将孤立的虚拟现实系统连接起来，使得工作于异地的不同用户可以在同一个虚拟世界中进行实时交互，协同完成各种任务。相比于单用户的虚拟现实系统，其更强调系统的交互性和用户间的通信，以及互相感知对方的存在和协同工作。例如，美国伊利诺伊州立大学研制出在车辆设计中支持远程协作的DVR系统，参与设计的不同国家、不同地区的设计师通过计算机网络实时地进行协同设计。在设计过程中，各种零部件都可以共享一个虚拟环境，设计师可根据授权情况了解任何一个位置其他设计师的设计，并能协作修改产品，因此在产品生产之前就对其进行估算和测试，使得产品质量大大提高。乔治梅森（George Mason）大学研制出一套在动态虚拟环境中的流体实时仿真系统，在一个分布交互式仿真系统中来仿真真实世界复杂流体的物理特性，包括仿真正在穿过水面行驶的船、仿真搅拌液体、仿真混合不同颜色的液体、仿真混合不能溶解的油和水、仿真下雨和流动的地形，以及仿真流体的相互影响等特性。

分布式虚拟现实系统不同的结构形式，决定了协同仿真的工作方式和管理的难度。一种是以单个计算机作为主机，用来维持虚拟环境的状态，并与多个图形计算机通过高速网络进行通信，每个计算机负责图形生成的计算工作以及提供与用户的接口；另外一种是采用B/S结构，服务器作为中心工作站，负责协调绝大多数的仿真活动，维护仿真环境所有虚拟对象的状态。客户进程管理局部仿真活动，I/O工具进行交互并完成图像绘制。

复杂产品的协同仿真融合于协同设计过程中，在网络环境下协同仿真的运行工作方式有同步方式和异步方式两种。

1）同步方式：模拟仿真方案讨论或会议讨论，在仿真的每一个步骤都可以实现“你见即我见”，所有的客户端都可以看到仿真现场，对仿真的结果进行讨论和评判，讨论的内容也在所有的客户端被大家看到。

2）异步方式：查看历史模型模板；正在进行协同建模和仿真时，用户需要查看其他用户的情况，可以通过网络将其他用户的建模单元和仿真结果通过异步方式传输，还可通过浏览器查看系统建模的人员和修改内容。

3.1.2　信息应用方式对 CAD 技术的影响

互联网技术的出现为设计人员提供了丰富的共享资源。互联网如同一个浩瀚的海洋，里面蕴涵了各种设计知识、信息，为大家提供了一个互相交流的平台。从互联网提供的信息种类来说，包含了各种各样的信息：文献资料、标准规范、商务信息、各行各业的专业知识、应用技巧、各种专业网站、网络应用服务等；从信息形式上来说，包含了各种各样的形式：文档类、图形类、图片类、视频类、各种多媒体类型的信息等；从工具来说，更是数不胜数：交流工具、查询工具、学习工具等。互联网实际上已经成为一个知识和资料的储备库。设计人员要进行产品设计，除了 CAD 等工具外还需要产品设计的专业知识，这些专业知识可以来自团队其他人的经验，也可以来自于自己的知识积累，还可以来自于网络上的各种信息。

充分利用互联网的信息，可以大大提高设计效率，少走弯路。例如设计一个新产品，在需求分析阶段，除了直接面向用户调研，也可以通过网络进行调研，在需求确定的情况下，可以查询同类产品当前国际国内的技术前沿，功能做到什么程度，什么人在做，便于设计人员将最新的技术应用于产品设计。在方案设计和详细设计阶段，遇到具体的技术问题，可以借助于互联网查询、利用知识地图请教专家；在设计过程中，设计和协作伙伴的交流、信息的发布等都可以依靠互联网进行。在软件开发方面，网络上典型的算法、免费共享的应用系统等各种开放软件包都给用户提供了高效的工具。

庞大的网络信息催生了语义查询、图形查询和知识管理的发展。在产品的 CAD 过程中，目前通过网络查询有用信息的准确率还较低，不能满足用户设计过程中网络信息共享的要求，尽管如此，网络信息资源的共享还是非常有价值的。图 3-5 是一种网络信息共享与过程设计的示意图。

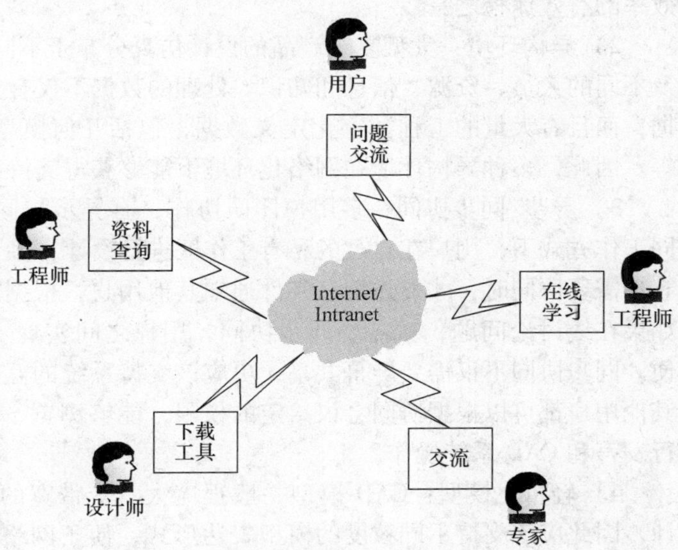

图 3-5　网络信息共享与过程设计示意图

3.1.3　CAD 系统的网络化

从 20 世纪 60 年代到 90 年代末期，CAD 系统基本上都是面向单机单用户的体系结构，仅能支持单个设计者的独立设计和人机交互。进入20世纪80年代，计算机网络和Internet技术的不断普及和发展，对软件的开发环境和开发技术都产生了巨大的影响，促使CAD系统逐渐从传统的单机单用户系统向以网络为中心的分布式多用户系统转变。

1998年，国际权威杂志《CAD》在出版的专辑——《Network-Centric CAD》中，提出了以网络为中心的CAD的概念，以网络为中心的CAD是涉及实体造型、计算几何、数据库、分布计算和远程通信等多个学科的交叉研究领域。以网络为中心的CAD应当支持全球化产品开发小组成员（包括设计、制造、销售、管理等）以并行的方式交换信息，并在产品生命周期全过程中进行协作。随着Internet和分布式计算技术的出现和快速发展，设计和制造活动的分布化更加普遍，只有分布式的CAD技术才能满足这种需求。因此21世纪的设计和制造环境将会非常依赖以网络为中心的CAD技术。

众多研究者分析了目前协同CAD存在的问题和对未来网络化CAD的期望与设想：当前CAD系统的缺陷是不能很好地支持多人共享同一产品模型并行开展工作，今后的CAD系统着重提高复杂机械产品的协同设计效率。未来的分布式CAD设计环境将不再是单一的CAD系统，而是一组分布、共享的设计工具。分布式CAD设计环境将经历3个发展阶段：第一阶段是实现现有遗留CAD系统之间的协作，包括设计信息的共享和交换，以及基于CORBA的功能互操作；第二阶段是将新技术（如并行工程和WWW技术等）集成到现有CAD系统中；第三阶段实现以网络为中心的、可配置的分布式CAD系统。网络化将是CAD系统的发展趋势之一。

3.1.3.1 CAD系统的网络化需求

协同设计的需求和产品研发采用的现代设计模式都对CAD系统提出了新的要求。CAD系统的主要网络化需求如下：

1）多机多用户：协同产品开发团队是一个群体性、交互性、分布性和协作性的群体，一个复杂产品需要团队全体成员协调有效工作才可提高效率，而多机多用户并行工作是提高效率的有效途径之一。

2）异构环境：大型复杂产品的设计仿真分布于不同的地域，采用不同的CAD系统，涉及不同的人员、资源、信息和知识。处理的数据不仅有文字、图片、声音等常规的多媒体数据，而且有大量的工程数字化定义数据，包括几何模型、仿真结果、工艺文件、物料清单等。因此，多种异构环境在网络化环境下能够获得支持。

3）异步/同步协同：多用户团队协作，有异步与同步两种方式供用户选择。在异步协同工作方式下，用户在自己的私有工作区进行设计，多个用户可以并行工作，互不干扰，只有当需要协同时，才发送消息邮件通知其他用户，根据协同任务获得相关的信息进行处理。如果在线讨论问题，就需要同步协同，用户之间实现“你见即我见”，消除异地引起的不便。同步协同不仅需要屏幕共享，更应该支持系统的互操作，任何一个用户在本地的操作，其他用户都可以根据协同会议给定的权限，能够浏览、批注、查询CAD模型和数据，并进行发言和CAD系统操作。

4）轻量化模型：CAD模型一般很庞大，受带宽的影响难以在网络上传输实现协同设计，因此应该支持不同粒度的模型表达形式，便于网络传输。轻量级CAD模型的出现是网络CAD的一个必备功能。数据的安全性也需要轻量化模型，屏蔽掉CAD原始模型的特征参数。

5）信息沟通与协同工作：基于异步协同模式的沟通可以通过 E-mail 和发送消息机制，发布产品数据。基于同步协同模式，可以有不同的信息沟通形式：屏幕共享、即时消息、语音、视频，也要支持高级的协同造型等。

6）协同工具集：在 B/S 结构下，能够协同查询，即查询产品模型的特征参数、装配约束参数、BOM 结构树和属性等；协同批注，即在协同会议上可直接在产品模型上进行标记说明，发表意见和建议；协同浏览，即在网络上同步浏览相同的模型；协同造型，即讨论方案时多个用户可以同时对一个模型进行造型操作。

表 3-1 对传统 CAD 系统和网络化 CAD 系统进行比较，列出了它们之间的区别。

表 3-1　CAD 系统和网络化 CAD 系统的区别

比较对象	传统 CAD 系统	网络化 CAD 系统
用户环境	单机/单用户	网络/多用户
工作模式	异步工作方式	异步/同步工作方式
协同方式	通过电话、E-mail、会议	通过网络协同设计系统
网络环境下模型传输	CAD 模型	轻量级模型
系统结构	独立系统	分布式系统
设计过程	独立	互相协调
交互方式	人-机交互	人-人交互

3.1.3.2　网络化 CAD 与协同工程

产品设计和开发是一个复杂、反复的过程，协作性是产品设计和开发过程的明显特征。20 世纪 90 年代，为了缩短新产品开发周期（Time），提高产品质量（Quality），降低设计生产成本（Cost），加强售后服务（Service），满足环保要求（Enviroment）即围绕 TOCSE 提出了并行工程和敏捷制造等先进设计思想。这一阶段，人与人之间通过计算机网络、数据库进行数据交换，但是并行工程仅仅满足于在设计人员之间交换数据，而忽略了设计人员之间交流思想、共享知识的需要，因此不能很好地支持产品创新设计。

鉴于此，出现了“协同工程”（Collaborative Engineering）的思想，协同工程要求有效地支持跨时间、跨地域、跨学科的多功能小组的协同工作，实现不同领域的知识共享和设计思想交流。与并行工程相比，协同工程更加突出人的作用，强调相关活动的各方面人员（包括设计、制造、销售、管理、维护人员，甚至最终用户）的协同工作，协同工程思想认为在未来的全球化企业竞争中，只有使来自不同专业领域、具有不同经验技能的专家彼此间共享知识、交流思想、激发灵感，才能有效地实现产品设计的创新——“协同创新”。

协同工程是一种分布式产品设计和开发模式，它对传统的设计手段和设计工具提出了新的要求，需要为用户提供实时、在线的协同讨论和问题求解的协作工具和环境，使得“概念设计→细节设计→工艺分析→加工制造→市场销售→最终用户”的全过程人员都能够为产品的开发做出贡献。Internet 和网络通信技术的发展极大地缩小了时空对人类的限制，正所谓“天涯若比邻”，使得全球化产品开发和协同工程逐渐成为可能。

3.2 网络化产品设计

3.2.1 产品设计方法的类型划分

1. 产品设计方法

产品设计方法的类型有很多种分类，从先进性来说，有传统设计方法和现代设计方法之分；从设计过程的并行性来说，可以分为串行设计和并行设计；从用户环境来说，可以分为单用户设计和分布式协同设计（或网络化协同设计）。现代设计方法主要借助于数字化设计手段和新的设计理念，分成很多类型：虚拟设计、并行设计、优化设计、反求设计、协同设计、绿色设计、方案设计、模糊设计、稳健设计、智能设计、创新设计、优势设计等。图3-6给出了产品设计方法大致包括的内容。每个设计方法还可以进一步细分，例如智能设计中包括了基于实例的设计、基于专家系统的设计和基于知识的设计；协同设计包括了异步协同设计和同步协同设计。按照设计阶段的任务，一个设计过程还可以细分为方案设计、详细设计、工艺设计、工装设计等；按照设计对象可以分为产品设计、工艺设计、工装设计等，每一个还可以再次分解。这些设计方法并没有严格的定义，而是强调设计方法侧重在某个方面起主要作用。在产品设计中，这些设计方法并不是孤立地使用，而是若干种结合起来，例如协同设计和并行设计方法的结合就形成了并行协同设计方法，表示在过程上是并行的，环境和方法上是网络化和集成化支持的。

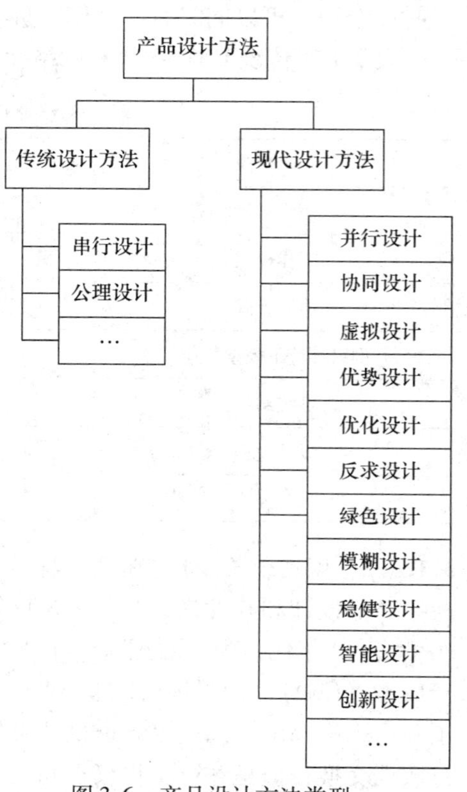

图3-6 产品设计方法类型

2. 协同产品设计的特征

参考文献［22］对并行设计和协同产品设计之间的关系进行了分析。图3-7所示协同产品设计主要有以下几方面的特征：

1）协同小组的成员不仅来自不同学科领域，而且隶属不同的企业，形成协同开发小组。

2）不仅要求跨学科领域协作，而且要求构成跨地域、多学科领域的协同网络。

3）计算机环境的异构性更加明显，导致表示产品信息的数据格式更加多样，而产品开发过程必须建立在权限控制的信息共享基础之上。

4）协同小组成员之间的协作方式更加丰富，同步与异步并存，串行与并行交错，多学科领域异地设计者间的同步协同有时是必不可少的，由此对通信提出了更高的要求。

5）产品设计过程中某些活动需要其他企业执行，导致远程的过程形成、控制、协调和

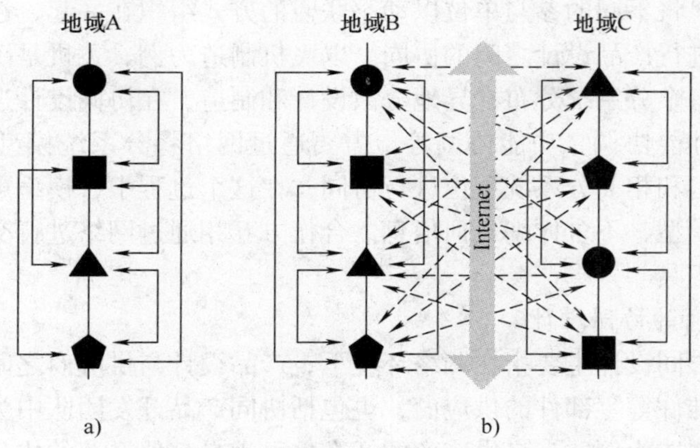

注：不同形状的黑点代表来自不同领域的协同开发小组成员
←→ 表示同地域不同领域的组员间的协同
←--→ 表示异地多领域的组员间的协同

图 3-7　并行设计和异地协同设计对比示意图
a）并行工程为同地、跨领域的纵向协同　b）协同产品设计构成异地、多领域的协同网络

通信。

6）产品开发过程更趋动态：产品开发步骤、进度、工作人员的安排、设备状况等均在发生动态变化，为使协同产品开发能顺利进行，必须能方便有效地处理这种动态性。

根据产品设计目标的不同，针对网络环境下的协同设计有不同的设计模式。在这里，协同设计也有广义与狭义之分。广义的协同设计是一个大的范畴，它以设计为中心，将产品全生命周期涉及的与设计相关的活动均包括在内；狭义的协同设计一般指产品设计，特别是指产品设计的网络化 CAD。

（1）面向过程链的协同设计

面向过程链的协同设计主要指在网络环境下利用 CAD/CAPP/CAM 系统协同进行的产品设计、工艺设计、工装设计、数控编程等，协同设计活动多数情况下工作在异步协同设计过程中，由产品数据管理平台提供产品数据的组织和管理功能。产品设计人员通过平台和网络，将产品信息预发布给 CAPP 和 CAM 工程师，由他们对产品模型进行 DFA 和 DFM 分析，并将意见通过网络反馈给设计师，以对产品进行修改。在这个过程中，从事 CAD、CAPP、CAM 的协同团队成员通过网络利用协同批注、协同浏览、协同查询等工具进行信息交流，对于异地的协同团队，必要时在同步协同设计环境下借助语音、视频、白板、协同造型等工具，召开协同会议进行设计方案讨论。

（2）面向客户需求的协同设计

面向客户需求的协同设计主要指在网络环境下，初始的需求分析和产品推向市场后的需求反馈与设计之间的协同，它通过网络将产品性能和相关信息发布给客户，使得客户对产品有所了解并且提出新的需求和建议，需求经过分析转化为功能设计，在这个过程中不断和用户通过网络进行交流，必要时采用语音、视频、白板等工具。

（3）面向虚拟企业合作的协同设计

面向虚拟企业合作的协同设计主要指在网络环境下，虚拟企业之间的协同设计，为了完成一个产品的设计，将不同的参与单位以动态联盟的方式组织在一起，在设计过程中，虚拟企业成员通过网络进行产品设计之间的协同。以飞机制造为例，飞机是一个复杂大系统，由很多分系统构成，每个分系统分布在异地分散设计和制造，在协同设计过程中，各分系统之间存在装配协调、性能协调、功能协调等，需要通过网络将分系统模型传输给飞机设计部门，由飞机设计部门和相关分系统单位进行协同，在这个过程中，模型可能是轻量级的，仅有装配所需的外壳模型，不含详细几何信息。合作方互相通过网络进行交流，必要时采用语音、视频、白板等工具。

（4）面向供应商的协同设计

面向供应商的协同设计主要指在网络环境下，产品设计与供应商之间的协同，这里的供应商既包括提供标准件等零部件的供应商，也包括协同产品开发团队中为产品总装厂提供部件的企业。以飞机制造为例，来自供应商的标准件、来自其他企业的成品件都可以按照供应链协同设计，在这个过程中设计者和协作者通过网络进行交流。

3.2.2 产品设计过程与网络化

3.2.2.1 产品设计过程

产品设计过程有狭义和广义之分，狭义的产品设计过程仅指产品本身设计过程，而未考虑工艺设计和工装设计过程。这种产品设计过程始于需求分析止于详细设计，而把工艺设计和工装设计归入制造环节。广义的产品设计过程，是从虚拟制造的角度，把实际制造过程之前所有能够在计算机上设计和仿真的数字化工作都归入设计的范畴，包括产品设计、工艺设计、工装设计、加工和成型设计等，产品设计和工艺设计不再被割裂开来，更有助于设计的协同和并行。下面是一种广义产品设计过程包含的内容。

1）需求分析阶段：需求分析是产品设计阶段的首要任务，为产品功能设计和性能设计提供依据。在此阶段通过和客户协同，产生详细的需求分析报告，进行可行性论证，形成产品开发计划和市场规模分析，并为后续设计提供设计任务书。这个阶段结束的标志是通过可行性论证和设计任务书的评审。

2）初步方案设计阶段：根据需求分析和设计任务书，进行初步方案设计、功能分析以及工艺总体方案可行性分析。在此阶段，产品设计、分析人员和工艺人员进行协同，对初步方案的可行性进行论证和评审。这个阶段产生总体设计方案，新工艺、新材料、新方法的制造方案对设计方案的影响和约束通过多方协同，最后形成可行的总体方案并通过评审。此时的总体方案并没有详细的几何模型和工艺参数，主要是功能设计方案。可以对方案设计进行系统分析和仿真，预测方案的性能。

3）详细设计方案阶段：对产品功能设计细化，变成结构上的确定解，该阶段产生具有结构几何参数的三维 CAD 模型，并且以三维 CAD 模型为输入源，分析人员进行各种功能和性能仿真，工艺人员进行 DFM/DFA 分析，使得在保证功能和性能的前提下，满足可制造性和可装配性的要求。这个阶段形成不同的小循环（功能性能分析—设计更改，工艺分析—设计更改），不断优化设计，完成的标志是通过详细设计的工艺评审，根据实际的需要直接输出三维模型到 CAM，或者提供必要的二维工程图。

4）工艺设计阶段：根据产品设计结果、初步工艺方案和企业制造资源，进行详细工艺设计（包括工艺流程、冷热加工工艺、装配工艺、检测工艺等）和工装设计。在这个阶段可能会发现新的问题，需要和产品设计人员进行协同，对设计提出更改，从设计过程转入更改流程。

5）工装设计阶段：工装设计主要是根据设计模型进行各种工装零、组件设计，包括刀具、量具、夹具、模具等。工装的输出结果为三维 CAD 模型。工装作为零件可能存在二类工装设计，即为工装的工装进行设计制造。

6）数控加工设计：根据工艺要求，在三维设计模型的基础上计算 NC 数控加工刀具轨迹，并进行加工仿真分析。

7）成型工艺设计：针对依靠模具成型（压铸模、铸型、锻模）的制造方法，根据工艺要求进行成型仿真，如冲压成型仿真、铸造充填过程仿真、锻造过程仿真、焊接仿真等。

综上所述，产品设计过程是一个有序的工作程序，它已不再是设计领域内孤立的技术问题，而是综合了产品设计各相关领域（如产品设计、仿真分析、工艺设计等）、相关过程（并行设计过程、协同设计过程）、相关技术资源（方法、知识、工具）、相关支撑环境（网络化协同、产品数据管理、标准规范）和相关组织形式（不同学科领域的并行设计小组、跨企业协作小组）的系统化的过程组织、管理问题。整个设计过程体现了产品开发的并行性、协同性、集成性。设计过程中的每一阶段都会通过评价形成修改意见，反馈到上游某一阶段，整个过程经常循环多次。图 3-8 所示为产品设计过程示意图。

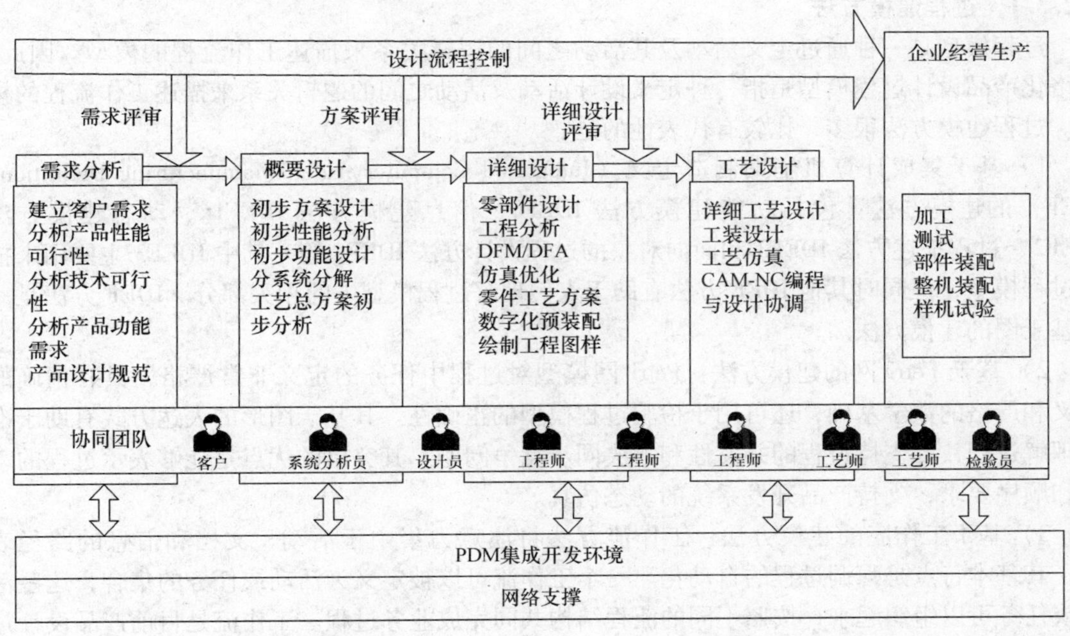

图 3-8　产品设计过程示意图

3.2.2.2　产品设计过程中的网络化

网络化产品设计过程的基本原理反映出产品开发的阶段性、工作过程的协同性、信息共享的方便性和设计过程的集成性。主要表现为：

1）产品设计贯穿需求分析、方案设计、详细设计、工艺设计过程，产品设计一部分在企业内、一部分在企业间进行，产品数据通过网络进行传输，协同过程通过网络统一管理。

2）产品设计过程的协作采取以协同团队成员不同程度参与的方式，成员可能是跨企业的，也可能是企业内不同部门的，成员之间的交流借助于网络（基于网络的会议、信息发布，方案的协同讨论，模型的协同批注、协同浏览、协同查询、协同建模、语音、视频、白板等各种软件工具），网络不仅仅是简单的传输数据的高速公路，而被赋予了更多的功能。

3）企业之间的协同以计算机辅助工具（CAX）、面向下游的分析工具（DFM、DFA）、面向功能和性能的仿真工具（各种 CAE 系统）、过程管理工具（工作流管理）和产品数据管理（PDM）平台、网络支撑环境为基础，实现多用户、多学科、异构应用程序的集成。

3.2.3 网络化产品设计过程的建模

网络化产品设计过程由于受工作环境异地分布性以及设计团队的广泛协同性影响，从一开始就处于信息交流和协同的环境，因此在设计阶段处理和交换的信息量大为增加。网络化产品设计过程是由产品的设计活动按照设计过程的进程要求组成的，设计活动体现了创造性思维，因而属复杂思维活动，而设计过程受到各种因素（如人员、组织、协作交互、资源环境、设计对象等）的影响形成了复杂的设计活动关系。如何描述和表达产品设计活动，形成一个有效的跨企业的设计流程，并为设计流程的管理奠定基础，首先需要进行过程建模。

3.2.3.1 过程建模方法

过程模型是一种通过定义活动及其活动之间的逻辑关系来描述工作流程的模型。因此，网络化产品设计过程模型是指一种定义设计活动及活动之间的逻辑关系来描述工作流程的模型。过程建模方法很多，比较有代表性的是：

1）基于集成计算机辅助制造定义（Integrated Computer Aided Manufacturing Definition，IDEF）的建模方法：包括功能建模方法 IDEF0、信息建模方法 IDEF1x、动态建模方法 IDEF2、过程描述方法 IDEF3 和面向对象的过程设计方法 IDEF4 等。其中 IDEF3 主要用来描述过程模型，但同时其他 IDEF 方法有助于人们理解过程模型中的相关部分。IDEF 方法是一种基于图的建模方法。

2）基于 Petri 网的建模方法：Petri 网模型对过程中任务的定义非常严格，具有精确的语义和严格的数学基础，还可用于检验过程模型的正确性。其基于图形的表达方式有助于准确理解过程，并支持过程的并发性和解决同步竞争问题。其突出的优点是能够表示过程的动态和顺序要求，支持产品开发系统的动态仿真。

3）基于工作流的建模方法：工作流方法将注意力集中于活动、文档和信息的路径表示，其基本特点是强调过程的自动化。一个工作流可以被定义为活动或任务的集合，这些活动或任务可以组织起来，按照不同的流程结构共同完成业务过程。工作流是目前产品设计过程建模、流程管理应用最为广泛的方法，一般的 PDM 系统都支持工作流建模，实现设计过程的集成。

4）基于集成多视图的产品开发过程建模：建立一个集成的并行工程过程模型框架，通过信息视图、功能视图、组织视图、资源视图等分别描述集成开发过程中的相应内容。该模型很好地体现了产品开发过程的团队性、协作性和动态性的组织特点，较好地反映了产品及其开发过程中多方面的信息。模型框架还反映整体过程以及不同视图之间的关系，视图反映了过程模型的某个方面和侧重点不同的内容细节。

5）基于PSL的建模方法：PSL是一种基于本体论的、实现异构应用系统间过程信息自动交互的标准语言格式，是一种面向制造业的过程规范语言，它与以前过程描述方法的最大区别就是提出了本体论的概念，建立了一个无歧义的过程描述词汇集。PSL本体包括PSL核心和PSL扩展两部分内容。PSL本体是对制造过程信息抽象的总结，通过PSL核心与扩展两部分内容的灵活应用，能够对复杂的过程信息进行表达，同时可以描述过程中其他的相关信息，利用XML输出手段，还可以将PSL建立的过程模型输出为标准的共享格式，在应用系统间共享过程信息。因此，PSL可以作为对制造过程的过程信息建模和表达的方式。

3.2.3.2　产品协同设计过程对工作流模型的需求

不同的建模方法各有利弊，而工作流建模是应用比较多的一种方便的工具，因此首先分析产品协同设计过程对工作流建模的需求：

1）集成性：应能够方便地与协同团队组织模型和资源模型集成。

2）易用性：应支持可视化工作流建模，可视化的工作流定义语言形象直观，易于理解，简化了模型的创建和分析工作。协同产品开发工作流模型一般宜采用基于活动的建模方法，因为它更符合工程活动的特点。

3）层次性：应支持任务的逐步分解和动态细化。产品开发项目在不同的实施阶段应使用不同粒度的任务来描述，要求工作流模型能支持不同抽象级别的任务表示，抽象级别高的任务应能逐步分解成具体任务。另外，因为有些任务执行和分解细节在过程运行时才能确定，所以工作流系统应具有工作流模型动态求精和任务动态细化的功能。这种工作流模型表示的层次性特征不仅符合人们认识事物的规律，而且便于模型的模块化管理和重用。

4）完备性：应针对不同的任务执行特征，区分各种任务类型。协同产品开发中的任务可以从不同的角度进行分类：从执行任务的代理类型来看，可分为人工任务和自动任务；从任务粒度来看，可分为任务、批处理任务和嵌套任务；从任务耦合程度来看，可分为独立任务和协同任务；从事务处理角度来看，可分为事务性任务、完全补偿任务、部分补偿任务和关键任务等。一个好的工作流模型应能清晰地描述各种类型的任务，适应不同应用场景的需求。

5）控制流表达能力：对现实中的各种过程执行路线，应具有足够的表达能力。协同产品开发的过程结构复杂，特别是按照并行工程的思想，增加了产品开发过程中的小循环来增强对阶段工作的分析和评价，因此环结构在工作流模型中是必不可少的。有时候，基于图结构的工作流建模语言不能或难于明确表达特定任务间的控制约束关系，就要使用更灵活的表达方式，如基于规则的表示方法，来增强模型的控制流表达能力。

6）柔性：应支持工作流的柔性执行。产品开发过程的动态性决定了工作流管理系统应能适应变化的环境，即支持工作流的柔性执行。一般而言，工作流模型总是在某种程度上体现了工作流执行的需求，因此它也应具有柔性。这种柔性包括很多方面：如允许不完全的工作流定义，而后在执行时逐步完善；任务分配规则的定义；对工作流模型动态更改的支持等。虽然这些内容与工作流执行的关系更密切，但是及早在建模时考虑它们，对系统实现至关重要。

7）数据流表达能力：应能很好地描述任务间的数据传递特征。协同产品开发中所处理的数据很多，包括模型文件、更改单、数控程序代码文件等，这些数据对柔性工作流管理系统（Flexible Workflow Management System，FWfMS）来说是应用数据。它们不能被工作流执行服务软件使用，只与应用或工作流运行期间的用户任务关联，工作流管理系统（Workflow Management System，WfMS）应对这些数据的流动路线和访问情况进行管理。WfMS 运行时还要使用工作流控制数据和相关数据，工作流相关数据参与任务路由选择条件的构建和应用调用方法中参数的赋值。所以工作流模型中，应对工作流应用数据和相关数据的类型和使用、变化情况进行详细定义。

8）正确性：应能对模型结构进行正确性校验。建模早期若能最大程度地保证工作流模型结构正确，则会大大降低运行时产生错误的可能性，从而减少因纠错而造成的巨大损失。模型结构正确性校验以图论为理论基础，还应适量考虑具体的应用语义，这方面难度很大。

9）规范性：应能用符合标准的描述语言来表示。可视化的工作流模型需要转化成文字表示，即用文字式的过程定义语言描述，这种描述应符合 WFMC 的 XPDL 标准，这样才能保证模型的通用性。

3.2.3.3 产品协同设计过程建模

这里主要介绍以工作流建模的方法表达协同设计过程模型，将协同设计过程分解为活动（或任务）的组合，工作流模型由基于活动的方法表达，因为它与人们进行流程设计的习惯最为相似。

基于活动的方法将过程归结为一个由活动和子活动组成的网络，分为过程逻辑和任务逻辑两部分：过程逻辑着重描述活动（或任务）间的控制依赖关系；任务逻辑着重定义具体活动或任务执行时所需的细节信息，包括信息对象、执行者绑定、事件处理器、应用工具等。这两部分的定义通常是相互交织的。基于活动的方法一般使用图/网结构的定义语言来描述，节点表示活动，状态作为条件附着在边上。

协同设计产品开发过程的一般建模步骤如下：

1）对设计过程进行分析，去掉不增值的活动，在顶层根据过程的工作流程，定义每个活动的输入信息。

2）根据每个活动的信息，定义过程模型中的活动模型、信息模型以及功能模型，并确定它们之间的相互关系。其中，通过连接符表达过程或活动之间的相互关系，这些关系需要反映协同并行过程的特点。信息模型可定义活动的数据信息等，功能模型可定义模型中使用的实体和资源（活动的行为者、活动的输出信息、活动的启动和结束条件，以及完成活动需要使用的应用系统，如 CAD、DFM/DFA、CAE 等）。

3）如果存在复杂活动，将复杂活动分解为子过程，对每个子过程按照步骤 1 和步骤 2 继续进行建模。

4）进行过程仿真和分析，并根据一定的条件（如循环时间、效能、风险、活动成本等因素）对过程进行评价分析和评估，从而判断所建立的过程模型是否恰当。

在上述建模过程中，采用自顶向下逐步细化的形式，而且在细化过程中也需要多方协同，在过程和子过程之间进行协调。

3.2.3.4 协同设计的过程协作、信息协作和应用协作

产品协同设计在 3 个方面体现协作：过程协作、信息协作和应用协作。

1. 过程协作

复杂产品的协同设计过程的协作方式可以有多种形式，如图 3-9 所示。

1）链式关系：不同企业承担产品协作任务，每个企业都要根据其实际情况对任务进行

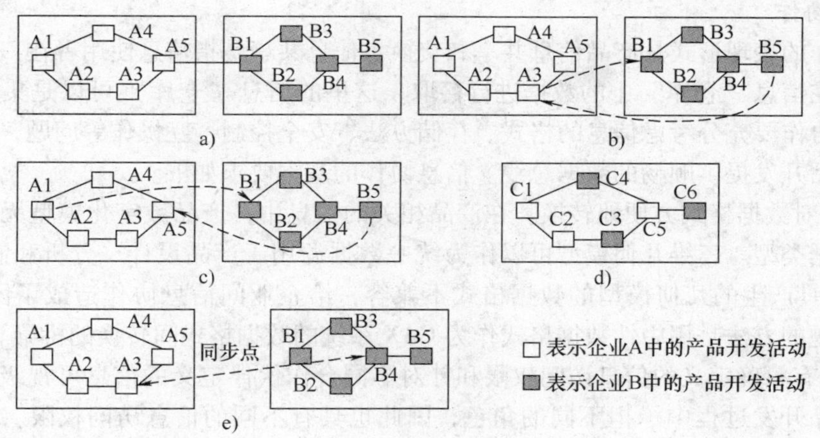

图3-9　企业间协同产品开发过程协作方式

a）链式关系　b）嵌套子过程（同步调用）　c）异步调用　d）对等关系　e）并行同步

分解和求精，形成产品开发子过程，如图3-9a所示。这种协作方式的过程互操作比较简单，只要在不同企业间传递数据和时序控制信息即可。由于每个企业承担的产品开发子过程在执行时相对独立，与其他企业没有信息交换和远程方法调用，因此只能对协同产品开发进行有限的支持。

2）嵌套子过程：这种协作方式也称为同步调用，它以某企业中进行的产品开发过程（称为主过程）为主体，将某些任务外包给协作企业执行，外包任务作为整个产品开发项目的子项目，其过程（称为子过程）在协作企业中形成。嵌套子过程的主要特点是：主过程以任务的形式封装了整个子过程，主过程在调用或启动子过程后需等待子过程返回的执行结果，然后才能继续进行。如图3-9b所示，企业A中的活动A3就是调用企业B中子过程的同步调用点。

3）异步调用：这种协作方式与嵌套子过程类似，区别仅在于主过程与子过程的互操作方式不同。异步调用主过程执行到特定点后，启动（请求）某子过程，之后，它并不等待子过程执行完成并返回结果，而是继续与子过程并行、独立地执行，直到达到特定同步点后，接收子过程返回的信息。图3-9c中，活动A1为异步调用点，A5为返回同步点。

4）对等关系：多个企业协同完成产品开发项目，其关系对等，如图3-9d所示。在开发过程中表现为活动步骤几乎均匀地分布于不同企业中执行，企业间的通信频繁，并需要对这种分布式过程进行统一控制和协调。一般而言，这种协作模式在系统管理、安全性、执行恢复等问题上较难处理。

5）并行同步：m个企业中的过程独立地启动运行，其中企业i中的过程p_i的当前状态为s_i，它所包含的某个同步点为sp_i，则对所有的过程有状态集合S：$\{s_i, 2 \leqslant i \leqslant m\}$和同步点集合$SP$：$\{sp_i, 2 \leqslant i \leqslant m\}$，当$S = SP$（即$s_i = sp_i$）时，过程才能分别继续进行，否则就要暂停，直到该条件满足为止，此时，过程p_i，$2 \leqslant i \leqslant m$，在同步点集合$SP$上并行同步。这种协作模式主要用来描述过程间存在数据和控制依赖的情形，如图3-9e所示，过程A中活动A3的执行需要过程B中活动B4以前的某些执行结果，反之亦然。

2. 信息协作

信息协作的表现形式是产品信息共享和交换。信息共享是指信息使用者在一定的约束条件下对存储在信息“仓库”中的数据进行存取，这里的信息“仓库”可以是集中式或分布式的。信息协作要充分考虑信息的格式、存储方法、安全控制、互操作等问题，只有这样才能为协同产品开发提供顺畅的数据总线。信息协作的基本要求如下。

1）能够对数据格式方便地转换。在产品相关的信息中，产品数字化模型无疑是最为重要的产品数据类型。三维几何模型可以作为统一数据源用于产品设计、分析和制造。然而，不同 CAX 工具产生的几何模型的数据格式不兼容，给企业间信息协作造成了困难。目前，解决这一问题的方法是用中性数据格式作为 CAX 系统的数据格式间转换的桥梁。

2）需要有精确定义的信息访问权限和针对不同合作伙伴定义的信息可视级别。协同团队成员在产品开发过程中承担不同的角色，因此也具有不同的信息访问权限。在权限控制下，为不同合作伙伴提供不同的信息可视级别，保护企业信息的私有性和自治性。为了实现对信息访问完全的控制，信息可视级别应具有不同的粒度，特别是细粒度的信息对象访问权限控制显得更加重要。以几何模型的访问控制为例，三维 CAD 模型是信息最为完整的信息，需要提供访问权限控制，根据协同伙伴的不同，可以用轻量化模型、三角形逼近模型屏蔽掉 CAD 模型的敏感的关键信息。

3）联邦式的信息管理构架，透明地存取和管理分布在各地的产品信息。涉及多个企业的产品协同设计，产品信息的存储和管理方法有 3 种形式：集中式、分散式和联邦式。集中式采用中心数据库和全局数据共享系统存储和管理产品数据，团队成员在产品开发时需要通过网络从（向）中心数据库获取（存储）各种产品数据。虽然这种方法具有容易管理、便于维护、数据冗余小、一致性高等优点，但是远程的数据存取对网络带宽要求很高，而且集中式结构不利于企业保护私有数据和技术机密，并容易产生性能瓶颈，服务器负担很重，一旦中心数据库或全局数据共享系统崩溃，整个产品开发过程就会中断。分散式方法与集中式正好相反，它在每个企业中都设立自己的数据库和管理系统，团队成员的数据操作主要在本地完成，只有当需要与其他企业信息交换时，才即时匹配协作方，并发出请求，获取数据。虽然分散式方法消除了集中式方法的一些缺点，但是同时也丧失了其优点，而且当分属不同企业的团队成员执行的任务间耦合程度较高时，分散的数据存储缺乏统一管理，不能满足数据频繁交换的需求，使得数据交换的效率变低。

“联邦式”方法是以上两种方法的综合，是一种比较合理的信息管理构架。如图 3-10 所示，它按照产品信息的从属关系，将它们物理上分布地存储在不同协作企业的数据库中，并由本地信息管理系统控制。同时，它为信息交换提供了一个数据的全局视图，由全局产品信息共享系统维护。该全局视图记录了各种物理数据的链接和产品全局数据关系，它们随协作企业本地数据操作而改变。这样，一方面协同团队成员可以方便地对本地数据进行存取和管理，另一方面也能在需要

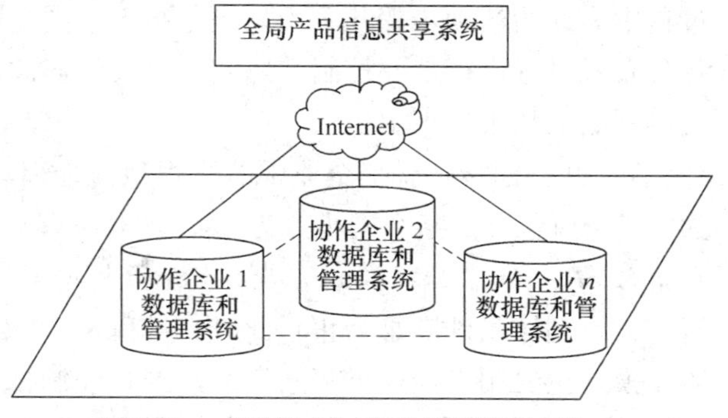

图 3-10 “联邦式”产品信息管理架构

时通过全局产品信息共享系统与其他企业透明地交换数据，这就同时满足了不同耦合度的过程协作的需求。联邦式方法兼具集中式和分散式方法的优点，同时具有管理灵活、可扩展性强、动态性好等特点，能够很好地满足协同产品开发的需求。

3. 应用协作

应用协作是指参加协同产品设计的应用软件之间的协作，它可以在工作流的控制下自动完成（如任务类型为自动时），也可以通过协同成员使用协同软件工具完成。实际上，应用协作就是利用具有协同功能的工具完成特定产品开发活动的过程。

1）同步协同：同步协同为协同成员之间交流思想、激发灵感、整合知识提供了可能，但是对网络带宽的要求较高。为了保证同步协同过程不产生冲突，还要提供合理的并发控制和协调机制。

2）异步协同：同步协同有时受到某些限制，如实现技术、网络带宽、人员缺席等，难以实现，而且产品设计过程中大部分活动是异步协同，如工艺人员对设计人员设计的零件模型进行可制造性分析、审查，使用批注工具表达自己的意见，并把批注信息存储起来供他人查阅。此时，每个人都拥有自己的工作空间，并相对独立地工作，通过信息和知识共享实现协同工作。这里的协同过程没有严格的结构，比较灵活，以信息和知识共享为重点。

3.3 产品模型与网络化计算机辅助造型

3.3.1 产品模型的几何表达与轻量化

3.3.1.1 产品几何模型类型

产品数字化模型是产品信息的载体，蕴涵了产品功能信息、性能信息、结构信息、几何信息、装配信息、工艺和加工信息等。数字化产品模型中，产品生命周期中不同阶段的人员都可以获得所需的内容。信息的表现形式主要以几何模型和非几何信息为主。传统的设计方法中，早期的设计方案、功能描述基本上以文档和简单草图表示，这一阶段以人的智能为主；在详细设计阶段，产品信息以工程图纸为载体，零件的几何形状、产品的装配、与加工相关的工艺要求等都表示和标注在图纸上。随着数字化设计技术的发展，目前的产品模型已经以三维实体模型为主要表现形式，以特征为模型的创建方法，以参数化来支持模型的修改能力，以属性和其他各种形式表示工艺等所需的非几何信息。

在产品模型中，最重要的是几何模型，它作为设计信息的载体，表达了设计师的设计意图。在网络化协同设计过程中，仅有CAD模型是不够的，根据不同的需要，产品几何模型可以分为不同的类型。

1）精确几何模型：在CAD系统中，设计人员建立的3D模型均采用精确几何模型的表达形式，这是由产品的功能要求、性能分析、工艺等方面的需求决定的。精确几何模型表达的要求是：采用1:1的尺寸造型，公差部分不体现在三维造型中，这些尺寸作为参数化设计的参数控制模型的尺寸约束和参数修改；强度分析、质量分析、装配干涉分析等都需要精确的几何尺寸；工艺的数控加工刀具轨迹计算也需要精确的几何模型。由CAD系统构建的精确几何模型承载的信息内容很多，包括几何约束与几何尺寸、造型历史、特征、参数、拓扑信息、几何信息，以及层、颜色、坐标系等属性信息。这是一个非常庞大的信息模型。对于精确表达的模型，浏览模型和信息查询必须在创建该模型的CAD系统下才能有效工作。例如，在UG下的CAD模型，用UG系统打开，可以获得所有的完整信息。

2）中性格式几何模型：为了解决不同CAD系统之间的模型共享，而提出的一种和CAD平台无关的模型表达形式，最常用的是IGES、STEP、DXF等。这种模型的特点是：和CAD平台无关，因而是连接不同CAD/CAE/CAM系统之间的桥梁；几何和拓扑信息比较完整，但是特征信息几乎全部丢失，虽然像STEP这样的接口具有表达特征的能力，但是不同CAD厂商的特征表示和处理方法不同，难以在特征间进行转换；由于几何信息相对完整，可以被用来进行进一步的处理，包括数控加工代码的计算、有限元分析等，适合较大范围的CAD/CAE/CAM系统之间的模型共享和数据交换，具有较好的通用性；模型容量和原CAD模型的容量没有明显的差别，因此不属于轻量型模型。

3）专用转换几何模型：为了在指定的CAD/CAE/CAM系统之间进行转换的模型表达形式，如Parasolid格式、UG-CATIA之间的专有格式等。这种模型的特点是：以转换精度和转换正确性为目的，在相关的CAD系统之间进行转换；这种转换的维护代价比较大，一旦其中的一个CAD版本升级，就需要进行相应的版本升级换代。

4）多边形几何模型：为了达到显示目的和特殊要求的模型表达形式，如VRML、STL格式等。其主要特点是：采用三角形逼近物体表面，模型存储量相对CAD几何模型小，显示速度快；多用于显示等特殊情况；由于表面是三角面片逼近因而难以在CAD/CAE/CAM系统中直接使用，如数控加工计算需要具有自由曲面表达等几何信息模型，需要开发转换程序；不含有CAD模型中表达实体的拓扑信息和几何信息，难以查询精确的尺寸，如查询一个圆柱体的直径。

5）轻量化模型：轻量化模型是为了适应协同设计和网络传输的需求而提出的一种容量小且不失所需信息，并且具有中性文件格式特点的模型表达形式。在协同设计过程中，产品全生命周期的各个阶段对模型的需求是不同的，有些需要CAD模型的完整信息，如参数化特征设计必须在CAD系统下进行；有些需要几何外形，如不同CAD系统之间零件的装配需要零件外形信息和装配约束的几何信息；有些仅需要显示模型，如网络环境下浏览模型和装配工艺仿真；有些需要保护知识产权，给出简化模型等。因此，出现了各种形式的轻量化模型表达。

3.3.1.2 轻量化产品几何模型

为了能够在网络环境下对CAD几何模型进行发布和快速浏览，许多CAD公司都推出专用的几何模型压缩格式以及浏览工具，以方便用户在Web环境下浏览自己专有格式的CAD几何模型，如UGS的JT格式、SolidWorks的eDrawing（包括edrw、epart和easm格式）、Autodesk的DWF格式、Spacial公司的HOOP3D和Actify 3D View等。这些文件格式的优点是具有较高的压缩比，适合于网络环境下的传输。

在集中式协同设计系统的架构下，服务器端的几何模型是精确的几何模型，不适合于网络环境下的传输和显示，因此一般采用将服务器端的几何模型转变成轻量化中间模型的方法，通过网络传递再由客户端进行处理和显示。如上所述，现有的轻量化中间模型表示方法主要有CAD厂商发布的专用几何模型压缩格式。下面介绍一种轻量化中间模型的表示方法。

1. 几何元素表示

服务器端的几何元素，不管是曲线还是曲面都是精确表示，由CAD系统生成；而客户端的几何元素则采用近似表示。对轻量化中间模型而言，有两个基本要求：

1）应便于客户端的处理，能够方便地转变成为客户端的曲线曲面表示方法。

2）轻量级模型，数据量小，因为中间模型是通过网络传输给客户端的，较小的数据量能够降低网络负担，提高系统的实时性。

一般地，将CAD系统中的曲线曲面划分为两种类型：初等解析曲线曲面和自由型曲线曲面。初等解析曲线包括直线、圆弧、圆、圆锥曲线等；自由型曲线主要指的是NURBS曲线。初等解析曲面包括平面、圆柱面、球面、圆锥面、圆环面等；自由型曲面一般指的是NURBS曲面。在CAD系统中，初等解析曲线和曲面一般都具有非常简单的描述方法，自由型曲线曲面的描述方法则比较复杂。

中间模型中曲线和曲面的表示方法如下：

(1) 曲线的表示

轻量化中间模型中对曲线的处理分为两种情况：初等解析曲线和自由型曲线。

1）初等解析曲线：直接采用其曲线的几何属性进行表示，例如，圆弧可以用圆心、半径、起始角、终止角、圆弧所在平面的法向量等表示。

2）自由型曲线：由于自由型曲线的描述一般比较复杂，所需要的数据量也比较大。可以采用离散的折线段表示，即在服务器端将自由型曲线离散成为折线段，这样可以省去客户端对自由型曲线的离散处理工作。

(2) 曲面的表示

在实体模型的B-rep表示方法中，面通常由一组边界环、面的几何性质和方向定义。对于初等解析曲面的表示方法，考虑到中间模型在传输过程中同时传输了边（曲线）的信息，所以这里仿照B-rep方法来表示面，即采用环和面的几何性质来表示。为了与真正的B-rep表示相区别，称中间模型中面的表示方法为基于环的表示。由于服务器端CAD几何模型本身就是基于B-rep表示的，所以很容易从CAD几何模型获得面的环和几何性质等信息。

对于自由型曲面，由于其数学描述比较复杂，所需要的数据量比较大，所以采用三角面片的方法进行表示，自由型曲面的表示方法中也有环的信息。

面的基于环的表示与三角剖分如图3-11所示。与基于三角面片的表示方法相比，基于环的表示方法的优点是可以节省存储空间。考虑图3-11a中所示的平面，该平面具有一个外环（由边*e*1、*e*2、*e*3、*e*4组成）和一个内环（由边*e*5、*e*6、*e*7、*e*8组成），如果用环的方式来表示，用8个整数就足够了，即使加上面的方向信息，再加上3个浮点数即可，所以总共需要8个整数加3个浮点数。

图3-11b显示了该平面三角剖分的一种结果，该平面被划分成为8个三角形。这8个三角形可表示为：

点的序列：*P*1，*P*2，*P*3，*P*4，*P*5，*P*6，*P*7，*P*8。

三角形序列：*T*1（*P*1，*P*2，*P*5），*T*2（*P*2，*P*6，*P*5），*T*3（*P*2，*P*3，*P*6），*T*4（*P*3，*P*6，*P*7），*T*5（*P*3，*P*7，*P*4），*T*6（*P*4，*P*7，*P*8），*T*7（*P*4，*P*8，*P*1），*T*8（*P*1，*P*8，*P*5）。

总共需要：8个点+8个三角形=8×3个浮点数+8×3个整数=24个浮点数+24个整数。

图3-11c是在图3-11a上添加了一个圆形内环构成的面，图3-11d是图3-11c三角剖分的

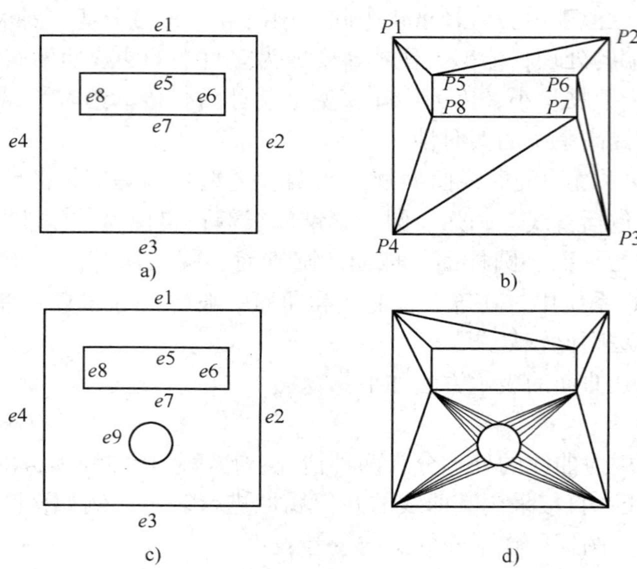

图 3-11 面的基于环的表示与三角剖分

a）带有内环的面 b）三角剖分的一种结果 c）增加圆形内环的面 d）图（c）三角剖分的一种结果

结果，总共有28个顶点，30个三角形，增加了20个顶点，22个三角形。用环的方式表示的时候只需要增加一个内环即可，实际上是一个整数。显然，采用环的表示方法大大节省了数据量。

2. 模型存储

轻量化中间模型采用XML语言进行存储。使用XML存储中间模型信息应遵循一定的格式，以保证XML文档的有效性。为此定义了DTD如下：

```
<?xml version="1.0"encoding="UTF-8"? >
<!ELEMENT Edge (EdgeID, EdgeDes) >
<!ATTLIST Edge
  type (LineType | ArcType | ConicType | SplineType) #REQUIRED >
<!ELEMENT EdgeID (#PCDATA) >
<!ELEMENT EdgeDes (#PCDATA) >
<!ELEMENT EdgeList (Edge+) >
<!ELEMENT Loop (#PCDATA) >
<!ATTLIST Loop type (OuterType | InterType) #REQUIRED >
<!ELEMENT Loops (Loop+) >
<!ELEMENT Face (FaceID, Loops, FaceDes, FaceDir) >
<!ATTLIST Face
  type (PlaneType | CylinderType | ConeType | SphereType | TorusType |
     SplineFType) #REQUIRED >
<!ELEMENT FaceList (Face+) >
<!ELEMENT FaceID (#PCDATA) >
<!ELEMENT FaceDes (#PCDATA) >
```

```
<!ELEMENT FaceDir (#PCDATA)>
<!ELEMENT Faces (#PCDATA)>
<!ELEMENT Feature (FeatureID, FeatureName, FeatureType, Parameter, Faces)>
<!ATTLIST Feature
   type (Block | Cylinder | Cone | Sphere | SimpleHole |etc) #REQUIRED>
<!ELEMENT FeatureID (#PCDATA)>
<!ELEMENT FeatureName (#PCDATA)>
<!ELEMENT FeatureType (#PCDATA)>
<!ELEMENT Parameter (#PCDATA)>
<!ELEMENT FeatureList (Feature+)>
<!ELEMENT Part (EdgeList, FaceList, FeatureList)>
<!ATTLIST Part
   xmlns: xsi CDATA #REQUIRED
   xsi: noNamespaceSchemaLocation CDATA #REQUIRED
>
```

3. 与其他方法的结果比较

不同的表示方法有各自的特点，这里对上述介绍的轻量型中间模型表示方法与其他的模型表示方法进行对比，用于对比的零件几何模型如图3-12所示。模型1是一个比较简单的零件，但是具有较多的球面、锥面和柱面等。模型2相对比较复杂，但是具有较多的平面。模型3具有较多的平面、球面和柱面等。模型4具有复杂的自由曲面。轻量化中间模型表示方法（下面称为XML方法）与原几何模型（UG模型）、VRML、JT格式所生成的文件尺寸的比较结果见表3-2，从中可以得出几个结论：

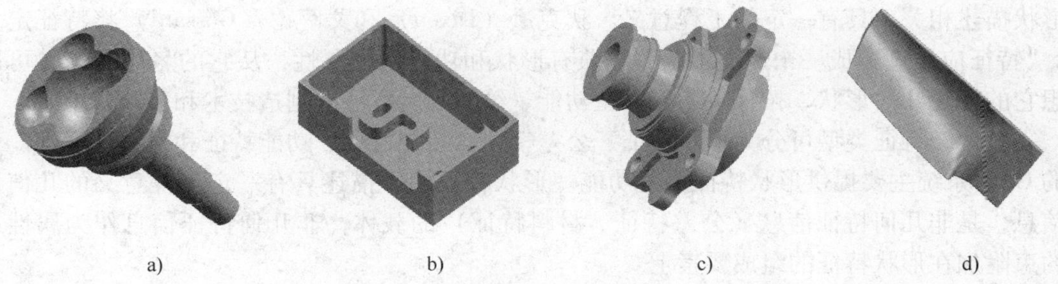

图3-12 用于对比的零件几何模型
a）模型1 b）模型2 c）模型3 d）模型4

1）基于XML方法所生成的文件尺寸非常小，与VRML格式相比能够减少大约50%～95%的数据量。

2）对于平面较多并且面的边界多为直线的零件（如模型2），相对减少的文件尺寸较少，主要是由于这类零件三角网格化后，所生成的网格比较少。

3）对于自由曲面较多的零件（如模型4），XML方法所生成的文件尺寸也比较大，因为XML文件包含了较多的三角面片信息。

4）对于球面、柱面、锥面和环面比较多或者曲面边界多为曲线的零件，相对减少的文件尺寸比较多，主要是由于这类曲面的三角网格表示所需要的数据量比采用环的表示方法所需要的数据量多。

表 3-2 不同表示方法之间对比 （单位：KB）

模型表示方法 / 零件模型	UG 模型	VRML	JT	XML
模型 1	102	174	135	11
模型 2	335	44	44	21
模型 3	389	155	140	20
模型 4	244	233	369	102

3.3.2 以网络为中心的 WebCAD 特征造型与网络化传输

在协同设计过程中，网络环境下的同步协同应用主要是在异地协同的方案讨论会议中。在讨论过程中需要对模型进行修改并进行示范，所有参加会议的协作者都可以看到修改过程，或者自己发表修改意见进行操作。因为需要复杂的操作控制以及基于特征的操作，所以协同造型是比协同查询、协同批注、协同浏览更加复杂的协作过程。

3.3.2.1 以网络为中心的 WebCAD 特征造型

1. 传统的参数化特征造型方法

几何造型是 CAD 系统的核心功能之一，三维 CAD 的几何造型方法先后经历了线框造型、曲面造型、实体造型、特征造型等几个发展阶段。目前主流的商业化 CAD 系统采用的造型方法都是参数化特征造型技术。

目前，关于特征还没有一个明确的定义。人们对于特征共同的认识是：特征与零件的几何形状描述相关，具有一定的工程意义。狄克逊（Dixon）和戈萨德（Gossard）将特征定义为："特征应该理解成一个专业术语，它兼有形状和功能两种属性，从它的名称和词义可以联想它的特定几何形状、拓扑关系、典型功能、绘图表示方法、制造技术和公差要求。"

一般地，特征类型可分为形状特征、公差特征、装配特征、功能特征和材料特征等。当前的 CAD 系统主要提供形状特征造型功能。形状特征用于描述具有一定工程意义的几何形状信息，是非几何特征信息（公差特征、材料特征）的载体，非几何特征信息作为属性或者约束附加在形状特征的组成要素上。

特征造型就是使用特征构造产品几何模型，利用用户熟悉的专业术语表达设计意图，借助计算机直观地模拟设计结果，灵活地修改设计方案，直到满意为止。

参数化特征造型是将参数化造型思想应用到特征造型中来。参数化造型使用约束和参数来定义和修改几何模型。约束包括尺寸约束、拓扑约束和工程约束，当约束或者参数发生变化时，系统自动修改几何模型。参数化特征造型使用约束和参数驱动特征。约束条件附加在拓扑上，表达拓扑元素的几何关系和连接关系。参数或者约束的修改将相应地改变这些特征的形状及其子特征的形状。

2. 特征模型的建立与描述

在特征造型系统中，特征是构成零件的基本结构，产品几何模型的设计过程就是形状特征的创建和操作过程。以特征方式表示的零件几何模型即为零件的特征模型。特征造型系统通常具有一个基于特征的建模核心，以支持对特征模型的维护。

特征表示通常是通过特征属性来描述特征的，特征的描述属性一般包括特征类型、尺寸参数、约束参数与约束关系、定位参数等，可以用于特征的交互式描述。在参数化特征造型系统中，特征是参数化的几何形体，用户只需要给出或者修改特征的描述信息，就可以实现特征的创建或者修改。

基于特征造型的 CAD 系统通常都提供了一个形状特征类型库，其中的每一个形状特征都对应一个结构上基本不变的形状，如孔、槽等。通过改变形状特征类型的定义参数，就可以构造出各种零部件形状，并且具有一定的工程语义。例如，图 3-13 所示为孔特征 Simple Hole 的参数说明及描述示例，孔特征 Simple Hole 可以通过给定下列参数确定：location、direction、placeFace、diameter、depth、tipAngle。其中，location 为孔的位置，direction 为孔的加工方向，placeFace 为孔所在的平面，diameter 为孔的直径，depth 为孔的深度，tipAngle 为孔的底面锥角。location、direction、placeFace 为孔的定位参数，diameter、depth、tipAngle 为孔的尺寸参数。通过更改这些参数可以修改孔的形状。图 3-13b 是基于 XML 的 Simple Hole 描述示例。

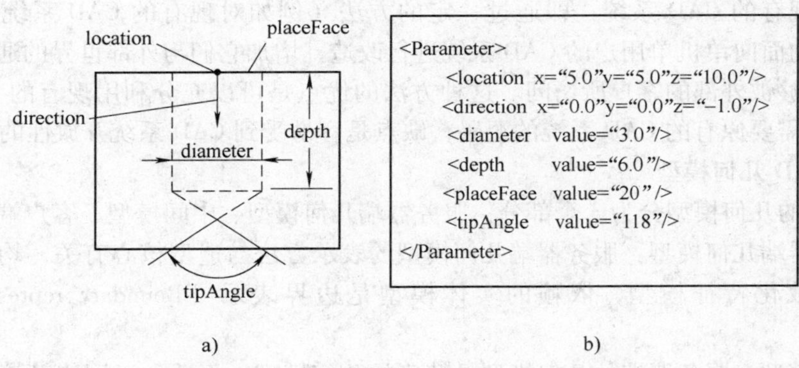

图 3-13　孔特征 Simple Hole 的参数说明及描述示例

a）孔特征 Simple Hole 的参数说明　b）基于 XML 的 Simple Hole 描述示例

3. 客户机/服务器模式的 WebCAD 特征造型

WebCAD 的体系结构是一种客户机/服务器的结构。服务器端拥有几何造型核心和真正的几何模型，所有与造型有关的操作命令必须由服务器解释执行，客户端只负责几何模型的显示和用户的交互。造型操作是由用户在客户端通过鼠标、键盘操作与用户界面交互构造的以特征为基础，包括特征的创建、编辑、删除等。这里，将由客户端构造造型命令，服务器端解释执行的特征造型方式称为以网络为中心的特征造型。

以网络为中心的特征造型是一种“请求—应答”的造型过程，如图 3-14 所示，用户在客户端构造特征造型命令，通过网络发送给造型服务器，请求造型服务器执行，造型服务器执行造型命令，更改服务器端的几何模型，生成轻量化中间模型（见第 3. 3. 1. 2 节），然后

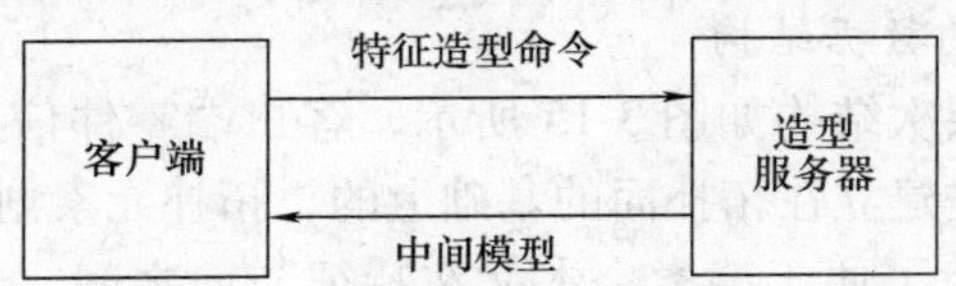

图 3-14　基于客户机/服务器模式的造型过程

将这个中间模型作为结果返回给客户端。

4. 基于分布式对象技术的造型服务器

由于所有的造型命令都必须由造型服务器实现，所以造型服务器的功能和性能将对整个系统的功能起决定性的作用，功能上主要表现在能够处理的几何造型命令类型的多少，性能上主要表现在处理造型命令所需要的时间的长短，生成中间模型的快慢程度等几个方面。

为了实现以网络为中心的几何造型，将 CAD 的几何造型功能模块独立出来，形成造型服务器，以服务的方式对外提供造型功能。造型服务器的实现主要有 3 种方法：

1）独立开发的造型服务器：在几何引擎（如 ACIS）的基础上进行二次开发，用 CORBA 技术封装为分布式对象对外提供服务。

2）对现有的 CAD 系统进行源码级的改造：在现有自主开发的 CAD 系统的基础上，对源码进行改造，将与造型相关的部分独立出来开发成为分布式的组件，对外提供造型功能。与第一种方法相比，这种方法的优点是造型功能已经实现，只需要将造型功能独立出来就可以实现造型服务。这种方法主要适用于有源码的 CAD 开发者。

3）封装现有的 CAD 系统：即通过一定的方法（例如对现有的 CAD 系统进行二次开发），将现有的面向单机单用户的 CAD 系统进行改造，增加它们与外部世界的通信接口，使其造型功能能够被外部的客户所访问。这种方法的优点是可以充分利用现有的 CAD 系统的功能，同时不需要原有的 CAD 系统的源码，缺点是容易受到 CAD 系统开放性的限制。

5. WebCAD 几何模型

WebCAD 的几何模型分为 3 个部分：服务器端几何模型、中间模型、客户端几何模型。

1）服务器端几何模型：服务器端几何模型的表示方法与造型核心有关，均采用的是基于历史的参数化特征模型，依赖的实体模型是边界表示（Boundary representation，B-rep）法。

2）中间模型：服务器端的几何模型是精确的几何模型，不适合于网络环境下的传输和显示，因此一般采用将服务器端的几何模型转变成中间模型的方法，由客户端进行处理和显示。

3）客户端几何模型：WebCAD 客户端的主要功能之一是几何模型的显示和用户交互，客户端几何模型的数据结构对于几何模型的显示和用户交互具有重要的作用。客户端几何模型是在服务器所生成的中间模型的基础上创建的。WebCAD 服务器端的几何模型主要用于支持几何模型的精确表示和快速、高效的几何建模，数据结构一般比较复杂，不便于客户端的直接使用。

为了有效地支持以网络为中心的特征造型，需要一种轻量级的客户端几何模型表示。轻量级的几何模型表示方法涉及客户端几何模型的数据结构，曲线、曲面的轻量表示及数据结构，曲线、曲面的显示，拓扑元素的关系表示与数据结构，基于特征的数据组织方法等问题。

（1）客户端几何模型的数据结构

客户端的几何模型的层次结构如图 3-15 所示，客户端零件信息分为特征、拓扑元素和几何元素 3 个方面。特征是建立在拓扑面的基础上的，拓扑元素划分为面、边两个层次，几何元素包括曲线和曲面。为了便于搜索，本文在特征与面之间、面与边、拓扑面与几何曲面、拓扑边与几何曲线之间都建立了双向查询机制。

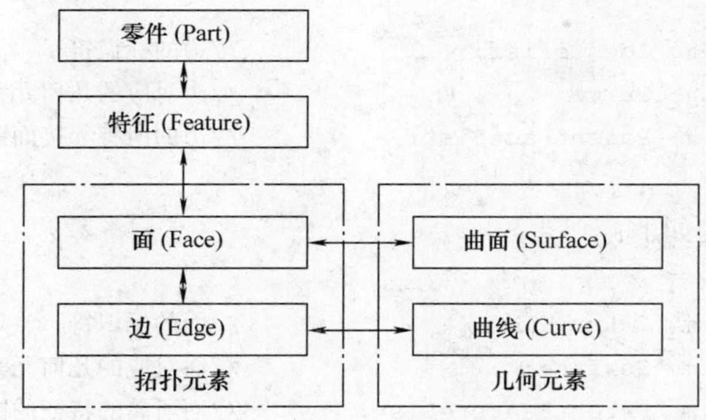

图 3-15 客户端几何模型的结构

零件的数据结构如下：

```
public class PartBrep {
    String          m_ Identifier;                  //零件标识符
    LinkedList      m_ FeatureList;                 //特征表
    LinkedList      m_ FaceList;                    //拓扑面表
    LinkedList      m_ EdgeList;                    //拓扑边表
    HashMap         m_ EdgeIdentifierToCurve;       //拓扑边标识与曲线对象之间的映射关系
    HashMap         m_ FaceIdentifierToSurface;     //拓扑面标识与曲面对象之间的映射关系
};
```

(2) 客户端曲线、曲面的轻量表示

WebCAD 客户端的几何元素包括曲线（Curve）和曲面（Surface），不包括点。曲线、曲面表示是 CAD 中的重要内容，是 B-rep 数据结构中的重要组成部分。几何模型的显示主要是曲线、曲面的显示，曲线、曲面的表示方法对于几何模型的显示效率具有决定性的作用。

曲线、曲面轻量表示的目的主要有以下几个方面：

1）追求曲线表示的统一性和曲面表示的统一性，便于数据结构的组织，便于曲线、曲面的表达。

2）便于曲线、曲面的显示。

3）减少曲线、曲面表示所需要的数据量。

考虑到客户端曲线和曲面表示的最终目的是为了显示，而一般的曲线和曲面在显示的过程中都需要进行离散处理，可以考虑直接采用离散化的方式进行表示，即将所有的曲面都离散为三角面片，所有的曲线都离散为折线段的方式进行表示。经过离散处理之后，曲线能够用折线段近似地表示，曲面可以用三角面片近似地表示。如果需要曲线或者曲面的精确表示可以通过服务器查询获得。

曲面和曲线是直接用于客户端图形显示的，可直接采用 Java3D 技术来实现。

(3) 拓扑元素的表示

WebCAD 客户端几何模型的拓扑元素包括面和边，不包括 B-rep 中常见的壳、环和顶点元素。拓扑边的数据结构如下：

```
public classEdge {
    String        m_ Identifier;                  //边的标识符
    Curve         m_ Curve;                       //边对应的几何元素
    LinkedList    m_ ParentFaceList;              //边的所有邻接面链表
};
```

拓扑面的数据结构如下：

```
public class Face {
    String        m_  Identifier;                 //面的标识符
    Surface       m_ Surface;                     //面对应的几何元素
    LinkedList    m_ ParentFeatureList;           //面所属的特征的链表
    LinkedList    m_ EdgeList;                    //面所包含的边的链表
};
```

(4) 特征的表示

WebCAD 客户端特征的数据结构如下：

```
public class Feature {
    String        m_ Identifier;                  //特征标识符
    String        m_ Name;                        //特征名称
    String        m_ FeatureType;                 //特征类型
    LinkedList    m_ FaceList;                    //特征所包含的面的链表
    …                                             //其他属性，如特征参数等
};
```

在 Java3D 环境下，几何形体的显示是通过 Shape 对象来实现的。由于客户端几何模型的几何元素曲线和曲面都是采用 Shape3D 对象实现的，所以很容易实现客户端几何模型的显示。

在浏览器中显示几何模型时，不仅要将几何模型显示出来，还应该支持用户对特征、几何面和几何边的选择，以满足交互式造型的需要。

利用 Java3D 提供的交互功能，可以实现场景内显示对象的选择。客户端的几何对象是采用 TriangleArray 和 LineArray 构造的几何形体，虽然内部是离散的三角面片或者折线段，但是在交互的过程中，Java3D 会当做一个几何对象来对待，即用户在交互的过程中，只要选择了曲面上的任意一个三角面片就可以选中整个曲面，曲线也一样。

特征的选择需要通过客户端的数据结构来实现。通过搜索客户端的数据结构可以搜索到与特征有关的所有的面，然后实现特征的选择。

3.3.2.2 模型的网络化传输

在异步协同设计中，虽然也希望模型传递速度快，但是产品模型的传递没有同步传递时的时间要求严格，一般经常利用夜间进行模型的同步和传递。在同步协同设计中，三维 CAD 模型能否通过网络快速传递给协作者，对协同设计的同步效果起着决定性的作用。为此，CAD 厂商以及国内外的研究机构、学者先后对 CAD 模型的网上传输进行了大量的研究工作。模型的网络化传输方面主要内容如下：

(1) CAD 模型标准

为了能够在网络环境下对 CAD 几何模型进行发布和快速浏览，许多 CAD 公司都定义了

专用的几何模型压缩格式（JT、eDrawing、DWF 等）。Lattice 提出了一种面向网络的 3D 数据发布格式可扩展虚拟世界描述语言（eXtensible Virtual world description Language，XVL）。XVL 是一种超轻量级 3D 数据表示方法，具有很高的压缩比，并且能够保持很高的精度（0.001 ~ 0.1mm），非常适合于网络传输。但只有 Lattice 自己开发的 XVL Kernel 才能有效地处理 XVL 数据。

（2）基于网格的 CAD 模型传输

目前，人们已经在三维模型的网上传输方面作了大量的研究工作，根据传输几何模型的性质可以分为网格模型传输和非网格模型传输两个方面。在网格模型传输方面，研究者提出了模型简化、几何压缩、流式传输、多分辨率表示等诸多方法，网格模型快速传输技术正在趋于成熟。由于网格模型不是真正的几何模型，不能很好地适用于产品的协同设计环境，缺乏一定的拓扑和几何信息。因此，又出现了通过将 CAD 几何模型转变成为包含一定的拓扑和几何信息的网格模型进行传输的方法。

基于三角网格的模型表示方法 AAB（Attributed Abstracted B-rep）模型是对 STEP 格式的 B-rep 模型的简化表示，它包含了面、边等拓扑和几何对象，因此其可操作的粒度比较小，并且加入了特征信息，使得 AAB 能够支持以网络为中心的特征造型。为了减少网络传输的数据量，采用几何模型简化的方法来减少 AAB 模型的数据量，相对于 STEP 模型，AAB 能够减少大约 90% 的文件尺寸。类似的方法还有简化面边模型。

（3）精确 CAD 模型传输

精确几何模型的网上传输希望 CAD 模型仍然保留完整的信息，如以边界表示模型的流式传输方法。流式传输借鉴了网络多媒体流式传输的思想，首先根据应用需求对 B-rep 模型进行分块，如基于显示的可见顺序对模型进行分块；然后对分割出的每一块采用分层节点图进行编码发送；最后在接收端对接收到的分割块进行解码、重建与显示，从而实现 B-rep 模型的流式传输。流式传输可以减轻网络延迟对协同设计的影响。由于 CAD 几何模型一般数据量都很大，流式传输需要很长时间才能完成，所以它还不是真正的实时传输方法。为了提高协同设计过程中精确 CAD 模型的传输速度，出现了一种 B-rep 模型的增量式传输方法。该方法的特点是只传输几何模型变化的部分，因此可以有效地减少数据冗余，从而大大提高传输速度。该方法分为 3 步：①在每一个造型操作完成之后，借助单元体模型确定出由该操作形成的变动特征体；②将变动特征体编码，发送到接收站点；③在接收站点对变动特征体模型进行解码还原，并与接收站点的当前模型进行合并，生成与发送站点完全一致的 B-rep 模型。该方法具有很快的传输速度，但是缺乏通用性，原因是它必须借助于单元体模型，而目前绝大多数 CAD 系统并不支持单元体模型。基于 B-rep 模型的增量式传输方法还有参考文献［36］。

（4）基于操作命令的几何模型传输

不管是精确的三维 CAD 模型还是网格模型，它们的模型数据都相对较大，因此如果只传输几何操作命令而不是模型本身不失为一个传输量最小的方法。网络上各个站点之间传输的不是几何模型而是操作命令，各个协同站点只需要执行造型操作命令即可重现几何模型，从而实现几何模型的传输。由于本地站点必须执行造型操作命令，所以主要适用于复制式的协同设计环境。例如，基于消息的几何模型同步方法，根据操作命令消息进行传输，并在接收站点重现模型。此外，还可以将用户操作的过程用脚本的方式记录下来，然后发送给其他用户。

基于操作命令方法的不足之处在于主要适用于同构的 CAD 系统。对于异构的 CAD 系统，由于各个 CAD 系统的操作命令集不同，所以给操作命令的理解带来比较大的困难。

由于几何模型的数据量比较大，所以在实现 WebCAD 特征造型的过程中存在着网络负载重、显示延迟较大等问题。为此，出现了增量式传输和渐进式传输等方法。

3.3.2.3 增量式几何模型传输

几何模型变化可以划分为两个层次：特征层和几何层。特征层表现为特征的添加、删除、修改；在几何层表现为面的添加、删除、修改，边的添加、删除、修改，以及顶点的添加、删除、修改。增量式几何模型传输首先要搜索发生变化的特征和几何元素，并且将发生变化的元素发送到客户端。

为方便问题描述，作如下定义：

1）客户端修改前的模型（Client Site Pre-Modified Model，CSPrMM）：客户端向服务器发送造型命令之前的状态。

2）服务器端修改前的模型（Server Site Pre-Modified Model，SSPrMM）：服务器端接收到造型命令时的状态。

3）服务器端修改后的模型（Server Site Post-Modified Model，SSPoMM）：服务器端处理完造型命令之后的状态。

4）客户端修改后的模型（Client Site Post-Modified Model，CSPoMM）：客户端模型变化后的状态。

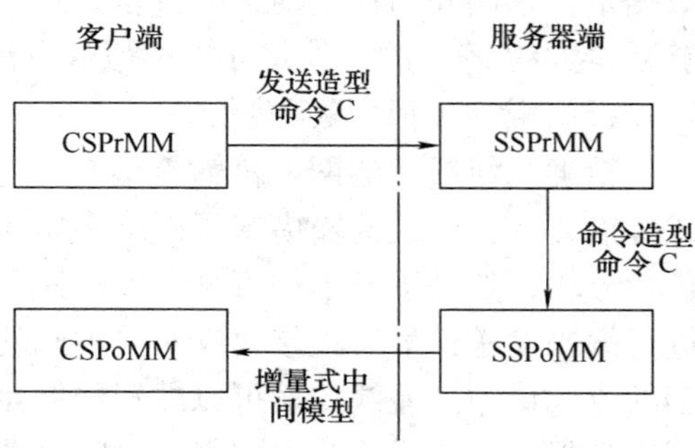

图 3-16 模型变化顺序图

在基于网络的特征造型过程中，客户端和服务器端模型变化的顺序如图 3-16 所示。客户端和服务器端最初的几何模型分别为 CSPrMM 和 SSPrMM。服务器端几何模型在处理完客户端发送过来的命令之后，由 SSPrMM 转变为 SSPoMM，在这个过程中产生几何模型增量，服务器端的可视化模块将几何模型的增量转变成中间模型发送给客户端，可以用公式形象化的表示如下

$$\mathrm{SSPoMM} - \mathrm{SSPrMM} = \Delta\mathrm{M}$$

服务器处理完造型命令之后将几何模型增量转变为中间模型 ΔM′发送到各客户端。客户端接收到增量式中间模型 ΔM′之后，将 ΔM′“添加” 到 CSPrMM 上，得到 CSPoMM。这个过程可以形象化地表示为

$$\mathrm{CSPrMM} + \Delta\mathrm{M}' = \mathrm{CSPoMM}$$

增量式模型传输的两个关键问题是：①如何获得几何模型的增量；②客户端如何将模型的增量“添加” 到在原来的模型 CSPrMM 上。几何模型增量搜索算法用以解决这些问题。

几何模型增量搜索算法步骤如下：

1）在服务器端，首先对没有发生改变的几何模型 SSPrMM 进行扫描，获得模型 SSPrMM 的当前状态 SS（SSPrMM）。

2）执行造型命令 C。

3）对改变后的几何模型 SSPoMM 进行扫描，获得模型 SSPoMM 的当前状态 SS（SSPoMM）。

4）通过比较 SS（SSPrMM）和 SS（SSPoMM）中各个元素的 ID，获得所有增加元素集合 Added_ Entities（C）和所有被删除元素集合 Deleted_ Entities（C）。

5）下面首先搜索变化边以及第一类变化面。

6）令集合 S = Added_ Edges（C），$i=0$，n 为集合 S 中元素的个数。

7）如果 $i<n$，取出集合 S 中的第 i 条边 E_i，搜索边 E_i 的所有相邻面，将不属于 Added_ Faces（C）、Deleted_ Faces（C）和 Modified_ Faces（C）的面加入集合 Mocified_ Faces（C）。

8）令 $i=i+1$，继续步骤 7，直到 i 等于 $n-1$。

9）令集合 S = Deleted_ Edges（C），$i=0$，n 为集合 S 中元素的个数。

10）如果 $i<n$，取出集合 S 中的第 i 条边 E_i，搜索边 E_i 的所有相邻面，将不属于 Added_ Faces（C）、Deleted_ Faces（C）和 Modified_ Faces（C）的面加入集合 Modified_ Faces（C）。

11）令 $i=i+1$，继续步骤 10，直到 i 等于 $n-1$。

12）令集合 S = ES（SSPrMM）∩ES（SSPoMM），$i=0$，n 为集合 S 中元素的个数。

13）如果 $i<n$，取出集合 S 中的第 i 条边 E_i，否则执行步骤 16。

14）查询扫描 SSPrMM 时所记录的边 E_i 的几何信息 E_{i_geo}，与扫描 SSPoMM 时所记录的边 E_i 的几何信息 E'_{i_geo}，比较 E_{i_geo} 和 E'_{i_geo}，如果两者不同，则将 E_i 加入集合 Modified_ Edges（C）。搜索边 E_i 的所有相邻面，将不属于 Added_ Faces（C）、Deleted_ Faces（C）和 Modified_ Faces（C）的面加入集合 Modified_ Faces（C）。

15）令 $i=i+1$，继续步骤 13。

16）至此，第一类变化面搜索完毕。下面搜索第二类变化面。

17）对于包含在集合 FAS（SSPrMM）∩FAS（SSPoMM），但是没有包含在 Modified_ Faces（C）中的所有球面、环面、非规则曲面，逐一比较其曲面方程，对于发生变化的曲面加入 Modified_ Faces（C）。

18）令 S = Modified_ Faces（C）∪*Added*_ Faces（C）∪*Deleted*_ Faces（C），遍历 S 中的每一个面 Fa，逐一搜索包含它的特征 Fe，如果 Fe 不属于 Deleted_ Features（C）、Added_ Features（C）和 Modified_ Features（C），则将 Fe 加入集合 Modified_ Features（C）。

19）至此已经搜索到所有发生更改的特征、面、边，算法结束。

3.3.2.4 渐进式几何模型传输

由于几何模型的数据量一般比较大，在 Internet 环境下，虽然使用了增量式模型传输的方法，但是在模型比较大的情况下，仍然需要用户等待较长时间才能看到结果，尤其是在用户首次加入协同会议时，所有的几何模型都必须进行传输。如何在不减少数据传输量的情况下，让用户尽可能早地看到几何模型，即减少视觉延迟，是渐进式几何模型传输要解决的问题。

(1) 基于模型多分辨率的渐进传输方法

利用模型的多分辨率表示，先传输比较粗糙的网格模型，然后再传输比较精细的网格模型，显示结果逐渐细化。这种方法的不足之处是，多分辨率表示增加数据传输量，加重了网络的负担。

(2) 与视点相关的三维几何数据流式传输技术

将三维几何数据按照视点相关的可见性来进行数据分段和排序。三维几何数据分段排序的基本思想是：根据视点位置和视线方向，判别几何面片的可见性，并按照可见性来对几何面片进行分类和排序，先传送可见的几何面片，后传送不可见的几何面片。通过这种方法，可以将几何模型的传输等待时间减少到原来的10%～30%。这种方法的不足之处主要有：

1）几何模型数据是根据用户视点位置和视线方向进行排序的，用户一旦更改了视点位置和视线方向，就可能导致原来可见面变成不可见面，流式传输的优点将不复存在。

2）只适用单用户的情况，不适用于多人协同工作。因为在协同工作的过程中，各个用户都在独立地对几何模型进行观察，视点不可能完全相同，要实现流式传输，必须针对每一个用户独立构造流式传输数据，加大了数据传输量。

3）算法的预处理时间比较长，不适用于同步协同工作。

(3) 基于线—面的渐进式几何模型传输方法

该方法的基本思想是：

1）先向客户端传输几何模型的线框模型，再传输面片模型。由于线框模型数据量相对较小，所需要的传输时间较短，所以用户能够很快地接收到线框模型，并从线框模型看到几何模型的大致轮廓，减少用户等待时间。

2）在传输的过程中，不论是线框模型还是面片模型都是边传输边显示，显示结果逐渐细化。

3）最后传输与显示无关的数据，如特征数据等。

具体的实现技术如下：采用多线程技术＋XML的SAX解析技术实现渐进式几何模型传输。在WebCAD客户端采用了两个线程：一个用于从服务器接收几何模型数据，称为数据解析线程；另一个用于几何模型的显示，称为显示线程。

数据解析线程采用SAX技术对服务器上的几何模型数据进行解析。简单应用程序接口（Simple APIs for XML，SAX）是由XML_ DEV邮件列表中的成员根据应用的需求，自发定义的一套对XML文档进行操作的接口规范。SAX采用顺序访问机制对XML文档进行串行解析。SAX是事件驱动的，在特定情况下或遇到特定标记时激发事件，由使用者定义的事件处理器对特定的节点进行处理。利用SAX的事件驱动机制，可以编写对初等解析曲线（直线、圆弧、圆锥曲线）节点、自由型曲线节点、初等解析曲面面（包括平面、柱面、锥面、环面、球面）节点、自由型曲面等节点的事件处理函数，一旦接收到这些节点的时候，立即将节点数据以消息的方式传输给显示线程，由显示线程进行处理，同时数据解析线程继续解析后续的XML节点。

显示线程接收到解析线程发送过来的消息之后，立即对曲线曲面数据进行分析处理：将初等解析曲线离散为折线段，然后进行显示；将初等解析曲面离散为三角面片，然后进行显示；对于自由曲线和曲面直接利用服务器提供的数据进行显示。

因此，利用多线程机制可以实现几何模型边传输，边解析，边处理，边显示。渐进式几何模型传输的流程如图3-17所示。

由于中间模型文件中的数据是按照先线后面的方式进行组织的，所以中间模型的解析方式是首先解析线框模型，然后解析后表面模型。

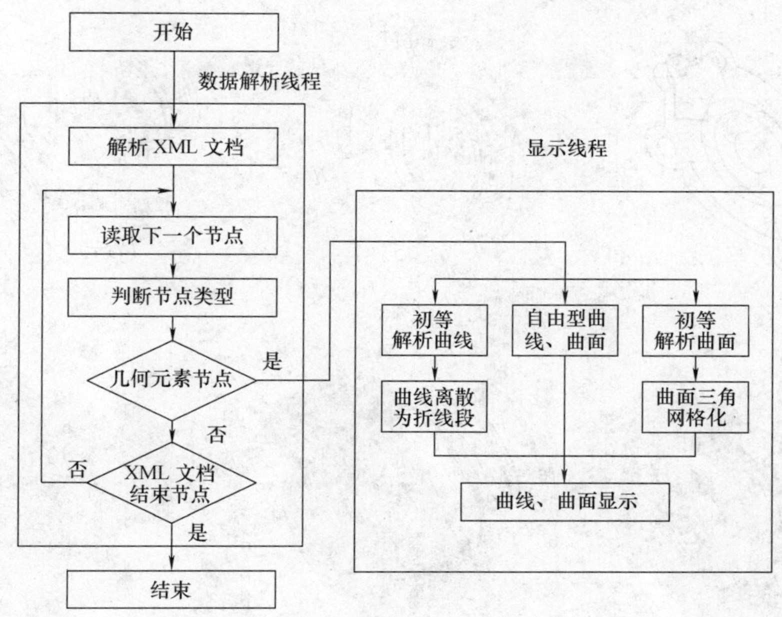

图 3-17 渐进式几何模型传输流程图

图 3-18 是一个渐进式几何模型传输的例子：图 3-18a ~ c 显示了线框模型的渐进传输过程，图 3-18a 和图 3-18b 是不完整的线框模型，图 3-18c 是完整的线框模型；图 3-18d ~ f 显示了表面模型的传输过程，图 3-18f 显示了传输完所有模型数据之后的状态。由图 3-18 可以看出，几何模型的渐进式传输过程为：不完整的线框模型→完整的线框模型→不完整的表面模型→完整的表面模型。所以渐进式传输过程是一个几何模型由不完整到完整的过程。

3.3.3 网络化计算机辅助产品设计的方法

在网络环境下进行产品协同设计，可以是异步协同设计，也可以是同步协同设计。目前的 PDM 系统就是一种能够支持产品异步协同设计的系统。通过网络把产品协同开发的零部件管理起来，在 CAD 造型过程中，以用户个人工作区的零件造型为主，造型过程本身相对独立，只有在相关性和上下文设计中才可能通过网络与其他零部件建立关系。单从几何造型原理看，它与传统的 CAD 原理基本相同。

同步协同设计由于实时性要求很强，而且 CAD 造型的具体过程是在 B/S 结构下多用户同时参与的，因此 CAD 造型过程中的具体操作与 CAD 系统中数据流交叉在一起，体现了 CAD 系统、模型数据库、网络传输、结果显示、交互操作等的融合。

下面分析传统的 CAD 造型系统的数据流，并以此为基础，说明网络 CAD 系统是如何将多用户的 CAD 造型系统数据流进行控制和共享的。

3.3.3.1 传统 CAD 系统的数据流

传统的 CAD 系统是面向单机单用户的人机交互应用系统，系统参考模型如图 3-19 所示，一般由 4 个部分组成。

1）图形用户接口：负责处理用户与 CAD 应用程序之间的对话和交互，是 CAD 应用程序与用户、操作系统之间的输入输出接口。

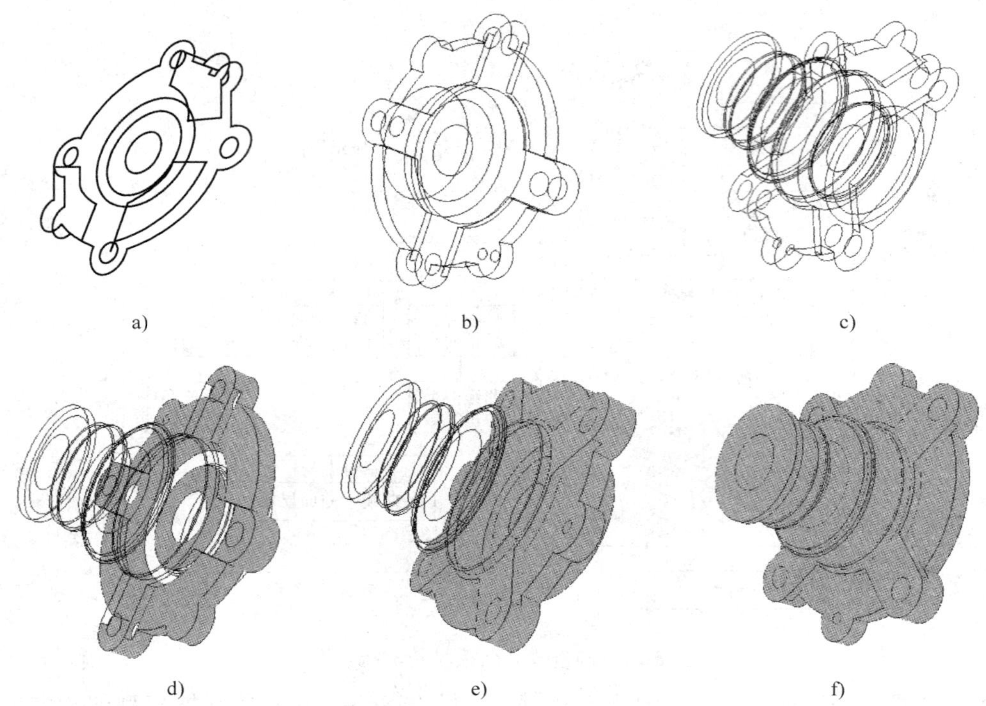

图 3-18 渐进式几何模型传输的例子

a）传输完 40% 的边 b）传输完 70% 的边 c）传输完所有的边

d）传输完 40% 的面 e）传输完 70% 的面 f）最终状态

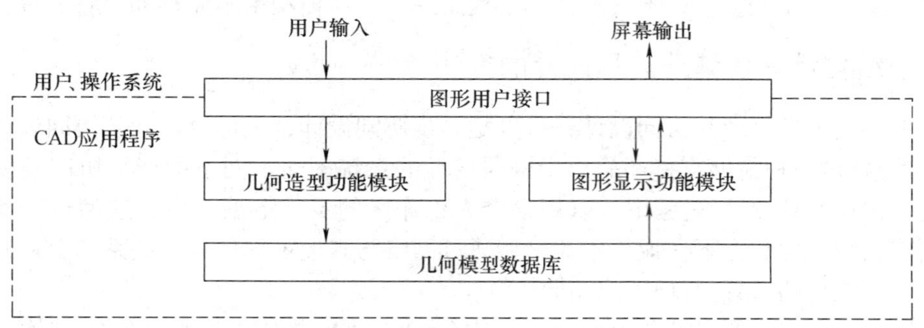

图 3-19 传统 CAD 系统参考模型

2）几何造型功能模块：提供几何造型功能的程序包，图形用户接口通过应用程序接口（API）调用几何造型功能模块的函数功能。

3）几何模型数据库：负责存储和管理 CAD 数据模型。

4）图形显示功能模块：提供 2D/3D 图形显示功能的程序包，图形用户接口通过应用程序接口调用图形显示功能模块的函数功能。

可以将传统 CAD 系统中处理的数据对象抽象为 6 类：设计意图→内部命令→几何模型→显示模型→图形数据→图像数据，图 3-20 表示了传统 CAD 系统从用户输入到屏幕输出全过程的数据流模型。

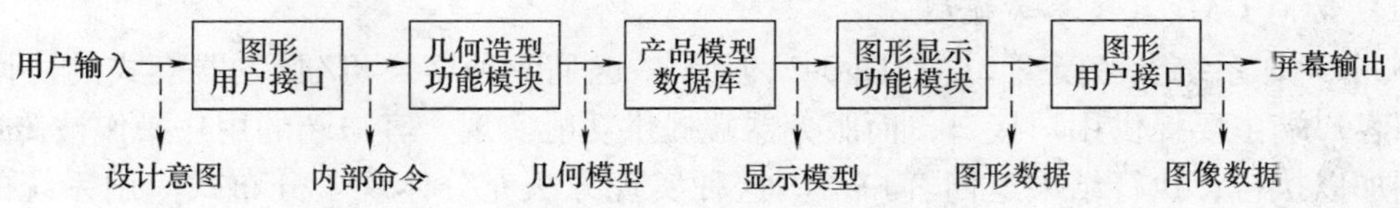

图 3-20　传统 CAD 系统的数据流模型

1）设计意图：反映了用户的设计目标，用户通过图形用户接口与 CAD 应用系统进行交互，通过鼠标点取、菜单选择和对话框输入等多种交互手段，将用户的设计意图传递给 CAD 应用系统，变成 CAD 应用系统可以理解的内部命令。

2）内部命令：是对用户设计意图的形式化描述。图形用户接口按照内部命令调用相应的几何造型功能模块的应用程序接口，将形式化的内部命令转化为实际的造型结果模型。

3）几何模型：记录了设计产品的几何信息和非几何信息，几何模型是造型操作的结果数据。

4）显示模型：是产品模型中与图形显示相关的子视图，CAD 应用系统从几何模型中抽取显示模型子视图用于图形显示。一般地，显示模型就是边界表示模型（B-rep），显示模型描述了几何模型的几何与拓扑信息。

5）图形数据：是指基本图元，通过图形显示功能模块，将描述几何信息的显示模型转化成可以直接用于显示的基本图元。

6）图像数据：是计算机屏幕上显示给用户的输出内容，通过调用低层的图形显示接口，将图形数据以二维图像的方式显示在图形用户接口的窗口中。

3.3.3.2　协同 CAD 系统的参考模型

以传统 CAD 数据流为基础，根据多用户的 CAD 系统数据流不同模型共享的方法，可以有不同的协同 CAD 系统。参考文献［40］给出了 6 种协同 CAD 系统参考模型。

（1）协同 CAD 系统参考模型 1

协同 CAD 系统参考模型 1，如图 3-21 所示。采用命令复制的方法，通过复制用户输入命令来实现多个协同 CAD 应用程序的状态同步。这是一种复制式、协同感知的协同应用系统，能够很好地支持同步协同工作，可以实现显示同步和模型同步功能，基本原理是基于语义共享的实现方法。这种方法的优点是协同应用程序之间耦合度低，网络传输数据量小，适合于低速、窄带宽网络连接条件，缺点是不易于实现共享数据的维护和一致性。

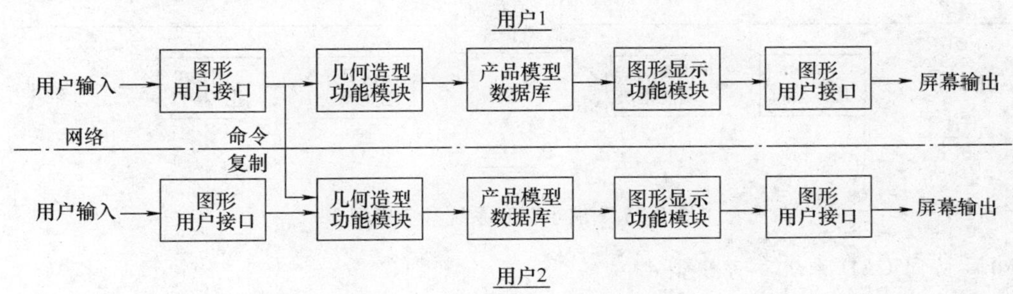

图 3-21　协同 CAD 系统参考模型 1

(2) 协同 CAD 系统参考模型 2

协同 CAD 系统参考模型 2，如图 3-22 所示，这是一种客户机/服务器模式的协同 CAD 系统，客户端主要提供用户接口，而服务器端提供功能实现，客户端的用户操作被传送到服务器端加以执行，执行结果返回客户端。这种实现方法充分体现了分布式应用系统的“接口与功能相分离”的原则。参考模型 2 是集中式、协同感知的协同应用系统，能够支持同步协同和异步协同工作，可以实现显示同步和模型同步功能。这种方法的优点是客户端实现简单，系统功能升级容易，缺点是客户机与服务器之间的大量交互活动是通过网络传送的，对网络性能要求较高，因此只适合于高速宽带网络环境。

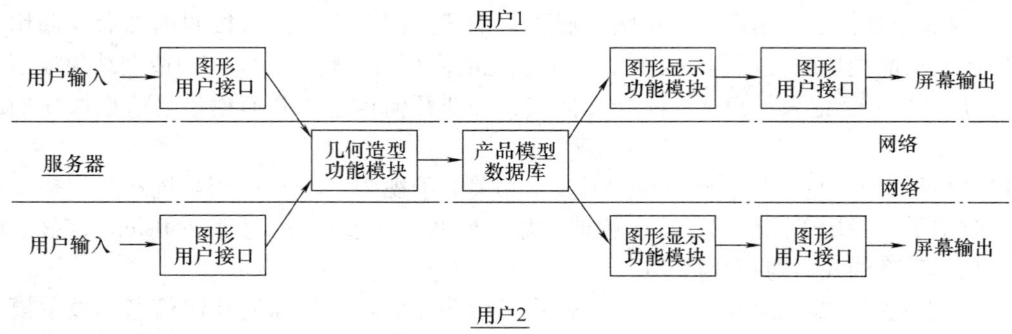

图 3-22 协同 CAD 系统参考模型 2

(3) 协同 CAD 系统参考模型 3

协同 CAD 系统参考模型 3，如图 3-23 所示，这种方法是采用集中的产品模型数据库来实现共享数据管理。如果协同用户的 CAD 应用程序与产品模型数据库使用不同数据格式的产品模型，则需要进行模型数据格式转换。参考模型 3 是集中式、协同感知的协同应用系统，能够支持同步协同和异步协同工作，尤其适合于异步协同工作。这种方法的优点是系统实现简单，易于保证共享数据的一致性，缺点是产品模型通过网络传送，传输数据量大，只适合于高速宽带网络环境。

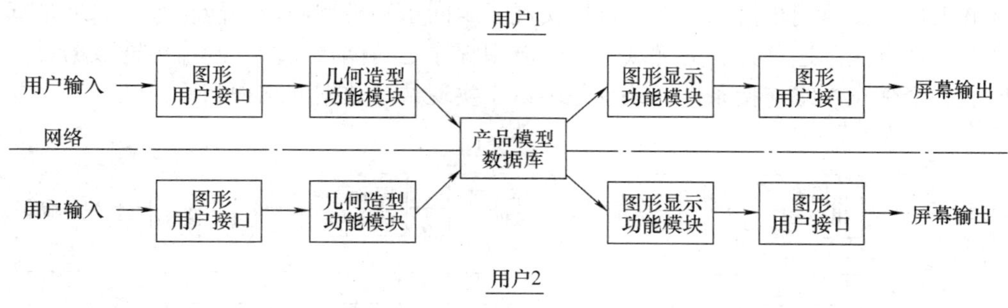

图 3-23 协同 CAD 系统参考模型 3

(4) 协同 CAD 系统参考模型 4

协同 CAD 系统参考模型 4，如图 3-24 所示，通过图形对象的同步共享来实现两个协同应用程序的“你见即我见”。参考模型 4 是复制式、协同感知的协同应用系统，能够支持同步协同工作，可以实现显示同步功能。这种方法的缺点是在图形显示功能模块上实现数据共享，实现比较困难。

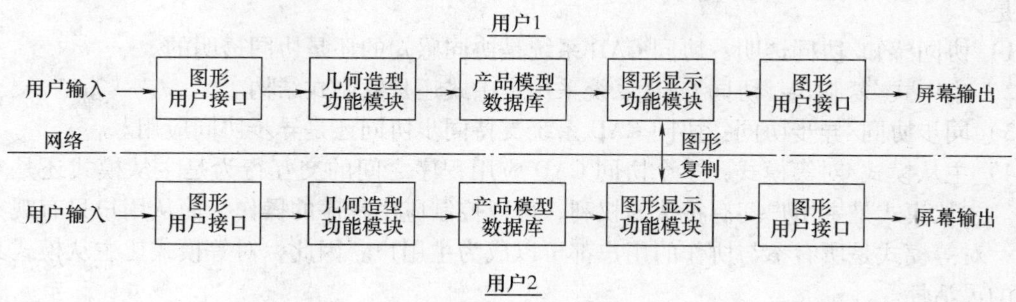

图3-24 协同CAD系统参考模型4

(5) 协同CAD系统参考模型5

协同CAD系统参考模型5，如图3-25所示，采用窗口共享的方法实现多个协同应用程序的同步。参考模型5是集中式、协同透明的协同应用系统，只能支持同步协同工作，可以实现显示同步功能。这是一种通用的CSCW实现方法，缺点是对网络性能要求较高，只适合于高速宽带网络环境。

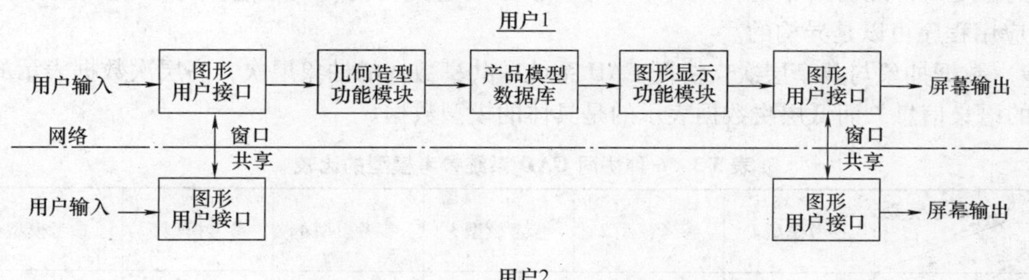

图3-25 协同CAD系统参考模型5

(6) 协同CAD系统参考模型6

协同CAD系统参考模型6，如图3-26所示，采用屏幕共享的方法实现多个协同CAD应用程序的屏幕输出同步。参考模型6是集中式、协同透明应用系统，采用主从交互模式，只能支持同步协同工作，可以实现显示同步功能。这也是一种通用的CSCW实现方法，缺点是只有一个主用户能够操作模型，其他用户只能观察模型，而且对网络性能要求很高，只适于高速宽带网络环境。

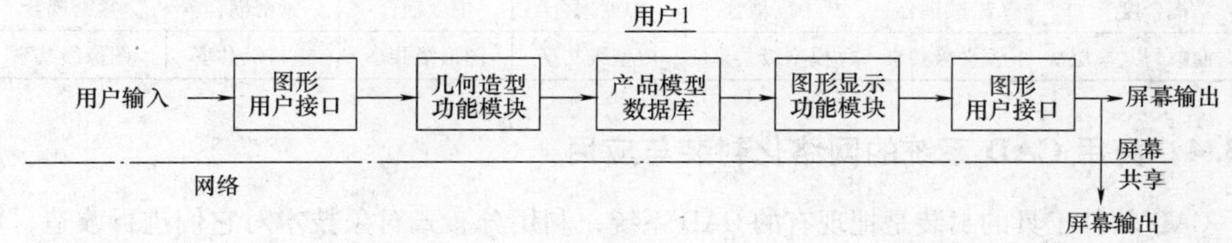

图3-26 协同CAD系统参考模型6

表3-3从9个方面对这6种不同的协同CAD系统参考模型进行了比较，这9项比较内容分别是：

1）协同感知/协同透明：协同CAD系统是协同感知的还是协同透明的。

2）集中式/复制式：协同CAD系统采用集中式还是复制式结构。

3）同步协同/异步协同：协同CAD系统支持同步协同还是异步协同应用。

4）主从模式/对等模式：多个协同CAD应用程序之间的交互行为是主从模式还是对等模式。主从模式是主用户拥有特殊的权利，可以控制应用程序的操作，而从用户只有观察的权利，对等模式是所有参与协作的用户都可以成为主用户。因此，对等模式比主从模式具有更大的灵活性。

5）显示同步/模型同步：协同CAD系统实现多个协同CAD应用程序之间的显示同步或者模型同步。

6）通用/专用：协同CAD系统的实现方法是通用CSCW实现方法，还是针对CAD应用的专用实现方法。

7）网络性能要求：协同CAD系统实现方法对网络传输速率和带宽的要求。

8）耦合度：两个协同CAD应用程序之间的耦合度，分为松散耦合、中度耦合和紧密耦合。耦合度大，说明两个协同CAD应用程序必须是同构的，而耦合度小，说明两个协同CAD应用程序可以是异构的。

9）数据抽象与共享层次：协同CAD系统中共享数据的抽象层次，高层次数据表示的是抽象的语义信息，而低层次数据表示的是具体的模型数据。

表3-3 6种协同CAD系统参考模型的比较

参考模型 / 比较内容	参考模型1	参考模型2	参考模型3	参考模型4	参考模型5	参考模型6
协同感知/协同透明	协同感知	协同感知	协同感知	协同感知	协同透明	协同透明
集中式/复制式	复制式	集中式	集中式	复制式	集中式	集中式
同步协同/异步协同	同步	同步/异步	同步/异步	同步	同步	同步
主从模式/对等模式	对等模式	对等模式	对等模式	对等模式	对等模式	主从模式
显示同步/模型同步	显示同步 模型同步	显示同步 模型同步	显示同步 模型同步	显示同步	显示同步	显示同步
通用/专用	专用	专用	专用	专用	通用	通用
网络性能要求	低	较高	高	较高	较高	高
耦合度	松散耦合	中度耦合	中度耦合	中度耦合	紧密耦合	紧密耦合
数据抽象与共享层次	语义级共享	模型级共享	模型级共享	图形级共享	窗口级共享	图像级共享

3.3.4 商用CAD系统的网络化封装与应用

CAD软件工具的封装是把现有的CAD系统，利用分布式对象技术对它们进行改造，增加它们与外部世界的通信接口，使它们能够在分布式环境中运行，其功能能够被异地用户通过网络远程调用，以支持分布式协同设计。

基于分布式对象的封装是对软件工具的一种直接封装，即直接将软件工具中对外开放的服务封装为分布式对象，供异地用户进行远程调用。异地用户以直接调用的方式与采用分布式对象封装的对象进行通信。

封装商用化CAD系统，通过对CAD系统进行二次开发，对面向单机单用户的CAD系统进行改造，增加它们与外部世界的通信接口，使其造型功能能够被外部的客户所访问。这种方法的优点是可以充分利用现有的CAD系统的功能，同时不需要原有的CAD系统的源码，缺点是容易受到CAD系统开放性的限制。

封装商用化CAD，即采用分布式对象技术将UG封装为软件组件，通过组件接口对外提供造型服务。这里造型服务组件可以独立运行，可以与其他部分运行在不同的计算机上，从而提高系统的灵活性和可扩充性，当协同设计的任务比较多时，可以通过增加造型服务器来降低造型服务的负担。

造型服务器与传统CAD系统的差别在于：

1）传统的CAD系统输入的是用户的交互式操作，输出的是几何模型的图形；而造型服务器处理的是造型命令文件，输出的是中间模型文件。

2）传统CAD强调的是交互式造型，交互式用户界面是CAD的重要组成部分；而造型服务器则是在无人值守的服务器端运行，运行过程中不能出现任何需要人为交互的界面，其输入和输出只能通过造型服务器对外公开的接口来实现。

以UG软件为例，采用COM/DCOM技术构建造型服务器UGServer，实现的语言是C/C++。UGServer基于UG的二次开发包UG/Open API予以实现。用户通过UG/Open API可以对UG内部几何模型对象进行遍历、查询、修改、删除等操作，可以实现基于特征的几何造型、装配等功能。采用UG/Open API开发的应用程序有两种：①可执行文件形式的外部应用程序，可独立运行；②动态链接库形式的内部应用程序，只能由UG调用。UGServer是在UG的外部应用程序的基础上，参照COM规范实现的。UGServer在运行的过程中，直接调用UG的内核，UG本身并不启动，是一个独立的应用程序。

由于造型服务器在远程的服务器端运行，运行过程中不能出现任何交互的界面，所以UGServer在开发过程中都去掉了所有与交互有关的界面。

3.3.4.1　造型服务器结构

造型服务器结构如图3-27所示，分为4个层次：接口层、功能层、API层和造型核心层。接口层是CORBA或者DCOM组件对外开放的功能接口；功能层用于实现造型服务器的功能；API层是用于访问造型核心功能的API函数；造型核心层是基于特征的造型核心提供特征造型功能。功能层有3个功能模块：特征造型模块、可视化模块和命名服务模块。特征造型模块用于处理客户端发送过来的造型命令；可视化模块用于生成中间模型；命名服务模块用于为造型核心所生成的几何对象命名。可视化模块、特征造型模块和命名服务模块都是基于API层开发的，通过API函数访问造型核心提供造型功能。

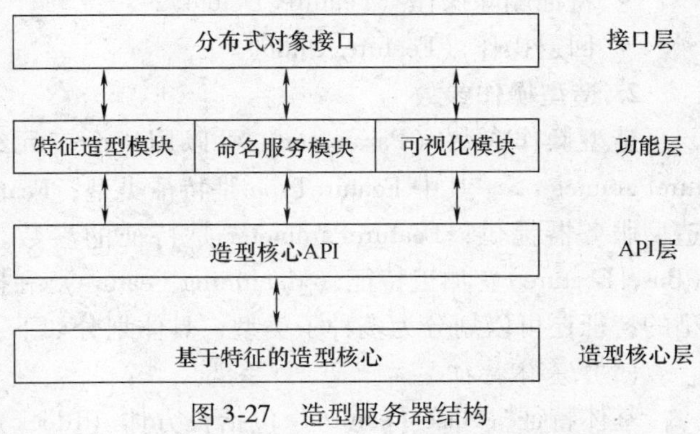

图3-27　造型服务器结构

3.3.4.2 造型服务器接口

接口是软件组件与外部世界进行通信的唯一通道，实际上是将组件内部的函数公开给外部世界，由外部世界对其内部的功能进行调用。下面主要以UG平台为例来讨论造型服务器。由于UG的功能十分复杂，UG/Open API所提供的函数也非常多，如果为每一个函数都提供一个软件组件接口，势必会造成造型系统费用很高，很不经济，同时不利于造型组件的实现。为此，采用基于XML的造型协议的方式，即将对UG/Open API的调用转变为XML文件描述。

造型过程中造型服务器内部的数据流如图3-28所示，用户的造型操作被转变成为XML文件，通过造型服务器接口传送给造型服务器，造型服务器对XML文件进行解析，解析出造型的命令和参数，然后造型服务器调用相应的UG/Open API，生成中间模型，并通过接口将中间模型返回给调用者。

图3-28 造型服务器内部的数据流图

基于XML的造型协议方式的优点是：只需要提供很少的接口就可以实现大量的功能调用，对于不同的操作只需要给出合适的XML描述即可。UGServer对外只提供了一个接口。

3.3.4.3 WebCAD特征造型协议

一个完整的协同特征造型通信协议可以用一个二元组来描述<Operation, Parameter>。其中，Operation表示造型操作类型，Parameter表示造型操作参数，即完成该造型操作所需要的参数。

1. 造型操作类型

造型操作类型（Operation）参数描述造型操作类型，WebCAD定义了4种类型的造型操作，包括：

- 特征创建操作（Feature. Create）；
- 特征编辑操作（Feature. Edit）；
- 特征删除操作（Feature. Delete）；
- 回退操作（Feature. Undo）。

2. 造型操作参数

造型操作参数（Parameter）可以用一个三元组来表示<FeatureType, FeatureID, FeatureParameter>。其中FeatureType是特征类型；FeatureID是待操作的特征对象的标识符，由造型服务器提供；FeatureParameter是特征的参数。特征类型可以划分为3类：基体特征（Base Feature）、加工特征（Machining Feature）和操作特征（Operation Feature）。每一种类型的特征还可以划分为多种子类型，具体划分如下：

（1）基体特征

基体特征（Base Feature）包括长方体（Block）、圆柱体（Cylinder）、圆锥体（Cone）、球体（Sphere）、拉伸体（Extruded）、扫描体（Swept）、旋转体（Revolved）和管子（Tube）等。

(2) 加工特征

加工特征(Machining Feature)包括孔类(Hole)、键槽类(Slot)、腔类(Pocket)、凸台类(Pad)、凹槽类(Groove)、圆台(Boss)等。其中:

1)孔类特征包括简单孔(Simple Hole)、沉头孔(Countersink Hole)和平头孔(Counterbore Hole)。

2)通槽类特征包括矩形键槽(Rectangular Slot)、球形键槽(Ball-End Slot)、U形键槽(U-Slot)和T形键槽(T-Slot)、燕尾形键槽(Dove-Tail Slot)。

3)腔类特征包括圆柱腔体(Cylindrical Pocket)、矩形腔体(Rectangular Pocket)和一般腔体(General Pocket)。

4)凸台类特征包括矩形凸台(Rectangular Pad)和一般凸台(General Pad)。

5)凹槽类特征包括矩形凹槽(Rectangular Groove)、球形凹槽(Ball-End Groove)和U形凹槽(U-Groove)。

(3) 操作特征

操作特征(Operation Feature)包括过渡特征(Transition Feature)、复制特征(Replicate Feature)、布尔运算(Boolean)和抽壳操作(Hollow)。其中:

1)过渡特征包括倒角(Chamfer)和圆角(Blend)。

2)复制特征包括圆形阵列(Circular Array)和矩形阵列(Rectangular Array)。

3)布尔运算包括布尔交(Intersect)、布尔并(Unit)和布尔差(Subtract)操作。

不同类型的造型操作(Operation),所需要的造型操作参数(Parameter)可能是不相同的。造型操作与造型操作参数之间的关系如表3-4所示。

表3-4 造型操作与造型操作参数之间的关系

造型操作 \ 操作参数	FeatureType	FeatureID	FeatureParameter
Feature. Create	√	×	√
Feature. Edit	√	√	√
Feature. Delete	×	√	×
Feature. Undo	×	×	×

对于特征创建操作和特征编辑操作而言,FeatureParameter 与特征类型的子类型有关,不同类型的特征具有不同的描述参数。例如孔特征 Simple Hole 的特征参数 FeatureParameter 可以是 location、direction、placeFace、diameter、depth、tipAngle,而 Block 的 FeatureParameter 可以是 location、Length、Width、Height。

3. 以网络为中心的特征造型协议实例

下面所示是一个特征创建的消息示例片段,该消息由用户 user1 发出,请求在名称为10的面上创建一个位置在(5.0,5.0,10.0),方向为(0.0,0.0,-1.0),直径为3.0,深度为6.0,底面锥角为118°的孔。

```
<? xml version = "1.0"? >
<Envelope >
    <Header >
```

```
    …
    </Header>
    <Body>
        <Sender>user1</Sender>
        <Receiver></ Receiver >
        <Type>CoModel</Type >
        <MessageID>S20 -00043</MessageID>
        <Performative>Request</Performative>
        <Content>
            <Operation value="Feature.Create"/>
            <Parameter>
                <FeatureType value="Simple Hole"/>
                <FeatureID/>
                <FeatureParameter>
                <location x="5.0"y="5.0"z="10.0"/>
                    <direction x="0.0"y="0.0"z=" -1.0"/>
                    <diameter value="3.0"/>
                    <depth value="6.0"/>
                    <placeFace value="10"/>
                    <tipAngle value="118"/>
                </FeatureParameter>
            </Parameter>
        </Content >
    </Body>
</Envelope>
```

下面所示为服务器对用户 user1 发出的消息 S20 -00043 的响应，列出了消息的主要部分，该消息说明服务器已成功地执行了消息 S20 -00043，并将结果放到了 HTTP://202.117.89.245/comodel/s20/43.xml。

```
        …
        <Receiver>user1</ Receiver>
        <Type>CoModel</Type>
        <MessageID>S20 -00043</MessageID>
        <Performative>Response</Performative>
        <Content>
            <Result>OK</Result>
            <URL>HTTP://202.117.89.245/comodel/s20/43.xml</URL>
        </Content>
        …
```

下面所示为服务器对用户 user2 发出的通知消息实例片段的主要部分，该消息说明服务器已经对几何模型进行了修改，并将结果放到了 HTTP://202.117.89.245/ comodel/s20/43.xml。

```
…
    <Receiver>user2</Receiver>
    <Type>CoModel</Type>
    <Performative>Notify</Performative>
    <Content>
        <URL>HTTP://202.117.89.245/comodel/s20/43.xml</URL>
    </Content>
    …
```

3.4　产品协同设计通用工具

3.4.1　常用的协同工具

由设计人员、协同 CAD 工具构成网络 CAD 协同系统的客户端，其协同的层次可以包含两个方面。

（1）设计人员之间的协同

设计人员可以通过视频聊天、语音聊天以及书写聊天的方式进行沟通和协作来完成一个共同的设计任务。参与协作任务的人员来自产品设计、开发以及销售部门和不同专业，可以包括项目主管、设计人员、工艺人员、市场销售、维护人员和用户。不同人员具有不同的专业知识和经验，完成不同的协作任务。

（2）协同工具间协作

协同 CAD 工具通过网络进行通信和信息交换，实现协作。

因为参与设计人员的角色不相同，协同的任务也不一样，因此他们对协同工具的需求也各不相同。所以协同工具可以依据情况，分配给不同用户不同的功能。

产品协同设计过程中，协作团队成员互相之间经常需要交流信息，针对产品设计中的问题进行讨论，因此提供方便实用的协同设计工具可以大大提高系统的效率，便于互相交流和对问题理解的一致性，协同团队成员协作方式如图 3-29 所示。

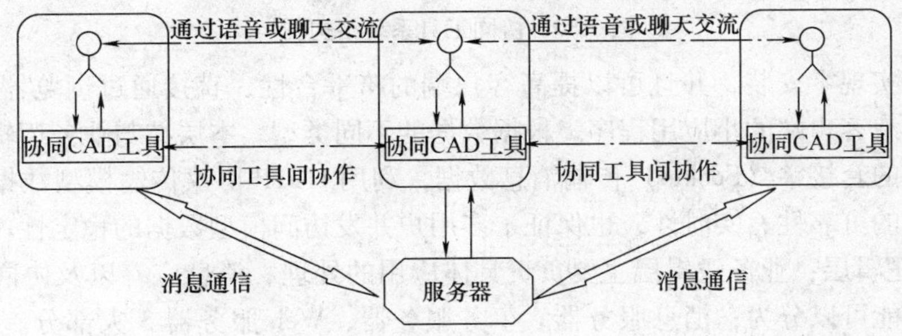

图 3-29　协同团队成员协作方式

根据协同设计中交互和交流的需求，常用的有如下几种通用协同工具：协同批注、协同浏览、协同查询、协同造型、会议管理、协同交互等。图 3-30 给出了一种协同工具系统结构图。

1）表示层：表示层主要负责模型数据的表示以及用户的交互。由于采用 Java Applet 技

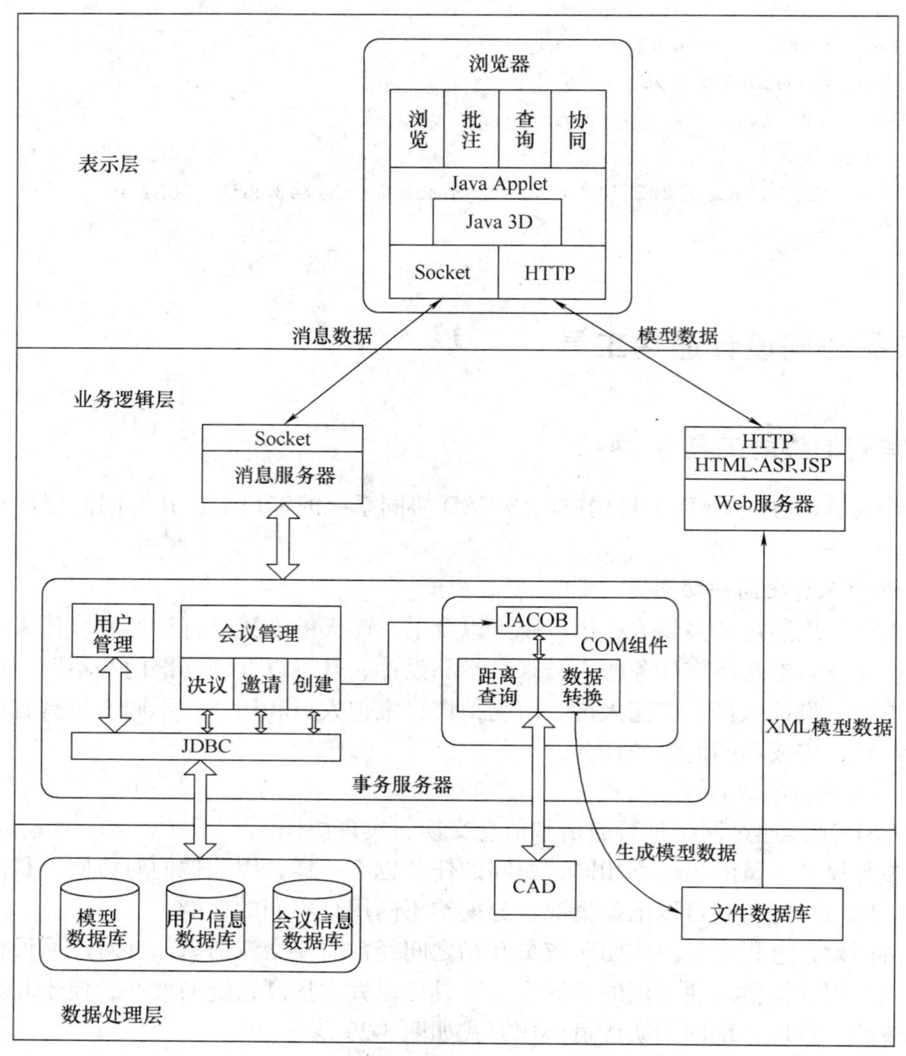

图 3-30 协同工具系统结构图

术使得客户端实现零安装，并且可以提高客户端的跨平台性，直接通过浏览器访问 Web 服务器就可以下载客户端的小应用程序。根据数据的不同类型，本层在与业务逻辑层通信时利用了面向连接的套接字（Socket）传输消息数据，利用 HTTP 协议传输模型数据。这样既保证了消息数据的可靠性、实时性，也保证了多用户并发访问模型数据的稳定性。

2）业务逻辑层：业务逻辑层主要负责具体应用的处理、消息应答以及协同会议的管理控制。根据功能可以分为：消息服务器、事务服务器、Web 服务器 3 大部分。其中 Web 服务器是业务逻辑层的核心，它将信息组织成超文本，通过超文本标记语言（HTML）和超文本传输协议（HTTP）实现与浏览器客户端的交互；客户端的程序配合相关的消息服务器、事务服务器实现业务逻辑。

3）数据处理层：数据处理层由数据库服务器的数据库管理系统 DBMS 以及相关的 CAD 软件系统组成，负责管理对数据库数据的读写操作。

3.4.2　协同批注

3.4.2.1　批注环境

产品协同设计过程是协同团队成员共同协作的过程，有时协同人员需要对其他成员的产品模型零件的具体特征或者几何要素发表意见，由于批注内容和模型的几何特征或元素相关，因此这种将“模型位置 + 标记意见”称为协同批注。根据产品模型和工作环境，有以下 3 种批注环境：

1）同构 CAD 系统下：协同的双方配置有同样的 CAD 系统，一方直接在 CAD 模型上批注意见，例如零件上的某个孔位置不对。一般的 CAD 系统都提供文本批注功能，可直接使用。批注后的 CAD 模型通过网络传输给另一方，对方打开模型后即看到批注意见。这种方法要求成员之间的 CAD 环境必须是同构的，双方才可以互相打开同样的模型查看批注。该方法适合三维和二维 CAD 环境。

2）B/S 结构下的 3D 模型批注：批注方是在浏览器下、B/S 结构下浏览的 CAD 模型不是精确表达的几何模型，而是 VRML 三角形逼近的显示模型，因而精确的几何信息和特征信息不再存在，同时由于大多数显示采用 Java3D，所以交互功能较弱，捕捉精确的几何对象难度较大。

3）B/S 结构下的 2D 图形批注：2D 图形有两种格式，即点阵图形和矢量图形。前者在图片上进行批注；后者在图形的结合元素上批注。

协同批注工具主要指后面两种情况。客户在浏览器下的批注操作类型[42]有：

1）创建批注信息：在模型指定位置上增加批注的文本信息。

2）删除批注信息：用鼠标拾取批注信息，并将其从虚拟世界的场景图中删除。

3）查看批注信息：用鼠标拾取批注信息，并显示其批注信息的详细内容。

4）修改批注信息：用鼠标拾取批注信息，并在原信息的基础上进行内容修改。

5）隐藏批注信息：对批注信息有选择地进行隐藏和显示。

3.4.2.2　协同批注原理

协同批注原理图如图 3-31 所示。客户端和服务器的作用如下：

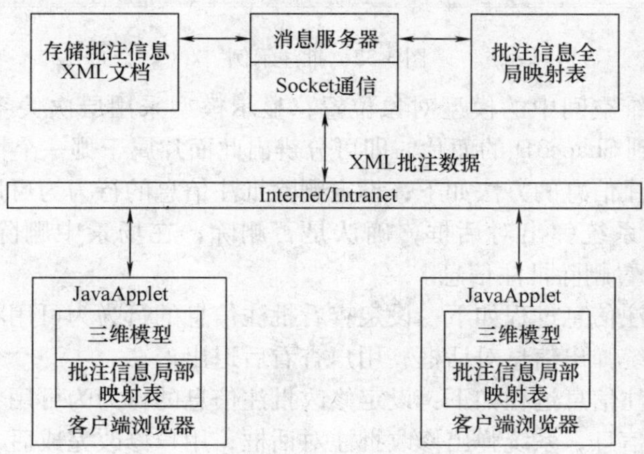

图 3-31　协同批注原理图

1）客户端负责用户的批注信息的添加、删除、修改、显示、隐藏。文本批注的数据一致性通过用户之间互传 XML 封装的批注信息数据来实现。在对文本批注进行删除、修改等操作时，会在服务器端添加一个对象锁，同一时刻只能允许一个用户对同一个文本批注对象进行带有修改性的操作。为了识别批注信息，在客户端建立了批注信息局部映射表，通过此表可以识别服务器传递过来的批注信息在本地的标识。

2）服务器负责转发批注信息，并维护批注信息全局映射表，客户端之间的批注信息通过此表来进行关联。协同会议结束之后，消息服务器将批注信息都添加到 XML 文档中，作为一个会议的批注过程保存下来，以便日后对讨论方案进行查看。

对应批注操作类型（创建批注信息、删除批注信息、查看批注信息、修改批注信息、隐藏批注信息）都有相应的处理算法。创建批注信息的处理方法如下：首先用鼠标点取模型，确定批注信息的位置坐标；依据视图显示的比例确定批注字体的大小，用户也可以通过对话框选择字体的大小；依据视图显示坐标确定批注信息具有广告牌的功能，使信息平面始终平行于屏幕面向用户；把新增的批注信息作为 Shape3D 对象放到场景图的根节点下，并在客户确认后存储到模型的 XML 文件的相应位置，修改 XML 文件以便后续工作进行异步查看，如图 3-32 所示。

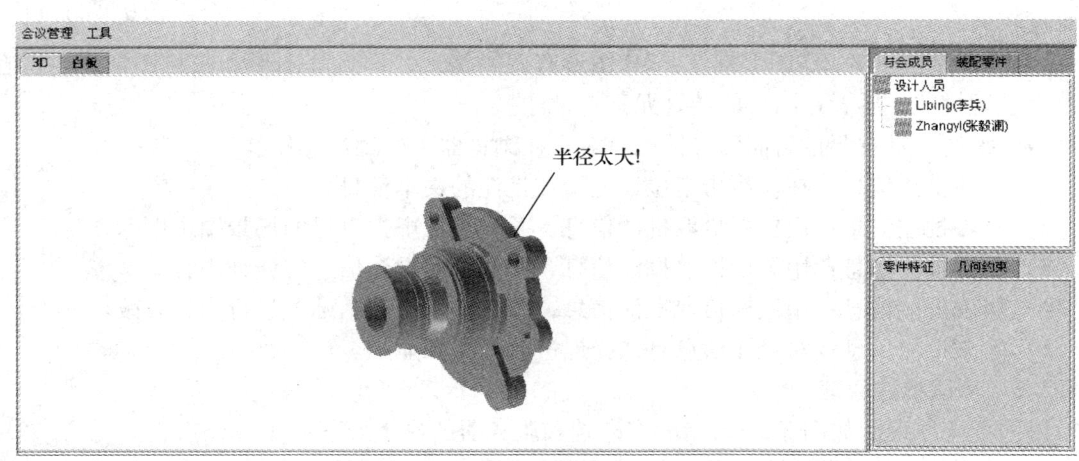

图 3-32 批注示例

为了准确指定三维空间中的模型对象位置，显示模型采用层次关系表示场景图，如图 3-33所示。只要拾取到 Shape3D 的面片，即可分辨出此面片属于哪一个特征。

在场景中删除批注信息的方法如下：设定删除批注信息的行为为可用状态；用鼠标在场景中点取批注信息，系统弹出对话框，确认是否删除；在场景中删除批注信息；在模型 XML 文件中的相应位置删除批注信息。

在场景中查看批注信息过程如下：设定查看批注信息的行为为可用状态；用鼠标在场景中点取批注信息，系统弹出信息对话框；用户查看后退出。

在场景中修改批注信息过程如下：设定修改批注信息的行为为可用状态；用鼠标在场景中拾取要修改的批注信息，系统弹出修改批注对话框；用户修改完成后，确认对话框，修改的批注信息加入到场景中。

在场景中隐藏批注信息过程如下：设定隐藏批注信息的行为为可用状态；用鼠标在场景

中拾取需要隐藏的批注信息，并把隐藏的批注信息加入到隐藏链表中；确定后，隐藏相应批注；当需要显示隐藏批注时，只需要在隐藏列表中点取批注并显示即可。

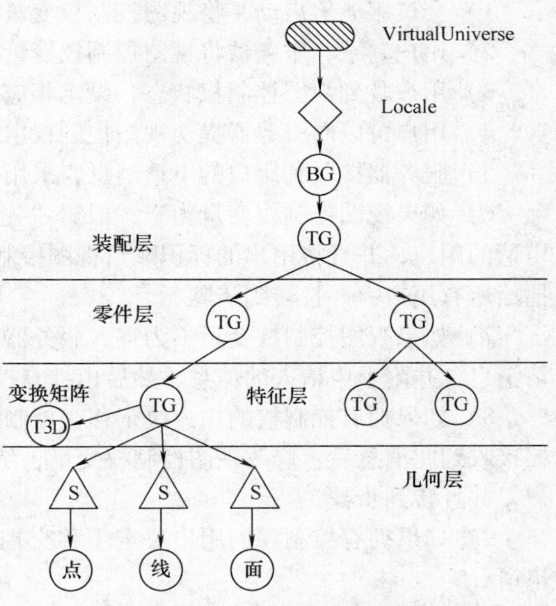

图3-33　层次关系表示场景图

3.4.3　协同浏览

协同浏览的目的是在浏览器环境下查看产品模型，而且同时要考虑在浏览基础上的查询、批注等功能。目前网络上常用的产品模型显示格式是VRML格式，能实现三维模型的浏览和基本的平移、旋转等操作，但不能支持模型的信息查询以及批注等功能。

3.4.3.1　协同浏览的基本原理

为了实现协同浏览、批注、查询功能，需要将模型的特征信息以及与模型相关的精确几何信息存储到XML文件中，通过用户对模型的交互操作，驱动XML查询引擎得到相应的特征信息以及几何信息。这里的CAD三维模型信息包括模型的形状信息（模型的三角面片点信息）、特征信息（模型特征形状参数和位置参数等）、属性信息（模型材料、制作时间及一些尺寸公差）以及几何信息（特征点的位置、直线和曲线的尺寸等）。把模型的形状信息表示成三角面片点并存放到自定义的XML文件中，同时把特征信息、属性信息以及几何信息作为节点信息加入到该XML文件中。这样就把CAD模型中的形状信息、特征信息、属性信息和几何信息有机地结合起来，方便模型信息存储和显示以及对文件的操作。

单一浏览器下的模型显示比较简单，但是如何做到多用户同步显示实现“你见即我见”是区别于白板屏幕共享的主要特征。白板将屏幕像素信息发送给客户端，因而信息量大，网络负载重。协同浏览的同步显示仅仅是将同步消息发送给客户端，实现协同双方的显示同步。

对于装配模型是零件模型的组合，对装配模型进行浏览时，所观察的装配模型在CAD环境下已有装配几何约束关系。显示模型的数据读入时，需要根据模型信息文件中提取的零部件定位矩阵在装配空间中进行定位，而且每个子装配体的定位矩阵都是相对于它的父装配体而言的，因此它的父装配体相对于更上一级的装配体的变换矩阵也需要施加于子装配体。在进行了形体组合之后，只需要根据装配层次进行组合，逐层地施加坐标变换即可实现装配模型的显示。

3.4.3.2　视图同步机制

协同设计中为了实现“你见即我见”的效果，在保持模型数据一致性的同时还需要考虑视图显示的一致性。为了支持设计过程中的集中会议讨论，采用一种自由竞争视图控制权协作模式。自由竞争视图控制权协作模式给用户以平等的协作地位，用户之间通过对话区以及视图控制权按钮进行控制权限的交接，模仿现实会议的进行方式。

自由竞争的视图控制权申请、仲裁算法步骤如下：

1）会议服务器启动，将视图控制权变量赋为空。

2）用户登录，服务器将视图控制权变量状态反馈给登录用户。

3）用户收到视图控制权状态，设定相应的用户界面。

4）用户可以向服务器提交视图控制权申请。

5）服务器接收到用户的申请消息，采用队列的方式处理消息。

6）如果视图控制权变量为空，根据“先来先服务”的原则，将视图控制权授予第一个申请的用户，并且将用户的标识赋给视图控制权变量，然后将视图控制权状态改变的消息广播给所有用户，并且转到步骤3。

7）如果视图控制权变量不为空，服务器将向控制权变量对应的用户发送视图控制权申请消息，并附上申请人的信息，然后由拥有控制权的用户来决定是否将控制权移交。

8）如果拥有控制权的用户决定移交控制权，将向服务器发送放弃控制权的消息，服务器接收到此消息后，修改视图控制权变量，然后将视图控制权状态改变的消息广播给所有用户，并且转到步骤3。

9）如果拥有控制权的用户决定不移交控制权，转到步骤4，由其余用户提起新一轮的申请。

拥有视图控制权用户对视图的操作会被记录下来，然后将这些操作发送到消息服务器，再通过消息服务器转发给所有用户，各用户通过接收到的视图操作对视图进行坐标变换，最终实现“你见即我见”的协同浏览模式，如图3-34所示。

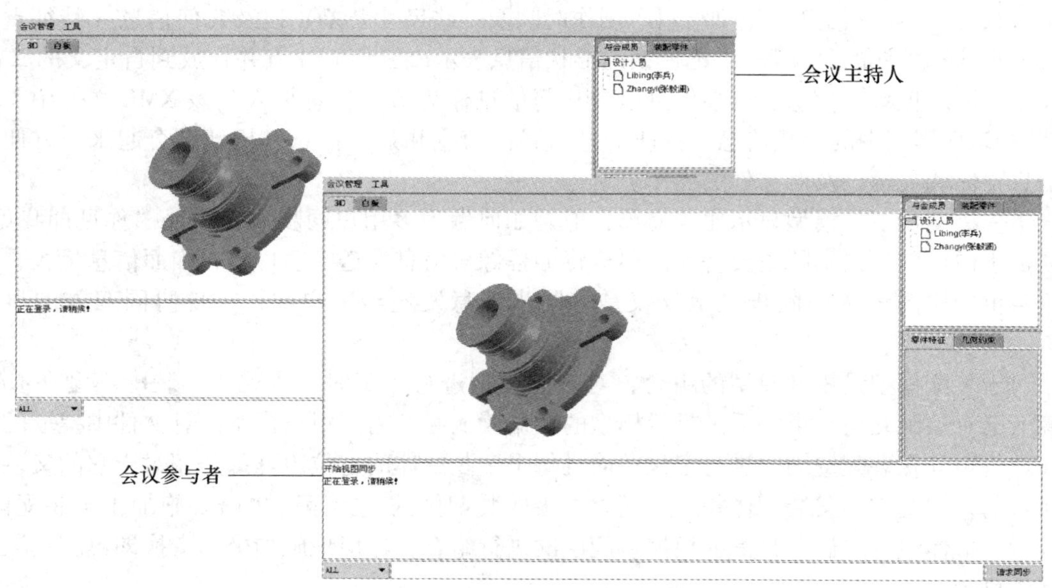

图3-34 多用户协同浏览界面

3.4.4 协同查询

在协同设计过程中，经常要对产品模型进行信息查询，例如孔的直径和深度，以便对模型进行检查。在网络浏览器环境下的查询要比直接在CAD系统中查询实现方法复杂。

3.4.4.1 查询操作类型

在协同会议中，用户可以执行两类查询操作，即静态查询和动态查询。

1）静态查询指待查询的信息简单地包含在基于特征的产品模型信息中，例如零件的材料、体积、重量、热处理方式，以及特征参数、特征中的几何元素（点、线、弧）的几何信息。

2）动态查询是指用户在会议过程中，待查询的信息是预先未知的，必须经过用户的交互指定才能确定所需查询信息的输入参数，例如两点之间的距离、两特征面之间的距离等。

针对静态查询和动态查询，可以采用基于消息的查询方式，图3-35给出了一种混合信息查询框架：将本地查询与远程查询相结合。本地查询主要是针对固定信息的查询，这些信息在产品模型数据下载时就已经下载到客户端了，在用户进行查询时，实际上是对本地的XML文档进行查询。远程查询则是对动态信息的查询，远程查询需要组合查询消息，然后将此消息发送到消息服务器，消息服务器再调用事务服务器，最后通过CAD软件的二次开发来实现在线实时查询机制。

3.4.4.2 动态查询方法

图3-36是动态查询模块结构图。

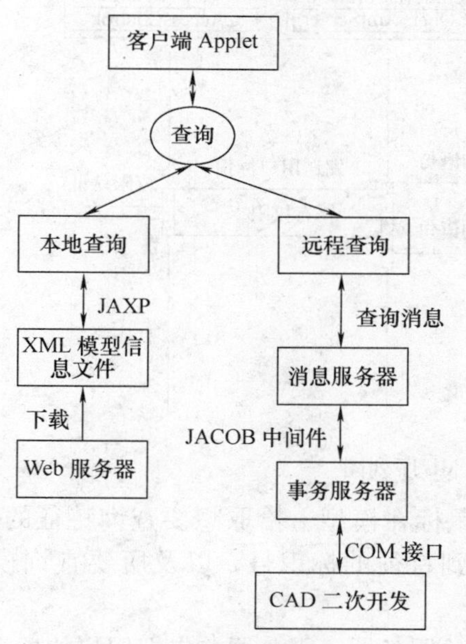

图3-35 混合信息查询框架

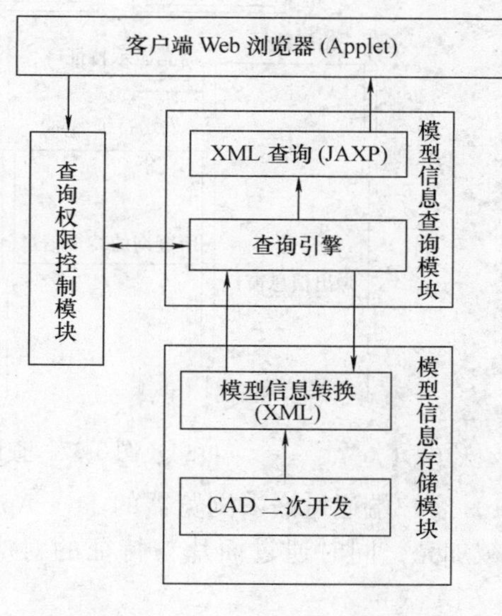

图3-36 动态查询模块结构图

各模块的功能如下：

（1）模型信息存储模块

模型信息存储模块将CAD软件生成的三维模型转换成特征树表示方式，并用XML格式文档存储特征尺寸信息、属性信息和部分几何信息。

（2）模型信息查询模块

模型信息查询模块根据客户端提交的待查询的特征ID号构造查询语句，并在XML文档中查询该面所属特征的ID号，然后根据用户对该特征的访问权限确定是否进一步查询详细的特征信息。若有权限，则产生详细查询语句，查询相应特征信息并返回客户端；若没用权限，则返回提示信息。模型信息查询模块是本系统的核心。

(3) 查询权限控制模块

查询权限控制模块根据查询引擎得到的模型特征 ID 号和用户登录系统的身份信息确定用户访问该特征的权限。

(4) 客户端

查询客户端是一个嵌入 Web 页面的 Java Applet，根据用户请求的模型 XML 文档的 URL，调用三维模型。当用户使用鼠标拾取 Applet 中显示的 Java3D 三维模型的用于表示特征的面片时，整个特征的面片加亮，Java Applet 得到特征的 ID 号，并把用户的信息以 XML 格式的通信信息发送给模型信息查询模块进行处理。客户端得到模型信息查询模块发来的查询结果信息，利用 Applet 显示在客户端。

查询过程的 UML 序列图如图 3-37 所示。由信息查询的序列图可以看到查询过程可分成 3 步。

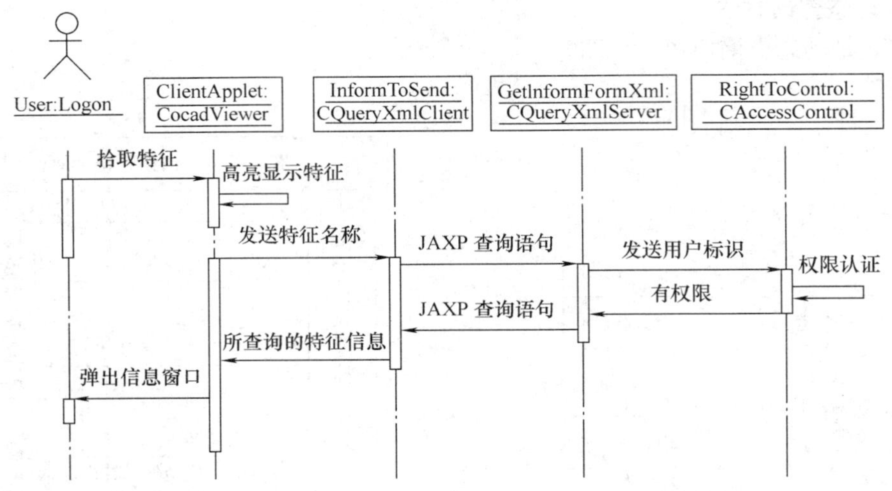

图 3-37 查询过程的 UML 序列图

1）客户端通过嵌入浏览器的 Java Applet，用鼠标在模型上拾取想要查询特征的面片，面片被加亮，同时通过面片与特征的对应关系得到特征的标识号，以及所要查询模型的 XML 文档。

2）客户端把特征标识号和 XML 文件名称发送给服务器，服务器首先把用户的标识号和特征标识号发给查询权限控制模块，查询权限控制模块根据客户角色判断其是否具有对此特征的访问权限，如果有权限，则服务器调用 JAXP API，依据 XML 文件名称对 XML 文件进行解析。因为 SAX 只是即时处理对 XML 的查询，对于每一次的调用只能使用一次，而 DOM 是把 XML 文档的结构树读入到内存中，可以对其进行多次处理查询。实际情况是客户会多次对模型进行查询、批注等操作，操作的信息还需要存储到 XML 文档中，因此使用 DOM 方式对 XML 文档进行解析。如果客户没有对特征的访问权限则不对 XML 进行解析查询信息。

3）把查询到的特征的尺寸信息和属性信息发送给客户端，客户端利用 Java Frame 将信息显示到客户界面。

客户除了关心与特征相关信息，还希望能够得到有关几何尺寸的信息，如由两个特征点之间的距离来确定两个特征的位置关系（两个孔之间的距离，可以由孔的特征点来确定），希望得到某个几何边的长度，希望得到某个圆弧的直径等。其实现原理如下：①特征点之间的距离：根据特征点的标识号，通过查询语句得到客户所拾取的两个特征点的坐标，在客户端计算距离并显示；②直线长度：根据直线标识号，通过查询得到指定直线的两个点，计算距离并显示；③圆弧直径：根据圆弧标识号，通过查询得到指定圆弧的直径。

3.4.5　协同会话

在多主体的协同工作过程中，不可避免地会发生交互、冲突，因此需要有一个支持环境来解决这些问题，可采用协同会话控制方法。

3.4.5.1　协同会话控制

会话（Session）是指一组应用程序以协同的方式共同工作，属于同一个会话的所有应用程序之间相互交换信息和共享行为，彼此间遵守相同的通信协议。协同会话控制负责从会话创建到会话结束全过程的管理和控制。

协同用户与会话控制相关的操作包括创建会话、启动会话、结束会话、加入会话、退出会话。

1）创建会话：创建一个新的会话，并为该会话设置相应的信息如会话名称、参加会话的成员等。

2）启动会话：开始一个会话进程，通常是由协同用户来启动，但有时是由某些条件触发启动的。

3）结束会话：关闭当前会话进程，结束所有的交互，并保留必要的信息如协同过程记录等。

4）加入会话：启动一个新的协同应用程序，并加入到现有的会话中。

5）退出会话：协同用户退出当前会话，断开与所有协同用户的感知和交互。

可以采用设置主持人这样一个特殊用户，会话的创建、启动、关闭都由主持人来执行，而协同用户加入、退出会话则由协同用户自己完成。主持人创建一个用户列表，并对其进行管理。用户列表的内容如表 3-5 所示。

表 3-5　用户列表信息

协同会话名称	协同用户名称	协同用户登录密码	协同用户角色	协同用户状态
协同用户参加的协同会议，该名称是主持人在创建会话时设置的	协同用户在协同会话过程中的代号，是不同用户进行交互的基础	协同用户加入会话时的身份验证参数，协同用户在加入协同会话时只有提供的用户姓名和密码均与用户列表中的相符才能加入到协同会话中	用户角色与发言权控制有关，不同角色的用户申请发言权的优先级不同	标识该用户是否在协同会话中。协同用户在加入协同会话前和退出协同会话后该状态为“0”，协同用户加入会话后该状态为“1”

3.4.5.2　并发控制

并发控制所要解决的是多个用户同时访问某个共享资源而导致的冲突问题。并发控制可以从两个方面采取措施解决并发造成的冲突：一种是限制访问共享资源的对象，如对象锁，对象锁可以使得对象只被给该对象加锁的用户访问，其他用户没有访问该对象的权利，但其他用户可以访问系统中的其他对象；另一种是限制访问共享资源的用户，如发言权，发言权负责对共享资源的授权访问，只有拥有发言权的用户才具有访问共享资源的权利，其他用户都没有。在协同系统中，比较常用的是发言权控制。

发言权的运行机制是：拥有发言权的协同用户可以操作共享资源；没有发言权的用户只有在获得发言权之后才能操作共享资源；在任意时刻，最多只有一个协同用户拥有发言权。发言权控制决定了协同用户对会话资源访问的先后次序，常见的发言权控制模式有：

1）先到先服务（First Come First Serve，FCFS）：即无规则的并发操作模式，任何协同用户都可以随时发言，可以任意“抢夺”会话资源的操作权，不受任何控制。

2）轮流发言（Round Robin）：每一位协同用户按照固定的先后顺序轮流发言。

3）令牌传递（Token Passing）：需要发言的协同用户提出请求获得令牌，请求被发送给当前持有令牌的发言者，发言者主动释放令牌，并将令牌传递给提出请求的协同用户。令牌就像接力棒一样在发言者之间传递，只有获得令牌才可以有发言权。

4）集中控制（Moderated）：所有用户的发言申请首先被发送给会议主持人（即会话管理员），由会议主持人决定是否给予发言权。

5）时间片轮换：比如有的计算机会议系统给每个用户固定的发言时间（比方说5min）。

6）剥夺：具有某种权限的用户可以剥夺某个用户的发言权，从而自己获得发言权。

7）指定：具有某种权限的用户可以指定发言权的归属。

3.4.5.3 协同感知

协同感知是多用户进行协同工作的基础。在协同设计系统中，感知是一种通告信息，至少包含3层含义：

1）感知是关于动态环境的知识，它应随着环境的改变而变化。

2）感知是通过从环境中收集到的知觉信息来实现的。

3）感知是一种手段，它是为某一目的服务的。

在现实的面对面的物理协同工作环境中，用户可以自然而方便地获得协同工作需要的感知信息，但在计算机支持的协同设计系统中，感知信息的获取十分困难。这是因为：

1）用户物理的工作空间被虚拟的工作空间代替，用户可察觉的环境信息迅速减少。

2）用户之间的交互通信手段也被大大削弱了，例如，手的表达能力（如手势、指点等）仅仅通过屏幕上鼠标的动作来实现，它的表达能力相对显得十分贫乏。

3）人机交互的方法（如菜单、功能键等）屏蔽了许多在物理空间中可见的动作。

4）人们在实际的工作空间中形成的许多习惯性的感知方法，往往在协同设计环境中很难实现，例如，人们对工作空间的浏览，在协同设计环境中往往要通过滚屏等复杂的操作才能实现，远不如在物理空间中自然和方便。

5）目前将各协同用户的身体、手势等带入虚拟工作空间的视频技术仍受到规模和分辨率等问题的限制。

协同感知的内容主要包括协同用户的位置、个人信息和参加协同应用的情况如身份、权力、当前工作状态等。协同感知常用的实现方法是在人机接口中加入相应的信息，有的可通过提供用户间的实时连续的或轮流切换的视频信号来实现。另一种特殊的协同感知的实现就是共享工作空间，在该空间中任意一个用户的操作都能被其他用户观察到。

协同系统中的协同感知是通过人—机—机—人的方式实现的。因此，人机接口是实现协同感知的关键。人机接口为图形界面，主要采用了在图形界面中加入协同的相关信息和设置共享工作空间的方法，具体的协同用户界面如图 3-38 所示。

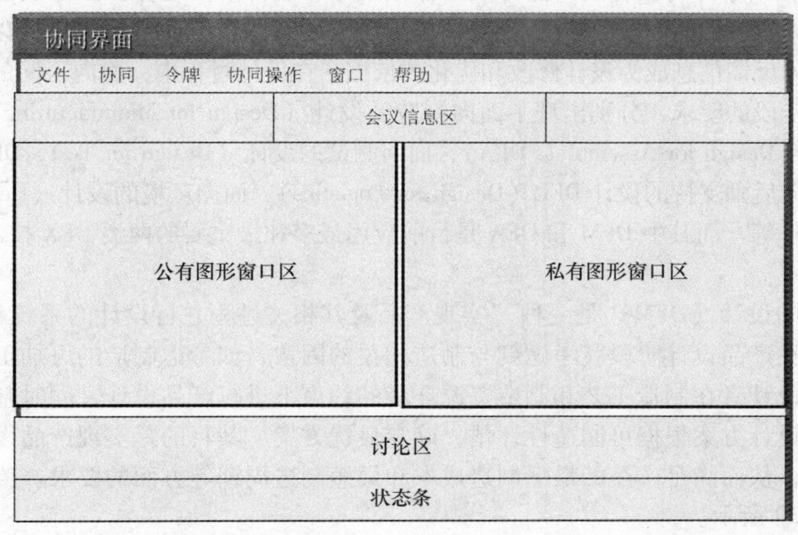

图 3-38　协同用户界面

该协同用户界面对协同感知的支持体现在 4 个部分：会议信息区、公有图形窗口区、私有图形窗口区和讨论区。会议信息区提供了本次协同会话的当前主持人，拥有发言权、可以对模型进行操作的当前操作者，本次协同会话中参与的所有协同用户的信息。

公有图形窗口区是所有协同用户的共享工作空间，此图形工作空间中的内容在各个协同用户端都是相同的，由此保证各用户的“你见即我见”；私有图形窗口区为本地用户的个人图形操作区，本地用户在该图形区可以进行任意的操作，不需要申请发言权，同时，所有的操作都只发生在本地，不会被其他用户感知到。

讨论区为协同用户提供了以文字为媒体的交互方式，协同用户可以在此区域内通过文字讨论的方式交流对模型的意见。用户可以选择与所有的协同用户交流意见或与某一个或某几个协同用户交流意见，因此各个用户在讨论区中所看见的内容可能是不相同的。

3.5　DFX 驱动的网络化产品协同设计方法

在现代设计方法中，随着设计技术的进步，逐步出现了一些新的设计方法，如创新设计、智能设计、并行设计、协同设计等。这些方法出发点不同，侧重点也不同。进行产品设计时，并不是孤立地使用其中的某种设计方法，而是若干种设计方法相结合，以便获得更好的设计结果。其中，并行设计和协同设计就有着密切的关系。并行设计中面向下游的设计 DFX（Design for X：Manufacturing、Assembly、Test、Quantity 等）将下游相关的约束融入到产品设计中，使得产品协同设计受到 DFX 的驱动，能够在部门间和企业间进行。

3.5.1 常用DFX设计方法概述

以设计作为产品开发的前端，在产品开发流程中制造、装配、测试可看做是相对于设计的下游阶段。在基于并行工程的产品开发工作模式下，设计阶段在保证产品功能、性能的前提下，需要将来自下游的制造、装配、测试对设计的约束和影响反馈到设计中，以便对设计进行优化和更改，反馈信息成为设计修改和优化的依据。在设计过程中，面向不同的以设计为基础的下游制造阶段的要求，分别出现了面向制造的设计（Design for Manufacturing，DFM），面向装配的设计（Design for Assembly，DFA），面向测试的设计（Design for Test，DFT），更进一步细分还有面向后勤支持的设计DFL（Design for Logistics）、面向环境的设计（Design for Environment，DFE）等。而其中DFM和DFA是目前应用最多和最重要的两类DFX技术。

3.5.1.1 DFM

面向制造的设计（DFM）是一种“实现产品及其相关过程并行设计的系统化方法”。该方法的实质是在产品设计阶段就考虑到与制造相关的因素，如考虑制造的可加工性、高效性和经济性，使设计者在制造工艺和制造资源环境的约束下进行产品设计，同时基于相关制造约束对不同的设计方案根据可制造性评估，确定最优方案。其目的是实现产品设计与产品制造过程的并行，从而满足产品的最低制造成本和最短制造周期等方面的要求。传统的串行设计过程如图3-39所示。

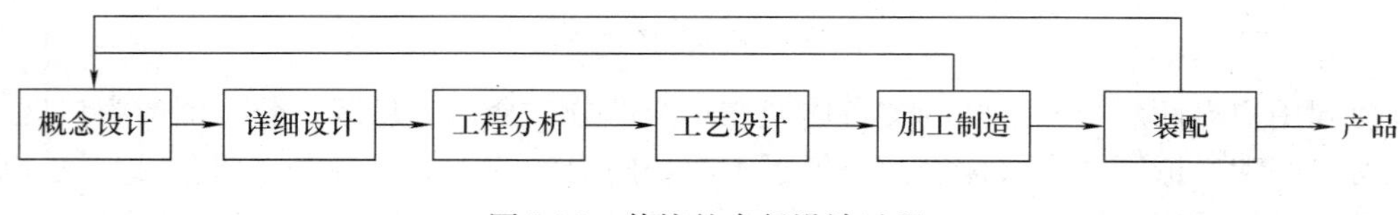

图3-39 传统的串行设计过程

串行设计和现代设计方法中的以数字化为基础的并行设计方法有很大不同。这些不同体现在：

1）在设计方法上，传统方法是以手工绘图表达产品设计和工艺数据，产品数据难以共享，下游需要的数据来自于图纸，工艺设计和工装设计也是以手工绘图为主，信息表达不完整，缺乏各种可制造性评价工具。现代设计方法采用三维建模和信息完整性描述，可以进行各种有效的工程分析、工艺设计和数控加工刀具轨迹计算，并对其进行检验。

2）在设计制造的协同性上，传统设计过程中上下游各部门基本上各自为政，互相之间缺乏协调和有效沟通，产品的可制造性等各种评价方法由于缺乏数字化技术的支持和信息的不完整，难以高效进行评估。串行设计虽然也经历工艺评审和工艺会签来对设计进行约束，但产品信息的发布、工艺设计、工程更改难以在一个协同的流程下有效进行，从而在制造阶段才能发现设计问题，甚至会迫使工程返工，拖延产品的研制周期，浪费资源，增加成本。网络化协同设计将设计制造过程统一在协同流程的管理下，在实际的制造之前，通过各种DFM分析工具，找出制造对设计的约束，如图3-40所示，将这些约束通过产品数字化定义和并行过程的控制反馈到设计部门进行修改，减

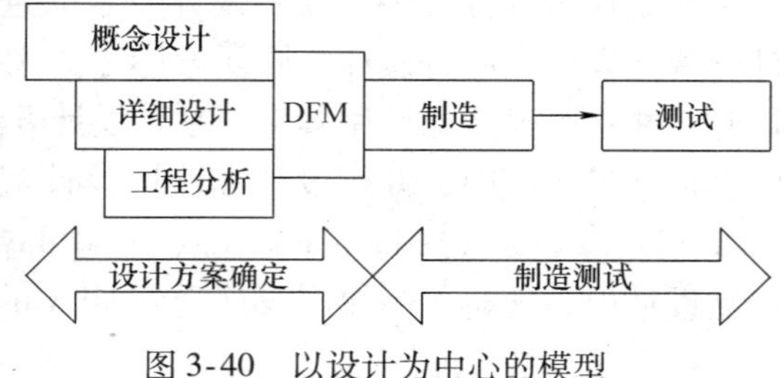

图3-40 以设计为中心的模型

少了大循环导致的返工。

3）在支撑环境上，传统方法主要以手工操作和纸介质传递为主，数据管理效率不高，设计、制造协同工作依赖于会议、电话、图样等简单的交互方式，缺乏产品数据管理和网络环境的支持。现代设计方法则基于网络和产品数据管理的环境，产品数据作为唯一数据源，被有效管理并通过网络共享和集成。

3.5.1.2　DFA

面向装配的设计（DFA）是在设计阶段利用各种设计手段，如分析、评价、规划、仿真等，分析产品的可装配性和对产品性能和功能的影响，进而优化设计。DFA 的术语是由美国马萨诸塞大学的 G. Boothroyd 和 P. Dewhurst 于 1980 年正式提出的，其产生的背景源于如何处理设计、制造、装配的关系。产品的设计必须考虑制造的成本，为了降低制造成本和加工的方便，设计的零件应尽可能简单和易于加工，但是由此可能导致产品的装配结构复杂，总成本反而上升。因此，设计需要考虑产品的可装配性和可制造性，并协调好二者的关系。

早期的 DFA 方法重点是对产品可装配性进行评价，采用各种评价准则来判断装配性能如何。例如，将所有的装配归类为 20 种动作，并赋予相应的扣分值。装配时原则上要求“一种动作完成一个零件装配”，如果一个零件的装配需要多个动作才能完成，则按某一标准扣分。最后根据总的扣分情况评价装配性能，扣分越多，性能越差，相应部分的零件就需要改进。

在现代设计方法中采用数字化预装配技术，装配模型在零组件三维几何模型基础上进行装配和干涉检查，并提供产品的物料清单（Bill Of Materials，BOM），为产品制造、零部件供应、装配提供信息完整的数据源。

3.5.1.3　其他 DFX 方法

除了 DFM、DFA 外，下游的其他阶段对设计也存在约束，如面向测试的设计（DFT）、面向质量的设计（DFQ）、面向环境的设计（DFE）等。

3.5.2　DFX 设计方法与协同工作流程

3.5.2.1　DFM 的设计方法

人们在长期的设计过程中已经意识到在设计中考虑工艺和制造的重要性，出现了一些定性的设计方法指导原则，把 DFM 思想反映到设计方法中，并指导设计。DFM 的设计方法要和先进的数字化技术结合才能发挥出其优势并不断拓展其内涵。DFM 的设计方法涉及的内容如下：

DFM 方法与现代设计方法相结合，需要以数字化模型为基础。设计为 DFM 提供一个可共享的产品信息模型，该模型在逻辑上是产品全生命周期中信息共享的唯一数据源。设计阶段产生的模型，可以提供给 DFM 进行各种分析和工艺设计与工装设计。设计模型向制造过程的推进也是通过发布设计模型的产品信息进行的。设计模型包括了三维几何模型，属性信息（如材料、规格、标准件、设计者等各种信息）、BOM 信息（物料清单或者产品的装配结构树）、工艺信息（尺寸、公差、表面处理、加工方法）等。数字化模型的建立可以借助于各种 CAD 软件系统进行，如 UG、CATIA、SolidWorks 等。而其他信息可以通过 CAD 中各种工具或者产品数据管理系统进行定义和管理。

数字化模型包含了两个层面的意思：一个是模型本身应该是参数化特征模型，参数化是模型可修改的必要条件，特征则是零件的可制造性评价的对象；另一个是产品的数字化模型是建立在产品数字化定义的基础上的，不再是孤立的几何零件模型。所谓产品数字化定义，就是建立面向产品全生命周期的，受各下游制造部分约束的数字化信息模型的定义。例如，设计模型的几何结构和尺寸除了受到功能性能的约束外，还受到零件可加工性（是否可铸造、锻造、切削、焊接）的限制，设计模型包含的工艺信息（如材料、公差、粗糙度等）受制造成本和制造资源（如机床等）的限制。因此产品的数字化定义时，不是简单的建立几何模型，而是产品开发的协同团队成员一起，从不同的角度对产品的数字化模型提出相关性约束条件和需求，才可实现数字化模型的有效定义，为可制造性评价提供必要的信息。

3.5.2.2 可制造性的评价指标和方法

所谓可制造性评价分为广义与狭义两个层面。广义上讲，就是要求在设计过程中就考虑产品从设计到报废的整个产品生命周期中的所有可能的影响因素，包括加工、测量、装配、维护以及回收再利用等阶段对产品设计的约束。狭义上通常指根据现有制造资源条件，对产品零件的各设计属性（如形状、尺寸、公差、表面质量等）能够满足制造约束的程度进行分析，找出影响设计模型中不利于产品制造和产品质量的因素，从而指导对产品设计的更改。

从机械零件的研究范畴出发，可制造性评价是一种提高产品设计质量的有效手段，它通过对产品制造过程中的相关因素（如结构工艺性、可加工性、经济性等）进行检验和制造评估，及时发现设计问题、改进设计质量、减少设计环节与制造环节的循环迭代，为进一步进行设计修改提供合理依据；它是寻求最简单、最经济，能满足用户需求的设计方案的过程，是计算机辅助DFM的主要实现手段与核心技术。图3-41给出了两种可制造性评价指标。这两种评价指标体系基本内容相近，只是指标分类和包含的细节详细程度不同。

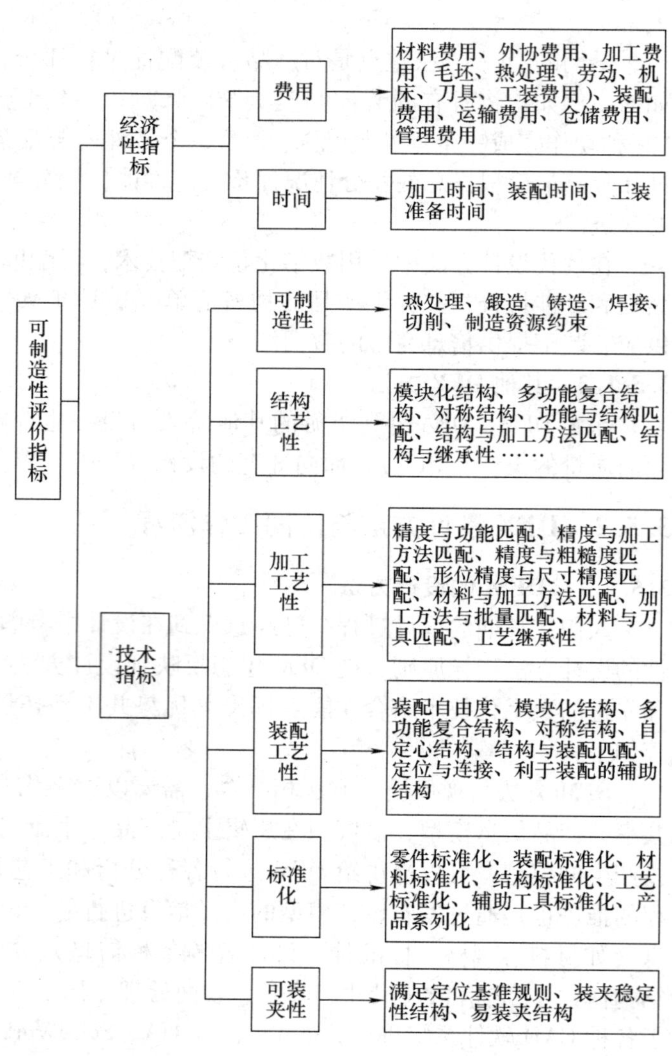

图3-41 产品可制造性评价指标

针对可制造性评价指标，有相应的可制造性评价方法。近年来针对可制造性评价方法国内外研究者进行了大量的相关研究，提出了许多理论和方法。下面是针对可制造性的某些方面的评价策略，将可制造性评价方法分类为：

1）面向单个特征的定性评价方法：这类方法的目标是根据现有工艺和制造资源（如机床、工装等）的制造能力，以零件的加工制造特征作为基本评价对象，判断产品模型的每个制造特征是否存在可制造性问题，并将存在制造问题的特征作为反馈信息输出。其评价策略基本上都是基于规则的，包括采用专家系统的方法、知识库的方法以及判断约束满足的方法。评价程序既可以与设计系统集成，也可以以独立模块的形式存在。评价结果为特征是否可用现有资源进行加工的定性结论。

例如，基于约束的零件可制造性评价方法，采用与当前制造资源相关的制造特征来进行设计，根据加工特征、制造工艺和制造设备三者之间的关系建立制造约束规则，将制造约束分为对特征类型的约束、对特征属性值的约束和对特征间关系的约束，通过判断特征是否满足约束关系来定性地进行零件的可制造性评价。而采用基于规则的专家系统进行自动可制造性评价的方法，是直接从产品的几何模型中采用启发式规则提取制造特征（如孔、腔、槽等），同时对特征进行可制造性评价。

2）基于工艺规划的定性评价方法：这种评价方法首先根据产品零件的制造特征模型建立加工工艺规划，从工艺规划的角度对单个制造特征或者整个产品模型进行可制造性评价。评价方法是基于规则的，但由于以工艺规划为基础，可以从整体上进行结构工艺性和加工可行性等几个方面对产品模型进行评价，使得评价的内容可以更加具体和全面。同时评价方法可对产品设计方案和工艺规划两个方面提出修改反馈信息。例如，基于优化工艺设计的可制造性评价策略，采用基于约束检验的方法判断零件的结构工艺性和加工可行性的边界约束条件，对基于特征的零件设计信息、制造资源信息、工艺参考信息分别用面向对象的技术建立相应的层次信息模型，评价过程的控制知识封装在评价过程类中，用以控制整个系统的具体实现过程，即由上层的评价对象实例化下层对象，直到最底层的评价对象时，再搜索相应的信息，完成匹配和约束检验工作。

3）面向经济性的定量评价方法：可制造性定量评价指标包括加工时间、加工成本以及加工质量等几个方面，目前大多数评价方法采用加工时间和加工成本作为可制造性指标值（见图3-41）。这类评价方法要求产品模型的所有加工特征，都已经存在一个以上的可行加工方案。这类评价方法的主要优点在于，由于对整个模型进行全局评价，使得该方法可以进行几何推理，因而容易正确地找出特征之间有关可制造性方面的内在关系，为工艺规划提供可靠全面的信息，可制造性指标计算结果准确。例如，根据零件的制造特征的多种解释来生成多个候选的加工工艺，从加工工艺的角度出发来考虑零件的可制造性。也可以首先产生设计方案的制造特征描述，采用一系列经验数据来估计切削用量和加工时间，可制造性指标再根据计算每个特征的加工时间得出。

4）具有优化设计建议功能的评价方法：这类评价方法位于可制造性评价功能目标的最高层，系统自动产生对评价对象的优化设计修改建议。由于涉及理解产品模型的设计功能和设计者的设计意图、处理制造资源和产品结构的相互作用关系等问题，需要使用决策理论和专家系统知识，这类评价方法目前还缺乏实用性。例如，以减少装夹成本为目标的再设计修改建议的产生方法，即在不改变零件的设计功能前提下，通过修改零件的设计特征的局部几何参数，如增加或修改过渡圆角半径，增加退刀槽等产生新的候选制造特征，即增加产品模型集合覆盖中特征的种类和数量。根据新的集合覆盖重新构造工艺模型，如有更优的可制造性值，则这些新的候选特征便作为设计的修改建议。

DFM 方法的应用主要还依赖于可制造性评价系统的功能强弱，与 CAD 和 CAPP 系统的集成，可以获取可制造性评价所需的各种信息。在现有 CAD 系统中融入 DFM 的功能，借助于网络化协同环境将 DFM 评价向 CAD 系统反馈，能够提高可制造性评价的智能性。

3.5.2.3 DFA 的设计方法

DFA 的主要目的是通过对产品结构的分析，制定相应的评价准则，对设计提出改进意见，优化零件结构，减少不必要的零件，便于零件加工和便于产品装配，减少装配时间和成本。DFA 的主要设计方法有：产品的可装配性分析（零件是否发生干涉）、装配工艺规划设计（确定零部件的装配顺序）、装配路径规划检测（装配过程中是否与工装、装配环境发生动态干涉，装配过程中零组件装配路径的检测和避让）、装配的评价指标（如装配装夹次数最少、效率最高和成本最低等）。

1. 产品的可装配性分析方法

产品的可装配性分析，需要从不同的渠道获取分析所需要的数据和信息。可以从模型和图形中获取，通过模型数据和特征分析，提取有用信息并通过一定的算法转换成所需信息，如零件的对称度、长度等几何信息都可用这种方式获取。也可以从产品数据管理库中获取，在 CAD/DFA/CAM 集成系统中，通过统一的数据库和网络环境的支持，系统的各部分能够共享产品信息和属性信息，同时也保持了产品信息的一致性。还可以从实例库中调用，通过一定的匹配规则，从现成的实例库中调用一部分符合要求的信息作为产品自己的可装配性信息。因此，产品模型（几何模型、约束条件）、装配结构和属性信息成为 DFA 的数据源。

（1）装配结构的表示

装配结构以产品结构树的形式反映产品零组件的构成，提供了产品的功能结构和层次关系。产品结构树中的层次关系指一个产品模型可以分解为不同层次的子装配体和零件，子装配体还可以分解为若干个更小的子装配体和零件，从而表现出清晰的层次关系。通常把装配体、子装配体、零件之间的这种层次关系直观地表示成产品装配结构树，用装配结构树的层次关系表达它们之间的父子从属关系。树的根节点表示产品，有分支的节点表示子装配体，无分支的节点为零件。依附于结构树上的每个节点代表了参与装配的零组件，以及它们的属性信息。零组件模型为产品三维模型，内部包含了零组件之间的装配约束关系。图 3-42 所示为产品装配结构树。

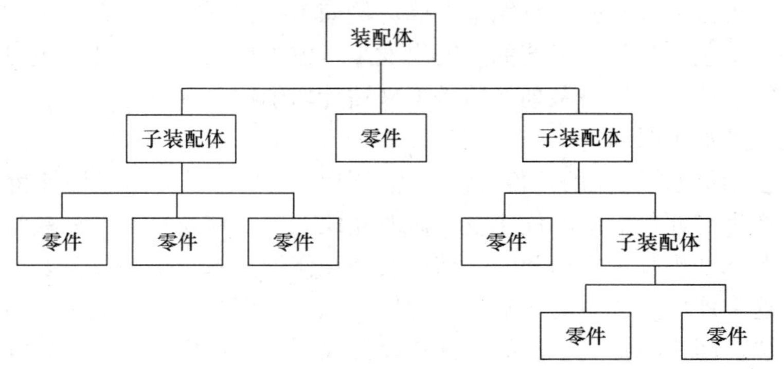

图 3-42 产品装配结构树

在产品设计中，装配结构树的作用主要是：

1）有了装配结构的分层模型，可以并行装配产品，若干个子装配体可以分别装配，再进行整体装配，从而提高数字化预装配的效率。

2）快速了解装配体的基本构成，定制产品的结构，实现面向客户的产品配置。当用户提出个性化的需求时，加入一定的配置条件，可快速重组产品结构。

3）构造装配 BOM（物料清单），产品结构树为 BOM 的生成提供了基本数据来源。

4）产品预装配规划的信息来源，按照这些信息进行规划。

（2）装配约束关系

装配约束关系定义了零件之间的几何和方向定位的约束关系，利用这些关系可求出装配变换矩阵。常用的约束有：

1）面贴合——两个面的法向量方向相同，可控制面的距离。

2）面对齐——两个面的法向量方向相反，可控制面的距离。

3）轴对齐——孔轴类的中心轴线对齐。

4）角度——两个物体的一对表面法向量相差一个角度。

5）对称——两个物体关于参考对象的对称装配。

6）相切——两个物体相切接触的装配。

7）组合——上述约束的组合。

除了上述的几何定位关系外，还应包括其他装配关系，如联接关系（螺纹联接、键联接、销联接等）、运动关系（传动包括齿轮传动、蜗杆传动等；相对运动包括旋转运动、平面运动和直线运动等）。这些装配关系一般难以直接在几何模型上表达和进行约束，而是以零件本身的特征属性和装配属性进行描述。例如，螺纹联接在几何定位上将螺纹约束在某个螺纹孔的位置，但是螺纹的属性通过孔上的螺纹特征进行标记，以区别于销钉的装配。

（3）装配干涉检查

装配干涉检查是检验产品装配过程中零件之间在空间上是否发生冲突，即是否在相同的时间占有共同的空间。装配干涉检查是 DFA 最基本的功能之一，是制定规划中的一项关键技术。产品装配干涉检查主要分为静态干涉检查和动态干涉检查。静态干涉检查用于检查产品的基本结构零组件之间是否存在空间干涉，即检查零件在装配最终位置时的干涉问题，由于静态干涉仅与产品的空间位置有关，因而静态干涉可以直接使用几何空间上的计算方法来确定。一般在零组件定位约束之后即可进行装配静态干涉检查。通过干涉检查算法找出发生干涉的零件和部位，对设计提出修改建议，避免实际装配出现返工。

动态干涉检查属于运动机构分析和碰撞检查。装配过程中装配零件在不同的时间处于不同的位置，最终位置不发生干涉并不能保证中间过程不发生干涉。动态干涉检查为产品的可装配性提供了依据。动态干涉检查方法主要有：

1）几何分析法：分析装配中任意两个零件的各个面之间的关系，从而得到零件间的连接关系及运动自由度，基于运动自由度判别无冲突装配路径。

2）扫描法：扫描法可用于两个零件间装配路径无冲突的检测，根据两个零件在一个装配方向上的投影以及投影区域间的距离，判断是否存在无冲突装配路径。基本方法是判断零件沿着某一轨迹（装配方向矢量）运动所扫出（包容）的空间区域是否有交集。最简单的方法是投影方法，图 3-43 是二维扫描区域的示意图。在装配方向 d 上，假设零件 $p1$ 在 d 上的投影区域为（$R11$，$R12$），且 $R11$ 是 $p1$ 投影区域的起始点，$R12$ 是投影区域的终止点。用同样的方法，投影零件 $p2$ 到方向 d 上，得到投影区域（$R21$，$R22$）。判断（$R11$，$R12$）与（$R21$，$R22$）出现相交区域则认为发生了干涉。

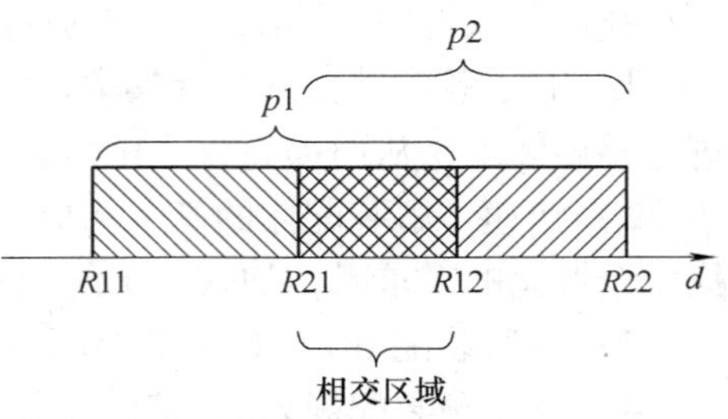

图 3-43 扫描法判断干涉路径

3）包容盒法：包容盒法是一种快速检查零件是否干涉的方法，计算机图形学经常使用，是一个非常简单的判别算法。包容盒法只能粗略判断是否发生干涉，一般用于初判断，可以去除大量的不相干零件，进一步的精确判断还要结合具体的零件进行检查。

4）移动增量干涉检查法：移动增量干涉检查方法是将扫描进行分解，得到多段扫描区间。对每一段进行判断，如果在整个过程中所有的段都无干涉，则认为装配路径上无干涉。

2. 装配顺序规划

装配工艺规划涉及装配顺序规划和装配路径规划。前者按照工艺装配要求确定零组件的先后装配顺序；后者确定在规划的基础上，零组件按照什么路径装配才可避免零组件之间以及零组件和工装夹具的空间干涉。

计算机辅助装配顺序规划研究是从 20 世纪 80 年代开始的。装配顺序规划主要研究装配顺序的生成与几何可行性分析。所谓装配顺序的几何可行性是指从几何约束的角度，两个装配单元之间的装配操作或分解操作不存在几何干涉现象。为了描述装配体中各零件之间的几何干涉关系及装配顺序生成方法，研究人员相继提出了各种概念和方法。下面介绍其中的几种方法。

（1）生成—测试法

首先根据零件间的连接关系和零件间装配所必需的条件，生成各个可能的子装配体，再根据可装配性条件进行检测，得到所有满足要求的子装配体及相应的装配顺序生成可能的子装配体。但零件间的连接关系生成可能的子装配体，其计算复杂性是指数级的，而且生成大量无用的子装配体。

（2）装配割集法

装配割集法是解决装配顺序生成问题的著名算法，它利用图论中图的割集的思想，将装配体的拆卸过程与装配体的连接关系图的分割过程相对应，巧妙地解决了装配顺序生成问题，是一种严谨的数学方法。但其最大的缺限是图中节点个数较多时，图的分割方法呈指数倍增加。例如，一个由 11 个零件组成的装配体，其装配割集数目竟达 8221 种。所以这种方法很难在实际中获得应用。

（3）几何可行性优先

几何可行性优先从几何结构出发，以不发生干涉为基本要求，在装配设计中装配的各种连接约束关系形成了零件之间的先后顺序约束，通过对装配模型的几何约束分析，采用推理方法得出不干涉的零件的优先顺序。但是几何优先仅仅是不发生干涉的可能的初步顺序，实际的装配还受到装配工艺，即工艺可行性优先的方法的约束。

（4）工艺可行性优先和工艺优化

产品装配结构树反映了按照功能分解的零组件层次化的结构关系，也大致反映了一种初步的装配顺序，但一般不能直接用于实际的装配，需要在工艺可行性的约束下不断进行优化，最后得到可行的装配约束。工艺约束有以下几个方面需要考虑：

1）定位基准零件的优先级：后续零件的装配需要参照某些基准进行，这些基准所依附的零件应该优先装配。

2）配合条件严格的零件应优先装配：过盈配合优于过渡配合，过渡配合优于间隙配合。

3）拆装频率低的零件应该优先装配：考虑到应用维护的因素，由于磨损和维修的原因，拆装频率低的零件应先安装，拆装频率高的零组件后安装，这样便于拆卸和避免影响更多的零组件。

4）装配工装影响：某些零件受装配工具和工装夹具影响，如果后装可能无法装配到位，就需要优先装配。

5）装配质量检验影响：某些零件在装配过程中需要进行检验，检验对零件的装配顺序的影响也要考虑。

不同的产品对工艺可行性优先的约束是不同的。例如，在管路装配时，可以先安装刚性管后安装柔性管，先安装粗管再安装细管等。因此，工艺可行性优先一定要根据产品的特点和其他约束进行装配工艺的知识总结，并应用于装配顺序规划。

（5）基于知识的装配顺序规划

不同的产品受到产品本身的条件约束、工艺约束。装配工艺知识是一种可利用的方法，应该建立知识库和推理机，进而推出合理的装配顺序。按照推理方法有正向推理和反向推理。

正向推理是从装配约束关系分析出零部件在装配序列中的优先级，综合考虑分析出装配序列。它的优点是目的明确，可减少盲目性，缺点是需要根据每一个装配图回答许多繁琐的交互性问题。

反向推理是假定装配体存在，根据约束图逐一检查其中零件在各方向上的自由度，以便找出哪些零件可以在不受其他零部件约束的情况下沿某一方向移去，把移去序列倒序，便得到装配序列。

3. 装配路径规划

装配路径规划确定零件装配经过的空间区域，检查装配过程中是否与工装、环境发生动态干涉。如果发生干涉，装配过程中零组件的装配路径需要避让，甚至修改装配零组件的位置以及设计修改装配工装等。装配路径规划主要是动态干涉检测，通过路径上的不同位置判断干涉情况。

3.5.2.4　可装配性的评价指标

在给定的装配顺序规划基础上，可以对产品可装配性从技术特性、经济特性和社会特性等方面进行评价，如图3-44所示。

1）技术特性：描述装配的难易程度，在规划制定的基础上，对装配的定位、连接、操作方便程度进行评价。

2）经济特性：在给定的条件下，对装配工时、标准化程度等进行评估。

3）效率：装配效率评价，如装配装夹次数，装配工件移动或改变方向的次数等。应该尽可能一次装夹定位，并且在某个装配状态下，装配工件在不移动和转动方向的情况下可以

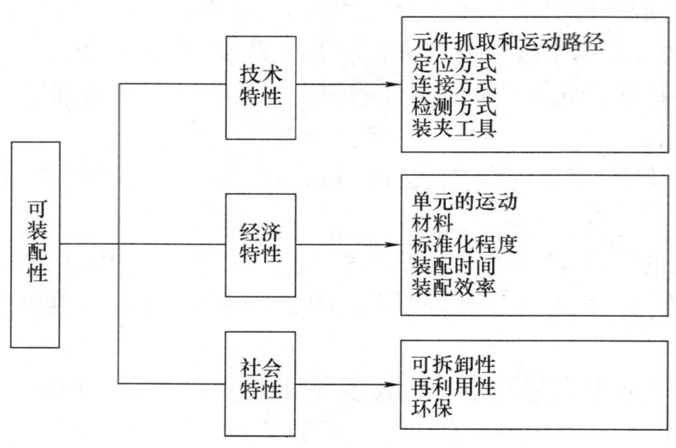

图 3-44 产品可装配性评价

连续装配多个零件。

4）社会特性：针对装配单元的再利用和装配环境保护进行评价。

装配评价可以采用打分制以及模糊判别方法，将不同的指标进行分类和确定范围值，通过模糊评判，得出指标是否满足要求。对于不满足要求的，就需要根据实际情况对产品进行修改。

3.5.2.5 支持 DFX 设计方法的协同设计流程

产品研发过程中，设计作为源头到最后的产品制造、装配、检测，经历了产品生命周期的不同阶段。DFX 作为并行设计中的主要组成部分，是驱动“设计—可制造性分析—再设计”流程的主要因素。DFX 是优化产品设计和面向下游制造的，必然面临多部门甚至多企业的协同工作。因此，DFX 方法要在设计过程中发挥作用，需要融入到计算机辅助设计中，并在协同设计流程的管理下有效工作。图 3-45 所示为支持 DFX 方法的协同设计流程。

协同设计流程是跨部门或者是跨企业的。对于一般的中小型企业，设计、制造、检测、装配都在一个企业内部完成，协同流程控制企业内部不同部门之间的设计活动。但是对于像航空、航天行业中的大型复杂产品，设计、制造、装配都是跨企业的，由不同企业协同完成，因此协同流程的管理较为复杂，流程中的产品信息发布、DFX 反馈的修改建议、再设计的模型信息传输等，必须在 PDM 和工作流控制下协同化工作。

3.5.3 DFX 驱动的网络化产品协同设计系统

DFX 方法的应用隐含了以下含义：设计不再是孤立的功能和性能设计，而是一个多约束的面向下游制造多因素的互相关联约束的复杂活动，因此要支持 DFX 活动。网络化产品协同设计系统必须考虑如下要求：

1）DFX 方法对协同设计的环境要求：以 DFX 为驱动源，表明在设计过程中，产品设计模型是基础，不管是 DFM 还是 DFA，设计模型以三维模型为主，工艺、工装、加工、装配、检测都以设计模型为数据源。因此，环境要求如下：产品建模系统——功能强大的 CAD 系统；网络支撑环境——跨部门、跨企业的园区网和行业网，将产品制造链上的上下游部门联系在一起；使得在正确的时间将正确的数据送到正确的地点共享。

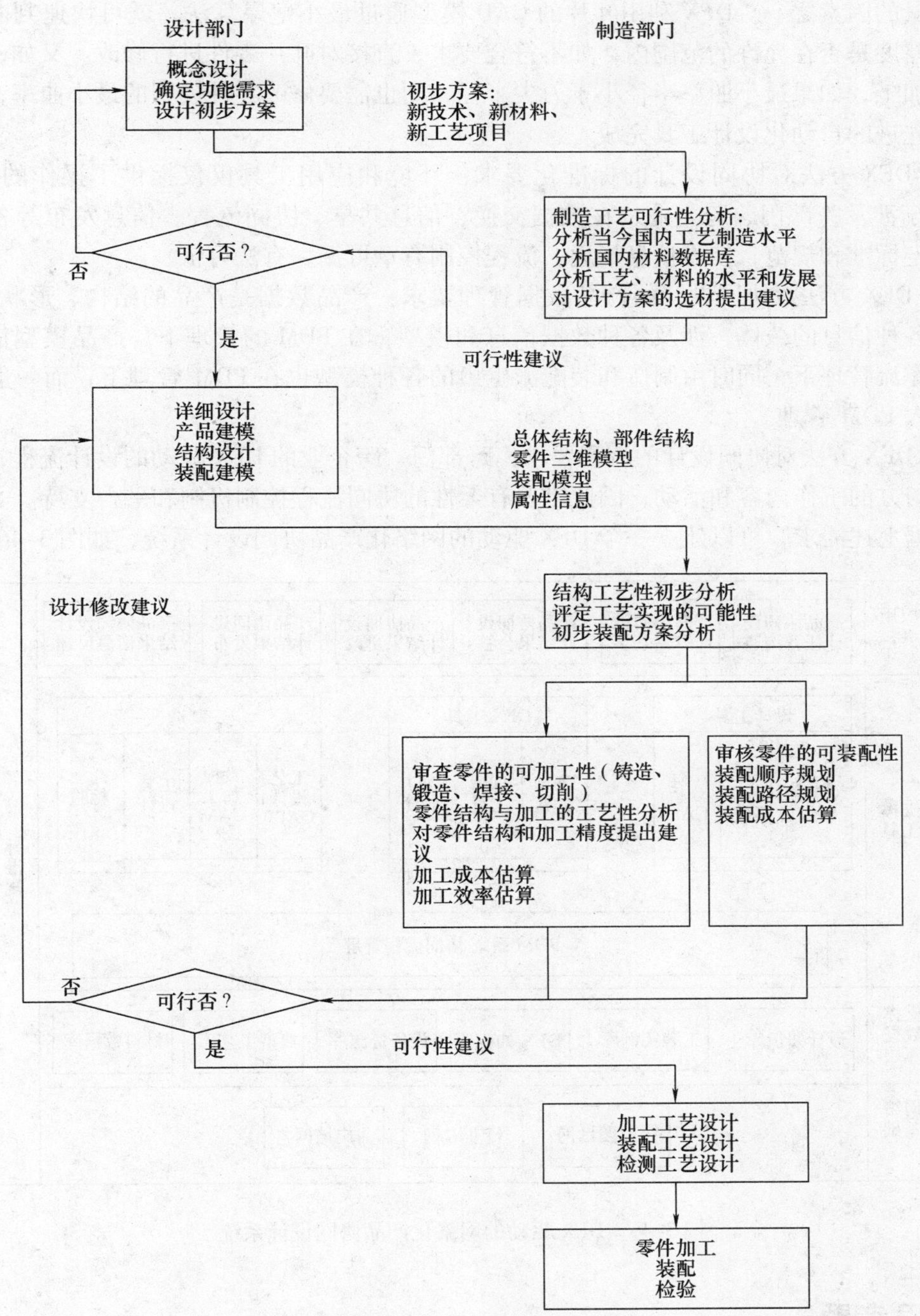

图 3-45　支持 DFX 方法的协同设计流程

2）DFX 方法对协同设计的应用能力要求：DFX 方法的分析数据来源于产品模型，产品模型的信息完整性、表达的方便性、模型的可修改性、存储的分布性都应该有利于 DFX 获取数据以及分析结果的输出。DFX 分析工具是提高分析能力和效率的保证，因此应该开发各种 DFX 分析工具。例如，对涡轮叶片进行铸造性评价，空心叶片的最小壁厚是影响叶片铸造质量的因素之一。DFX 利用叶片的 CAD 模型通过最小壁厚算法，就可快速判断出叶片的最小厚度是否在允许的范围内，如不符合要求，直接对叶片零件进行修改。又如，对零件的数控加工，如果最小曲率半径小于刀尖半径，则也需要修改零件模型的最小曲率，这些必须依靠先进的自动化设计工具完成。

3）DFX 方法对协同设计的标准化要求：环境和应用工具仅仅提供了操作的方便性，DFX 由于涉及跨部门、跨企业，在数据交换、信息共享、协同流程、信息发布等各个方面必须制定标准和规范，使得信息畅通，流程控制有章可循，有法可依。

4）DFX 方法对协同设计的产品数据管理要求：产品数据是产品的结构、形状、参数、工艺等各种信息的载体，涉及各种数据信息和模型，在 PDM 的管理下，产品模型信息在统一的工作流管理下，同时由制造和装配派生出的各种模型也在 PDM 管理下，而一般中间结果不进入 PDM 管理。

5）DFX 方法对协同设计的流程要求：跨部门、跨企业的 DFX 驱动的设计流程，需要协调各参与方的工作内容和活动，因此需要有柔性的协同流程控制机制和平台支持。

根据上述需求，可以建立一个 DFX 驱动的网络化产品协同设计系统，如图 3-46 所示。

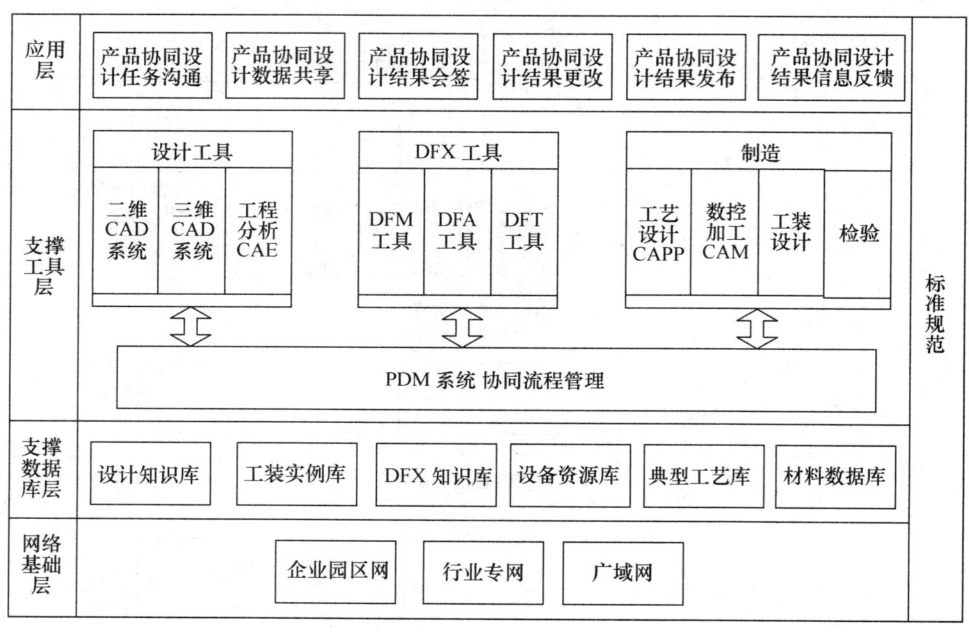

图 3-46 DFX 驱动的网络化产品协同设计系统

3.6 思考题

1. 网络化 CAD 系统应具备哪些功能？
2. 简述协同设计的特征。
3. 协同设计分哪几种类型，各有什么特点？
4. 简述产品几何模型的类型及其特点与应用范围。

5. 什么是轻量化模型，与其他类型的几何模型相比，轻量化模型在几何元素的表达方法与模型存储方面有哪些特点？

6. WebCAD 系统中，造型服务器的实现方法有哪些？

7. WebCAD 系统进行特征造型的过程中，模型的网络化传输有哪些实现方法？

8. 试列举三种协同 CAD 系统的参考模型，并简述它们的特点。

9. 简述商用 CAD 系统的网络化封装的实现方法。

10. 简述常用的产品协同设计工具及其用途。

11. 试设计支持 DFX 的网络化协同 CAD 系统的体系结构。

第4章 网络化计算机辅助工艺设计技术

迅速发展的 Internet 技术给计算机辅助工艺规划（Computer Aided Process Planning，CAPP）应用领域带来了新的活力，网络化 CAPP 正是在这种环境下提出来的。它着重强调的是协同作业、数据交换和资源共享。随着制造业信息化工程的进展，CAPP 系统的网络化成为现代 CAPP 系统的一个重要特征和发展方向，无论从广度上还是从深度上，都对 CAPP 的应用提出了更高的要求。本章在介绍 CAPP 技术基本概念和技术内容的基础上，论述在 Internet 环境中，基于 Web 技术的网络化 CAPP 系统的功能需求、体系结构、工艺数据库、流程管理与安全模型、远程协同工艺设计系统开发技术与应用实例等问题。

4.1 计算机辅助工艺设计技术概况

在现代制造企业中，工艺规程作为一种指导性技术文件对企业生产的正常运转起着至关重要的作用，它的基本任务是将产品或零件的设计信息转换成加工指令。一般来讲，CAD 研究的对象是图形，而 CAPP 研究的对象是工艺数据，各种工艺文件之间及各种工艺数据之间的关系，是产品设计与实际生产的纽带，是一个经验性很强而且随制造环境变化而多变的决策过程。

4.1.1 CAPP 的基本概念与系统功能模型

（1）CAPP 技术含义

CAPP 是指在人和计算机组成的系统中，依据产品设计信息、设备约束和资源条件，利用计算机进行数值计算、逻辑判断和推理等来编制零件加工的工艺路线、工序内容和管理信息等工艺文件，将企业产品设计数据转换为产品制造数据的一种技术，也是一种将产品设计信息与制造环境提供的所有可能的加工能力信息，进行匹配与优化的过程。

CAPP 也被翻译为计算机辅助工艺设计，国际生产工程研究会（CIRP）提出了计算机辅助规划（Computer Aided Planning，CAP）、计算机自动工艺过程规划（Computer Automated Process Planning，CAPP）等名称。实际上国外常用诸如制造规划（Manufacturing Planning）、材料处理（Material Processing）、工艺工程（Process Engineering）以及加工路线安排（Machine Routing）等名词，在很大程度上都是指计算机辅助工艺过程设计。

（2）CAPP 系统的功能模型

CAPP 接受来自 CAD 系统的零件信息，包括几何信息和工艺制造信息，再经工艺设计人员运用工艺设计知识，设计合理的加工路线，选择优化的加工参数和加工设备。工艺规划设计是一项复杂的高度智能化的活动，经验性强，涉及面广，既与经验性的决策思维相关，又受现场加工环境的限制。设计一个零件的工艺路线，要根据零件最终的形状、精度要求、加工现场的设备情况（如机床和刀具、夹具、量具等），设计它的加工路线，再考虑零件材料特性、设备的加工能力及加工经济性，优化加工参数，最后向加工车间传送成熟的工艺文件，向管理部门提供加工工时信息和设备利用情况。CAPP 系统的基本功能模型如图 4-1 所示。

(3) CAPP 的功能需求

在计算机网络环境下，CAPP 系统应具有的功能包括以下几个方面：

1）基于产品结构：机械制造企业的生产活动都是围绕产品而展开的，产品的制造生产过程也就是产品属性的生成过程。工艺文件作为产品的属性，应在工艺设计计划指导下，围绕产品结构（基于装配关系的产品零部件明细表）展开。基于产品结构进行工艺设计，可以直观、方便、快捷地查找和管理工艺文件。

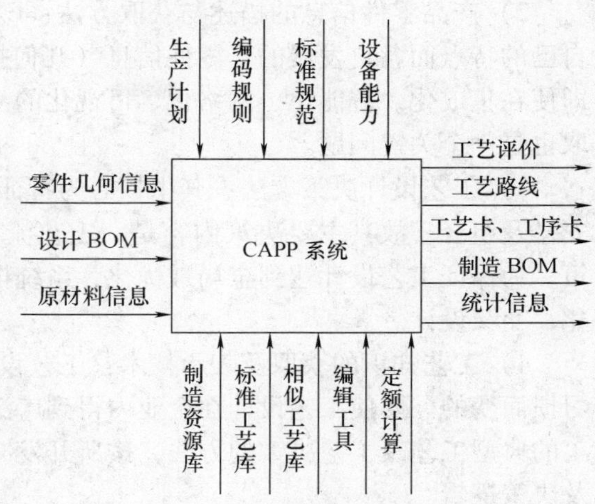

图 4-1 CAPP 系统的基本功能模型

2）工艺设计：这是工艺工作的核心工作，CAPP 应高效率、高质量地保证工艺设计的完成，通常包括选择加工方法、安排加工路线、检索标准工艺文件、工艺过程卡和工序卡的编制、优化选择切削用量、确定工时定额和加工费用、绘制工序图及编制工艺文件等内容。

3）资源的利用：在工艺设计的过程中，常常需要用到资源，即工艺设计需要大量工艺资源数据（工厂设备、工装物料和人力等），需要应用工艺技术支撑数据（工艺规范，国家、行业和企业技术标准，用户反馈），需要参考工艺技术基础数据（工艺样板、工艺档案），同时更需要借助于企业在长期工艺设计过程中积累的大量工艺知识和经验资源。CAPP 系统应广泛而灵活地提供数据资源、知识资源和资源使用的方法。

4）工艺管理：对工艺文件进行管理是保护、积累和重用企业工艺资源的重要内容，工艺管理对有关工艺数据进行统计，包括产品级的工艺路线设计、材料定额汇总等，对工艺设计和成本核算起着指导性的作用，同时需要提供工艺设计中对定型产品工艺进行的分类归档以及归档后的有效利用的功能。

5）工艺流程管理：工艺设计要经过设计、审核、批准、会签的工作流程，CAPP 系统应能在网络环境下支持这种分布式的审批性处理。

6）标准工艺管理：CAPP 系统中应有标准或称典型工艺的存储。在工艺设计中根据相似零件具有相似工艺的原理，常常可作为以后进行类似工艺设计的参考或模板。

7）制造工艺信息系统：产品在整个生命周期内的工艺设计通常涉及产品装配工艺、机械加工工艺、钣金冲压工艺、焊接工艺、热处理工艺、毛坯制造工艺、返修处理工艺等工艺设计，机械加工工艺中通常涉及回转体类零件、箱体类零件、支架类零件等各种零件类型。CAPP 应从以零件为主体对象的局部应用，走向以整个产品为对象的全面应用，实现产品工艺设计与管理的一体化，建立数字化工艺信息系统，实现 CAD/CAM、PDM、ERP 的集成和资源共享。

4.1.2 CAPP 的基础技术

1）成组技术（Group Technology，GT）：我国早期开发的 CAPP 系统一般多为以 GT 为基础的变异式 CAPP 系统。

2）产品零件信息的描述与获取方法：CAPP 与 CAD、CAM 类似，其单元技术都是按照自己的特点而各自发展的。零件信息（几何拓扑及工艺信息）的输入是首先要解决的问题，即使在集成化、智能化、网络化、可视化的 CAD/CAPP/CAM 系统中，零件信息的生成与获取也是一个关键问题。

3）工艺设计决策方法：其中核心为特征型面加工方法的选择，零件加工工序及工步的安排及组合。故其主要决策内容是：工艺流程的决策、工序决策、工步决策和工艺参数决策。为保证工艺设计达到全局最优化，系统把这些内容集成在一起，进行综合分析，动态优化，交叉设计。

4）工艺知识的获取及表示技术：工艺设计是随设计人员、资源条件、技术水平、工艺习惯而变的。要使工艺设计在企业内得到广泛而有效的应用，就应总结出适应本企业零件加工的典型工艺及工艺决策的方法，按所开发 CAPP 系统的要求，用不同的形式表示这些经验及决策逻辑。

5）工序图及其他文档的自动生成方法。

6）NC 加工指令的自动生成及加工过程动态仿真技术。

7）工艺数据库的建立技术。

4.1.3 CAPP 系统类型

在 CAPP 研究开发中，依据工艺决策方式可将 CAPP 系统分为：交互式 CAPP 系统、派生式（Variant，也称变异式、修订式、样件式等）CAPP 系统、创成式（Generative）CAPP 系统、混合式（Hybrid）CAPP 系统、基于知识的 CAPP 系统等类型。

（1）交互式 CAPP 系统

交互式 CAPP 系统是指按照不同类型的工艺需求，编制一个人机交互软件系统，工艺设计人员根据屏幕上的提示，进行人机交互操作，操作人员在系统的提示引导下，回答工艺设计中的问题，对工艺过程进行决策及输入相应的内容而形成所需的工艺规程。这种系统强调 CAPP 中的 A 代表 Aided（辅助）而不是 Automatic（自动化）。在以交互式为基础的系统模式下，工艺人员是工艺决策的主体，CAPP 系统的主要功能是帮助用户“甩笔”、“告别手册”。早期从实用化的目的出发，开发出较多的基于 Word、Excel、AutoCAD 等通用软件系统的工艺卡片填写系统也属于交互式 CAPP 系统（图 4-2），并取得了一定的应用效果。

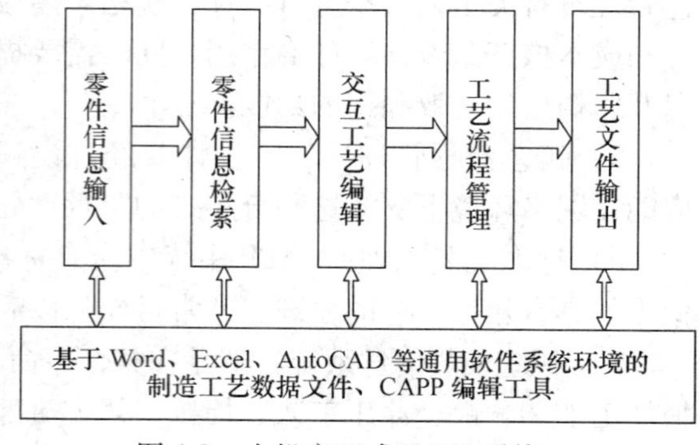

图 4-2 人机交互式 CAPP 系统

随着软件开发技术的发展，交互式 CAPP 逐渐成为一种框架工具系统。这种交互式 CAPP 工具系统是以人机交互的形式完成工艺规程的设计，含有适用于不同环境、不同需求的基本功能，而用户的特定工艺数据、工艺知识和文件格式将在系统提供的各种帮助下逐步定义和添加，还可以根据用户的特殊需求进行特定功能的定制和二次开发。系统将根据使用中积累的数据和知识，逐步形成一种人机混合的决策功能。

（2）派生式 CAPP 系统

派生式 CAPP 系统的工作原理是在成组技术的基础上，利用零件的相似性将各种零件分类归族，对每一个零件族构造一个能包含所有零件特征的标准样件，并建立代表该族零件的标准工艺。一个新零件的工艺通过检索相似零件的标准工艺并加以筛选、编辑修改而成，如图 4-3 所示。最初的派生式方法是在标准工艺的基础上通过人机交互编辑修改而完成的，近来较成功的派生式 CAPP 系统都可以根据一定的派生规则进行自动派生，有些系统还结合创成式方法的一些特点，在机床、刀具、工装的选择，切削用量的确定等方面也采用自动的方法，有些学者称之为半创成式（Semi-generative）方法。派生式 CAPP 的特点是结构简单、系统容易建立、性能可靠、理论成熟且便于维护和使用。因此，目前大多数实用的 CAPP 系统均属该种类型。

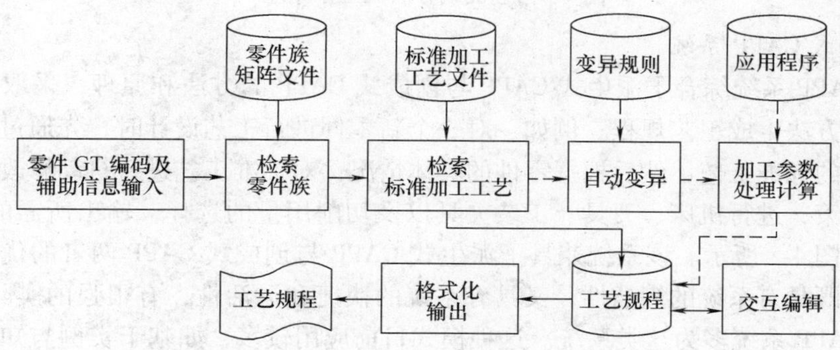

图 4-3　派生式 CAPP 系统的工作原理

派生式 CAPP 系统的基础是按成组技术原理对已有零件进行分类编码。其目的是将零件图上的信息代码化，在宏观上描述零件而不涉及该零件的细节。具体方法是把零件的属性用数字代码表示，以使计算机容易识别和处理。国际上已有几十种用于成组技术的机械零件编码系统，如德国的 OPITZ 系统、日本的 KK-3 系统及我国的 JCBM、JLBM-1 系统等。

（3）创成式 CAPP 系统

创成式 CAPP 系统的工艺规程是根据程序中所反映的决策逻辑和制造工程数据信息自动生成的。这些信息主要是有关各种加工方法的加工能力和对象、各种设备及刀具的适应范围等一系列的基本知识。而工艺决策中的各种决策逻辑（以决策树、决策表等表示）既可植入程序代码（一般的创成式 CAPP 系统），也可以规则的形式存入相对独立的工艺知识库，供主控程序调用（基于人工智能的 CAPP 系统）。依靠系统的决策逻辑、计算公式、工艺算法和几何数据，自动地进行从毛坯至图纸要求这一过程的各种工艺决策。加工规则、设备能力等都存储在计算机系统内。在向创成式 CAPP 系统输入待加工零件的信息后，系统能自动提供（生成）各种工艺规程文件，用户不需修改或略加修改即可，其工作原理如图 4-4 所示。创成式系统的特点是能保证相似零件工艺的高度相似性和相同零件工艺的高度一致性，能设计出新零件的工艺规程，有很大的柔性，还可以与 CAD 系统以及自动化加工系统相连接，实现 CAD/CAM 一体化。

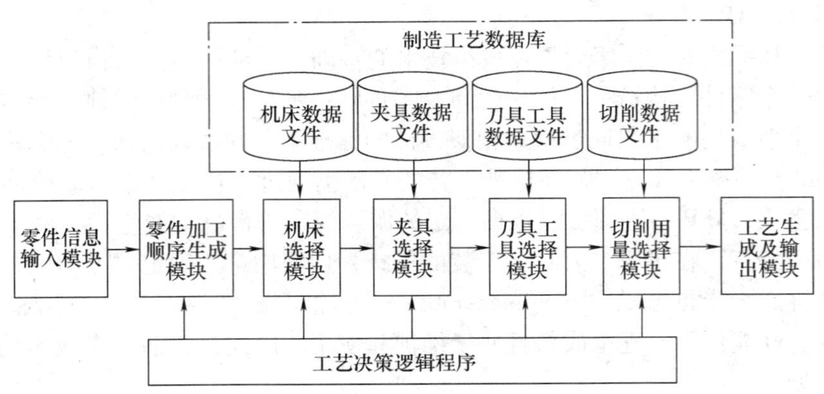

图 4-4 创成式方法的工作原理

（4）混合式 CAPP 系统

混合式 CAPP 系统综合了派生式 CAPP 与创成式 CAPP 的方法和原理，采取派生与自动决策相结合的方法生成工艺规程。例如，对一个新零件进行工艺设计时，先通过计算机检索它所属零件族的标准工艺，然后根据零件的具体情况，对标准工艺进行自动修改，工序设计则采用自动决策，进行机床、刀具、工装夹具以及切削用量的选择，输出所需的工艺文件。其工作原理如图 4-5 所示。该系统兼具了派生式 CAPP 与创成式 CAPP 两者的优点，克服了各自的不足，既具有系统的简洁性，又具有系统的快捷和灵活性，有很强的实际应用价值。我国开发的 CAPP 系统多为这类系统。这种模式目前应用较多，如基于实例与知识的混合式 CAPP 系统、将成组技术与专家系统相结合的混合式 CAPP 系统等。

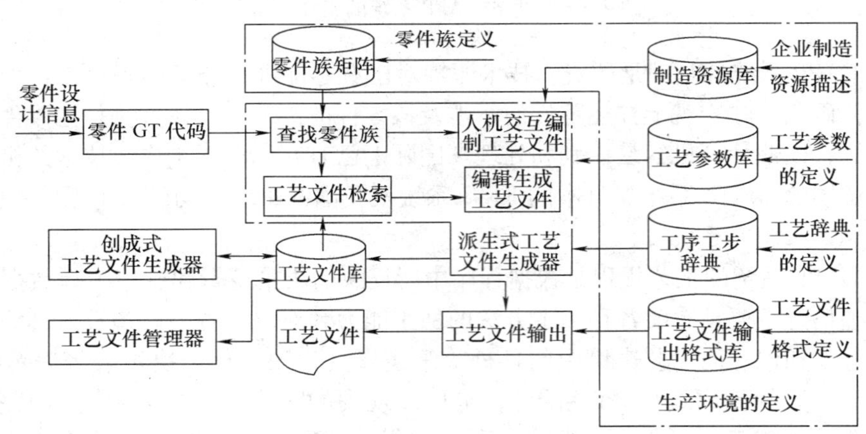

图 4-5 混合式 CAPP 系统工作原理

（5）基于知识的 CAPP 系统

基于知识的 CAPP 系统也称为智能型 CAPP 系统，是将人工智能技术应用在 CAPP 系统中从而形成 CAPP 专家系统。与创成式 CAPP 系统相比，虽然二者都可自动生成工艺规程，但创成式 CAPP 是以逻辑算法加决策表为特征，而智能型 CAPP 是以知识库加推理机为特征。工艺设计专家系统的特征是知识库及推理机，其知识库由零件设计信息和表达工艺决策的规则集组成，而推理机是根据当前的事实，通过激活知识库的规则集，而得到工艺设计结果，专家系统中所具备的特征在智能 CAPP 系统中都应得到体现。

总之，CAPP 系统应是一种以产品工艺数据为中心的，集工艺设计与信息管理为一体的交互式计算机应用系统，逐步集成检索、修订、创成等多工艺决策混合技术及多人工智能技术，实现人机混合智能（Human-machine Hybrid Intelligence）和人、技术与管理的集成，逐步和部分实现工艺设计与管理数字化，从设计和管理等多方面提高工艺人员的工作效率，且在应用中不断积累工艺设计人员的经验。

4.1.4 CAPP 在制造业信息化中的作用

在制造业信息化环境中，工艺设计是生产技术准备工作的第一步，工艺规程是进行工装设计制造和决定零件加工方法与加工路线的主要依据，它对组织生产、保证产品质量、提高劳动生产率、降低成本、缩短生产周期及改善劳动条件等都有直接的影响，是生产中的关键工作。CAPP 系统与企业信息化系统各组成部分主要有 3 类信息流，如图 4-6 所示。

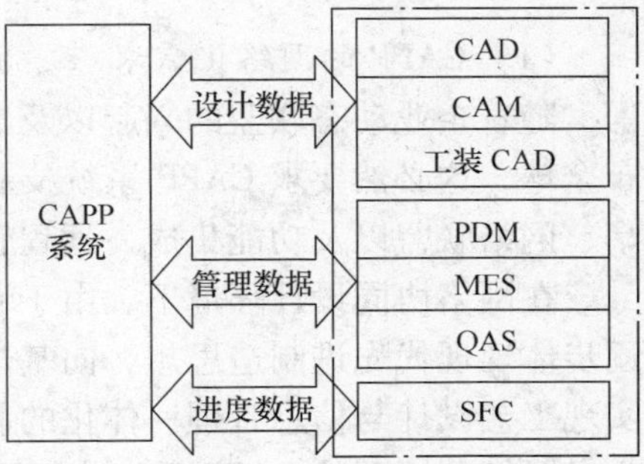

CAPP 系统 | 设计数据 | CAD | CAM | 工装 CAD | 管理数据 | PDM | MES | QAS | 进度数据 | SFC

图 4-6 CAPP 信息交互图

（1）设计数据信息流

CAPP 接收来自 CAD 的产品几何、结构、材料信息以及精度、粗糙度等信息作为 CAPP 的原始输入，同时向 CAD 反馈产品的结构工艺性评价。

CAPP 向 CAM 提供零件加工所需的设备、工装、切削用量、装夹参数以及反映零件加工过程的刀具轨迹文件，并接收 CAM 反馈的工艺修改意见。

CAPP 向工装 CAD 提供工艺规程文件和工装设计任务书。

（2）管理数据信息流

CAPP 向产品数据管理系统（PDM）提供工艺路线、设备、工装、工时、材料定额等信息，并接受 ERP 发出的技术准备计划，原材料库存，刀具、夹具状况，设备变更等信息。

CAPP 向制造执行系统（MES）提供各种工艺规程文件和夹具、刀具等信息，并接收由 CAM 反馈的刀具使用报告和工艺修改意见。

CAPP 向质量保证系统（QAS）提供工序、设备、工装等工艺数据，以生成质量控制计划和质量检测规程，同时接收 QAS 反馈的控制数据，以修改工艺规程。

（3）进度数据信息流

CAPP 向车间操作控制系统（SFC）提供工艺规程、装配工艺规程等信息文件，为生产调度和在线控制提供数据支持。

综上所述，工艺信息系统提供的数据横向跨越了从 CAD 系统到 ERP 系统等企业信息化的各个方面，纵向涉及从产品需求分析到生产维护等产品生命周期全过程，在制造信息系统中起着承上启下的作用，对于保证制造信息系统中信息流的畅通，实现真正意义上的集成是至关重要的。可以毫不夸张地说，没有一个完善、可靠的工艺设计信息化系统，就不可能实现完整的、集成的企业信息化系统。

4.2 网络化 CAPP 的概念与系统结构

所谓网络化 CAPP 系统，就是在工艺信息处理系统中结合 Internet 技术、Web 技术、数据库技术等来开发基于网络的远程工艺设计和数据共享的 CAPP 系统。因此，网络化 CAPP 系统是在传统 CAPP 系统基础上进一步结合 Internet/Web、XML、CORBA/ActiveX、Java 等技术，实现基于 Internet 的数字化工艺设计信息处理，以支持 CIMS、并行工程和网络化制造等先进制造模式，提供一种实现基于网络环境的远程分布式协同工艺信息处理工作的环境。

4.2.1 CAPP 与网络化

(1) CAPP 的网络化需求

随着企业动态联盟的兴起以及数字化制造技术的发展，联盟内的多个企业或部门可能分布全球，这必然要求 CAPP 系统支持远程交互工艺设计和数据共享，在信息交流、资源共享、网络联盟以及功能集成、远程管理、异地制造等方面提供方便。

在网络协同设计环境下，由于 CAPP 与 CAD/CAE/CAM 系统的集成，现代 CAPP 的发展逐步体现现代先进制造思想，向基于网络化和数字化环境、以信息集成和工艺知识为主体、实现工艺设计与信息管理一体化的制造工艺信息系统发展。

网络环境下的 CAPP 系统将不再是面向固定制造环境的工艺规程设计，它面对的是动态变化的制造资源及加工对象。因此，在网络环境下建立 CAPP 系统，需要充分考虑变化与柔性的要求对 CAPP 系统体系结构和功能模型的影响，相应的 CAPP 系统所具有的新特点包括：CAPP 系统对动态变化制造环境的适应性，即设备库、工艺知识库、工装库、加工参数库等具有适应动态变化的能力；CAPP 系统零件信息获取方法具有较高的柔性和较大领域范围的适应性；CAPP 系统工艺设计决策逻辑的广泛适应性。

(2) 硬件对 CAPP 技术的影响

随着计算机技术的发展，各种硬件设备和软件技术的出现，为企业提供了多信息、多视角、多模式的网络化 CAPP 所需的软硬件环境。

例如，电子公告可从企业级出发，向全厂的工艺部门发出各种消息和通知，针对工艺设计的有关问题进行通告，对相关技术资料和相关标准进行发布，也可以将该模块作为组织工艺设计人员进行学习的网络平台；白板模块可为 CAPP 的工作人员提供一个能够相互交流的平台，一组工艺设计师可在同一白板中讨论同一工艺问题，设计师在白板上通过写字、绘图来通信，最终解决问题即求得了工艺设计问题的某种解；视频会议系统为企业多个决策者和产品多个设计者之间提供了无距离的沟通环境；虚拟现实技术为工艺装配过程仿真提供了条件。随着网络化加工仿真的发展，数控加工技术也为网络化工艺设计提供了基础。

(3) 信息应用方式对 CAPP 技术的影响

面对网络经济时代制造环境的变化，传统的制造模式已与之不相适应，需要建立一种充分利用现有社会资源，快速响应市场需求的网络制造模式。网络制造又被称为分散网络制造、网络化敏捷制造或基于因特网的制造，这种制造模式强调充分利用网络技术，通过产品制造、信息处理和现代通信技术的集成来实现人、知识、资金和设备（包括企业内部和分布在全球各地合作企业）的集中管理和优化配置，它不局限于一个企业中，可以以动态联盟的形式来组织生产，强调通过联合来赢得竞争。实施网络制造必须获得工艺设计理论及其应用系统的支持，新的制造环境给 CAPP 系统提出了新的要求，如 CAPP 向着可视化、基于 3D 模型的 CAPP 系统，以及与 CAD/CAM 一体化方向发展。因此，适用于网络制造环境下的 CAPP 系统是研究和开发 CAPP 的方向。

4.2.2　网络化 CAPP 的特点

在网络化制造模式下，势必会有更多的企业系统的组合、功能的融合，CAPP 除了完成工艺过程设计、输出工艺规程外，更需要与其他企业功能系统进行集成。与传统的基于企业局部资源与知识进行工艺规划的 CAPP 系统相比，网络化 CAPP 具有资源广义性、资源分布性和协同作业性等一些新的特点。

1）资源广义性：网络制造环境下的工艺规划所利用的制造资源是企业动态联盟、虚拟车间资源。这些资源不仅仅局限于本企业内部，而且还通过网络得到扩展与延伸。充分利用一切能利用的资源是实现企业优势互补、提高响应敏捷性的基础。

2）资源分布性：多个合作企业在空间上分布于不同地域，根据各自的工艺习惯有不同的工艺操作规范。如何对这些分布的工艺流程进行有效的集成，并提供一种适于分布式环境中产品工艺数据交换的方式，是网络化制造得以实施的重要使能技术之一。

3）协同作业性：在网络化制造环境下，企业更专注于自身核心竞争力的培养与发展，合作伙伴间的协作、交流大大增加，这给工艺合作伙伴选择与评价以及协同工艺设计等提出了新要求。工艺设计任务将以伙伴企业的核心优势而分解，在各企业多项任务并行协同地完成，并在各企业内部以产品为主线，形成信息系统的集成。

4）组合动态性：网络化制造具有 4 阶段生命周期，即协作目标确定、合作伙伴组建、运行和解散，其组织和结构形式应市场需求而变化。因此，CAPP 必须提供可重构和规模可伸缩的能力，以适应这种动态变化的需求。

5）分布异构性：由于工艺设计活动分工协同完成，合作企业在地域上是分散于各地的，这就造成工艺信息的分布性。不同企业有各自的工艺编制习惯，有不同的工艺操作规范，CAPP 的环境依赖性造成工艺信息的异构性。

4.2.3　网络化 CAPP 系统的体系结构

网络化 CAPP 系统应将新型 Web 技术、XML 技术、组件技术同 CAPP 需求结合起来，目的是利用先进的协议和软件构造体系来突破传统局限，实现 CAPP 的系统化、标准化和个性化。图 4-7 所示的是一种网络化 CAPP 系统的层次结构。

（1）客户端应用层

第一层是客户端应用层，主要为用户提供系统显示、信息输入、交互操作和结果输出等操作。当客户端是基于 GUI 的应用程序时，客户通过图形交互操作向系统发出调用所需应用程序服务器功能组件的请求，获得可调用接口后，就可以运用功能组件中的逻辑方法，使组件进行相关逻辑运作，进行工艺设计与过程管理等功能操作。

（2）应用程序服务器层

中间层是应用程序服务器层，用于存放为 CAPP 系统提供业务逻辑的功能组件，是工艺设计平台系统的主体功能层，包括组件服务器和 Web 服务器。系统功能组件在结构上是动

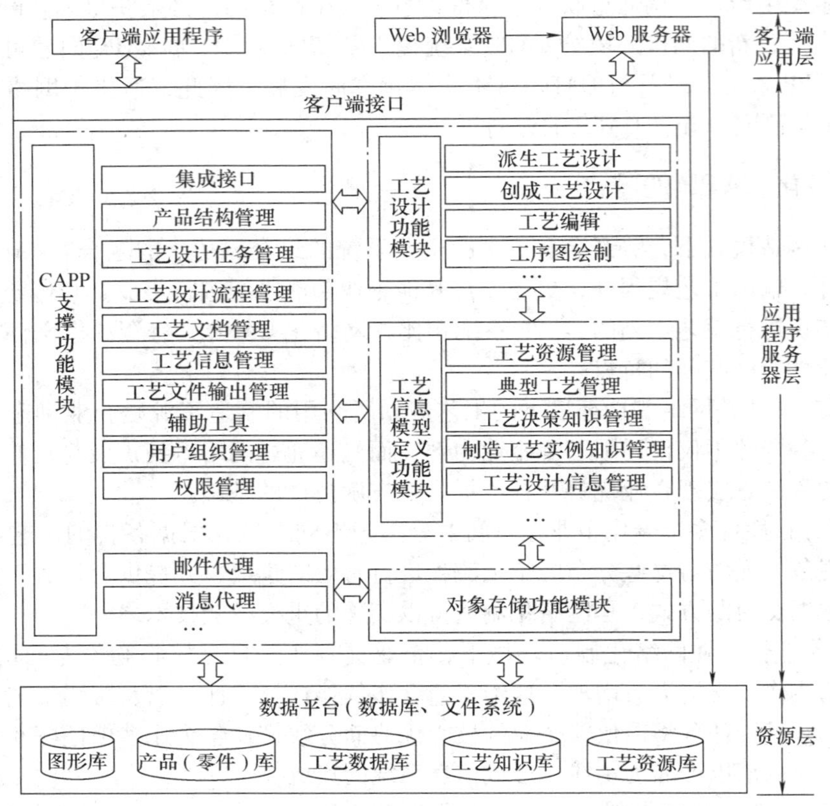

图 4-7 网络化 CAPP 系统的层次结构

态的，各个功能组件可根据实际需求进行不同的组合，当制造环境和产品发生变化时，可以修改相关组件来满足要求。

1）集成接口工具：提供 CAPP 系统和 PDM、ERP 等系统之间的数据导入导出接口，实现工艺与设计、工艺与制造的集成。

2）产品结构管理工具：完成企业对各类 BOM 的输入、转换、输出、调整等需求，主要功能在于获取并管理产品的总体信息和结构信息，并与对应工艺信息统一起来，为工艺设计与过程管理服务（以 BOM 为核心）。比如它能获取产品型号、产品名称、与当前工艺对应的零件号、零件名称、毛坯信息等，在创建工艺时以此作为输入的一部分，自动填写这些信息。这样做既可以提高工艺编制效率又能避免人工输入出现的差错。

3）工艺设计任务分派工具：依据企业工艺任务分配原则，模拟企业实际工艺任务的分配过程，并实现工作量的计算和平衡。工艺设计任务分派是工艺工作流的起点。

4）工艺设计流程管理工具：即企业工艺部门的工作流管理，包括设计、校对、审批、更改等一系列工作过程。工艺流程管理是实现工艺工作过程的自动化、优化工艺设计过程，并进一步实现工艺协同设计的重要环节。

5）工艺文档管理工具（程序实现为工艺文档管理分系统）：实现对所有以文档形式存在的工艺及其相关文件的管理，工艺文件包括工艺手册、设计大纲、各种规范等，事务文件包括会议纪要、工作联系单等。而管理是指工艺文档的登记、存储、查询、检索、借阅、更新等一系列活动。

6）工艺信息管理工具：指查询、统计、汇总等一系列对工艺信息的操作或再加工。

7）工艺文件输出管理工具：将数据库中的工艺数据以企业规定的格式（不同的企业有不同的工艺文件格式）或要求输出，输出一词包括多种含义，如纸质文件打印、Web页面浏览、形成某种类型的工艺计算机文件等。

8）工艺资源管理工具（程序实现为工艺资源管理分系统）：对设备、工装、材料等工艺可利用资源进行管理，以方便工艺设计时对这些工艺资源状态以及性质的查询和引用。

9）典型工艺管理工具：依托某种技术模式（如成组技术）对企业成熟的、典型的工艺信息进行管理，是存储工艺知识、优化工艺设计、缩短工艺设计时间、实现工艺设计标准化和规范化的保证。

10）工艺决策知识管理工具：工艺决策与推理知识是CAPP系统智能化的体现。

11）派生工艺设计工具：利用典型工艺或工艺实例进行检索、派生或基于实例推理的工艺设计。

12）创成工艺设计工具：利用工艺决策等知识自动完成工艺设计。

13）工艺编辑工具：提供强大的在线工艺编辑支持，插入图形或特殊符号，动态提示，异步加载和保存工艺数据，维持修改记录，切换编辑、浏览、打印模式，关联更新等。

14）工序图绘制工具：工序图绘制是CAPP系统的重要功能，工序图是工艺文件的重要组成部分，并具有图形简单等特点。而且由于设计图样（如AutoCAD文件）已经存在，因此工序图绘制应该包括图形绘制、图样引用、提取、编辑、修改等多种功能。

15）辅助应用工具：包括工时定额公式定义及计算、材料定额公式定义及计算等诸多辅助工具，目的是方便工艺人员对系统的使用并进一步减轻工作量。

16）用户组织管理工具：工艺设计是一个多任务、多用户的并发过程，因此需要完备的用户、组织、角色、权限的管理机制以保证系统安全和有序。同时，用户组织管理也是实现工作流管理的前提。

17）权限管理工具：提供系统安全、登录、权限、消息管理等功能。

（3）资源层

系统的底层是整个系统的数据平台——资源层。由工艺数据库、工艺知识库、工艺资源库、产品（零件）库和图形库组成的广义数据库为系统提供了数据支持。这些库的存在形式可以是关系数据库，部分需要由文件系统来担任，以满足企业各类数据结构的需要。例如，图形库用来保存工艺卡片中的附图，图形以文件形式上载到服务器上，其他用户在打开工艺卡片时图形再从服务器下载到客户端，从而实现共享。

4.3 网络化CAPP的工艺数据库技术

网络化CAPP的关键基础技术是工艺设计信息处理模式、制造工艺资源模型以及工艺数据库建立技术。

4.3.1 工艺设计信息处理模式

工艺设计信息模型是指工艺卡片等生成的相关数据资源的组织模式。工艺卡片是设计人员主要的工作对象，然而企业真正关心的是工艺卡片上反映的工艺设计信息，工艺卡片仅仅是设计人员要表达的工艺设计信息的格式化载体。

一个工艺设计中涉及的工艺设计信息多种多样，包括设计项目属性、产品属性、零部件属性、工艺技术条件、各类设备、设计人员等信息，还包括工艺路线、过程和步骤，以及从CAD图中提取的各种信息。各种工艺设计信息之间一般有关联信息。对所有这些数据进行归纳和总结，并进一步抽象，得到一个能对所有的工艺设计信息进行格式化处理的软件模型，这就是工艺格式的基本概念。

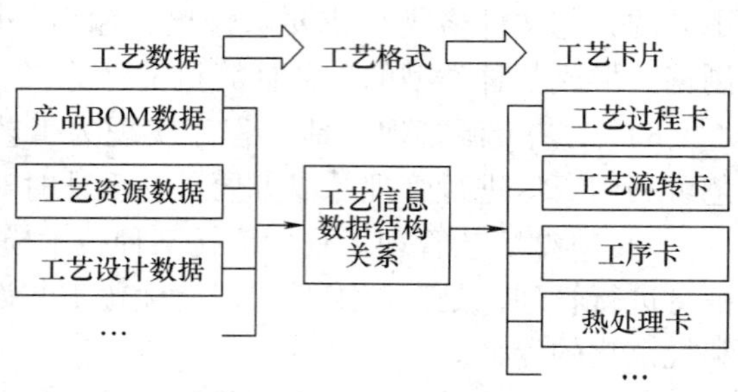

图4-8 工艺信息的三层结构

工艺格式是一个完整的工艺中所包含的工艺设计信息及其类型，以及工艺设计信息之间结构关系的总和，即工艺设计信息的组织。工艺格式在工艺卡片和工艺设计信息之间起桥梁作用，使企业关心的所有工艺设计信息都能通过固定的数据库结构去描述，也能通过不同的工艺卡片去反映。工艺卡片只是工艺设计信息的一种形式表达，对工艺卡片中数据的修改，实际上是对数据库中工艺设计信息的修改，两者是双向关联的。这种数据、格式、卡片的三层结构和软件编程中的三层结构非常相似，如图4-8所示。

4.3.2 工艺卡片的数据库模型

工艺设计过程围绕着工艺数据进行，工艺数据有多种表现形式。在工艺数据中包含有零件属性数据、产品属性数据、工艺规程数据等，作为一个统一的数据源，对零件属性信息的修改，可能要影响到工艺卡片中的相关内容，即用户以各种方式接触到的工艺数据都是总体工艺数据的一个视图。

工艺卡片只是工艺数据的一种表现形式，对工艺卡片中数据的修改，实际上是对数据库中的工艺数据的操作，两者是双向关联的，CAPP与其他系统的共享也是对数据的共享。为了基于数据库的工艺数据结构化存储，需要对工艺数据进行格式化划分。

如图4-9所示，工艺卡片可以划分为不同的区域：

1）单元区域：该区域主要用来表现属性数据，如零件材料、产品名称等。

2）表格区域：该区域主要用来表现二维表形式的属性，如工艺规程、明细表等。

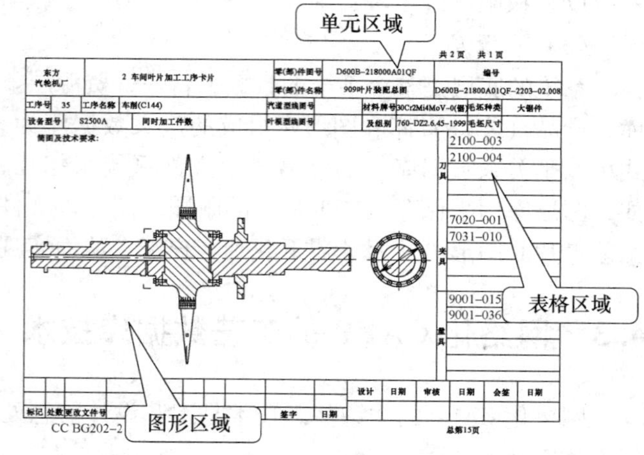

图4-9 工艺卡片区域划分

3）图形区域：该区域主要用来显示图形数据。

工艺卡片的格式多种多样，而且随着企业的发展，工艺卡片的格式会发生变动，也可能会增加新的工艺卡片，为了满足企业对工艺卡片的扩展性需求，建立统一的工艺卡片结构化数据存储模型非常重要。

对工艺卡片进行这种格式化后，结合关系型数据库技术，CAPP 系统数据库结构中至少需要 4 类基础的数据库表，即单元工艺数据表、表格工艺数据表、图形工艺数据表以及工艺数据关系表。这种设计方法使得卡片和工艺设计信息从根本上得到了分离，同时为企业的信息化建设提供了完备的、统一的工艺设计数据库接口。

4.3.3　制造工艺资源数据库

制造工艺资源是指一切可以为工艺系统使用的企业资源，包括材料、机床设备、工艺设备（刀具、量具、夹具、辅具等）、车间、工段、切削用量（进给量、切削深度、切削速度等）、工时定额的计算方法、材料定额的计算方法，以及工艺规范、企业技术标准等。从传统的系统归属上看，制造工艺资源既是企业资源计划（ERP）的一部分，又是 CAPP 系统重要组成部分。通常，制造工艺资源分为制造资源、工艺标准资源两类，如图 4-10 所示。

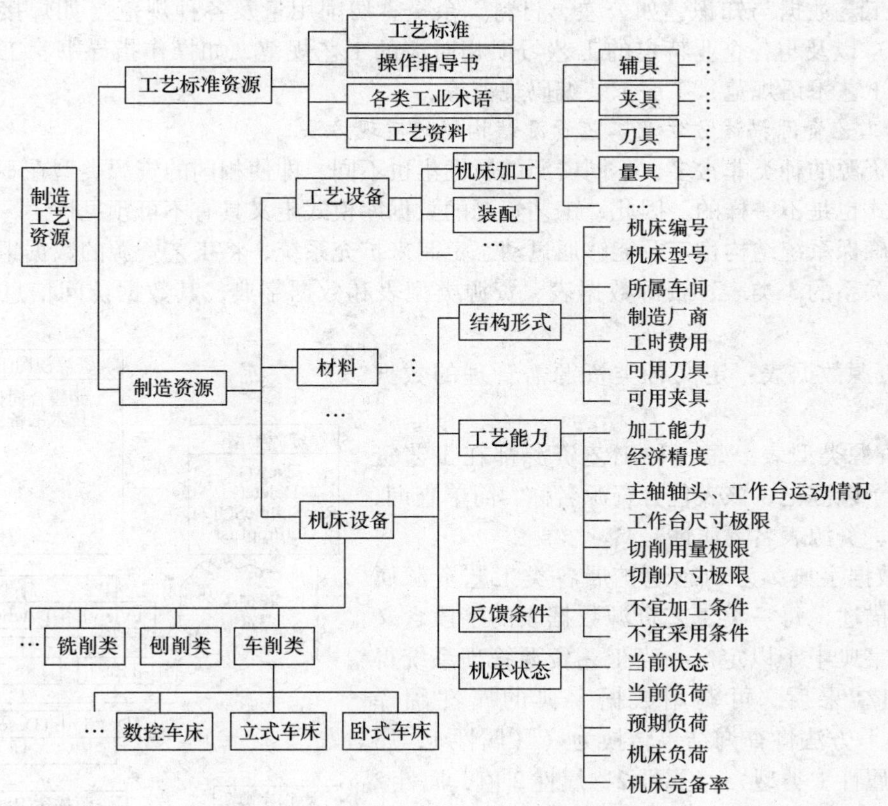

图 4-10　工艺资源数据模型

(1) 制造资源

制造资源是对企业中的机床设备、工艺设备、材料和产品生命周期所涉及的硬件、软件的总称，也是属于 ERP 管理的内容。对制造资源的抽象和描述应该是稳定的，不随应用系统而变，制造资源模型为应用系统提供制造环境的基本信息或信息模块。

制造资源库的数据由两部分组成：一部分是静态数据，是指有关资源、加工设备、材料、管理等方面的信息，它们一般不会在生产过程中发生变化，但可根据需要加以修改和补充；另一部分是动态数据，反映了一些随时有可能变化的信息，与生产实践密切相关。

基于面向对象的思想把制造资源的结构描述与其相应的行为（工艺能力、状态、反馈等知识）封装，使得每一个资源对象作为一个与物理世界相对应的概念，既表示了其结构形式，又表示了它在制造过程中将产生的行为，从而将制造资源的结构信息和工艺能力知识信息及其状态管理信息统一为结构化的对象表示，实现制造资源信息和知识及其生产管理信息的共享、维护和继承。

制造资源模型由资源管理特征（编号、类型、规格、所属车间等）、制造能力特征（能实现的加工方法、保证加工精度的能力和效率）、状态特征（动态状况、运行状况负荷率）3 部分组成。同时这 3 部分包含动态和静态两个方面数据。

（2） 工艺标准资源

工艺标准资源主要指工艺设计手册及各类工程标准中已标准化的或相对固定的与工艺设计有关的工艺数据与知识，如公差、材料、余量、切削用量及各种规范（如焊接规范、装配规范等）以及与各企业特定的工艺习惯相对应的工艺规范，如操作指导书、工艺卡片格式规范、工艺术语规范、工序工装编码规范等。

（3） 工艺资源描述方法及工艺资源结构树的实现方法

工艺资源的种类非常多，不同资源的属性集也不同，即使相同的资源类型在不同的企业其存在形式也是不一样的。因此，工艺资源的数据库模式定义具有不可预见性。

为了确保系统结构稳定及能够通过动态定制来扩充系统，将工艺资源的数据组织为具有层次对应关系的 3 类表：资源数据表、资源类型表和数据字典，其数据访问信息模型如图 4-11所示。

1） 资源数据表：定义各类资源需管理的数据对象。

2） 资源类型表：每一种工艺资源都在工艺资源类型中予以登记，该表包含资源名称、简单查询、复杂查询、资源表名等属性。

3） 数据字典：为动态地扩展各类工艺资源属性语义的描述，每一类工艺资源数据表的字段含义都在数据字典中予以定义，当工艺资源管理系统得到了查询结果后，可调用数据字典的属性翻译（Translate）方法将查询结果转换为（（属性 1，属性 1 值，属性 1 类型），（属性 2，属性 2 值，属性 2 类型）……）的标准形式呈现给用户，包括资源数据表名、属性名、属性说明、属性类型等。

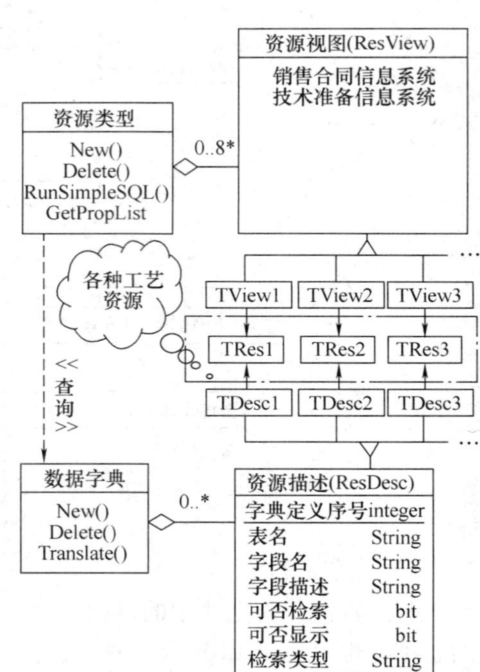

图 4-11 工艺资源数据访问信息模型

为了使工艺资源类型的记录层次表示分明，资源类型树用“树的双亲表示方法”表示。资源类型表中有两个关键字段，其中字段“资源类型定义序号”代表自身代号，是记录的唯一识别；字段“上级资源类型定义序号”指向父节点，标识该记录的隶属关系。上述方法建立的资源类型结构具有如下优点：

1）使数据库中的记录具有多层次，而且层次的级数不受任何限制。这样就允许使用者按照任何合理的方式自由安排数据层次。

2）数据库结构统一，便于开发和模块扩充。

3）便于利用面向对象的可视化控件显示，在可视化界面中使用方便。

4.3.4　网络化工艺设计信息数据库

网络化 CAPP 系统除了需要上节所述的制造工艺资源数据库的支持，还需要建立网络化工艺设计信息数据库，广义上讲还包括制造业内部的信息交流和共享，以及面向制造业的网络应用服务。网络化 CAPP 系统中的工艺设计信息数据类型主要包括以下几种。

1）产品设计和分析数据：如产品的结构分析、性能分析、图形、尺寸公差、技术要求、材料热处理等数据，这些数据具有高度的动态性。

2）产品模型数据：包括基本体素、产品零部件的几何拓扑信息，零部件的整体几何特征信息，几何变换信息和其他特征信息。

3）产品图形数据：零件图、部件图、装配图和工序图的数据。

4）专家知识和推理规则：主要包括智能 CAD、CAPP 系统中专家的经验知识和推理规则。

5）工艺交流数据：网络应用服务中发布企业工艺信息，便于指导生产制造过程，跟踪行业技术信息，介绍新工艺、新技术，进行网上信息的交流。

这些数据具有数据结构复杂、数据之间的联系复杂、数据一致性的实时检验、数据的使用和管理复杂等特点。因此，网络化工艺设计信息数据库应具有以下特点和功能：

① 具有动态处理模式变化的能力。

② 能描述和处理复杂的数据类型。

③ 支持工程设计事务管理。

④ 设计信息流的一致性和完整性控制。

⑤ 版本控制管理。

⑥ 分布数据处理能力。

⑦ 权限管理。

⑧ 用户管理。

4.4　零件制造特征的网络化表达、映射与传输

4.4.1　零件制造特征的概念

以特征的形式来表示零件信息的模型被称为特征模型。基于特征的零件信息模型，已成为 CAD/CAPP/CAM 集成系统的核心。它把特征作为零件信息模型中的基本单元，并把零件描述为特征的有机组合，使特征成为 CAD/CAPP/CAM 并行集成系统中信息的“载体”和联系零件功能、加工工艺、加工设备的“纽带”。

零件工艺信息模型是指零件及其加工工艺的数字化定义与表示。从零件信息模型和零件

工艺内容两方面出发建立的零件工艺信息模型如图4-12所示。

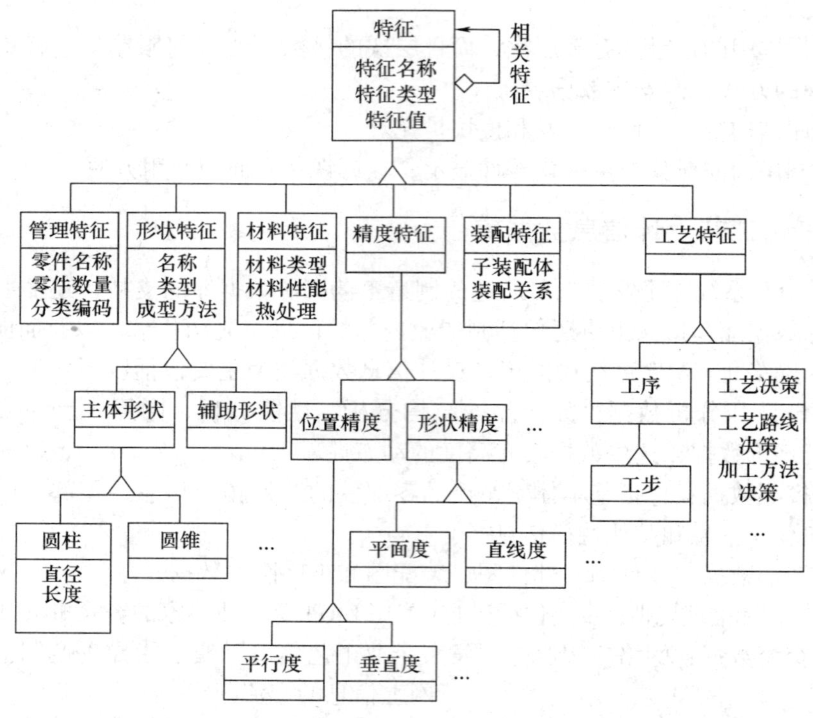

图4-12 零件集成工艺特征信息模型

1）管理特征：主要是描述零件在整个生命周期中与零件总体信息相关的信息，如零件的数量、工艺要求、零件备注、毛坯类型、生产批量、用途等一些供生产管理和工艺统计用的管理信息。

2）材料特征：包括材料信息，如材料编码、材料名称、性能参数等。

3）形状特征：用于描述有一定工程意义的几何拓扑信息。

4）精度特征：由定形尺寸及公差属性组、定位尺寸及公差属性组、形状公差属性组、位置公差属性组、表面粗糙度属性组构成。

5）装配特征：包括装配体、装配体之间的关系等零件在装配过程中应该具备的信息。

6）工艺特征：是零件工艺设计过程中的数据和知识的信息，包括加工路线决策数据、加工方法决策数据、机床选择决策数据等，还有对生成的最终工艺文件的特征信息，包括工序和工步等。

4.4.2 零件制造特征信息模型的XML表达

在网络化制造中的信息交换与共享需要协议的支持。根据制造系统规范标准，采用可扩展标记语言（eXtended Markup Language）XML定义各种层次化的制造数据和消息等的交换格式，并实现网络传输。

XML是SGML（Standard Generalized Markup Language）的一个子集。XML可以用来描述数据结构。XML文档以树形结构包含和描述数据、数据类型（数据结构）以及文档结构。

XML 可以包含语义，也就是说我们能够给一个标记赋予确定的语义，所以 XML 是一种元语言，完全可以用来描述具有良好结构的知识。在知识工程中常用的知识表示法都可以用 BNF 范式来描述，BNF 用由大到小逐级分解的方法来描述概念，这可以直接转化为 XML 的树形结构来描述。XML Schema 就是运用 XML 通过树形结构来定义数据类型（数据结构）和文档结构的规范，所以能够用 BNF 描述的概念都可以用 XML Schema 的元素（element）、属性（attribute）等来表示。

随着企业信息化的发展，并行、虚拟、协同等制造模式对于数据和知识的共享需求越来越大，XML 的特性为在网络环境下进行数据和知识的交流提供了统一手段。作为一种数据格式规范，XML 在最大程度上继承了 SGML 面向数据的优点，将模块处理的输入输出进行封装，使新、老系统之间的交流实现无缝集成。

不同的行业、不同种类的产品，都可以在集成零件工艺信息模型的框架下进行建模，但由于产品种类不同，模型细节的定义不同，如箱体类零件和轴类零件可能采用不同的特征定义。XML 是一种使用标记表达、传递信息的方法。它可以让信息提供者根据需要自行定义标记，结构化地描述信息内容。XML 的特点使其适于对零件信息模型进行描述，以满足工艺信息集成的需要。

定义 XML 标记的规则，称做文档类型定义（DTD）。这些规则规定了 XML 文档中使用哪些标记，它们的排列顺序如何，以及哪些标记具有属性、属性的名称是什么等，从而使具有同一 DTD 的 XML 文档数据能被各种异构分布的应用系统所理解。

DTD 是一个或多个 XML 文件的模板，这些 XML 文件中的元素、元素的属性、元素的排列方式与顺序、元素能够包含的内容等，都必须符合 DTD 中的定义。DTD 可以是一个完全独立的文件，也可以在 XML 文件中直接设定。用 XML 来描述零件工艺信息模型，则 DTD 就是信息模型的定义文件，利用 DTD 根据实际情况来定义 XML 文件中的元素（标记），可以实现零件模型的扩展性。下面给出基于特征的零件工艺信息模型的 DTD 文件。

```
〈?xml version="1.0"encoding="GB2312"?〉
<!ELEMENT 零件（零件信息，工艺信息，关系信息，管理信息）>
<!ELEMENT 零件信息（零件管理信息，零件特征信息）>
<!ELEMENT 零件管理信息（名称，材料，图号……）>
<!ELEMENT 名称（#PCDATA）>
<!ELEMENT 材料（#PCDATA）>
<!ELEMENT 图号（#PCDATA）>
……
<!ELEMENT 零件特征信息（特征*）>
<!ELEMENT 特征（特征号，特征名，特征类型，特征参数*……）>
<!ELEMENT 特征号（ID）>
<!ELEMENT 特征名（#PCDATA）>
<!ATTLIST 特征参数  参数值 CDATA#FIXED Value>
……
<!ELEMENT 工艺信息（工艺内容信息，工艺管理信息）>
<!ELEMENT 工艺内容信息（工序*）>
<!ELEMENT 工序（工序号，工序名，工序内容，机床，工步*……）>
```

```
<!ELEMENT 工步（工步号，工步名，工步内容，……）>
<!ELEMENT 工艺管理信息（工艺编号，操作员，……）>
……
<!ELEMENT 关系信息（特征间关系信息，特征工艺关系信息）>
<!ELEMENT 特征间关系信息（特征间关系*）>
<!ELEMENT 特征间关系（引用特征号*，关系类型（邻接|依附|））>
<!ELEMENT 引用特征号（IDREF）>
……
<!ELEMENT 特征工艺关系信息（特征工艺关系*）>
<!ELEMENT 特征工艺关系（引用特征号*，引用工序号*……）>
<!ELEMENT 引用特征号（IDREF）>
<!ELEMENT 引用工序号（IDREFS）>
……
<!ELEMENT 管理信息（零件数量，工艺备注……）>
……
```

应用DTD来定义零件工艺信息模型，有以下优点：

1）可以实现扩展性。不同的产品系列，需要的细节内容不同，当需要不同的特征标记时可以通过修改DTD定义标记来扩展模型。

2）为工艺模型扩展提供了验证依据，对模型的扩展是一个很复杂的过程，扩展后的模型可不可用，需要验证机制，DTD为检验模型的合理性提供了依据。

3）支持知识发现工具。知识发现的第一步就是收集整理数据，这就需要元数据的支持，DTD文件为数据收集提供了元数据支持。

总之，可扩展标记语言（XML）对零件制造特征信息进行描述，XML具有可扩展、自描述性、内容与显示分离、支持多种语言等特点，非常适合Internet上的数据描述和交换。以XML数据格式的网络传输能实现零件制造特征的轻量化传输过程。同时，XML具有异质数据信息共享的特点，可以将不同格式的信息以XML文件标准形式转化。

4.4.3 零件制造特征的自动识别与映射

（1）特征自动识别系统

特征自动识别就是从产品的实体模型出发，自动识别出其中具有一定工程意义的几何形状（即特征），进而生成产品的特征模型。特征识别是对零件实体模型进行解释，从低层信息中提取数据形成零件高层信息的过程。图4-13是特征识别系统的结构示意图。

特征识别的基本原理是将实体模型中的几个实体与预定义的特征类进行比较，确定相匹配的特征实体，从而识别出相应的特征。特征识别过程一般有以下几个步骤：

1）搜索产品几何数据库，匹配特征的几何、拓扑类型。

2）从数据库中提取已识别出的特征实体。

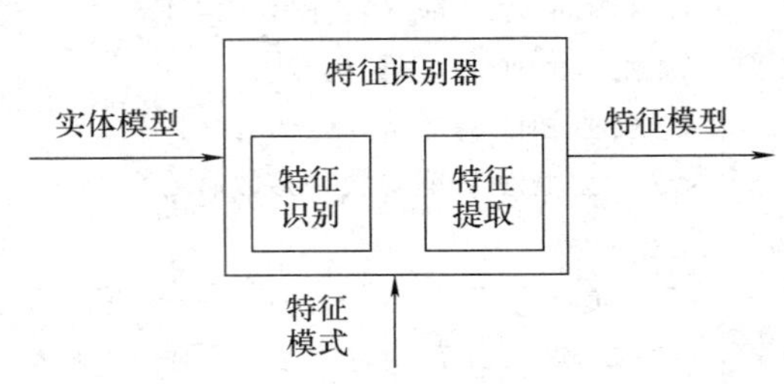

图4-13 特征识别系统的结构示意图

3）确定特征描述参数。

4）构造特征几何模型。

5）对能够合并成组合特征的基本特征进行组合，获取高级特征。

在三维 CAD 软件中建立集成块的三维实体模型后，就可以进行特征信息的提取，得到的零件特征信息作为后续 CAPP 的输入信息，可实现 CAD/CAPP 的信息集成。借助于三维 CAD 软件提供的特征操作函数，可以实现特征类别的自动判断及特征参数的自动提取，从而获得集成块中特征的几何信息，如特征的尺寸及位置信息。对于非几何信息，如属于工艺推理基本信息的表面粗糙度、形位公差要求等，通过人机交互的方式输入并存储于对应的特征数据中。

（2）特征的工艺映射

不同的特征对应不同的特征工艺路线，经过知识推理，设计特征可映射为工艺特征，该映射过程称为工艺映射。工艺映射的结果生成工艺特征，即特征工艺路线，工艺特征由一系列特征工步构成，每个特征工步对应着确定的加工方法。工艺映射模型如图 4-14 所示。

（3）加工映射

加工特征描述工艺特征中特征工步的具体操作，如加工机床、刀具、切削用量、刀具的运动方式等。每个特征工步对应着不同的加工特征，由特征工步到加工特征的映射称为加工映射。以钻孔为例，加工映射模型如图 4-15 所示。

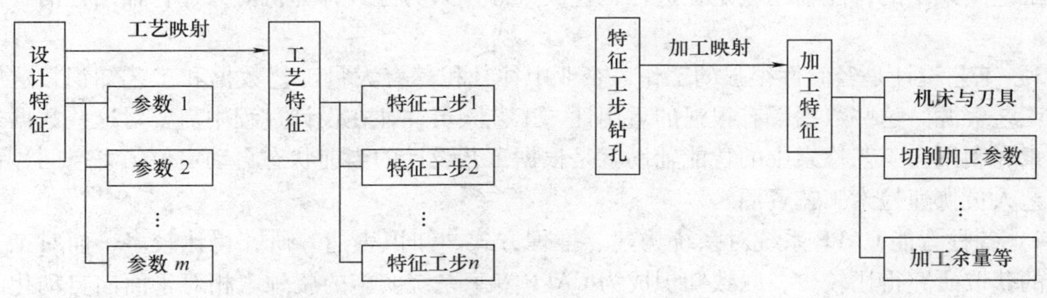

图 4-14　工艺映射模型　　　图 4-15　加工映射模型

4.5　基于知识的 CAPP 系统实现技术

网络化 CAPP 的发展正在逐步体现现代先进制造思想，向基于网络化和数字化环境，以信息集成和工艺知识为主体，实现工艺设计与信息管理一体化的制造工艺信息系统发展。建立丰富的工艺知识库，应用基于实例推理（CBR）的工艺决策方法与知识获取技术，充分应用工艺设计资源、工艺知识、经验，实现各阶段各种有效的智能化在线辅助，是 CAPP 发展的重要目标之一。

4.5.1　基于知识的 CAPP 系统特征

CAPP 的智能化是以交互式为基础，以知识库为核心，并采用检索、修订、创成等多工艺决策混合技术和多种人工智能技术的综合智能化。基于知识的工艺信息系统的智能体现如图 4-16 所示。

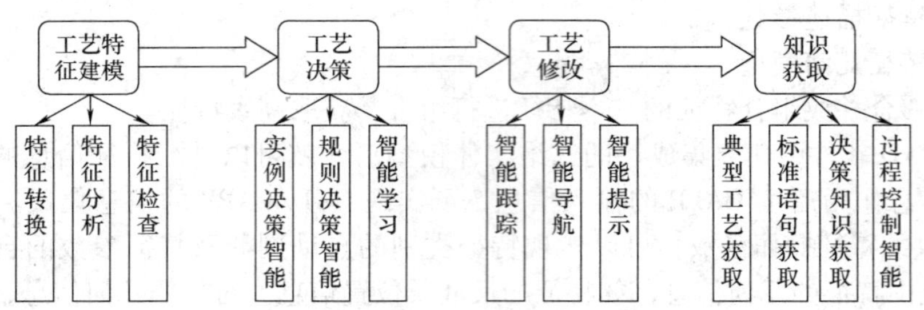

图 4-16 工艺设计过程中的智能特征功能

工艺设计过程中的智能特征功能有以下几个方面：

1）零件信息模型是进行计算机辅助工艺设计的基础。基于特征的零件信息建模技术能够很好地支持 CAD/CAPP/CAM 间的信息集成和工艺决策智能化。在进行零件特征信息建模过程中，提供计算机智能辅助功能对于提高工作效率非常重要。这一阶段的智能辅助技术有：特征识别、特征提取、计算机辅助建模、模型一致性检查等。

2）在工艺设计中经常需要进行各种各样的工艺决策，如工艺路线决策、加工方法决策、机床选择决策等。学术界对工艺决策进行过很多研究，研究成果显著。但工艺决策是一个经验性、知识性、模糊性很强的工作。各种试图代替人的智能化工艺决策都不能完全代替人，工艺决策中的智能辅助就是在进行工艺决策时以人为主，计算机对人进行辅助性的智能帮助。

3）工艺设计是经验性很强的工作，企业中往往积累有大量工艺数据和工艺知识，这些都是工艺资源。这些数据都有很强的重用性，工艺人员往往在设计过程中需要对这些数据进行检索和利用。工艺检索中的智能辅助就是根据工艺设计的当前状态自动定位信息空间，帮助工艺人员快速检索工艺资源。

4）各种智能 CAPP 系统对系统构建、推理方式、知识表达等研究得比较多，而对工艺知识的获取研究得比较少，以致知识成为 CAPP 专家系统实施的瓶颈。相对于面向自动化的工艺知识来说，辅助型工艺知识简单、规则，易于表达和存储。知识获取中的智能辅助就是在工艺知识获取时利用知识发现的原理和方法，帮助工艺人员进行知识的收集和整理。

4.5.2 工艺知识的定义与分类

工艺知识是在工艺设计过程中所运用的各种数据、信息、经验等的集合。计算机处理的知识，按其作用不同大致可分为描述性知识、判断性知识和过程性知识。工艺知识通常可分为工艺决策知识、工艺实例知识和辅助型工艺知识。

1）工艺决策知识：工艺决策知识由经验性规则、工艺决策逻辑、过程性算法、决策习惯等构成，如加工方法选择规则，工序序列规则，机床、刀具、夹具、量具的选择规则等。工艺决策知识属于过程性和判断性数据和知识，与零件种类、制造环境和生产要求有关，其实践性和经验性较强。

2）工艺实例知识：有关工艺规程实例、典型工艺数据等的知识。工艺规程实例是系统中已经存在的零件信息和工艺信息的综合，是事先被证明为正确的、成熟的工艺规程。典型工艺是对工艺规程进行规范化、标准化处理后得到的一组零部件的标准工艺。

3）辅助型工艺知识：主要用来支持工艺设计过程中的各种辅助提示，为工艺人员实时提供快速、实用的信息服务，把决策性的工作留给工艺人员。辅助型工艺知识包括手册数据和从工艺数据中通过自动化方式获取的工艺字典、常用工艺元、常用工艺等。工艺字典、常用工艺元、常用工艺在一定的条件下可以转化为标准工艺、典型工艺或作为标准工艺、典型工艺的组成部分，提高基于成组技术的派生式系统适应环境的能力。

4.5.3　工艺设计知识库系统的体系结构模型

工艺知识库是为了实现智能工艺设计而建立的数字化知识集成服务平台，工艺知识库的开发遵循面向对象建模方法、基于 Web 支撑环境、采用开放系统管理手段等先进的技术，并最终实现工艺设计的智能服务。图 4-17 所示为工艺知识库功能体系结构模型。

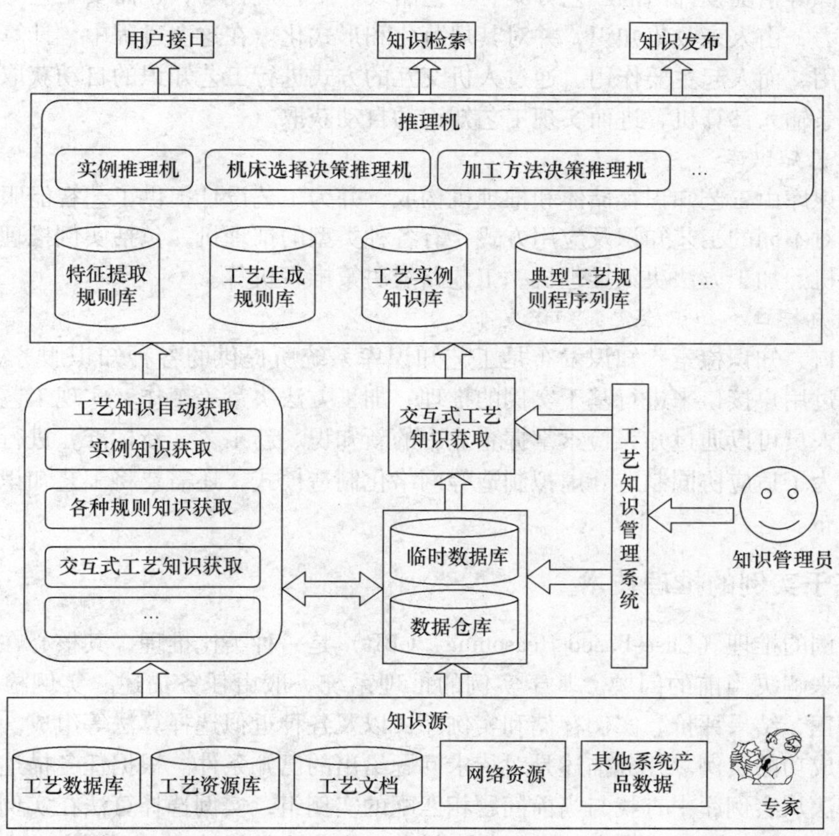

图 4-17　工艺知识库功能体系结构模型

工艺知识库功能体系主要模块的功能作用如下：

（1）知识源

知识源主要有工艺数据库、工艺资源库、网络资源、工艺文档以及各种应用系统产生的产品数据。工艺知识库应该具有工艺知识收集和整理的作用，工艺知识的收集必须有一定的依据，知识源就是可以从中收集和整理工艺知识的数据。从工艺知识源中可以收集到工艺智能所需要的工艺知识，如将工艺专家头脑中的经验，归纳总结成为工艺知识；通过知识发现技术，从工艺数据库中发现典型工艺等。

(2) 工艺知识获取

工艺知识获取是工艺知识库系统中的重要组成部分。工艺知识库的三大功能是知识收集、知识管理、知识服务。工艺知识获取有以下两种方法：

1）自动工艺知识获取是工艺知识获取的终极目标，现在很多工艺知识已经由计算机自动获取，这里所说的工艺知识自动获取是利用知识发现的原理和方法对工艺数据进行分析、整理，进而发现一些特定模式的工艺知识的过程。在后面的几个小节里，分别对利用知识发现技术发现不同类型知识的原理和方法进行了讨论。

2）交互式工艺知识获取，很多工艺知识，如工艺专家头脑中的经验，工艺部门根据决策和制造资源等情况设计出的工艺方案、工艺路线、工艺规程等，还需要工艺专家和知识工程师共同努力，由人来收集知识，并对其规范化和形式化。在这个过程中，计算机只起辅助和存储的作用，而人起主要作用。通过人机交互的方式进行工艺知识的自动获取，由人将工艺知识一条条输入计算机，进而实现工艺知识的自动获取。

(3) 工艺知识库

工艺知识库由工艺知识存储体和推理机构成，并为工艺设计提供工艺智能服务。其中推理机部分针对不同的工艺知识及应用方式，有各种类型的推理机，包括实例推理机、机床选择决策推理机、加工方法决策推理机、工艺路线决策推理机等。

(4) 用户接口、知识检索、知识发布

用户接口、知识检索、知识发布是工艺知识库系统所提供的各种知识服务方式。CAPP系统可以通过用户接口来进行基于实例的推理、加工方法决策等工作，实现工艺智能化辅助设计；工艺人员可以通过知识检索掌握企业中的新知识、新工艺、新标准，进行新工艺人员的培训等；为了适应协同制造、虚拟制造等网络化制造模式，还需要将工艺知识在允许的范围内进行发布。

4.5.4 基于实例的推理技术

基于实例的推理（Case-Based Reasoning，CBR）是一种类比推理，其核心在于用过去的实例和经验来解决当前的问题。基于实例的推理系统一般由任务描述、实例检索、实例选择、实例修正、结果评价、实例存储和实例库，以及各种近似选择算法等组成。实例库存放着过去求解成功的实例。任务描述是对待求问题给出的已知条件。根据任务描述，实例检索依据近似算法从实例库中查找与当前问题相匹配的实例组，实例选择算法在实例组中进行具体的实例筛选，如果选择出的实例满足任务描述，则作为结果输出；否则启动实例修正模块依据一定的实例修正方法对检索出的实例进行修正，直到满足任务描述的要求，形成新的实例（或失败）；随后实例存储模块经过一定判断，采用某种索引机制将实例存储到实例库中。由此可见，CBR 系统的开发涉及 3 个关键技术：实例检索机制，实例修正方法和实例存储索引机制。基于实例推理的工作原理如图 4-18 所示。

从 CBR 的问题求解过程可以看出，CBR 系统具有以下特点：

1）检索是 CBR 进行推理的核心。

2）学习是 CBR 的基本功能。从 CBR 系统内不断产生修改后的新实例，补充、扩大了

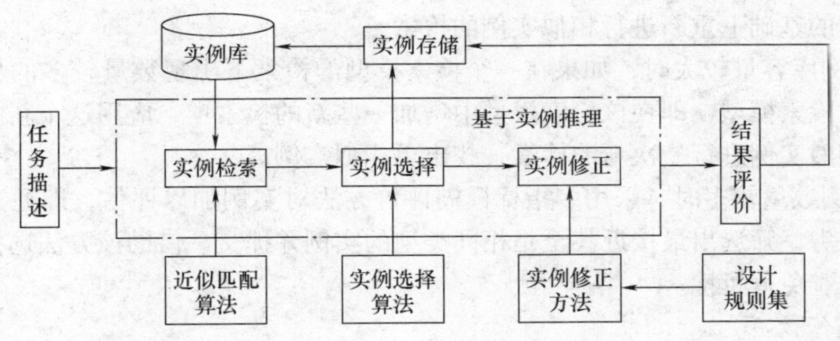

图4-18　基于实例推理的工作原理

系统实例知识的广度和深度，给系统将来求解问题创造了有利条件。

3）从实例到实例的思想是CBR的一大进步。在求解复杂问题时，就求解思想而言有几次大的进步：起初是建立数学模型，采用解析和数值方法求解；随后是建立以规则或其他形式表示的知识模型，采用推理方法求解；现在则是跳过了用规则对知识模型进行抽象化这一间接层次，直接采用从实例到实例的求解思想，无疑是求解思想的一大进步。

4）系统易于建立与维护是CBR推广应用的优势。

4.5.5　基于实例推理的工艺决策方法

基于实例的工艺设计方式建立在已有工艺信息的基础上，通过对相似工艺的修改获得当前设计零件的工艺方案，它比派生式设计方式具有明显的优越性。整个基于实例的设计过程中，实例分类索引、实例匹配算法、实例修改是关键环节，实例库是基础。基于实例的工艺决策过程如下：

（1）搜索实例

搜索实例是从系统实例库中查找与当前问题信息关键字相匹配的问题实例，一旦发现相似实例，提供相关实例名以及实例特征描述，同时继续搜索实例库，找寻其他相似实例；如没有搜索到相似实例，则转入其他决策模块。

在问题解决过程中，为了能从大量的问题解决实例中找到所需的实例，就必须判断实例的相似性。实例相似性的判断是通过对实例的特征属性的考察来实现的。由于工艺类型、设计对象描述中的特征名、工艺资源约束一方面可以基本刻画出一个问题解决实例的概貌，另一方面可以描述出当前的问题情况，所以工艺类型、设计对象描述中的特征名与工艺资源约束可以较好地作为问题解决实例的特征属性，可以根据特征属性是否相同来判断问题解决实例同当前问题的相似性。

（2）实例评估

实例的检索模型和检索策略对于实例检索的效果和效率有着重要的影响。在实际操作过程中，由于问题情况的复杂和实例及实例库本身的不完整性，一个检索模型往往不能满足设计人员的某种要求或多种要求，这时就需要灵活采用多种实例检索模型和检索策略。

1）当实例库容量较小时，如果按照一个检索模型没有找出相似实例，这时就需要放宽该检索模型的限制，即减少该检索模型中的某个或某些检索项，得到一个新的检索模型。在新的检索模型的基础上重新进行相似实例的检索。

2）当实例库容量较大时，如果在一个检索模型的检索下出现数量较多的相似实例，这时就可增强该检索模型，即在该检索模型中增加一些新的检索项，应用这个新的检索模型对已检索出的相似实例进行一次新的检索，找出更相似实例。

3）在实例数量较多时，采用多指标模糊评价方法对实例加以评估，即通过分析、评价多个方案的优劣，筛选出最接近甚至是相同类型的实例并提交。借助该方法选择实例使决策人有章可循，避免盲目性。

（3）实例修改

1）提取实例：根据实例匹配阶段查找到的问题解决实例名，从实例库中提取相应实例进入编辑界面，显示该实例的详细信息，包括产品代号、产品名称、部件图号、部件产品名称、特征名、工艺类型以及工艺规程、设计者、实例建立日期等。

2）修改实例：提取出的实例如果完全适合当前的新零件工艺类型，则直接参考以前实例信息；如果实例信息与当前实例相似，则确定与该实例信息的不匹配信息，将不匹配信息作为输入，返回搜索实例，直至实例搜索完毕，找出所有结果。

3）新工艺生成：通过提取出类似或相同的实例，编辑修改，得到新工艺实例。

4.5.6 基于“实例＋规则”的工艺决策方法

基于“实例＋规则”的工艺决策方法的过程执行机制，采用实例推理与知识基推理相结合。首先进行基于实例的推理，系统根据零件信息抽象出零件特征并建立筛选条件，根据这一条件从实例库中选择与零件特征信息最接近的实例（先选择标准工艺，若失败再选择典型工艺，最后选择工艺实例），对比两者的区别进行修改，生成最终的工艺并启动实例学习机制更新实例库。如果没有合适的实例，则启动基于规则的推理机制进行工艺设计，形成新的工艺。如果基于规则的推理失败，则采用人机交互方式进行工艺设计，形成新的工艺。其逻辑执行过程如图4-19所示。

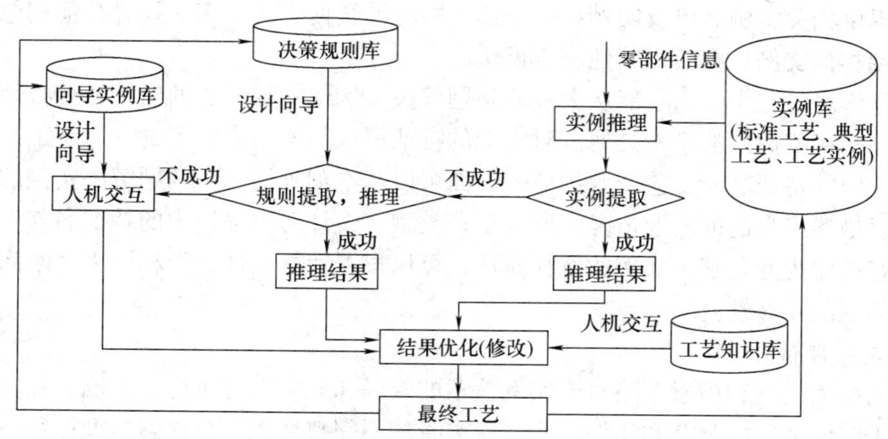

图4-19 “实例＋规则”混合推理逻辑执行过程

4.6　网络化 CAPP 系统的流程管理与安全模型

4.6.1　工艺设计流程管理原理

工艺设计流程管理的主要任务是对整个工艺设计流程进行控制，并使工艺设计流程在任何时候都可追溯。工艺设计流程管理应该支持和改善所有与工艺设计流程有关人员的协同工作，从而从整体上提高工作效率。为了有效地控制与管理工艺设计流程，必须建立一个包括工艺设计流程中所有重要特征的流程模型。通过对企业工艺设计流程的分析，定义一系列工作流程数据模板并存放于数据库中形成流程模板表。用户可以根据需要调用该数据模板，对具体对象的工作流程进行定义，为每个工作对象建立一个流程控制卡片表，该表随对象工作流程的变化与对象一同转移，并记录对象工作流程中的所有过程步骤信息，从而实现了对该对象工作流程的控制。工艺流程控制原理如图4-20所示。

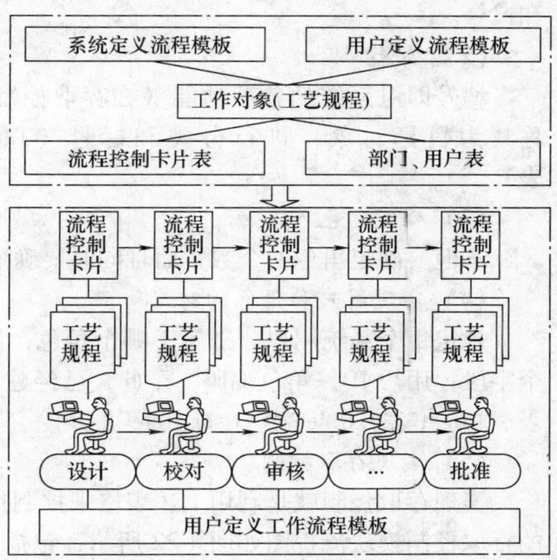

图4-20　工艺流程控制原理

4.6.2　工艺设计流程管理的安全模型

网络化 CAPP 系统是基于网络环境、允许多个用户同时访问工艺信息数据库的软件系统，因此必须建立一套可靠的系统安全体系，保证信息在共享和积累的过程中具有高度的安全性和保密性。安全管理功能包括如下几个方面。

1）系统数据的安全性：保护系统数据不被非法侵入者获取。

2）用户账号管理：为用户建立合法的开户账号。

3）用户授权机制：防止非法侵入者在系统上发送错误信息。

4）访问控制：控制用户对系统资源的访问。

5）加密解密管理：对数据信息、授权机制和密钥关键字的加密解密管理。

角色是一个组织或机构中的一种工作岗位或职责，在一个组织或机构内部只有具有某种职责或资格的人才能承担某项工作，即岗位责任制。本节将论述基于“用户—角色—权限”的安全管理模式及实施方法。

1. 基于“用户—角色—权限”的安全管理模式

基于“用户—角色—权限”的安全管理是将用户与角色相联系，角色与访问权限相联系，为每一个用户指定若干个适当的角色，从而实现安全控制，如图4-21所示。

2. 基于“用户—角色—权限”的安全管理模式实施方法

(1) 识别和确证

首先是识别和确证访问系统的用户。识别就是系统要识别访问者身份，即通过唯一标识符（ID）识别访问系统的每个用户。确证是为了防止由于ID泄露所产生的安全问题而采用的措施。确证的过程需用户提供能证明其身份的特殊信息，该信息对其他用户是保密的。这里采用常用的口令机制。这一步需要建立一张用户标识表（User表），包含ID号、姓名、部门和口令。

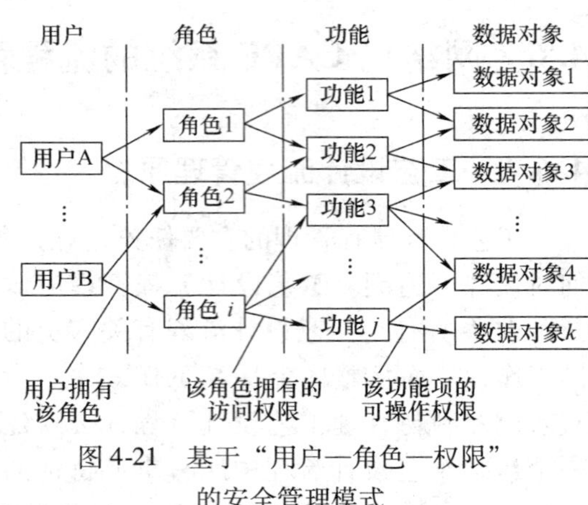

图4-21 基于“用户—角色—权限”的安全管理模式

（2）编号

编号即对系统的各项功能（在存取控制中称其为目标对象）进行分类和标号（Target表）。

（3）确定角色

不但要确定角色的个数，而且同时要确定相应角色的权限（Role表）。

（4）实现用户和角色的对应

规定每个系统用户分别属于哪个角色，用用户角色表（User Role表）来表达，包含两个字段：用户ID，角色编码。至此，已经建立了存取控制所需的所有基本表格，包括User表、Target表、Role表、User Role表。

（5）实现存取控制

实现存取控制就是利用上述表格来控制用户对系统的存取。基于“用户—角色—权限”的存取控制模块流程图如图4-22所示，包括6个模块。

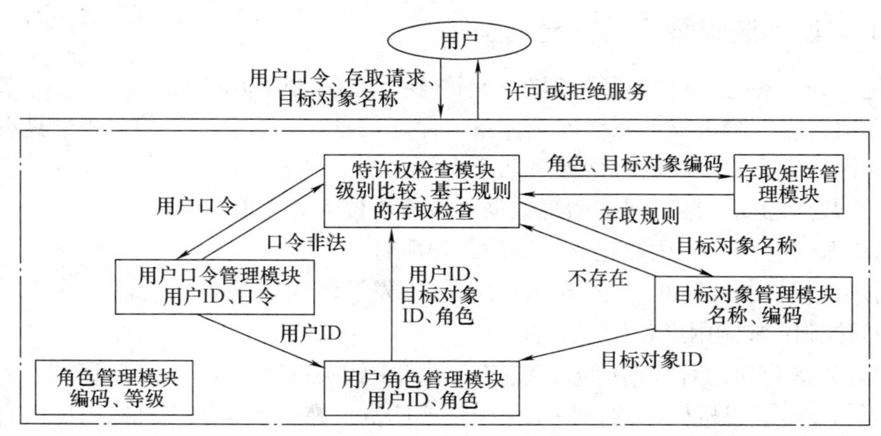

图4-22 基于“用户—角色—权限”的存取控制模块流程图

1）特许权检查模块：负责执行存取特许权的检查，根据来自用户角色管理模块和目标对象管理模块的信息及输入的参数来决定存取特许权。

2）用户口令管理模块：负责鉴别用户的身份以及为维护User表提供增加、修改、删除和查询功能。

3）角色管理模块：负责角色等级关系和编码管理，包括为维护Role表提供增加、修改、删除和查询功能。

4）用户角色管理模块：负责用户和角色之间的对应关系管理，包括为维护 User Role 表提供增加、修改、删除和查询功能。

5）目标对象管理模块：负责目标对象等级关系和编码管理，包括为维护 Target 表提供增加、修改、删除和查询功能。

6）存取矩阵管理模块：以矩阵的形式体现了各角色对每个目标对象的存取规则。

4.7 面向远程协同工艺设计的网络化 CAPP 系统

面向远程协同工艺设计的网络化 CAPP 系统应具备并行和分布决策的能力，能支持远程工艺设计、支持不同地域的多家企业同时操作和共享信息。Internet/Intranet 提供了远程协同工艺设计和信息共享的物质基础，而 Web 技术则构成了协同设计环境的底层技术支撑。

4.7.1 远程协同工艺设计系统的体系结构

协同工艺设计的过程控制管理是核心问题，它决定了协同工艺设计群组的组成，以及参与成员的职责、权限、工具的使用等设备资源的分配。因此，远程协同工艺设计以过程控制为中心，主要涉及协作项目描述、分配规划、工艺任务流程控制、产品管理、工艺路线描述、版本管理、签审会审管理以及与 PDM、ERP 的集成等。在协同设计过程控制下，进行具体的工艺设计，包括总体工艺分析、加工方法选择、工序生成、工步生成、工序排序、工步排序、机床选择、刀具查询及切削用量查询等。

利用网络协同设计原理和组件技术建立的远程协同工艺设计系统的体系结构如图 4-23所示。该系统以支持异地协同工艺设计与信息共享为目标，以群体协同辅助决策为手段，以数据存储和传输的安全为保障，从而真正能够支持异地工艺人员在局域网、广域网上的协同工作和信息共享。系统为用户提供了一致的 Web 界面，可实现跨平台的工作，系统所用的 B/S 结构是一种瘦客户机模式，客户端只需安装浏览器，并根据需要下载所需的应用程序，大部分处理都放在服务器上，减小了客户端维护工作的负担，易于管理、维护和版本升级。

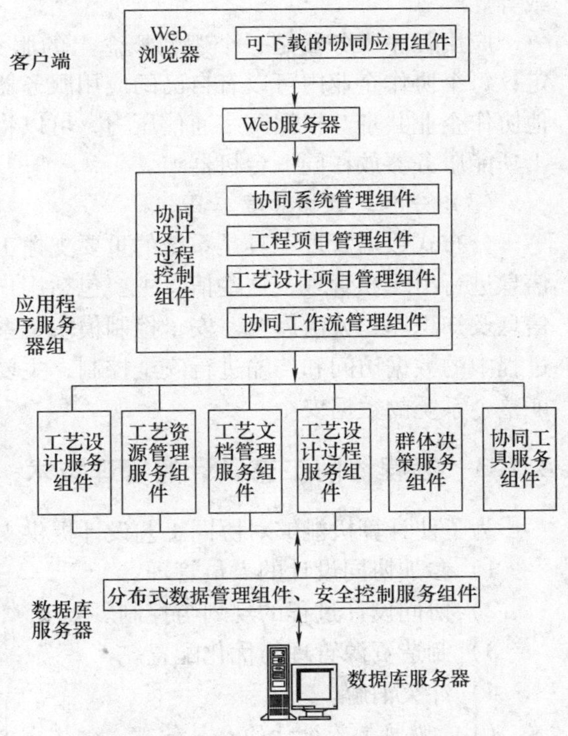

图 4-23　远程协同工艺设计系统体系结构

4.7.2 远程协同工艺设计系统的功能模块分析

远程协同工艺设计系统由 Web 服务器、应用程序服务器组和分布式数据管理工具等组成。

(1) Web 服务器

Web 服务器负责用户登录及系统管理。客户和应用服务器无需知道对方在网络上的位置和所能提供的服务，这些信息均由 Web 服务器提供。借助 Web 服务器，客户能在运行时动态定位提供相应服务的应用程序服务器，因而能实现应用程序的“即插即用”及共享。

(2) 应用程序服务器组

通过协同控制模块实现整个系统的协调和控制。例如，工程项目管理组件获取 PDM 的信息，实现工程 BOM（EBOM）到制造 BOM（MBOM）的转换；工艺设计项目管理组件实现协同工艺设计项目的描述、子项目的划分、分配，协同工艺设计主过程的建立等；协同工作流管理组件实现项目、子项目工作流程管理等。同时，应用程序服务器组提供远程协同工艺设计的应用工具，实现与数据库服务器的交互。例如，工艺设计应用程序服务器提供系统的工艺设计核心功能，协同工艺设计人员在数据库的支撑下，利用该模块进行工艺设计工作；群体决策支持服务器为协同工艺设计提供辅助决策支持工具；协同工具服务器为协同工艺设计提供通信工具，包括文件传输、邮件发送等，文件传输工具实现文件上传、文件下载等。

应用程序服务器是一个逻辑概念上的服务器，其数目、功能、位置都根据具体情况而定；每个协作企业内可以有自己的应用服务器，这些应用服务器也可以作为功能服务器供其他协作企业共享。根据网络通信压力，可以将功能服务器分放在不同的机器上，也可以将若干功能服务器放在同一台机器上。

(3) 分布式数据管理工具

分布式数据管理工具是系统的重要支撑工具，对所有的产品数据信息及系统资源、知识信息进行组织和管理，这些信息主要包括用户信息、产品数据、工艺信息、决策信息、密钥信息及知识库、方法库等。安全控制模块是系统的重要保障，负责对进入系统的用户、协同过程中的数据访问和传输进行安全控制，主要包括安全认证、保密传输、访问控制等，以保证整个系统的数据安全。

4.7.3 远程协同工艺设计的管理技术

为了使计算机能够对协同工艺设计提供支持，需要解决以下几个问题：

1) 参加协同设计的人员管理。

2) 协同设计过程的规划与控制。

3) 制造资源管理与优化配置。

4) 冲突消解。

(1) 协同工艺设计的人员管理

协同工艺设计的人员管理采用协同工艺设计项目组这一全新组织方式，以适应面向合作企业的协同工艺设计过程，它构成协同工艺设计的组织模型。图 4-24 所示是一种协同工艺设计组织模型，左边是由一些联盟协作企业组成的静态组织，它只

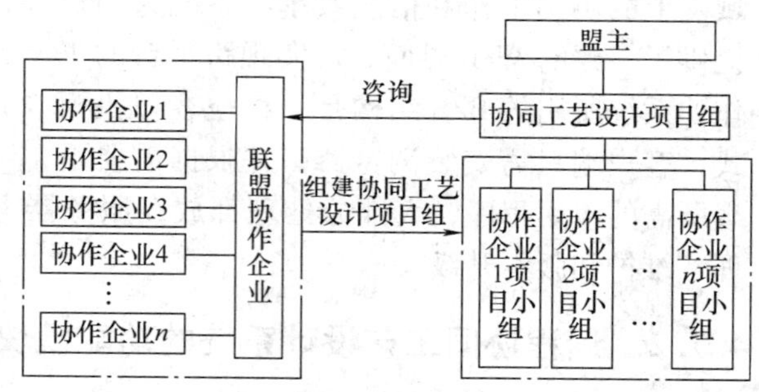

图 4-24 协同工艺设计组织模型

是形式上的组织，实际操作则按右边的动态组织。盟主通过协同工艺设计项目组指导产品工艺设计。根据工艺设计任务的规模，可以组建不同层次的项目组；项目组被联盟企业授权，对所承担的工艺设计任务负全部责任；项目组长有相当的权力安排工艺设计任务的计划；项目组的协同工作采用并行工程技术和方法，按工作流程开展工作，采用群体决策的方式作出决定。这种动态的组织结构有以下特点：把不同企业、工艺设计与管理工作相关的人员组织在一起，信息容易沟通，有助于发挥企业特长；对于某个产品的工艺设计项目，迅速组织，快速响应，可适应复杂多变的市场环境；项目组随协同产品工艺设计任务的建立和解体而建立和解体，体现了组织的动态性。

(2) 协同工艺设计过程的规划与控制

在现行的企业工艺设计管理体系中，一般采用自顶向下、逐步分解、逐步细化的方法进行工艺设计任务的划分，并按此流程完成工艺设计的各项任务和工作。但远程工艺设计过程是在动态联盟企业间进行，涉及多个合作伙伴企业的产品的工艺设计过程，需要采用分布式的工作流程管理与协同工艺设计方法。

分布式的工艺设计工作流程管理的设计思想是：由盟主建立工艺设计主过程模型（该模型只包含大的全过程信息），然后根据参与该过程的联盟企业情况对整体工作流过程进行分割，分割后的各部分都能在自己所属的范围内进行子过程定义，过程的各部分协同工作，分布执行。基于远程工艺设计工作流的协同工艺设计过程如图4-25所示。

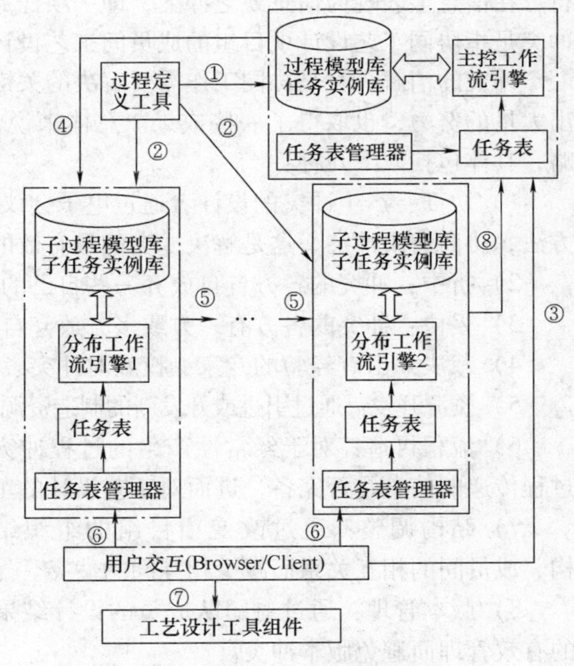

图4-25　协同工艺设计过程

1）盟主定义工艺设计主过程模型。

2）主过程涉及的联盟企业定义与已相关的子过程模型。

3）盟主通过Web浏览器或其他客户端启动工作流过程，调用主控工作流引擎创建一个新的过程实例。

4）主控工作流引擎通过查询数据库确定执行下一任务的分布工作流引擎，向该分布工作流引擎发出请求，调用相应方法生成任务实例，该任务实例保存在分布工作流引擎所在节点的数据库中。

5）各分布工作流引擎按主过程规定的执行顺序分布执行各自的任务，主控工作流引擎负责追踪、监控过程进行的情况。

6）工艺设计任务的完成者通过任务表了解各自需要完成的设计任务，利用工艺设计系统提供的相应工具完成各自的设计任务，并发出任务完成的消息。

7）负责执行主过程的最后一个任务的分布工作流引擎上的任务完成后，向主工作流引擎发出过程完成的消息，主工作流引擎接到该消息后对相关的数据进行必要的维护，结束过程。

主控工作流引擎是宏观层次上的管理，实现对项目流程的定义、管理、执行和监控，围绕协同工艺设计项目跟踪其进度，掌握其各项工作现状，以便进行适当的资源分配和进度调整，由项目组长进行统一管理。分布工作流引擎是微观层次上的管理，利用工作流引擎驱动异地协同工艺设计过程，实现“在正确的时间将正确的信息传递到正确的地点给正确的人”的目标。通过工艺设计主过程（主控工作流引擎）与子过程（分布工作流引擎）的集成，可以确保异地协同工艺设计按照规定的进度和规范优化地完成，提高过程管理的质量。

4.7.4 协同工艺设计的冲突消解策略

协同工艺设计项目组在进行工艺设计的过程中，不可避免地要产生各种各样的冲突。协同工艺设计的冲突可分为设计冲突、资源冲突、过程冲突和版本冲突等。设计冲突是产品工艺设计中存在的相互对立、相互矛盾的关系，主要体现在工艺设计方案无法同时满足如经济性、高质量、生产周期短等各种设计目标；资源冲突是由于制造资源的有限性而造成的，在协同工艺设计环境下，不同的协同工艺设计项目对相同、有限的制造资源的需求和竞争将造成资源冲突；过程冲突是指工艺设计过程在时间或信息上存在的矛盾或冲突，在时间上表现为延期冲突，即按照工艺分工计划本该完成的任务没有完成，导致后续的任务无法开始执行，在信息上表现为信息缺乏冲突，即一项任务由于缺少必要的输入信息而无法执行；版本冲突是指协同工艺设计项目组的成员间工艺设计版本的不一致而造成的冲突。

冲突的消解一直是协同工作需要解决的关键问题。设计者为解决协同设计产生的冲突付出大量的努力，也取得了一些成果。总体来说，根据冲突的不同类型有不同的冲突消解策略，具体包括以下几种：

1）协商：产生冲突的设计者通过电子会议或直接见面，讨论冲突的原因和解决问题的方法，协商解决冲突，这是解决冲突的最有效的方法。

2）折中：冲突的各方各自放弃一些自己的观点和意见，寻找折中的解决方案。

3）妥协：冲突的各方有一方或多方放弃自己的观点和意见，与别人达成妥协。

4）裁决：由有经验的专家、权威对冲突各方进行裁决，消解冲突。

5）资源开发：通过引进或开发新的制造资源而解决因制造资源的有限性而造成的资源冲突。

6）流程再造：对于经常性产生的过程冲突，应考虑现有的工作流程是否合适、有效，过程传递的信息是否完备，进而对工艺设计的工作流程进行再造。

7）结构调整：通过改变项目组的组织结构、成员间的相互关系而减少相互间的冲突。

8）版本管理：通过对团队成员的设计结果的有效管理而避免版本冲突。

4.7.5 远程协同工艺设计系统的运行实例

应用上述原理，针对某企业集团的远程协同工艺设计与信息共享的实际需求，开发了远程工艺信息查询与协同设计系统。应用该系统，协同设计用户可以通过导入 PDM 系统的 EBOM 完成协同工艺设计项目的产品结构 MBOM 配置（见图 4-26），协同工艺设计任务的划分及监控

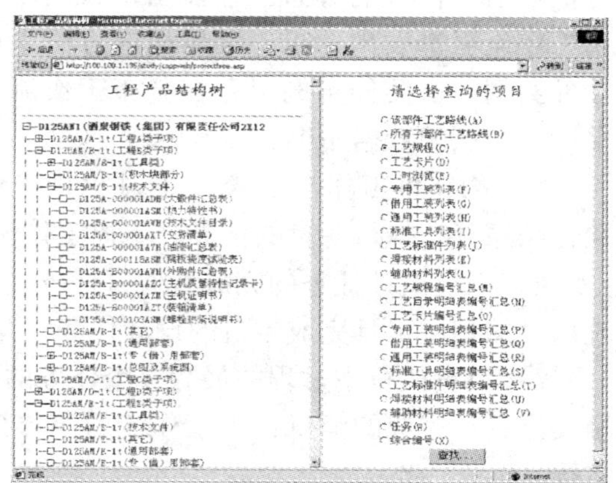

图 4-26 协同工艺设计项目

（见图4-27），在协同工艺设计过程管理的控制下进行具体的工艺设计（见图4-28）、工时定额（见图4-29）等工作，通过实时交流（见图4-30）的辅助，完成签批工作（见图4-31）并归档（见图4-32）。通过集成相关协作企业的工艺资源信息（见图4-33），为整个协同工艺设计提供支持，并通过与ERP集成获得工装库存等信息（见图4-34）辅助工艺人员决策。

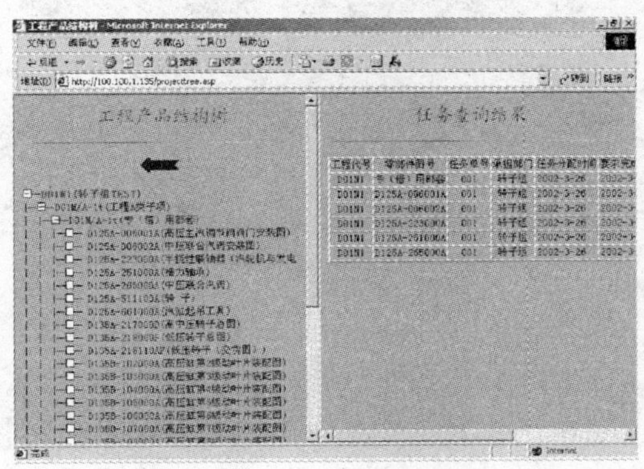

图4-27　协同工艺设计任务

图4-28　工艺卡片编制

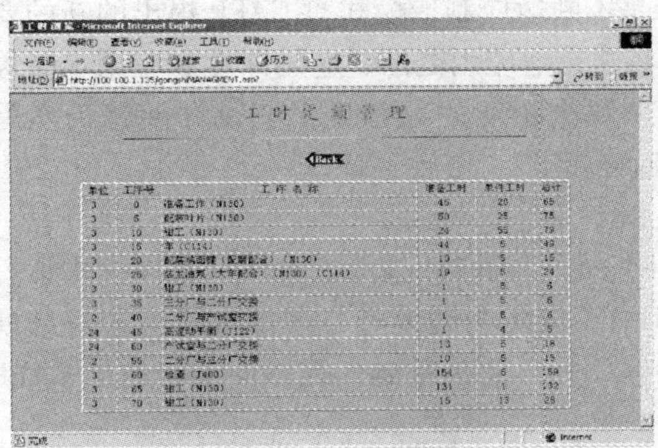

图4-29　工时定额管理

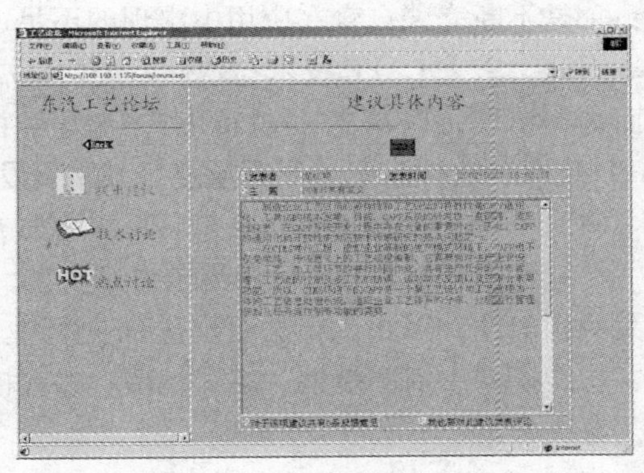

图4-30　工艺交流

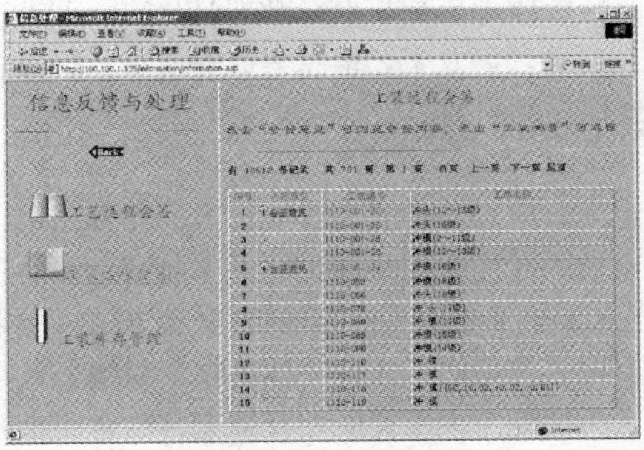

图4-31　工装远程会签

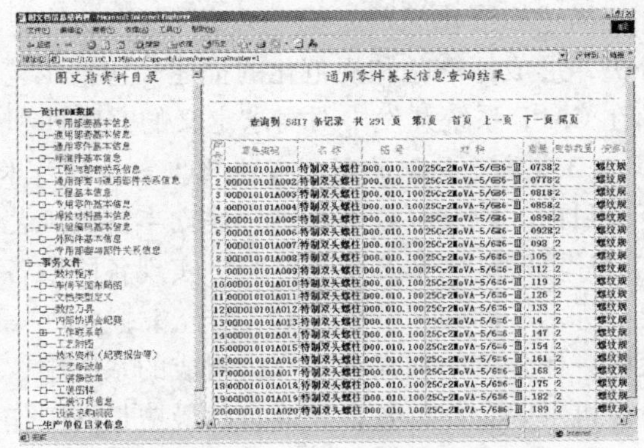

图4-32　文档管理

图 4-33 工艺资源管理

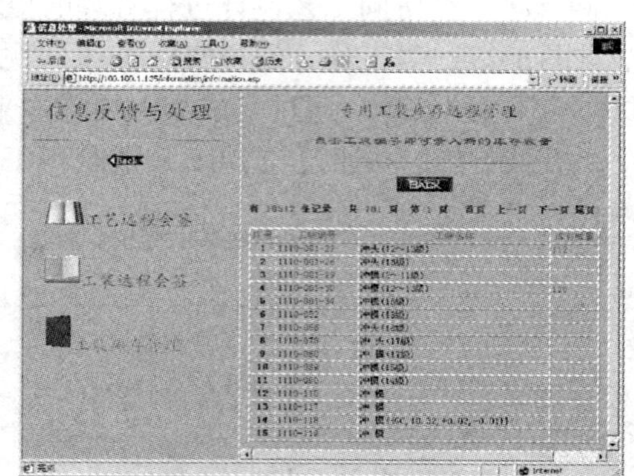

图 4-34 工装库存管理

4.8 CAPP技术研究的发展趋势

纵观CAPP发展的历程，可以看到CAPP的研究和应用始终围绕着两方面的需要而展开：一是不断完善自身在应用中出现的不足；二是不断适应制造模式对CAPP提出的新的要求。因此，未来CAPP技术与软件系统的发展，将在企业应用范围、应用深度和应用水平等方面进行拓展，以信息集成和工艺知识为主体来解决企业的数字化工艺设计问题仍然是CAPP技术和软件系统的研究重点，其主要发展趋势如下：

（1）面向行业的CAPP应用解决方案与开发技术

尽管不同企业CAPP应用需求差别较大，但同一行业内的产品工艺设计及管理模式具有较大的相似性，因此，有必要建立面向行业的CAPP应用参考模型，具体包括工艺信息模型、功能模型、资源模型、组织模型、过程模型等，并以此为基础，提供面向行业的CAPP工艺解决方案。

（2）CAPP标准化技术

建立CAPP系统的功能定义集合和标准，解决CAPP系统的功能定义标准化及系统体系框架描述标准化问题。基于CAPP基本功能定义及系统体系框架，对企业CAPP的需求进行分析，形成标准化和规范化的描述，包括工艺设计与管理以及工艺信息集成等需求，解决企业在CAPP系统开发中对需求定义的完整性和一致性差的问题。

（3）基于知识的新型智能化工艺设计技术

目前，以交互式为基础，建立丰富的工艺知识库，应用各种人工智能技术，充分应用工艺设计资源、工艺知识、经验，实现各阶段各种有效的智能化在线辅助，是CAPP发展的重要目标之一。在智能化CAPP研究中，人机一体化CAPP系统是一个重要的发展方向。所谓人机一体化就是在人与计算机组成的系统中，采取以人为中心、人机一体的技术路线，人与计算机平等合作，各自完成自己最擅长的工作，人类智能与人工智能相互补充，结合起来开发CAPP系统。

（4）协同工艺设计与工艺知识积累技术

工艺设计工作的实际需求是协同工作、知识积累、信息共享。工艺设计协同工作的研究包括对工艺设计的协同工作模式、异构信息与资源集成、工艺设计知识发现技术以及协同应用开发环境的研究。

(5) CAPP/PDM/ERP 集成技术

CAPP 与 PDM、ERP 的集成是企业应用集成的核心部分之一。与 PDM 的集成主要体现在图纸资源的利用、EBOM 的共享利用、EBOM 到 MBOM 的转换等方面，与 ERP 系统的集成，要及时、准确地提供 ERP 等管理系统必需的工艺数据，使 CAPP 真正成为企业生产经营的数据枢纽。

(6) 开放的工艺资源集成模式及技术

在工艺设计中，所涉及的工艺资源包括工艺方法、机床设备、原材料、工艺设备、工艺参数等。上述工艺资源不仅是指定工艺计划的重要依据，更是企业其他技术和管理决策的基础。因此，企业必须建立开放的、可重构的工艺资源管理模式。

(7) 支持三维 CAD 的 CAPP 系统及应用

三维 CAD 技术正在成为企业产品创新设计和数字化设计制造的基础平台，三维 CAD 的应用对工艺设计方式、工艺资源及制造数据管理模式等产生了重大影响，基于三维 CAD 的工艺设计、工装设计、工艺资源管理等成为企业制造工艺数字化的新应用需求。

4.9　思考题

1. 简述 CAPP 系统的类型及其特点。
2. 试设计网络化 CAPP 系统的功能组成及体系结构。
3. 简述零件制造特征信息的网络化表达方法。
4. 简述工艺设计知识库系统的体系结构。
5. 简述基于知识的 CAPP 系统的工艺决策方法。
6. 简述工艺设计流程管理的安全策略。
7. 简述面向远程协同设计的网络化 CAPP 系统的冲突消解策略。

第5章　网络化计算机辅助制造与MES

5.1　CAM与网络化

如第1章所述，计算机辅助制造（Computer Aided Manufacturing，CAM）是指采用计算机及其交互设备辅助人们实现数控编程，并控制、监测、处理、变换和管理加工过程的一种技术。事实上，CAM技术按其所覆盖的应用领域可分为狭义CAM和广义CAM两种。其中，狭义CAM仅涉及计算机辅助数控编程方面的内容。

5.1.1　制造硬件对CAM技术的影响

CAM技术的发展在很大程度上依赖于硬件技术的发展，不仅依赖于计算机与网络设备，还与下列几方面的因素直接关联：

1）制造设备。

2）围绕制造设备的相关检测与监控装置。

3）制造执行系统。

因此可以说，计算机与网络设备、制造设备、检测与监控装置以及由它们组成的制造执行系统是实施CAM技术的硬件基础，并决定着CAM技术的应用层次。

1. 制造设备对CAM技术的影响

自20世纪50年代数控加工设备诞生以来，高效地辅助数字化加工一直是CAM技术希望达到的目标。针对这一目标的努力之一是数控编程的自动化。在制造硬件方面，为方便数控加工，制造设备的数字化控制的实现经历了配置专用数控系统、计算机数控系统、开放式数控系统等多个发展阶段，数控指令的输入也从“卡片与纸带+读码机”、“磁带与磁盘+计算机”发展到“数据文件+直接的局域网和广域网传输”。目前，新型的CNC机床包含了网络化接口、Web服务接口等功能，这使得实现网络化的CAM技术有了制造设备方面的硬件保证。图5-1所示为日本Yamazaki Mazak公司的开放式CNC数控系统MAZATROL FUSION 640的人机界面与各种接口。

自20世纪90年代以来，各种新概念制造设备的出现，使得CAM技术在适应制造设备的变化方面有所拓展。典型的如以层叠加为特征的零件快速成型制造设备（LOM、SLS、SLA等类型的快速成型机）、基于机器人运动机理的多轴数控加工设备（并联机床）。虽然它们仍采用数控技术进行加工控制，但在数控轨迹生成逻辑、控制与调度、信息管理等方面的变化使得CAM技术有了新的内涵。

2. 检测与监控装置对CAM技术的影响

计算机辅助制造技术的另一个重要环节是制造属性数据、制造过程数据、故障数据等的双向流动，尤其是从设备向高层管理计算机的流动。这种流动依赖于检测与监控装置的配置，其中，传感器起关键作用。

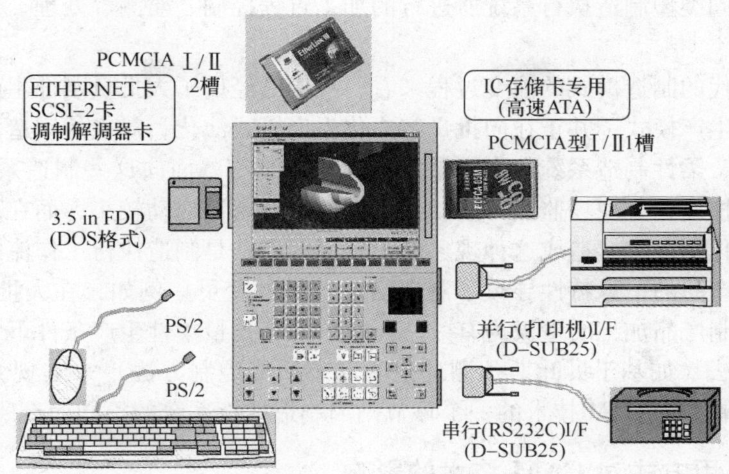

图 5-1　开放式 CNC 数控系统 MAZATROL FUSION 640 的人机界面与各种接口

一般而言，数控制造设备需要反馈的数据无外乎位置信号、运动信号、动态力信号、多域能量信号等，反映在制造设备上则体现为刀具磨损、主轴转速、进给负载、热变形、工件尺寸精度等。为有效地处理上述数据，检测与监控装置必须通过 A/D 转换或直接的数字化进行数据的采集、分析与综合。目前，基于虚拟仪器思想的检测装置常用于制造设备的检测与故障诊断。为适应网络化的需求，检测与控制装置具备网络接口的情况已十分普遍。此外，基于 IP 的传感器也已出现。这使得检测与监控操作可以一种基于 Web 的服务模式实现自底而上的数据传递。同样以开放式 CNC 数控系统 MAZATROL FUSION 640 为例，其对机床的监控可远程实现，主轴转速、进给负载、主轴负载等均可通过图形界面显示出来，如图 5-2 所示。

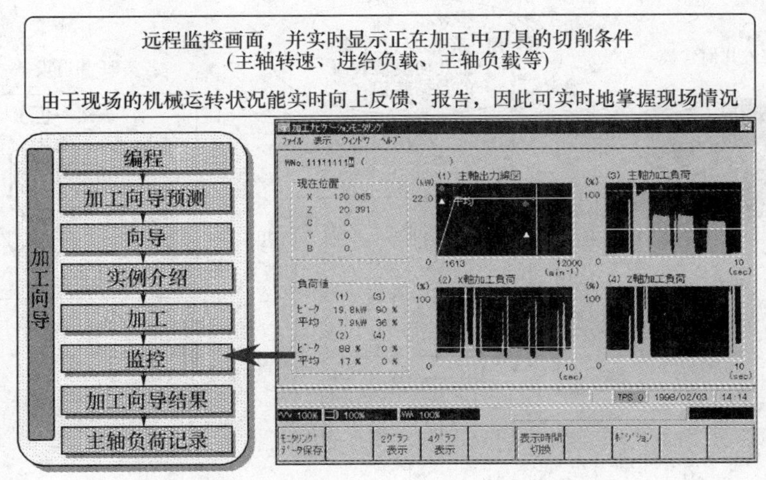

图 5-2　CNC 机床远程状态监控界面

3. 制造执行系统对 CAM 技术的影响

计算机辅助制造技术也依赖于相应的制造模式，而不同的制造模式对应于不同的制造执行系统，针对不同类型制造执行系统所进行的加工过程控制、监测、处理、变换、管理技术也不相同。

从工业化时代的制造模式的演变过程来看，我们已经历了大批量刚性生产模式、柔性生产模式以及混合生产模式，并正在向批量客户化生产模式演化，对应的制造系统可以是大批量刚性制造系统、柔性制造系统、大批量定制制造系统等。面向这些制造系统的 CAM 技术在底层的辅助数控编程、现场监控等基础技术方面相对来说变动较小，而在高层的过程控制和管理等方面变化则很大。造成这种现象的主要原因之一是制造执行工作流的变更；另一主要原因是待制造产品的信息特性导致了制造活动组织的变更。例如，在大批量生产条件下，质量控制图对控制产品加工质量极为有效；而在单件小批量柔性生产条件下，人们不得不采用新的质量控制法（如基于贝叶斯预测理论的动态质量控制方法）来实现对产品加工质量的控制。质量控制作为 CAM 技术的一个环节则因制造执行系统的不同而有所变化。

5.1.2 信息应用方式对 CAM 技术的影响

在相关硬件的支持下，CAM 技术通过软件运行制造辅助功能，其实质就是以待制造产品的信息为输入，通过处理、变换、传递、存储、管理因使用制造执行系统所产生的属性与过程数据、故障数据、产品相关的派生数据，提升制造信息附加值，提高产品加工效率与质量。简而言之，CAM 技术的实质是对制造信息的应用与处理。

1. 不同的产品模型对 CAM 技术的影响

产品模型是 CAM 系统的输入，不同的产品模型表达方式影响着 CAM 软件系统的开发方法。以快速成型机为例并参见图 5-3，其用于加工的零件输入模型采用三角面片表示，并形成了一种称为 STL 的工业事实标准文件格式，基于快速成型加工的 CAM 系统将围绕该种零件模型进行辅助加工处理。

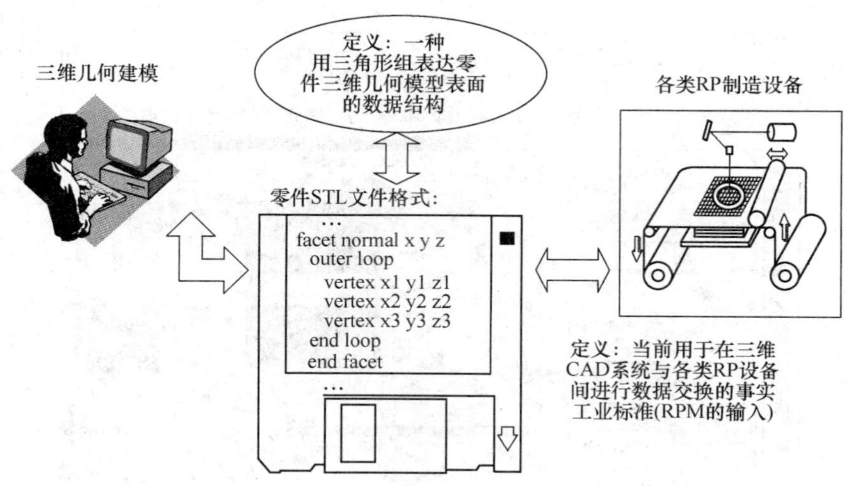

图 5-3 STL 三维零件几何表面描述数据格式及其在快速成型制造中的作用

直接利用三维 CAD 模型进行数控编程是近年来商用 CAD/CAM 系统常采用的方法。为实现相关编程工作，诸如孔、平面、槽、型腔、凸台等加工特征被当做基本要素，以实现数控代码的生成。当三维 CAD 模型不具备加工特征表达时，特征识别算法将用于加工特征的重构。这里，特征识别算法与三维 CAD 模型的几何描述机制有关。针对 B-rep 表达方法的常用加工特征识别算法有面邻接图法，针对 CSG 表达方法的则有 CSG 特征子树匹配与遍历算法等。

在需要通过图纸实现数控编程的情况下，对于简单的待加工形状，可通过计算刀位路径直接编写数控代码。对于较为复杂的零件，则可通过先生成 APT 或 EXAPT 程序，然后再将其自动编译，用后处理程序自动生成数控代码的方式完成。

同样，产品信息模型也影响着后续加工活动的控制、调度与管理。

2. 数控编码形态对 CAM 技术的影响

数控编程的终极目标是产生数控代码。当前，产品信息模型驱动的不同编程模式主要用于产生按 ISO6983（DIN66025）标准定义的数控代码。即便采用不同的编程模式，CAM 系统中用于产生数控代码的模块无外乎包括产品信息模型输入、特征识别、刀位与刀具偏置计算、后处理等。当数控代码生成后，加工特征信息、工序信息再次失去，这对后续的加工控制、调度与管理带来了问题。

为解决这方面的问题，一种新型的、含有高层语义信息的数控后置处理文件格式 STEP-NC 正由 STEP 标准的应用协议 AP238 所定义，它是 CAM 与 CNC 间的接口，其文件中的代码在量级上大致相当于传统数控文件中的 G、M 代码。AP238 文件可由 CAD/CAM 系统自动产生，当 AP238 文件输入到 CNC 机床后，由 STEP-NC 控制器根据该文件直接驱动机床进行加工操作。其中，STEP-NC 控制器包括 STEP-NC 解析器和底层 NC 内核。图 5-4 所示为利用 STEP-NC 技术实现数控加工的过程。

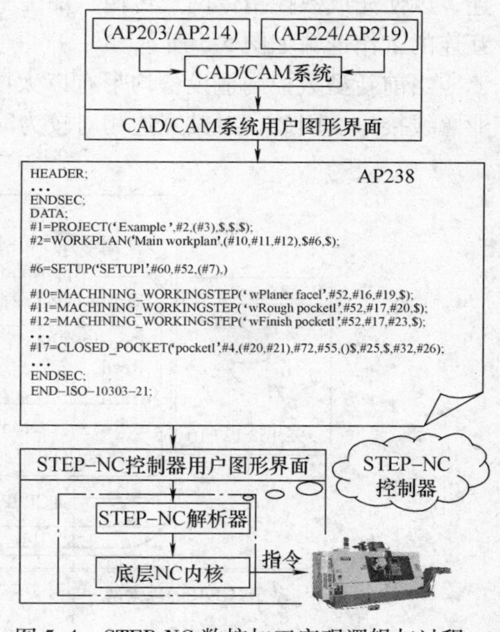

图 5-4　STEP-NC 数控加工实现逻辑与过程

STEP-NC 出现的一种直接结果是 CNC 数控编程模块在实现逻辑上需作相应的调整。可见，数控编码形态对 CAM 系统数控编程模块的实现有很大的影响。

3. 制造信息处理模式对 CAM 技术的影响

CAM 系统在支持数控编程、加工调度、监测与质量控制过程中，采用不同的制造信息处理模式会产生不同的 CAM 系统开发逻辑与应用流程。例如，在采用 CAM 系统辅助加工调度、监测与质量控制活动时，以制造设备为基点，制造信息处理模式有 3 种。

① 单机模式。

② 以制造设备作为客户端节点。

③ 以制造设备作为服务器端节点。

其中，后两种信息处理方式与网络化密切相关，且能支持“边传输边加工”的数控加工模式。同理，数控编程同样具备这 3 种模式。

5.1.3 CAM 系统的网络化

CAM 系统的网络化包含两方面的含义：

① CAM 制造硬件的网络化。

② CAM 软件的网络化。

5.1.3.1 CAM 制造硬件的网络化

1. 制造设备的网络化接口

制造设备是制造硬件的基本要素，为支持 CAM 系统制造硬件的网络化，首先应使制造设备具备网络化接口。

传统的数控设备一般均具有 RS232 标准串口，这种标准串口常用来实现传统设备的互连，以便完成数控指令网上传输、加工工况数据反馈等功能。利用串口连接器实现数控设备互连的工作逻辑如图 5-5 所示。

当前新型数控制造设备均带有以太网接口（见图 5-1），有些还带有不同类型的现场工业总线接口。因此，对其互连相对较为简单，此处不再展开。

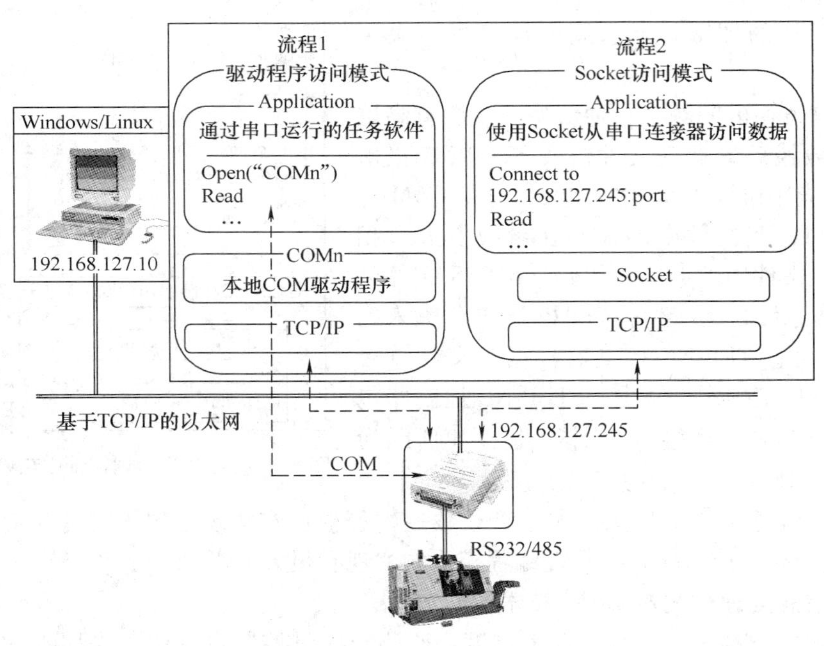

图 5-5 利用串口连接器实现数控设备互联

2. 制造设备的网络互联协议

数控制造设备的互联需要网络互联协议的支持。若需要实现远程操作功能，则对网络互联协议还有实时性和抗干扰能力方面的要求。

目前，具备远程实时操作及抗干扰能力的网络包括早期用于制造系统互联的 MAP 网，以及现今广泛应用的工业现场总线、实时工业以太网等。其中，目前已得到应用且列为 IEC61158 国际标准的现场总线共有 8 种（FF 的 H1、FF-HSE、Profibus、INTERBUS、

P-NET、WorldIFP、ControlNet、SwiftNet），而工业实时以太网则有 EthernetIP、FF-HSE、ProfiNet、IDA 等。

由于不同的现场总线间存在互操作方面的障碍，而工业实时以太网在通信协议层面上与 Internet 网兼容，因此利用工业实时以太网实现数控制造设备的网络互联更具优势。

5.1.3.2　CAM 软件的网络化

CAM 软件的网络化可通过 3 种形式实现，即通过网络数据库集成单机版 CAM 软件，采用 C/S 结构实现 CAM 软件，采用 B/S 结构实现 CAM 软件。

（1）基于网络数据库的 CAM 集成

这种 CAM 软件的网络化并不是真正意义上的网络化，而是有效利用已有单机版 CAM 软件、且通过共享数据库实现制造数据分享的一种形式。由于涉及制造数据的共享问题，因此必须给 CAM 软件附加若干辅助模块，如数据库文件远程读写模块、数据库操作权限管理模块、数据一致性维护模块等。

（2）基于 C/S 结构的 CAM 软件

基于 C/S 结构的 CAM 软件是常用的一种网络化实现形式，其基本出发点是将 CAM 软件划分为服务器端软件和客户端软件两部分。其中，服务器端软件主要实现 CAM 的各种功能，且常安装在管理层的计算机中；而客户端 CAM 软件则主要实现基于用户图形界面的输入输出功能，其安装位置根据需要而定，包括安装在制造设备的前端计算机中。

基于 C/S 结构的 CAM 软件由于需要在客户端安装相关的软件，因此使用这种 CAM 软件受客户端地理位置的限制。

（3）基于 B/S 结构的 CAM 软件

基于 B/S 结构的 CAM 软件是当前流行的一种网络化实现形式，其逻辑是将 CAM 软件全部安装在服务器端，而在客户端则不安装任何 CAM 软件。CAM 软件可在任意地点的客户端通过标准的 Web 浏览器运行。当使用者在任一客户端通过 Web 浏览器启动 CAM 软件后，相应的交互界面以 Web 页面、Java Applet 或 ActiveX 控件等形式出现。

基于 B/S 结构的 CAM 软件既可安装在管理层的计算机中，也可安装在底层制造设备的前端计算机中。其中，前一种安装方式暗指底层所产生的制造数据由高层（即管理层）采集、处理与发布；后一种安装形态暗指制造设备所产生的制造数据通过 Web 服务的方式直接向外发布。

5.2　开放式 CNC 体系结构

开放式 CNC 体系结构是伴随着个人计算机（PC）的出现而被提出的。原有专用数控系统在软硬件资源方面的局限性，使其无法适应数字化制造环节对模块化、可重构、可扩充等方面的要求，无法在数控系统的通用性、柔性、适应性和进一步的智能化、网络化方面有所作为。因此，工业界希望引入 PC 技术来构造数控系统，通过 PC 的开放性来建造开放式 CNC 系统。

从 20 世纪 80 年代美国提出开放式 CNC 系统的概念以来，开放式 CNC 体系结构已发展了二十余年，西方工业国家均提出了不同的开放式 CNC 体系结构，如美国的下一代控制器 NGC 计划、欧盟的自动化系统开放式控制结构 OSACA 计划、日本的开放式控制器系统环境

OSEC 计划等。

尽管如此，开放式 CNC 体系结构仍可归结为以下 3 类：

① 在专用数控系统中嵌入 PC 的开放式 CNC 体系结构。

② 基于运动控制卡的开放式 CNC 体系结构。

③ 基于 PC 软数控机理的开放式 CNC 体系结构。其中，运动控制卡以标准 PC 插件的形式出现，且其使用 PC 中的 ISA 和 PCI 等插槽。

开放式 CNC 体系结构是数控制造设备的“心脏”，是实现网络化 CAM 技术的基本保证。以下章节将主要介绍后两种流行的开放式 CNC 体系结构。

5.2.1 数控的轴的概念

从三维几何空间看，在一个空间内沿 x、y、z 轴的平动和绕这 3 个轴的转动构成了该空间的 6 个基本轴运动。对于数控机床而言，其数控的主要目标是在由主轴部件和进给部件组成的切削几何空间内控制轴运动及其轴运动间的联动。目前，最好的数控设备之一为五轴五联动加工中心。

因此，数控机床的切削加工动作是通过轴运动或多轴联动产生的运动来完成的。其中，多轴联动用于产生预定的运动轨迹。以 CNC 车削为例，需要控制的轴运动包括车床主轴的旋转运动、进给方向和走刀方向两个直线运动。在车削螺纹时，需要在主轴旋转运动和沿走刀方向的直线运动间实现联动；车削锥面则需要在两个直线运动间实现联动。因此，控制轴运动是数控加工的核心。在某种程度上，数控体系结构的开放性可由控制轴运动的实现方法的开放性所决定。

5.2.2 基于运动控制卡的开放式 CNC 体系结构

在基于运动控制卡的开放式数控机床中，轴运动是通过伺服电动机驱动相关的执行机构完成的，而运动控制卡则用于产生控制信号，以便控制伺服电动机实现相关的运动轨迹，基于运动控制卡的开放式 CNC 体系结构如图 5-6 所示。这里应说明的是，运动控制卡含 CPU，实时控制计算由其完成，而涉及数控的非实时计算部分则可由 PC 实现；通过驱动器、I/O 接口与各种伺服电动机相连，伺服电动机再驱动执行机构（如运动平台）按预定轨迹运动；

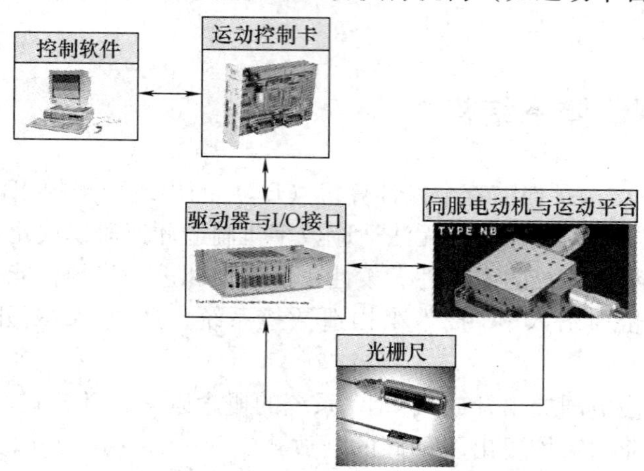

图 5-6 基于运动控制卡的开放式 CNC 体系结构

运动的位置等误差可用光栅元件进行检测并反馈以修正误差。

目前，运动控制卡的商业化开发已获巨大成功，典型的有美国 Delta Tau 公司的 PMAC（Programable Multiple Axis Controller）板，还有美国 Galil 公司、德国 Koll Morgen 公司，以色列、法国的公司，以及国内固高、摩信公司等的系列运动控制卡产品。下面将以 PMAC 板为例，说明利用运动控制卡实现开放式 CNC 体系结构的过程。

1. PMAC 运动控制卡简介

PMAC 运动控制卡是目前应用数字信号处理器（DSP）技术实现的功能最强的运动控制卡之一，借助于摩托罗拉的 DSP56 系列数字信号处理器，每个 PMAC 运动控制卡可同时操纵 1 ~ 8 个轴运动，最多可控制 32 个轴运动，且每个轴运动是完全独立的。这意味着一个 PMAC 卡可以控制不同设备的轴运动。

PMAC 卡有超过 10 种硬件型号，分别隶属于 4 种不同的通信总线结构，即 PC、PCI、VME 和 STD。它也可与不同种类的电动机、反馈元件、指令数据结构联用。因此，采用 PMAC 卡实现数字化运动控制具有广泛的适应性和灵活性。

PMAC 运动控制卡的主要性能指标可总结如下：

① 每个卡可控制多达 32 个伺服轴。

② 每个轴为 55μs 的伺服刷新频率。

③ 同时对 8 个轴进行直线和圆弧插补的多轴联动控制。

④ 16/18 位 DAC 输出分辨率。

⑤ 15MHz 编码器反馈频率。

⑥ 可链接最多 16 块卡（128 轴）。

⑦ 可采用总线或 RS232/422 控制。

⑧ CNC 的 G 代码命令处理与编程。

⑨“S-曲线”加减速。

⑩ 直线、圆弧、三次样条、PVT 等插补计算。

⑪ PID 伺服环闭合调整等。

PMAC 卡的另一特点是给使用者预留了极大的开发空间。通过其 API 并在基于数控代码等标准的基础上，采用 PMAC 卡可实现使用者所想要的个性化控制目标，完成客户化应用。为进一步方便 API 的应用且实现图形化开发，则可使用 NC for Windows 软件。目前，PMAC 的 NC for Windows 软件支持：

① 快速的直线、圆弧、螺旋线和样条插补。

② 刀具半径、长度补偿。

③ 丝杠和平面补偿。

④ 正交校正。

⑤ 英寸/毫米选择。

⑥ 多重工作坐标系。

⑦ 用于攻螺纹、套扣、镗削等的封闭循环。

⑧ 多块前视轮廓仿形。

⑨ 用户宏。

⑩ 在线程序编辑器。

⑪ MDI 屏幕编辑器。

⑫ 位置报告，包括相对位置、绝对位置、机器位置、终点及需走的距离。

⑬ 状态窗口输出，包括报警、I/O、控制面板等。

⑭ 单块和连续执行。

⑮ 全 Windows 管理与网络连接等。

2. 采用运动控制卡实现开放式 CNC 体系结构的流程

采用运动控制卡实现开放式 CNC 体系结构可采用北京航空航天大学裴葆青等所推荐的流程来完成。

(1) 选择运动控制卡

选择运动控制卡包括：

① 根据待开发机床的工作特点，确定电动机类型、需控制的电动机轴数和电动机工作模式。

② 确定位置检测、反馈模式，选择光电编码器或光栅尺。

③ 确定输入/输出开关量的数量。

④ 选择运动控制卡品牌和型号。

(2) 选择伺服电动机及驱动器

选择伺服电动机及驱动器包括：

① 根据机床工作过程的静、动态载荷情况，分别计算所需的最大转矩和驱动功率。

② 在考虑安全系数和安装空间的前提下，选定各轴电动机、驱动器等的品牌与型号。

(3) 连接运动控制卡、驱动器、电动机与机床

连接运动控制卡、驱动器、电动机与机床包括：

① 根据运动控制卡的接线端子排列说明和驱动器控制信号接线说明，将控制卡与驱动器间的控制信号线、编码器反馈信号线正确地进行连接。

② 将操作面板上的开关、指示灯与运动控制卡接线端子排上的通用数字 I/O 端子相连。

③ 应用调试环境程序中的动态响应测试功能，测试、分析机床各轴的动态响应特性，选择合理的控制参数。

(4) 应用软件开发

应用软件开发包括：

① 各轴工作过程控制的软件开发需求分析、软件系统分析与设计。

② 掌握所提供的 API、运动控制卡功能应用的命令函数调用方法，并据此选择适当的编程环境如 C/C++ 语言。

③ 编写用于机床控制的应用程序。

5.2.3 基于 PC 软数控机理的开放式 CNC 体系结构

在上述开放式 CNC 体系结构中，用于插接运动控制卡的 PC 所使用的为通用非实时操作系统（如 Windows/Linux 等）。如果将 PC 的操作系统改为实时操作系统（如 Windows 的 RTX、RT-Linux 等），且将运动控制卡的功能由基于实时操作系统的运动控制软件来实现，则构成了基于 PC 软数控机理的开放式 CNC 体系结构。这里，实时任务进程、实时任务管理、硬件中断控制等技术是替代运动控制卡功能、完成系统实现的核心内容。

基于 PC 软数控机理的开放式 CNC 体系结构主要依赖于计算机操作系统的结构。根据选择的不同操作系统，这类数控系统可有以下几种结构：

① 单 PC 配置实时操作系统。

② 双 PC 分别配置实时操作系统和通用操作系统。

③ 单 PC 分别配置实时操作系统和通用操作系统。

在图 5-7 中，基于 PC 软数控机理的开放式 CNC 系统分为 5 个层次，即应用 API 层、应用程序层、实时操作系统层、I/O 接口层、数控设备层。

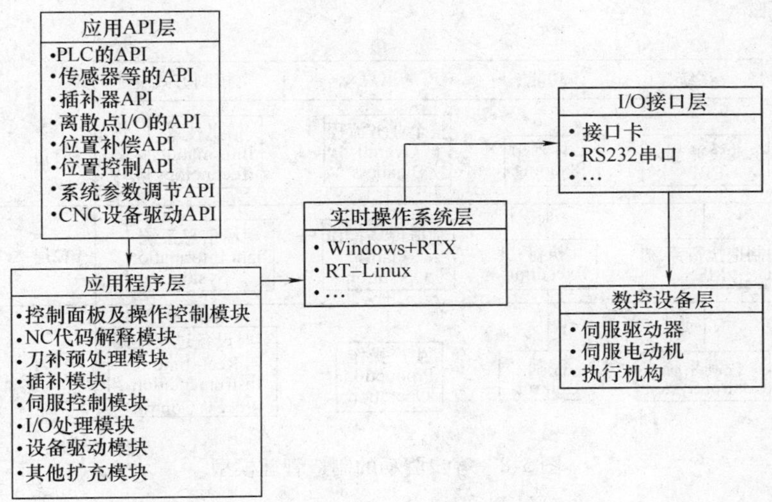

图 5-7　基于 PC 软数控机理的开放式 CNC 系统的层次结构

应用程序层由实现各种软数控功能的模块组成，而这些模块在应用 API 层的各种 API 的基础上开发出来。为实现包括运动控制在内的实时数控，这些模块在实时操作系统的管理下，通过 I/O 接口完成对数控设备层的伺服系统的驱动。一般而言，应用程序层至少应包括控制面板及操作控制模块、NC 代码解释模块、刀补预处理模块、插补模块、伺服控制模块、I/O 处理模块、设备驱动模块、其他扩充模块等。而应用 API 层涉及各种用于开发上述模块的 API，它们包括 PLC 的 API、传感器等的 API、插补器 API、离散点 I/O 的 API、位置补偿 API、位置控制 API、系统参数调节 API、CNC 设备驱动 API 等。

5.3　制造执行系统及网络化

5.3.1　制造执行系统的概念

制造执行系统（Manufacturing Executive System，MES）概念的提出源于 20 世纪 90 年代，其出发点是希望在企业级生产计划层和车间级生产设备控制层之间，搭建一座能无缝实现企业集成和制造管理的桥梁。目前，MES 国际组织给制造执行系统作了如下定义：

“制造执行系统是指通过信息传递、处理，对从订单下达到产品完成的整个生产过程进行实时的优化管理。当制造现场发生实时事件时，MES 能对此及时作出反应、报告，并用当前的准确数据对它们进行指导和处理。”

制造执行系统是作为客户驱动的企业集成和制造管理模型的一部分而被提出来的。客户驱动的制造管理模型如图5-8所示，其涉及单个车间级或制造单元级制造现场的制造资源配置与它们之间的集成（硬件方面），以及在此基础上对相关“实时”信息的处理、交换和管理（软件方面）。制造执行系统（MES）上联ERP/MRPII系统等，以获取生产与资源计划信息并上报执行状况；下联制造设备（群）过程控制，以传递制造指令并获取实时的制造工况数据、实现质量控制功能。从广义角度看，制造执行系统的软件部分可纳入到广义CAM技术的范畴。

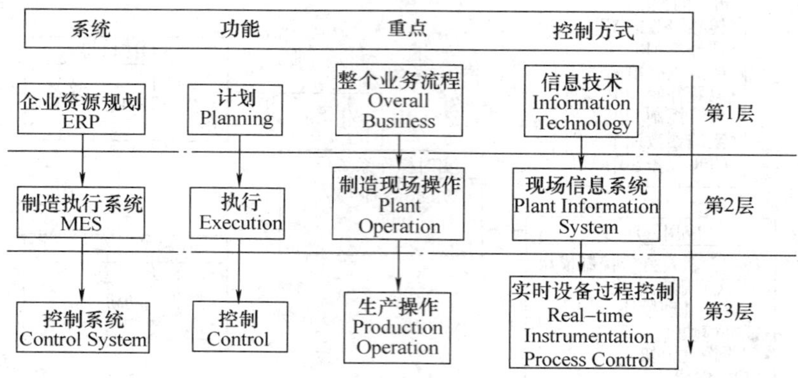

图5-8 客户驱动的制造管理模型

作为生产形态变革的产物，制造执行系统MES起源于工厂内部的需求，作为承接ERP/MRPII的纽带，传统的MES即从车间级应用发展而来，即制造现场仅限定在一个制造车间层面上。随着网络化制造技术的发展，制造现场的概念被进一步拓展，跨工厂的制造执行系统也已出现。目前，制造现场可理解为在产品驱动的制造任务分配前提下，由若干个分布的工厂、一个工厂（若干车间）、一个车间（若干制造单元）的制造设备所配置出来的基于所制造产品的一个动态制造系统，其形态伴随着所制造产品的不同而不同，这给制造执行系统的软件开发带来了新的问题。

5.3.2 制造执行系统的配置

制造执行系统的配置取决于制造单元配置技术的发展。在传统的订单驱动的制造企业组织模式下，企业内部以车间级为单位，并以机群式（单件小批量）、流水线式（大批量）等形成车间的制造布局形式。当车间接收产品订单（制造任务）后，通过选择其中的部分工段、相关的制造设备可构成相应的面向订单任务的MES。

然而，这种MES配置方式缺乏柔性，且不能适应现代生产技术的要求。为此，基于DNC的数控设备互联、成组制造单元、自治制造单元、柔性制造单元等制造单元技术已被用来支持MES的配置。

1. 基于DNC的数控设备互联

由于MES需要从设备控制层获取实时的制造工况信息，这样，针对数控设备的DNC有助于制造执行系统的构造。

DNC 是指采用一台或多台计算机对多台数控机床进行集中控制与管理的一种方式，其目的有两个：一是进行自上而下的 NC 代码的传输与管理；二是完成自底而上的设备工况汇集与处理。针对数控设备的实时远程操作并不包含在 DNC 的工作范畴内。

从硬件方面看，DNC 联网可通过数控设备的 RS232 串口、标准以太网接口，并用现场总线或工业以太网及相关的交换机等进行互联。

从软件方面看，DNC 软件涉及以下功能：

1）远程数控指令传输：包括支持“边传输，边加工”模式，CNC 设备存储器的“分段 Buffer”模式，数控指令“全下载（DNC 服务器到 CNC 设备存储器）”、“全上载（CNC 设备存储器到 DNC 服务器）”模式。

2）数控指令编辑、仿真与管理：包括商用 CAD/CAM 系统中的相关模块等。

3）数控设备加工工况数据收集与处理：包括质量数据分析、设备运行状态数据分析等。

4）数控设备的工况跟踪日志及管理：包括通信、配置、加工工况历史记录等。

目前，市场上已有大量的商用 DNC 软件可供选用，包括 Advanced DNC for Windows、Visual DNC、EXtremeDNC、DNC Professional 等。

DNC 仅为制造执行系统实现信息交换提供了基本保证，如果将其与下述的制造单元构件技术相结合，则会以一种模块化的思想，在方法层面上改变制造执行系统的配置逻辑。

2. 成组制造单元

成组制造单元是一种根据零件相似性、设备负荷平衡等统计信息，按所加工的零件族组织制造资源进行生产的一种单元技术，成组技术是其理论基础。

成组制造单元的形成遵循以下步骤：

1）建立零件编码系统，并对历史零件进行编码。

2）采用成组技术中的零件聚类算法，如“分支—聚类”法、模糊匹配法等，产生零件族。

3）统计零件族中的零件加工特征的几何、精度要求范围，分析工序要求，并据此确定加工机床类型。

4）根据加工历史统计，确认零件族的制造负荷量，从而确定单元机床数目。

5）根据零件族中加工特征，安排机床的布局形式。

当采用成组制造单元进行加工活动时，其制造任务接收取决于待加工零件的零件族归属。从硬件方面看，成组制造单元既可包含数控设备，也可含普通机床。其中，DNC 技术可实现成组单元内的数控机床的互联。

例如，某企业选取某一典型生产时间段作为统计区间，进行产品、零件、工序、工时定额、机床负荷量等的统计，采用成组技术形成零件族，设计出两个成组制造单元。

1）轴类加工单元：包括普通车床 4 台、NC 车床 1 台、外圆磨床 1 台、立式铣床 1 台、钻床 1 台。

2）轮盘类加工单元：包括普通车床 8 台、NC 车床 1 台、外圆磨床 1 台、内圆磨床 2 台、平面磨床 1 台、万能铣床 1 台、钻床 1 台。

3. 自治制造单元

自治制造单元是一种对外界制造任务具有自适应、智能化加工的一种单元。智能化制造技术是其基础理论。

自治制造单元的自适应性和智能性表现在两个方面，一是在与外界交互方面，二是自身内部方面。

在与外界交互方面，自治制造单元能“感知”外部制造任务，并主动出击力争获取制造任务。当所接收的制造任务正处于处理阶段时，能主动与相关外部环节“协调”，达到制造任务的优化完成。

在自身内部方面，自治制造单元内部具备实时的制造质量控制调节能力和设备的自诊断能力等。根据制造任务当前加工工况的不同，可自动调节加工参数、进行刀具磨损预报，从而达到对零件加工精度的闭环补偿。

应指出的是，自治制造单元的设备构成常为附带各种自适应及智能化附件的加工中心。

4. 柔性制造单元

柔性制造单元是面向单件、多品种零件的加工而提出的一种创造单元。提高针对不同工序的加工柔性、适应不同零件的加工能力柔性是设计柔性制造单元的关键。

从硬件方面看，柔性制造单元包含制造设备、装夹与搬运装置、工件缓存台等。其中，制造设备主要采用各种加工中心（如车削加工中心、镗铣加工中心等）；装夹与搬运装置包括机器人、托板传送装置等；而工件缓存台则用于工件临时存放，并通过自动导向小车AGV、工件传送链等与外界进行工件交换。图5-9所示的是由一个镗铣加工中心、一个工业机器人和一个工件缓存台所构成的柔性制造单元。这里，制造设备可以多于1台。

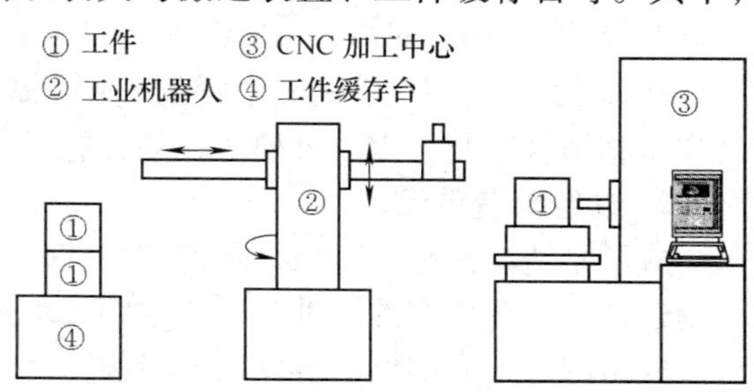

图5-9 一种柔性制造单元的构成形式

从软件方面看，柔性制造单元需两类软件支撑：一是单元调度与监控系统；二是单元计划与制造管理系统。这些软件可隶属于广义CAM。

柔性制造单元的软件所面向的求解对象是“工序”。上述两方面的软件均需围绕工序来做文章，其中，单元调度涉及工序排队、工序质量控制、工序加工相关的工况数据采集与分析等；单元监控则涉及设备状态检测与诊断、加工精度补偿等；单元计划则涉及相应的生产安排问题；而制造管理则需从全局的角度出发，以“工序”为关联要素，将加工过程的制造信息用统一的数据库形式进行管理，并能对加工过程进行跟踪。

5. 制造执行系统的网络化

制造执行系统的网络化依赖于制造设备的网络接口、制造单元的网络化，依赖于将制造单元进行互联的网络类型与协议。

一般而言，用于支持制造执行系统进行网络互联的技术包括现场总线技术和工业实时以太网技术，其中，由于与Internet兼容，工业实时以太网的应用场合正在增加。这种应用的思路是：对在本地的制造单元或制造执行子系统采用工业实时以太网互联，分布在异地的不同单元或子系统间采用Internet互联（提供对高层非实时数据的交换）。

考虑到历史的原因，不少制造单元或子系统内部采用了现场总线进行互联，这样在进行单元间互联时需解决因单元间采用不同的现场总线而导致的数据交换问题。

5.3.3　基于制造执行系统的 CAM 扩展

如前所述，制造执行系统是 ERP/MRPII 与底层制造监控系统间的桥梁，而制造执行系统对应的软件功能主要涉及制造执行过程中的在线制造管理，这部分的内容可作为广义 CAM 的扩展。

1. 制造执行过程中的在线制造数据交互

在图 5-10 中，当制造活动开始执行时，MES 与 ERP/MRPII 系统和底层制造监控系统间的信息交互过程如下：

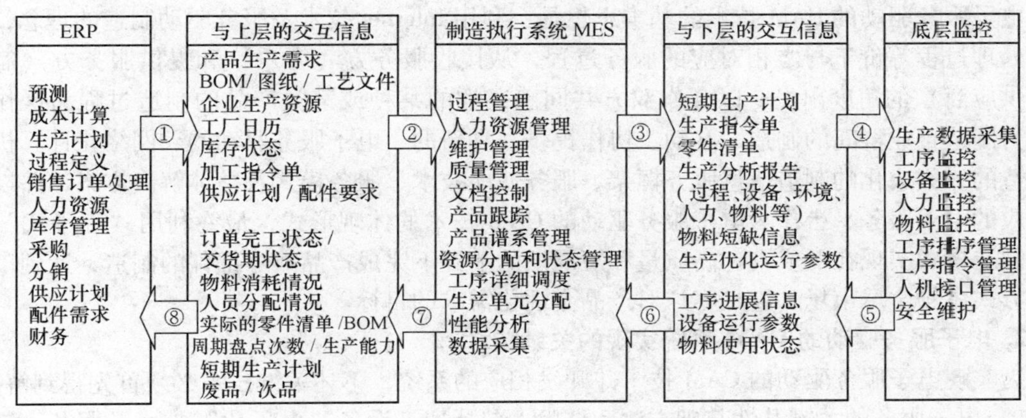

图 5-10　MES 与 ERP/MRPII 系统和底层制造监控系统间的信息交互

1）ERP 软件将产品生产需求、BOM、工艺文件等传递到 MES 软件中。

2）经 MES 软件处理，短期生产计划、生产指令单、零件清单、生产优化运行参数等被传递到底层制造监控软件中。

3）根据接收的信息，底层制造系统运行并产生实时的工序进展信息、设备运行参数、物料使用状态等制造数据，然后实时地上传到 MES 软件中。

4）经 MES 软件处理，实时制造数据被上传到 ERP 软件中，从而完成在线制造数据交换工作。

2. 面向制造执行系统的扩展 CAM

面向制造执行系统的扩展 CAM 软件可划分为 4 大模块，即动态资源管理模块、实时生产管理模块、作业计划与调度模块和系统内部管理模块。其中，前两个模块分别与 ERP 层和制造监控层相联。

动态资源管理层主要功能包括与 ERP 软件的接口、劳动力管理、资源分配与状态管理等；实时生产管理模块则含有与底层制造监控系统的接口、工序质量管理、加工实时跟踪等；作业计划与调度模块主要根据来自 ERP 的粗生产计划，形成 MES 的详细生产安排计划、制造任务向加工单元的分配、基于工序的生产调度等；而系统内部管理模块则包括过程管理、文件控制、性能分析、产品型谱管理、全局制造跟踪等。

5.4 电子服务驱动的网络化计算机辅助制造

5.4.1 产品制造电子服务的概念

1. 电子服务驱动的 CAM 技术的概念

日趋激烈的市场竞争使得对产品制造的成本、质量、交货期等方面的精确化要求越来越高，而从电子服务（e-Service）的角度研究计算机辅助制造技术恰好能在某种程度上适应这种制造技术的变化趋势。

电子服务驱动的 CAM 技术的基本思想是：利用 Internet 技术及服务驱动制造的理念，将制造处理过程等价于与之相对应的服务过程，从接收服务方（客户）和提供服务方（制造商和供应商）的角度出发，以合作双方共同感兴趣的某种或某类产品的制造过程为操作对象，为制造企业群间的制造、互动、协作提供一种新的、电子服务驱动的、网络化计算机辅助制造的、集成化的制造信息服务框架、服务使能技术、服务模式及整体解决方案，并以开发相应的电子服务平台作为电子服务驱动的 CAM 技术的体现形式，最终利用“扁平式”网络化制造模式实现在低成本、高质量和短周期的前提下完成产品或零部件的制造，达到以双赢的方式占领全球市场，满足客户对产品个性化需求的目标。

2. 电子服务驱动的 CAM 系统实现的关键技术

为实现电子服务驱动的 CAM 技术并开发相应的系统，下述关键技术必须首先得到解决。

1）电子服务的关键共性基础方法和技术：包括加工设备“电子化”技术及服务、制造过程的协同技术和服务、网络化制造链建模技术等。

2）电子服务的关键实现技术：包括基于 BOM 的订单生成与服务、分布的可行制造场所配置服务、工艺规划服务、基于制造单元和设备的制造任务分配技术、基于制造单元的调度技术和服务、产品 BOM 驱动的制造过程信息流管理技术及服务等。

5.4.2 电子服务驱动的 CAM 的工作逻辑和运行流程

电子服务驱动的 CAM 技术尤其适合于支持面向订单的产品制造过程。参考其总体架构、关键共性基础技术和实现技术，电子服务驱动的 CAM 技术的实现流程如图 5-11 所示。其整个流程可描述如下：

1）用户通过基于产品 BOM 的订单处理服务机制，输入待制造产品的批量、交货期、质量、成本等方面的要求，并向盟主制造商提交。

2）盟主制造商根据基于 BOM 的订单进行制造任务分类，即将对应于产品 BOM 的制造任务按自制件、外购件、外协件进行划分，并形成粗生产计划书、采购计划书、招标书。其中，自制件由盟主制造商所管辖的企业制造；外购件由盟主制造商的采购部门按库存状态负责采购；而对于外协件，则由盟主制造商按订单要求生成外协件的粗生产计划书，若需招标，则还要形成外协件招标书。招标书的标底计算基于工艺规划系统的规划结果。

3）盟主制造商对外协件可采用直接指派、熟人招投标、陌生人招投标 3 种形式寻找外协件的盟友制造商。而盟友制造商可进一步对所承包的任务按自制件、外购件和外协件进行划分、招投标或直接指派，直到制造任务不可分为止。这样，以盟主制造商为根节点，盟主

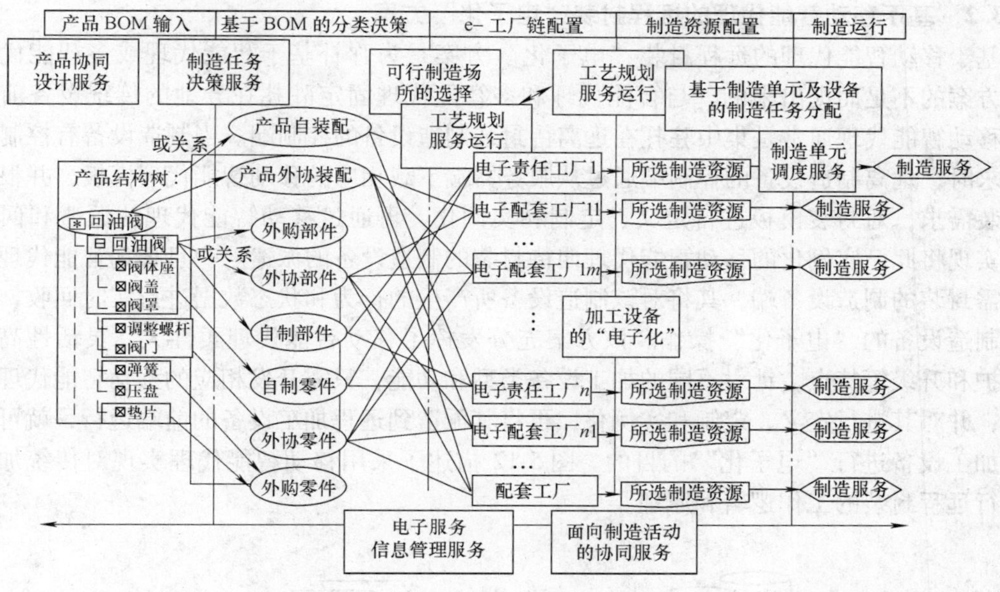

图 5-11 电子服务驱动的 CAM 技术的实现流程

供应商、盟友制造商以及由他们派生而出的多级子盟友制造商、供应商等为子节点和叶节点，构成了面向产品订单的企业树以及对应于相关叶节点的生产计划书、采购计划书等。

4）对应于一个叶节点或不可分的制造商，可根据相应的生产计划书、待制造零部件的信息等进行工艺规划，并进一步完成详细的生产计划，并在此基础上形成面向该制造商的企业内部制造资源的二次配置，完成面向车间（由若干制造单元构成，在“扁平式”网络化敏捷制造环境中可省略）、制造单元和制造设备的制造任务分配。

5）基于制造任务分配结果，以制造单元调度为基础进行生产实时调度与控制，并用调度结果反推车间、企业乃至企业间的调度与制造运行结果。

上述流程可采用网络化制造链来对其进行动态地描述和控制。

5.4.3 制造设备的“电子化”技术及服务功能的提供

5.4.3.1 “电子化”的概念

制造设备的“电子化”是构建网络化制造系统的根本保证，它使制造设备具有在线的数字化、服务化、协同化、精确成本化（通过电子商务）、网络化等方面的功能。经“电子化”后的制造设备称为电子制造设备。这里，电子制造设备所具备的加工功能、加工中所产生的工况数据等均能以“服务”的方式向外发布，供任意位置的使用者订阅及访问，而由“电子化”的制造设备互联后所形成的制造执行系统才能应用电子服务驱动的 CAM 技术。

制造设备的“电子化”指为传统的制造设备提供诸如加工队列管理服务、加工过程中各种质量控制数据的统计服务、可视化监视服务等网络功能，以实现对制造设备的远程实时控制和调度，保证整个网络化制造系统的正确运作；而制造设备“电子化”的实现则可通过在其前端附加 Web 服务器、智能智能代理或移动智能代理来完成。

5.4.3.2　基于移动智能代理的远程封装“电子化”方案

基于移动智能代理的远程封装“电子化”方案是为弥补基于智能代理或多智能代理的封装方案的不足而提出来的。与智能代理和多智能代理固定驻扎在异地的传统设备前端不同，移动智能代理通常是集中驻扎在远离待封装制造设备的控制端。当制造设备有控制和调度需求时，远离制造设备的控制端通过从服务器端下载相应的移动智能代理模板，并根据具体封装需求，对封装模板进行定义、定制和实例化，再通过移动智能代理的派遣和回收机制，实现将此已实例化的移动智能代理向待封装的制造设备的派遣。一旦移动智能代理被派遣到需封装的制造设备端，其将对该制造设备所产生的行为和状态数据进行实时回收，以便完成制造设备的“电子化”操作。该方案充分发挥了移动智能代理柔性大、灵活性高、易于维护和升级等特点，针对不同的加工设备类型和功能，只需开发相应的移动智能代理封装模板，并对其进行定义、定制和实例化，再将其派遣到远程加工设备的前端运行，就可以实现对加工设备进行“电子化”的目的。图5-12描述了采用移动智能代理实现对传统加工设备进行远程封装的工作逻辑和原理。

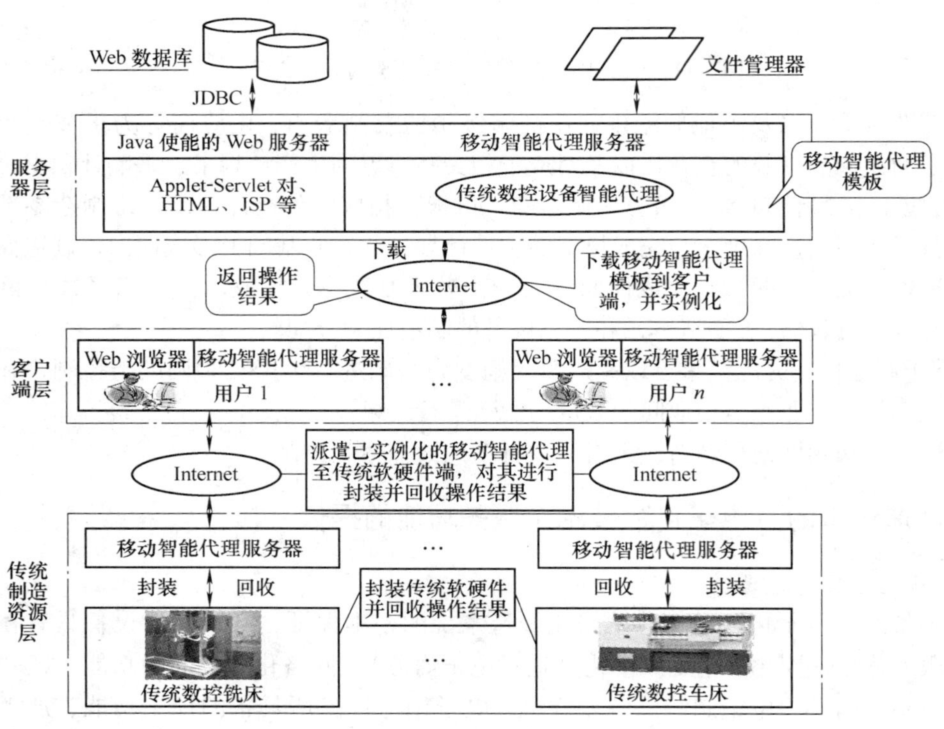

图5-12　基于移动智能代理的远程封装逻辑和原理

该方案为传统设备的“电子化”改造提供了一条新的思路和行之有效的实现途径。由图5-12所展示的、基于移动智能代理的远程封装“电子化”方案的具体物理实现则采用Java Web方案和IBM的Aglet模型完成。其中，Java Web方案用于封装框架的构建，而Aglet模型则用于实现封装过程的具体逻辑。图5-13描述了采用Aglet实现对HNC—1M型数控铣床进行封装的机制和流程。

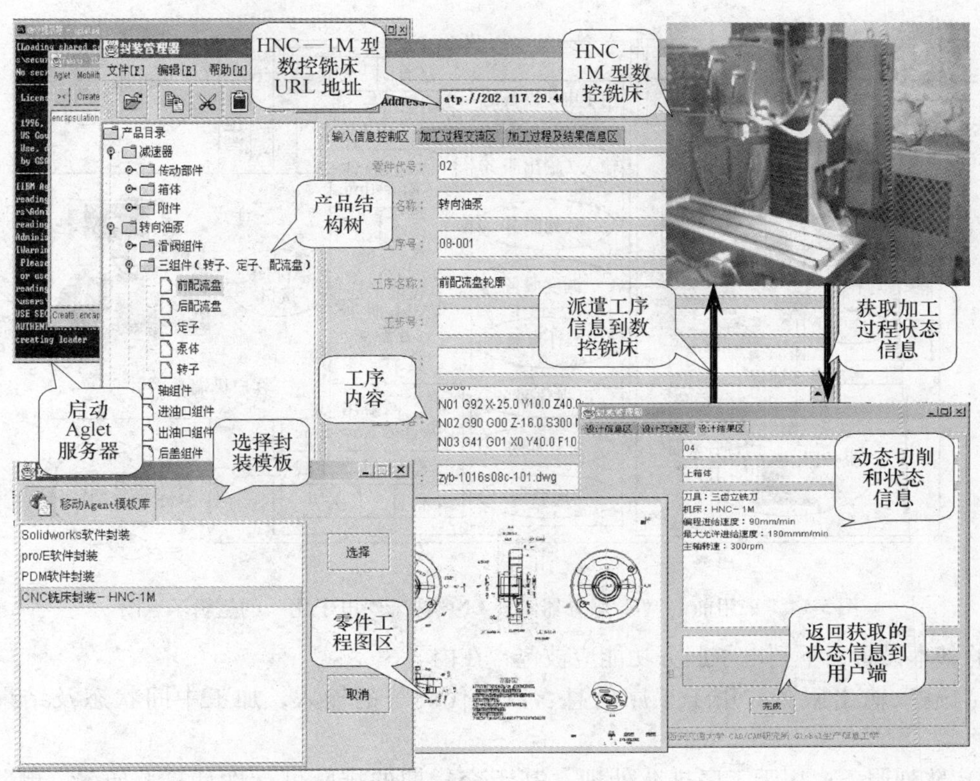

图 5-13　针对 HNC—1M 型数控铣床的封装机制和流程

5.4.3.3　前端附加 Web 服务器的“电子化”方案

制造设备前端附加 Web 服务器是另一种“电子化”方案。其思路是在传统制造设备前端设置一个 Web 服务器，通过与制造设备相关的零件制造信息、质量控制信息、设备工况与诊断信息等对应的信息模型与求解机制，建立一个设备前端的 Web 服务方法库。当使用该制造设备进行加工活动时，该方法库根据活动类型调用相关的服务方法来处理动态产生的各种数据，并以电子服务的 I/O（输入输出）机制达到实时输出上述各类数据的目的。

制造设备前端 Web 服务器的发布服务以“广播”、“定向订阅”、“远端访问”3 种形式存在，以便完成制造设备和远程客户端的网络化交互操作。从软件实现方面看，制造设备前端 Web 服务器的信息基础架构采用 Java Web 方案建立，通过所开发的一系列基于“Applet-Servlet 对”编程模型的应用软件，并配置或封装相应的硬件（如 Web 摄像机、数据采集装置等），可使得“电子化”后的制造设备能在制造任务排队与调度、工序动态质量控制、制造过程可视化和制造协同等方面提供服务，最终形成一个具有更高生产率、灵活可靠、I/O 透明且具有网络兼容能力的数字化、网络化、可视化的新型电子制造设备。图 5-14 所示为采用前端 Web 服务器实现 CNC 铣床“电子化”的逻辑示意图。其中，图中所列的相关服务内容将在后续章节中描述。

5.4.3.4　制造设备的电子服务功能

制造设备“电子化”所产生的电子服务功能涉及零件加工信息、制造过程质量控制信息和设备自身工况信息的处理、交换与发布，且三者之间相互渗透。作为制造设备“电子

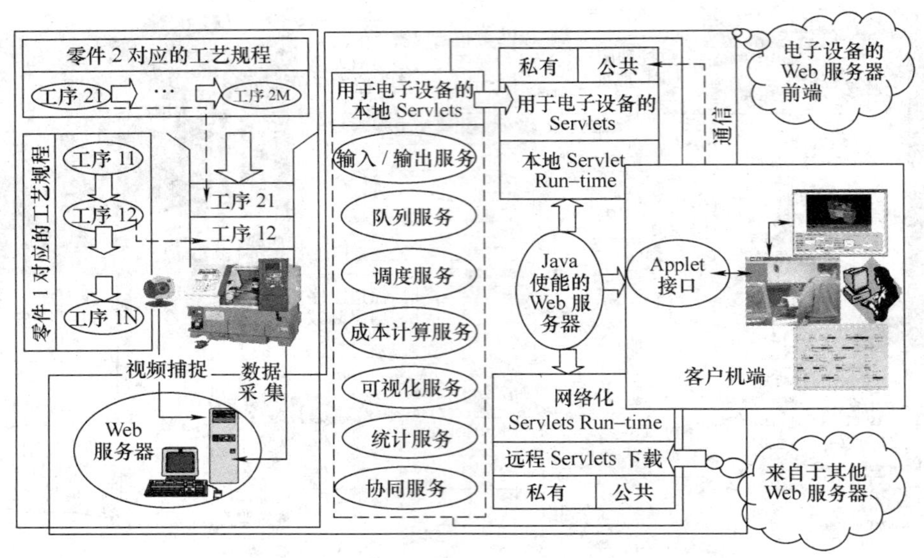

图5-14 采用前端Web服务器实现CNC铣床“电子化”的逻辑示意图

化”的基本设置，下列电子服务功能应被包含在内。

1）输入输出服务：用于工序信息、数控代码等的输入，加工中间状态及结果等的报告。

2）队列服务：用于工序排队处理（基于交货期的排队可行性计算、插入、删除、修改）、显示。

3）调度服务：以工序为单位，按制造单元级的调度甘特图执行工序加工操作。

4）成本计算服务：按电子商务要求，为基于工序的各项活动计算成本，为资金流的精确控制奠定基础。

5）质量控制服务：按批量生产和单件小批量生产两种模式，分别采用质量控制图法、贝叶斯法等进行工序质量控制统计服务。

6）统计服务：对制造设备因零件加工操作所产生的不同数据进行统计与分析，形成各种图表。

7）可视化服务：在统计分析的基础上，对制造设备因零件加工操作所产生的不同数据进行进一步的特性提取、规律发现以及图形化显示；采用视频装置对加工现场的制造设备运行状况进行实时视频转播服务等。

8）协同服务：为设备操作者、生产监控者、客户提供在线交流的渠道，并以电子协同服务的形式体现。

5.4.4 网络化制造执行系统的配置

和传统的制造执行系统相比，网络化制造执行系统在形式上已发生变化，这主要体现在以下几个方面：

1）在企业范围及组织方面有所差异：传统的制造执行系统仅涉及企业内部的配置，因此，常将车间级作为构造MES的基本要素；而网络化制造执行系统常常是跨企业的，为适应“扁平式”网络化制造的需求，企业联盟的模式可按“企业（制造场所）—制造单元—设备”三层结构进行组织。

2）在地理分布方面有所差异：传统的 MES 集中在一个地方，而网络化 MES 的构成元素或子 MES 可分布在不同的地理位置。

3）在信息交换方面有所差异：隶属于不同企业的子 MES 相互间的信息交换由接口实现，不是完全“透明”的。造成这种局面的原因之一是对核心制造和竞争能力的保护。而传统的 MES 由于在一个企业内，信息交换不存在这方面的障碍。

上述特点决定了网络化制造执行系统在配置方面将出现一些亟待解决的新问题，且将配置过程划分为两个阶段，即企业间配置和企业内配置。其中，企业间配置用于生成面向订单生产的企业树及对应于树节点的零部件制造粗生产计划书、外购计划书；企业内配置则从每个节点开始展开，根据连接到该节点的零部件制造的粗生产计划书进行二次资源配置。这种二次资源配置实际上是对上述相关节点的零部件制造粗生产计划书的细化，而细化过程的层次分别对应于制造单元、制造设备两层，并与工艺规划密切相关。

5.4.4.1 网络化制造资源的企业间配置

对应于网络化制造执行系统的两阶段配置方式，基于产品 BOM 的制造任务分解也相应地划分为两个阶段。

1. 由盟主制造商完成的制造任务分解

盟主制造商的首次制造任务分解是形成企业树主干的关键。依据产品订单及其 BOM，盟主制造商可根据部件、零件的批量与要求等将其按基于盟主制造商的自制件、外协件、外购件进行分类，并参考订单所规定的产品交货期，确认上述 3 类零部件的交货期。零部件节点涉及的零件模型、制造批量与要求、类型、交货期等形成了整个产品的粗生产计划内容。这里，整个产品的粗生产计划的结果可采用网络计划图表达，且节点由上述 3 类零部件构成。而每个节点又有其对应的子生产计划。此时，除基于盟主制造商的自制件类节点已完成制造任务规划外，基于盟主制造商的外购件类节点的供应商由盟主制造商的采办部门确认，并形成外购件采办计划、甚至采办招标书，而基于盟主制造商的外协件节点的盟友制造商尚未确定，若盟友制造商由盟主制造商直接指派，则相关的外协件类节点也已完成了制造任务规划工作；若盟友制造商的形成需通过招投标机制选择，则需形成盟友制造商招标书，而招标书的标底估算则可采用基于工艺规划的工时成本计算来完成。

2. 基于招投标的盟友制造商的选择

一般而言，招标投标是指采购人事先提出货物、工程或服务采购的条件和要求，邀请众多投标人参加投标并按照规定程序从中选择交易对象的一种市场交易行为。从采购交易过程来看，它必然包括招标和投标两个最基本的环节，且主要过程是：首先招标人以一定的方式邀请不特定或一定数量的自然人、法人或其他组织投标；其次是投标人响应招标人的要求参加投标竞争；最后进行开标、评标、定标、合同签订及履行等。招标投标具有程序规范、透明度高、公平竞争、一次成交等特点，这决定了招标投标可用于盟友制造商的选择。

为实现盟友制造商的有效选择，可采用图 5-15 所示的网络化招投标环境。其中，此环境所支持的招投标流程如下：

1）盟主制造商首先根据外协件的特点，用基于工艺规划的工时成本计算确定自己掌握的标底，形成招标书，并通过网络进行发布，邀请潜在的盟友制造商进行投标。

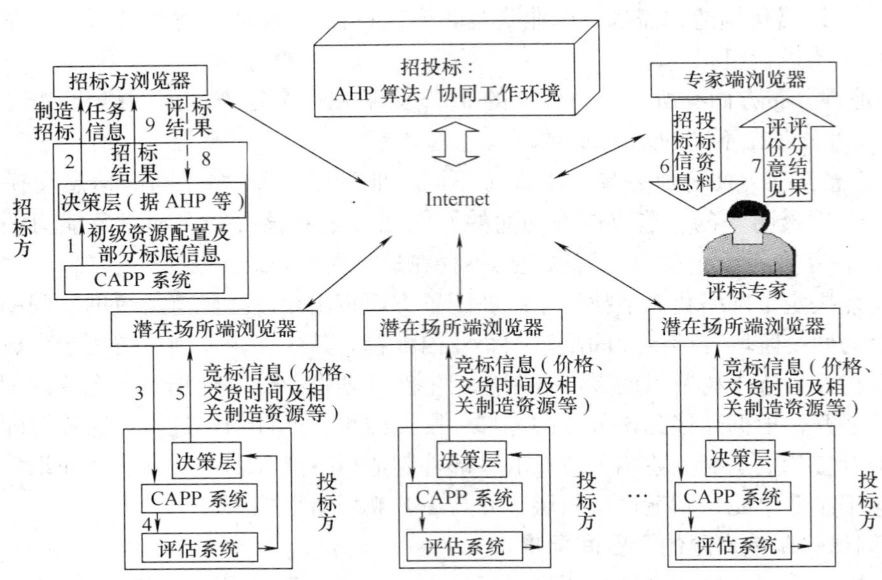

图 5-15 网络化招投标环境

2）投标方则根据招标书的内容并结合自身制造资源的特点，形成投标书。

3）在预定的时间范围内，盟主制造商接受投标书。

4）盟主制造商对所收到的投标书利用计算机自动评标模块进行预评估，产生在各种不同权重（指制造能力、交货能力、质量与成本能力等）条件下的盟友制造商优先级排队。

5）在指定的时间内，由盟主制造商（招标方）、潜在的盟友制造商（投标方）、专家（评标方）组成在线网上评标会，在协同工具的支持下，通过投标方的网上陈述、答疑，最后由招标方和评标方参考招投标书的比对、投标方的解释、不同权重下的计算机自动评标结果排序等，由专家投票确认盟友制造商。

基于层次分析法（Analytic Hierarchy Process，AHP）的计算机自动评标算法可产生不同权重要求的投标方能力排序，并将其用作专家决策的信息来源。

为有效地完成基于 AHP 的自动评标，必须解决制造商的制造能力描述。这种描述是通过规划出一系列衡量制造商生产能力和加工能力的动、静态指标，并对这些指标进行定义和定制来完成的。图 5-16 表达了基于 TQCSE（T—Time，Q—Quality，C—Cost，S—Service，E—Environment）原则的评标指标体系与层次评标模型的设置。其中，时间、质量、成本、服务被设置为顶层的四大要素，并据此自顶而下展开成细节的评价指标。由于每个指标的权重可由评价者自行设置，这样，可产生不同的评标排序结果供参考。

基于 AHP 的招投标环境可采用多种网络计算模型实现。这里给出了采用 Java Web 方案和移动智能代理模型的物理实现逻辑。图 5-17 显示了采用移动智能代理技术实现的基于外协件类制造任务的盟友制造商选择流程。而图 5-18 是采用基于 Java Web 方案的 JSP 技术实现的系统流程与用户界面。

一旦盟友制造商通过外协件招投标机制得到确认，则盟主制造商将在零部件模型、制造批量与要求、类型、交货期等信息的基础上，把承接外协件的盟友制造商信息添加到外协件类节点的粗生产计划中，从而完成第一阶段的粗生产计划和第一级企业树的生成。

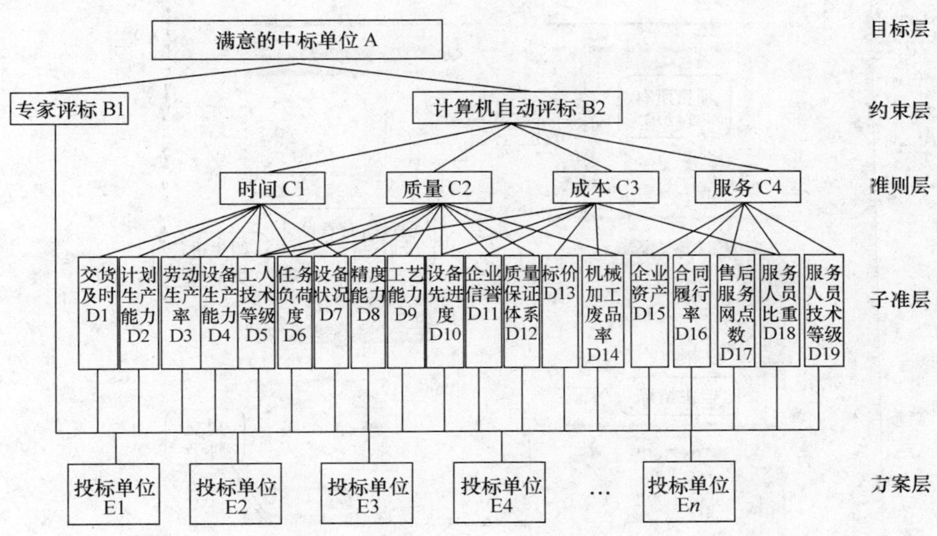

图 5-16　基于层次分析法的层次评标模型

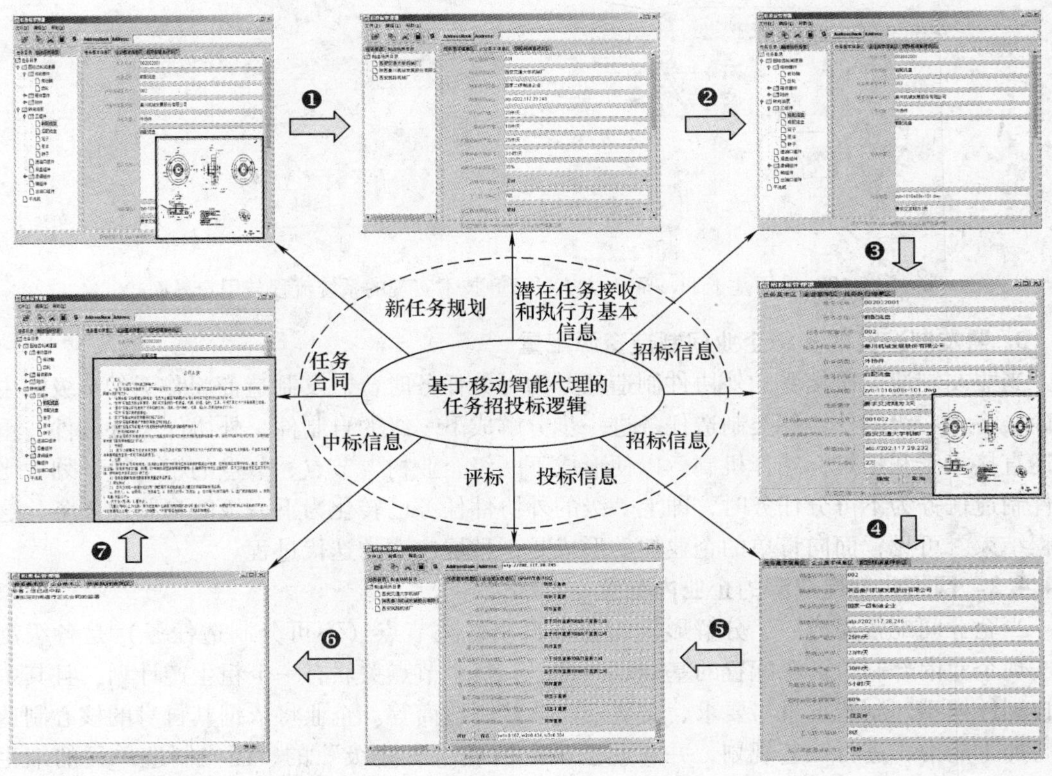

图 5-17　采用移动智能代理技术实现的基于外协件类制造任务的盟友制造商选择流程

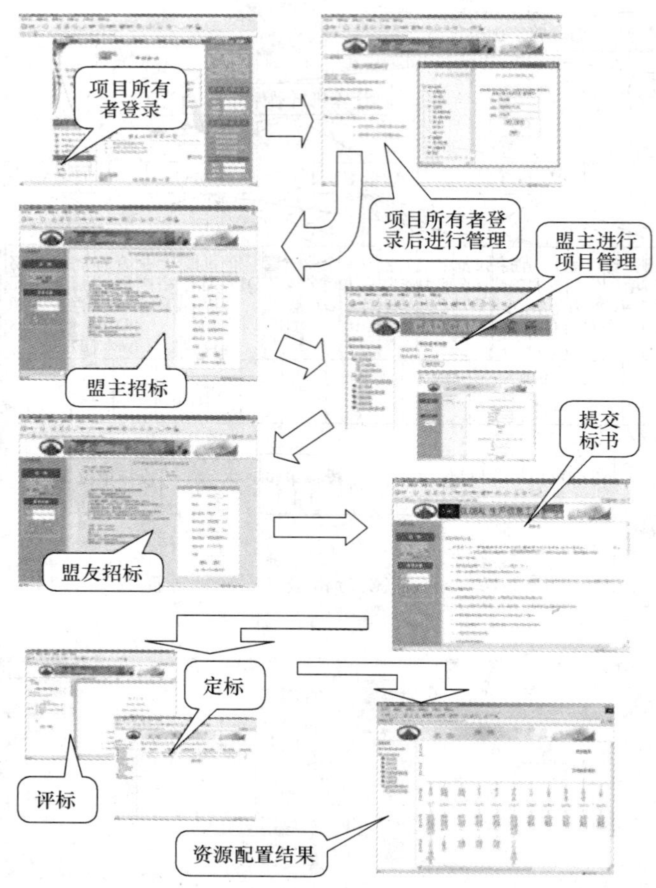

图 5-18 采用基于 Java Web 方案的 JSP 技术实现的系统流程与用户界面

3. 盟友制造商的多级企业间制造资源配置

当盟友制造商所接受的外协件制造任务为可分任务时，盟友制造商将作为第 i 级盟主制造商，将上一级的外协件类制造任务进一步分解成下一级的自制件、外协件、外购件。重复前述直接指派和招投标选择机制，以便形成下一级企业树、节点、节点的粗生产计划。当外协件制造任务为不可分任务时，即上一级的外协件任务已转化为下一级的自制件任务，这一过程结束。可见，面向订单的企业树的形成是一种层次式的迭代过程。

5.4.4.2 网络化制造资源的企业内配置

当企业间配置完成后，分解形成的各级自制件类节点（不可分制造任务）是各级制造商实现企业内部制造资源配置的基准点。这里，每个节点关联有一个粗生产计划，且其中包含自制件模型、制造批量与要求、交货期、承接制造商等。企业将依据其自身的核心制造资源与加工能力，进行工艺规划，并在此基础上形成“工序级”的、面向制造单元的细生产计划。其中，工艺规划用于选择制造单元的类型、制造设备的种类，而细生产计划则指定所采用的制造资源。据此，在一个制造商的企业内可形成一个由制造单元组合而成的子制造执行系统。这里，其形成基于直接的计划指派。

5.4.4.3　网络化制造执行系统的配置

基于各级自制件类节点，可产生相应的基于制造单元的子制造执行系统，将其互联则构成了面向产品订单的全局网络化制造执行系统，而全局生产计划则是各节点生产计划的汇总。由于企业核心制造资源的保护问题，各节点的工艺规划和细生产计划仅在企业内部透明，对上一级企业则通过信息接口实现数据交换，因此全局生产计划的细节对不同级别的企业的透明性不尽相同。

5.4.5　网络化制造执行系统的运行

网络化制造执行系统的运行基于相应的全局生产计划，而全局生产计划又取决于各级自制件类节点的生产计划，节点的生产计划又与相关制造单元的生产计划有关。因此，网络化 MES 的执行依赖于基于制造单元生产计划的调度。而上层调度结果可通过层次反推生成，且这种层次关系又由制造链确定。

5.4.5.1　网络化制造链建模

为实现对全局制造过程的调度与实时跟踪，需要建立与全局生产计划相对应的网络化制造流程，即网络化制造链。作为电子服务驱动的网络化 CAM 的核心基础技术和运作的“大脑”，网络化制造链可被规划为与动态制造任务相关的、基于时序的、复杂的、多层次的动态网络图。通过动态构建网络化制造链模型并对其实施调度，就可以合理地组织和调度关联于电子服务的各种关键核心使能工具和制造单元资源，以控制整个网络化制造流程，生产出符合客户需求的个性化产品。针对不同的制造任务，网络化制造链是动态、实时构建的。网络化制造链抽象模型如图 5-19 所示。

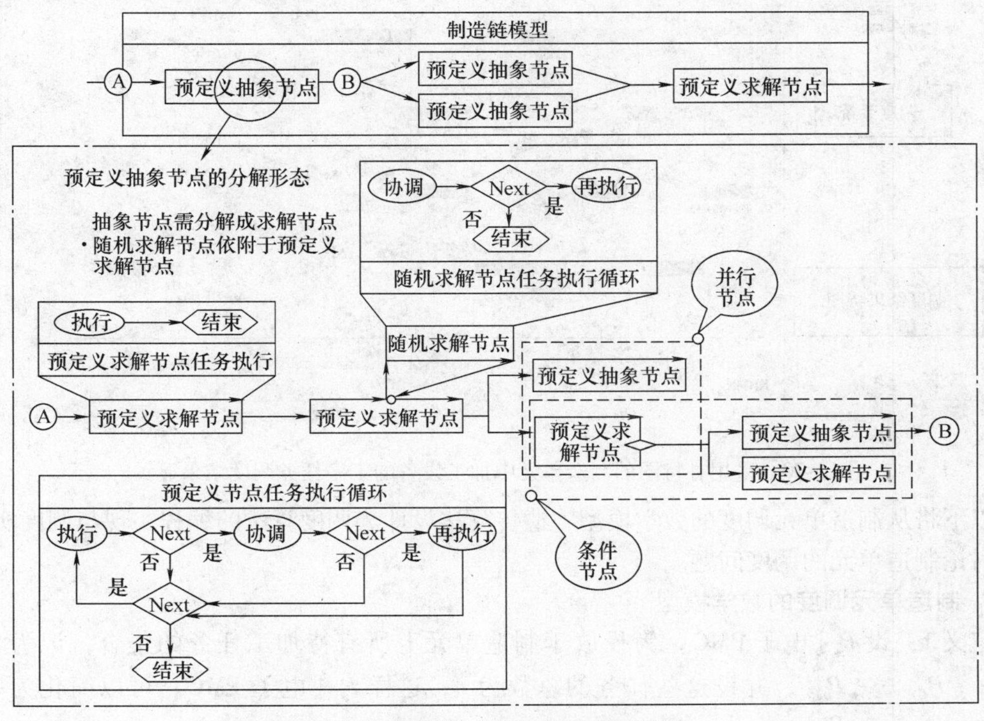

图 5-19　网络化制造链抽象模型

从图5-19可知，顶层由预定义的抽象节点构成，对应于网络化制造执行过程按时序排列的自制件类节点。预定义抽象节点可分解为预定义求解节点和随机求解节点，且这两种节点能采用串行、并行、条件3种流程进行组织。对应于网络化制造执行过程，这些节点对应于制造单元及其组合形式。

预定义求解节点可通过“执行—协调—再执行”循环或“执行—结束”流程来实现；而随机求解节点则通过执行“协调—再执行”循环流程来实现。这里，协调指制造过程中所产生的协同问题求解。

制造单元节点可进一步分解为设备节点，可采用同样方法建模。一旦网络化制造链模型形成，可首先从制造单元级调度着手，运行网络化制造链。

5.4.5.2 基于制造单元的生产调度服务

制造单元由若干制造设备按一定生产逻辑构成，而一个制造设备的即时制造任务是一个工序。制造单元的调度问题实际上是解决分配到制造单元的工序序列在不同的制造设备上何时开始加工、何时结束，制造单元内设备的动态负荷如何影响上述分配等方面的问题。制造单元调度结果的一种体现形式是输出甘特图，如图5-20所示。

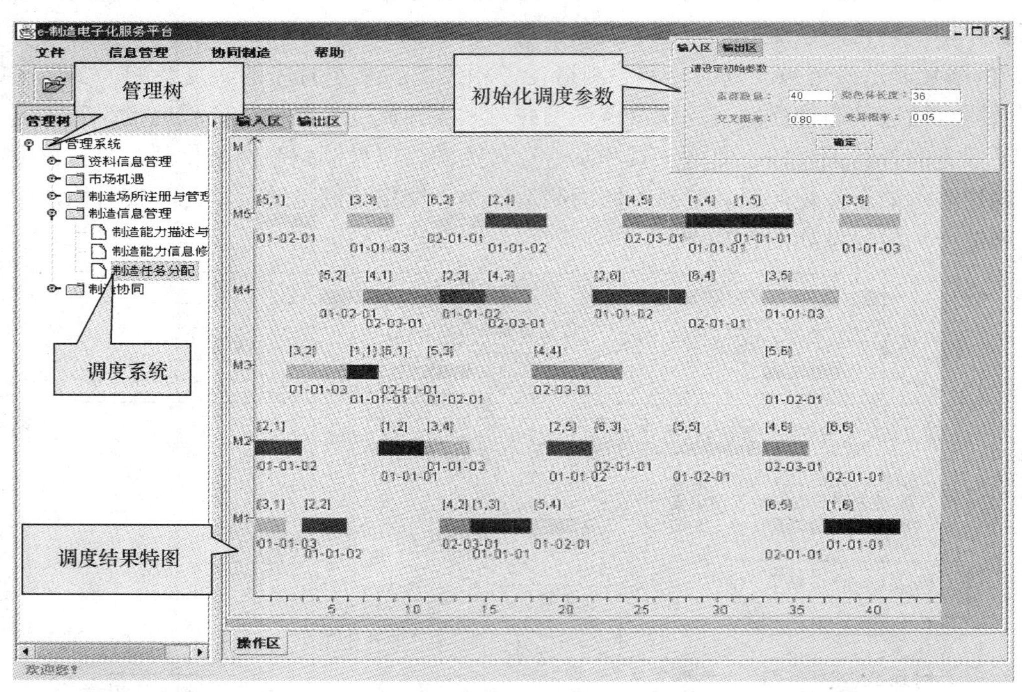

图5-20 采用甘特图的制造单元中加工设备的工序任务调度结果显示

以下将从制造单元调度的数学模型、遗传算法设计、调度算法的编程实现与调度实例等方面讨论制造单元的调度问题。

1. 制造单元调度的数学模型

定义1：设P［电子PMC］为投放于制造单元上所有待加工任务的集合，记为$\{P_1, P_2, \cdots, P_j, \cdots, P_n\}$，并设这些任务的总数为$n$，这样$P$［电子PMC］可以简化为$\{P_1, P_2, \cdots, P_j, \cdots, P_n\}$。

定义2：设该制造单元中有 G 个制造设备，则电子PMC可看做是这些设备的集合，即电子PMC $=\{DEV_1, DEV_g, \cdots, DEV_G\}$。

定义3：设制造任务 P_j 的工序数目为 N_j，JP_j 代表 P_j 的工序集合，则 JP_j 可以表示为 $JP_j=\{J_1, J_k, \cdots, J_{N_j}\}$。

定义4：设 (j, k, g) 表示任务 P_j 的第 J_k 道工序在设备 DEV_g 上加工，该工序的开始加工时间和加工时间分别记为 $TS(j, k, g)$ 和 $T(j, k, g)$。

定义5：设 D_j 是任务 P_j 的交货期限。

这样如果以最小化制造周期作为调度的性能指标，则根据制造单元调度问题建立的纯数学模型为

$$\min E = \max\{TS(j, k, g) + T(j, k, g)\} \quad j \in [1,n], k = N_j, g \in [1,G] \tag{5-1}$$

并满足

$$TS(j, k+1, a) - TS(j, k, b) \geqslant T(j, k, b) \quad j \in [1,n], k \in [1,N_j - 1], a,b \in [1,G] \tag{5-2}$$

$$\begin{cases} TS(x, a, g) - TS(y, b, g) \geqslant T(y, b, g) \\ TS(y, b, g) - TS(x, a, g) \geqslant T(x, a, g) \end{cases} x \in [1,n], y \in [1,n], a \in [1, N_x], b \in [1,N_y], g \in [1,g] \tag{5-3}$$

$$TS(j, k, g) + T(j, k, g) \leqslant D_i \quad j \in [1,n], k = N_j, g \in [1,g] \tag{5-4}$$

其中式（5-1）为目标函数，取所有制造任务最后一道工序完成时间的最大值，对于不同的调度结果此值有所不同，最小化该值则为最小化制造周期，即调度结果。式（5-2）~式（5-4）表示约束条件：式（5-2）为工序顺序约束，即同一任务的不同工序不能同时完成；式（5-3）为资源约束，即每台设备同一时刻只能完成一个制造任务；式（5-4）为交货期限约束。

2. 制造单元调度的遗传算法设计

上述制造单元调度问题的数学模型可采用遗传算法来求解。根据遗传算法的原理，可将制造单元调度的遗传算法分为以下3个部分：电子PMC仿生、电子PMC遗传进化以及确定电子PMC适应度函数。这里，电子PMC代表制造单元。

（1）电子PMC仿生

建立遗传进化对象是使用遗传算法解决实际问题的首要工作，即如何把电子PMC实际问题转化为遗传算法所需的“基因”和“染色体”。

1）电子PMC基因。为创建电子PMC基因，首先需对研究对象进行编码，即对制造任务采用字符型编码，参与编码的字符为“0，…，9”、“-”、“，”，任务编码是由这些字符组合而构成的字符串。这样，电子PMC中对应于每一个制造任务的每一个工序的编码都具有如下形式

$$(i, j, m, t, ID\text{-}Pro\text{-}Part)$$

其中，i 为该制造任务在该制造单元中的任务标号；j 为任务的工序号；m 为加工该工序的设备应具有的加工能力标识，如1指加工该工序的设备必须具有车削能力，2指加工该工序的设备必须具有磨削能力；t 为该工序的加工时间；*ID-Pro-Part* 为该制造任务与任务所有者对应的电子制造执行系统之间的关联。例如，（1，2，2，6，1-01-03）表示代号为1的子制造执行系统01工程下的03制造任务的第2道工序，需要被置于具有磨削加工能力的制造

设备上加工，该工序的加工时间为6个时间单位，该制造任务在该制造场所的任务标号为1。这样，制造任务编码就是所有工序编码的集合。

与任务编码相同，也需为与任务相关设备编码。在电子PMC中对于每一个制造单元中的每个制造设备的编码都具有如下形式

$$(g,c,s)$$

其中，g为设备在该制造单元中的编号；c为该设备的制造能力；s为该设备的当前状态（如设备是否正常，是否处于空闲等）。

同样，也需要对制造任务完工时间进行编码，每个制造任务的完工时间编码可记为

$$(i,d)$$

其中，i为制造任务编号，d为该任务的完工时间。

有了上述编码，就可以给出电子PMC基因的定义：电子PMC基因就是与电子PMC调度相关的制造任务工序编码、制造任务编码、制造设备编码和制造任务完工时间编码的集合。

2）电子PMC染色体。与生物学类似，电子PMC染色体是电子PMC基因的载体，对电子PMC染色体编码应基于以下原则：

① 尽量简单，这样有利于遗传进化操作的效率。

② 有利于遗传进化算子的设计与操作。

③ 转换后的电子PMC染色体编码必须保持电子PMC解的有效性。

基于以上原则，并结合前面所提及的工序编码、任务编码和设备编码，在电子PMC中的染色体编码采用如下思想：用一个数字（与前面工序编码中的i对应）代表一个制造任务，出现在染色体中不同位置上的同一数字代表该制造任务的不同工序。对于n个制造任务的染色体编码，若令制造任务i的工序数为N_i，令$N=N_1+N_i\cdots+N_n$，则对于该n个制造任务的染色体分别是由N_1个1、N_2个2……N_n个n等数字组成的长度为N的排列。例如，1-2-1-3-1-2-3-2-3代表3个制造任务且每个任务有3个工序的染色体编码，该染色体就包含了加工这3个制造任务的信息，即先加工任务1的第1个工序，然后任务2的第1个工序，然后任务1的第2个工序，然后任务3的第1个工序，直至所有任务的完成，这样关联前面所设计的电子PMC基因，就得到了一个调度结果。

（2）电子PMC遗传进化

电子PMC的遗传进化算子主要包括选择（Selection）、交叉（Crossover）和变异（Mutation）。

1）选择。选择算子是用来确定种群中交叉的个体以及被选个体将产生多少个子个体。因此，需要计算种群中个体的适应度（适应度函数见后），然后基于对个体适应度的排序按比例选择交叉个体的数量，并按交叉概率随机确定交叉的个体。

2）交叉。交叉算子的设计如下：

① 在两个父个体（记为$P1$、$P2$）中，随机选择一个交叉点i，将$P1$、$P2$中第1个编码到第i个编码位置作为交叉区域并记为$C1$、$C2$，对于如下$P1$：1-2-1-3-1-2-3-2-3和$P2$：2-3-1-2-1-2-3-1-3，若随机选择4为交叉点，则$P1$、$P2$中要交叉的区域为$C1$：1-2-1-3，$C2$：2-3-1-2。

② 在父个体$P1$中，从左到右按出现的顺序查找$C2$的同序编码，并将这些编码置为0，此时$P1$转化为1-0-1-0-0-0-3-2-3。相同的，在父个体$P2$中，从左到右查找$C1$的编码，并将这些编码置为0，此时$P2$转化为2-3-0-0-0-2-0-1-3。

③ 对两个父个体 $P1$、$P2$ 中为 0 的编码，通过左移集中到交叉区域，而其他非 0 编码的相对顺序不变，即 $P1$：0-0-0-0-1-1-3-2-3，$P2$：0-0-0-0-2-3-2-1-3。

④ 将 $P1$、$P2$ 交叉区域中为 0 的编码分别替换为 $C1$、$C2$ 的内容。

至此，即可得到交叉后的两个新的子个体，如对上述两个父个体 $P1$、$P2$ 交叉后得到新的子个体分别为 2-3-1-2-1-1-3-2-3，1-2-1-3-2-3-2-1-3。

3）变异。在染色体上随机选取两个小于染色体长度的不同数子，将这两点之间的信息倒排而变异出新的个体。如有父个体 1-2-1-3-1-2-3-2-3，随机的选择出第 4 位与第 7 位之间进行变异，则产生的子个体为 1-2-1-3-2-1-3-2-3。

（3）确定电子 PMC 适应度函数

由于电子 PMC 的目标函数为最小化不同调度结果中所有制造任务最后一道工序完成时间的最大值，本调度系统中在考虑各个设备的负载均衡基础上（如对具有相同加工能力的设备上待加工的工序作一统计，看是否均衡）直接引用电子 PMC 目标函数作为适应度函数，即

$$Fitness = \max\{TS(j,k,g) + T(j,k,g)\} \quad j \in [1,n], k = N_j, g \in [1,G] \tag{5-5}$$

3. 电子 PMC 调度算法的编程实现与调度实例

按照上述原理，“Applet-Servlet 对”编程模型可被用来实现面向制造单元的制造调度遗传算法。下列调度实例可说明该程序的运行过程。

以对某个制造单元投入 6 个制造任务、每个制造任务有 6 个工序的调度为例，为不失一般性，调度过程中所用的数据（如制造任务的工序数、工序优先级、各工序的完成时间以及制造单元中设备数量等信息）如表 5-1 所示。

表 5-1 6×6 调度问题的原始数据

任务编号	任务对应的各工序编码	完工耗时/h
1	(1, 1, 1, 2, 1-01-01) (1, 2, 1, 3, 1-01-01) (1, 3, 1, 4, 1-01-01) (1, 4, 2, 3, 1-01-01) (1, 5, 2, 4, 1-01-01) (1, 6, 1, 5, 1-01-01)	46
2	(2, 1, 1, 3, 1-01-02) (2, 2, 1, 3, 1-01-02) (2, 3, 1, 3, 1-01-02) (2, 4, 2, 4, 1-01-02) (2, 5, 1, 3, 1-01-02) (2, 6, 1, 6, 1-01-02)	30
3	(3, 1, 1, 2, 1-01-03) (3, 2, 1, 4, 1-01-03) (3, 3, 2, 3, 1-01-03) (3, 4, 1, 3, 1-01-03) (3, 5, 1, 5, 1-01-03) (3, 6, 2, 4, 1-01-03)	44
4	(4, 1, 1, 5, 2-03-01) (4, 2, 1, 2, 2-03-01) (4, 3, 1, 3, 2-03-01) (4, 4, 1, 6, 2-03-01) (4, 5, 2, 4, 2-03-01) (4, 6, 1, 3, 2-03-01)	38
5	(5, 1, 2, 4, 1-02-01) (5, 2, 1, 3, 1-02-01) (5, 3, 1, 3, 1-02-01) (5, 4, 1, 3, 1-02-01) (5, 5, 1, 6, 1-02-01) (5, 6, 1, 5, 1-02-01)	35
6	(6, 1, 1, 3, 2-01-01) (6, 2, 2, 4, 2-01-01) (6, 3, 1, 5, 2-01-01) (6, 4, 1, 5, 2-01-01) (6, 5, 1, 4, 2-01-01) (6, 6, 1, 3, 2-01-01)	40

注：表中（i, j, m, t, *ID-Pro-Part*）表明任务 i 的第 j 道工序加工的时间为 t，m 标识该工序的加工能力（如“1”对应于车削加工，“2”对应于磨削加工），*ID-Pro-Part* 表明该制造任务与投放该任务的制造系统之间的关联。

将上述数据输入到调度程序中，并设置种群为40，交叉概率为0.8，变异概率为0.05。经程序运行得到该制造单元（包含5个制造设备，其中设备5为磨床，其余均为车床）的调度结果。经过Java2D处理后，将产生如图5-21所示的调度甘特图。

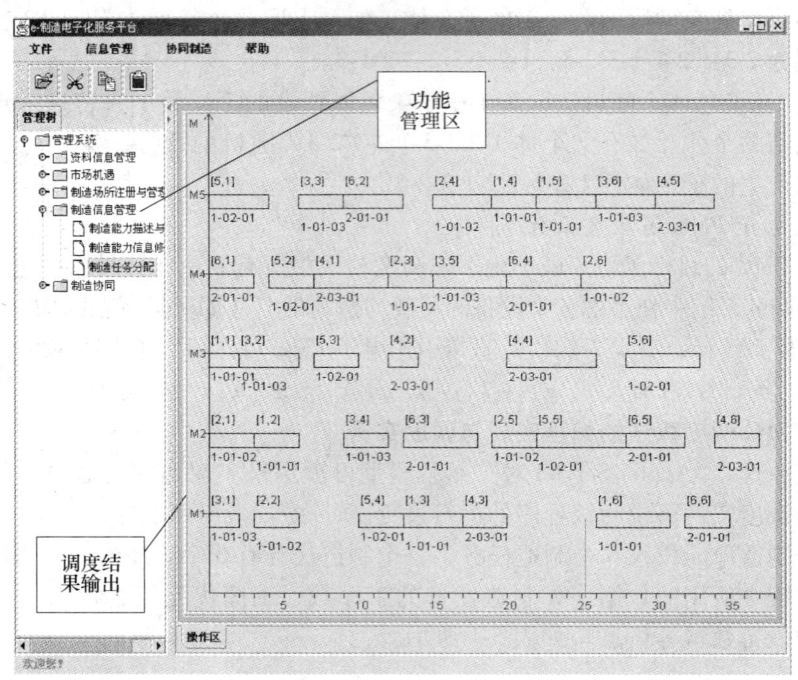

图5-21 电子PMCS调度结果

5.4.5.3 “电子化”制造设备的实时加工监控服务与实现

根据制造单元的调度结果，制造设备按时间约束实时进行所规定的加工活动，并以设备级的实时加工监控服务为体现形式。其中，实时加工监控依赖于以下4种服务：

1）制造任务在线队列服务。

2）制造任务的动态质量控制服务，包括：面向大批量生产模式的动态质量控制信息服务；面向单件、小批量生产模式的动态质量控制信息服务。

3）基于“电子化”设备的制造任务在线可视化服务。

4）基于制造设备的加工过程的协同服务。

1. 制造任务在线队列服务

根据制造单元的调度结果，携带其时间约束的工序将被投放到基于设备的制造任务队列中。当制造队列的工序在设备上按时序进行加工时，所产生的队列数据通过反馈将与调度系统互动，从而保证生产能够正确执行和按时完成。

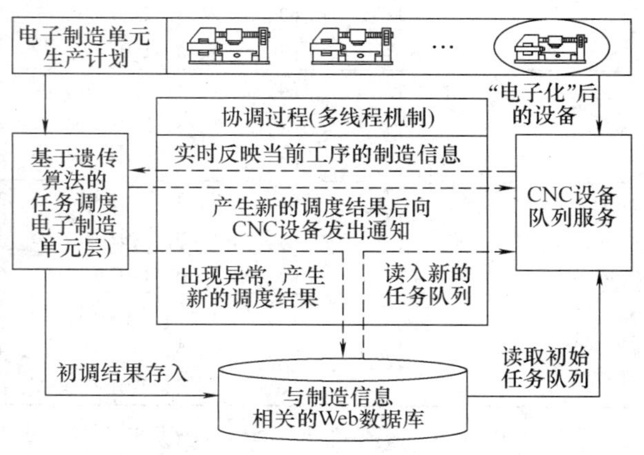

图5-22 “电子化”设备的在线制造队列服务

图5-22所示的是经“电子化”后的

制造设备所附加的在线制造队列服务实现逻辑。这里，投放于制造单元的任务由遗传算法所产生的初步调度结果组成，并据该结果为每个设备发送初始工序任务队列。当制造单元中所有队列中的工序按时序要求在制造设备上进行加工时，在制造单元的调度系统与每个制造设备之间就建立了一个通信线程，每个制造设备根据工序任务的执行状况，并利用各自的队列服务线程同制造单元实时协调。一旦某个制造设备上的队列在执行时出现异常，制造单元的调度模块立即进行处理，并在最快的时间内将新的调度结果传送给各个制造设备的队列服务模块。同样，当投放于制造单元的制造任务发生变化时，可将新的调度修正结果即时传送给各个设备的队列服务模块，从而全方位地保证向制造单元投放的任务能安全、高效、可靠地完成。

2. 制造任务的动态质量控制服务

加工过程的质量控制是控制产品质量的最重要环节。“电子化”制造设备的质量控制服务以工序为单位，在线地对当前工序的制造质量进行监测，并采用数理统计方法对现场采集的数据进行分析，判断当前工序是否稳定，进而能发现异常情况，且立即采取措施保证工序的质量要求。图5-23展示了基于工序的动态质量控制服务的基本实现流程。

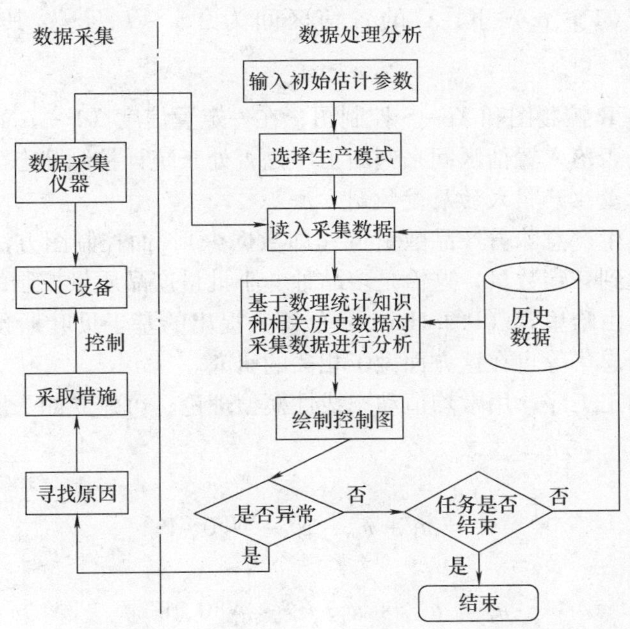

图5-23　“电子化”设备基于工序的动态质量控制服务基本实现流程

考虑到在不同的生产模式下质量控制方法的不同，基于制造设备的动态质量控制服务将针对两种生产模式，即大批量生产模式和单件、小批量生产模式。

(1) 大批量生产模式的质量控制方法

在大批量生产模式下，由于样本容量大且加工质量特性具有相同的分布情况，对其控制相对简单，本书通过建立相应的$\bar{X}-R$控制图和$\bar{X}-S$控制图对工序质量进行控制。

$\bar{X}-R$控制图方法：假定生产过程中的质量指标服从正态分布，由样本历史数据可以得到工序处于统计控制状态下的分布为 $x \sim N[u, \sigma^2]$，对于观测值 x_1，x_2，…，x_n，计算其平均值 $\bar{x} = \frac{1}{n}\sum_{i=1}^{n} x_i$，结合数理统计的知识，可得

$$\frac{\bar{x} - u}{\sigma}\sqrt{n} \sim N[0,1] \tag{5-6}$$

在一定置信度（$1-\alpha$）下，$\bar{X}$ 的置信区间为 $[-L, L]$，其中，L 为与置信度（$1-\alpha$）有关的常数。

$\bar{X}-S$ 控制图方法：若 σ^2 未知，则用 S^2 作估计，即有

$$S^2 = \frac{1}{n-1}\sum_{i=1}^{n}(x_i - \bar{x})^2 \tag{5-7}$$

结合数理统计的知识，可得

$$\frac{\bar{x} - u}{(n-1)S}\sqrt{n} \sim N[0,1] \tag{5-8}$$

在一定置信度（$1-\alpha$）下，$\bar{X}$ 的置信区间为 $[u-L, L]$，其中，L 为与置信度（$1-\alpha$）有关的常数。

这样，结合 $\bar{X}-R$ 控制图和 $\bar{X}-S$ 控制图，在一定置信度（$1-\alpha$）下，通过观察对采集数据的处理结果是否落入置信区间来判断工序是否处于统计控制状态。

(2) 单件、小批量生产模式的质量控制方法

多品种、小批量生产意味着产品数量少（即数据少），而控制图方法是统计方法，需要样本量及相关数据达到一定数量，这恰是多品种、小批量产品质量控制的难点。目前，在这方面比较有成效的是由哈里森（P. J. Harrison）等人提出的基于贝叶斯预测理论的动态质量控制方法，国内的余忠华等也在这方面做了相关的研究。

对一个稳定的加工工序，用常均值动态线性模型理论，可建立如下所示的工序质量波动数学模型。

观测方程

$$y_t = u_t + v_t, \quad v_t \sim N[0, V_t] \tag{5-9}$$

状态方程

$$u_t = u_{t-1} + w_t, w_t \sim N[0, W_t] \tag{5-10}$$

初始信息

$$u_0 \mid D_0 \sim N[m_0, C_0] \tag{5-11}$$

式中 y_t——t 时刻加工工序质量特征的观测值；

u_t——t 时刻工序特征质量的均值；

v_t——t 时刻观测误差项，服从零均值、方差为 V_t 的正态分布；

w_t——t 时刻制造系统的状态误差项，服从零均值、方差为 W_t 的正态分布；

D_0——$t=0$ 时刻，关于工序质量的初始信息集合；

m_0——在 D_0 条件下对工序质量特征均值 u_0 的一个估计值；

C_0——关于均值 m_0 估计的方差。

对任意时刻 t 和 s，当 $t \neq s$ 时，v_t 和 v_s、w_t 和 w_s 相互独立，且 v_t 和 w_s 相互独立。

在上述模型中，观测方程反映了 t 时刻对加工工序质量特征的观测状况；状态方程反映了 t 时刻工序的加工质量波动状况；初始信息反映了 $t=0$ 时刻现场操作者或质量工程师根据历史数据或经验等信息对工序达到期望值 u_0 的一种估计，这一信息对小批量生产的生产过程质量控制来说非常重要，它是快速创建多品种、小批量生产模式下质量控制图的基础。

定理：在式（5-9）~式（5-11）描述的动态模型中，假设 D_t 表示 t 时刻及以前时刻关于工序质量的所有有效的初始信息集合，在没有其他外部信息的条件下，$D_0=\{y_t, D_0\}=\{y_t, y_{t-1}, \cdots, y_0, D_0\}$，对于每一时刻 t，设 u_{t-1} 的后验分布服从正态分布，即 $(u_{t-1} \mid D_{t-1}) \sim N[m_{t-1}, C_{t-1}]$，则 u_t 的先验分布为 $(u_t \mid D_{t-1}) \sim N[m_{t-1}, R_t]$，式中，方差 $R_t=C_{t-1}+W_t$。

证明：由于 $u_t=u_{t-1}+w_t$，v_t 和 u_t 相互独立，$w_t \sim N[0, W_t]$，$(u_{t-1} \mid D_{t-1}) \sim N[m_{t-1}, C_{t-1}]$

故

$$E[(u_t \mid D_{t-1})]=E[u_{t-1} \mid D_{t-1}]+E[w_t \mid D_{t-1}]=m_{t-1}+0=m_{t-1}$$

$$\operatorname{Var}[u_t \mid D_{t-1}]=\operatorname{Var}[u_{t-1} \mid D_{t-1}]+\operatorname{Var}[w_t \mid D_{t-1}]=C_{t-1}+W_t$$

由正态分布的可加性得

$$(u_t \mid D_{t-1}) \sim N[m_{t-1}, R_t]$$

推论1：贝叶斯一步超前预测为正态分布 $(y_t \mid D_{t-1}) \sim N[f_t, Q_t]$，式中，均值 $f_t=m_{t-1}$，方差 $Q_t=R_t+V_t$，证明略。

推论2：u_t 的后验分布为正态分布 $(u_t \mid D_t) \sim N[m_t, C_t]$，式中，$m_t=m_{t-1}+A_t e_t$，$C_t=A_t V_t$，$A_t=R_t/Q_t$，$e_t=y_t-f_t$，证明略。

有了上述推论，便可直接对 m_t 和 C_t 进行修正。关于 m_t 的修正的另一形式为

$$m_t=m_{t-1}+A_t e_t=A_t y_t+(1-A_t) m_{t-1}$$

这表明 m_t 是质量水平的先验估计 m_{t-1} 和观测值 y_t 的加权平均，A_t 相当于权系数，式中 A_t 随时间 t 而变化，而指数加权平均控制图中的加权系数是固定的。

为防止直接利用 m_t 产生多品种、小批生产量模式下工序控制图中上下控制限的波动，将 $u_t \mid D_t \sim N[m_t, C_t]$ 转化为 $(u_0^*-m_t)/\sqrt{C_t} \mid D_t \sim N[0,1]$ 形式的标准正态分布以除去上下控制限的波动。

这样，通过检验 u_t 的后验分布，便可监控加工过程的质量波动状况。即在一定的置信度 $(1-\alpha)$ 下，u_t 的后验估计 m_t 的置信区间为 $[-L, L]$，其中，L 为与置信度 $(1-\alpha)$ 有关的常数。于是，若工序质量的目标值为 u_0^*，则 $(u_0^*-m_t)/\sqrt{C_t}$ 落入在该置信区间 $[-L, L]$，可认为加工工序是稳定的；否则，应判为异常。

3. 基于“电子化”设备的制造任务在线可视化服务

（1）制造任务动态信息处理

在基于制造设备的加工过程中会产生大量的各种类型数据，为便于直观地监测制造过程，需要对不同的数据进行处理，而在制造设备级上主要处理以下3方面的数据：

1）数据的格式化处理。由于制造过程数据的多样性，必须对各种数据进行定义，使其成为有用的信息，以便为可视化服务提供基础数据。如在制造队列数据中，把每个工序信息

定义为如 $[i, j, ID, ST, t]$ 这样的数据格式，其含义为任务 i 的第 j 道工序加工起始时间为 ST，加工时间为 t 个时间单位，ID 为该任务在电子制造系统中的关联信息。

2）任务队列的可视化。把队列服务线程每次得到调度的数据信息借助计算机语言以甘特图的形式体现，并以动画的方式模拟制造队列。

3）制造状态及行为数据的动态显示。如根据制造设备当前的制造状态，显示 NC 加工指令、当前工序的剩余加工时间、任务质量控制信息等。

（2）基于制造设备操作的视频监视

对制造设备进行视频监视主要是让具有不同角色的成员实时了解产品的加工进度、加工状态，使制造过程对制造商、客户、供应商透明，为客户和供应商进一步参与制造过程提供支持。

此外，通过在“电子化”制造设备上建立基于工序节点的可视化服务，并结合设备、制造单元和网络化制造执行系统之间的关联关系，能实现整个网络化制造链的可视化。图5-24展示了某个“电子化”制造设备上某个工序节点的可视化信息服务。

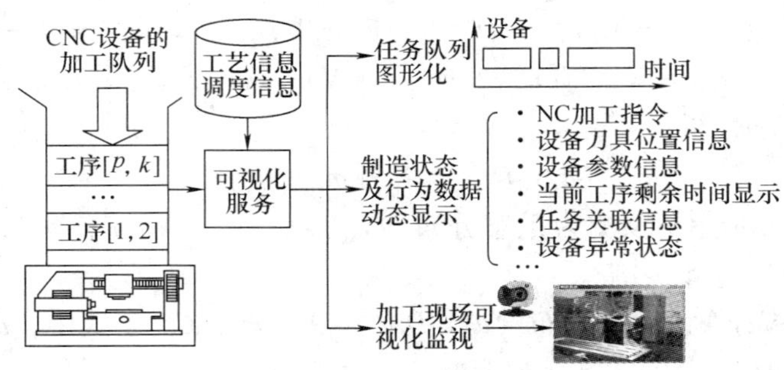

图 5-24 “电子化”制造设备工序节点的可视化信息服务

4. 基于制造设备的加工过程的协同服务

主要采用一种基于 Project 的协同支持工具，解决在使用制造设备加工零件过程中出现的协同问题。这些协同问题包括因设备故障提出的多方交流、因加工质量问题提出的多方交流、因其他设备相关的制造问题提出的多方交流等。

5.“电子化”制造设备的实时加工监控服务软件模型及运行实例

制造设备的实时加工监控服务软件模型为基于 Java 方案的“浏览器/服务器/数据库”3层结构的“Applet-Servlet 对”（A-S 对）编程模型。由于设备数据处理结果的多样性（如设备队列的图形化处理等）、通信的实时性、并发性等，故在各应用服务间采用多线程模型进行通信，如图 5-25 所示，该方案具有以下特点：

1）“A-S 对”中的 Applet 由 Java 使能的 Web 浏览器下载并启动。

2）与现行基于 Web 的技术相比（如 JSP，ASP. net 等），在“A-S 对”中分别创建通信线程，可以大大提高客户端与服务器端的通信效率，同时在各个应用服务中采用多线程机制通信，可以更好地保证通信的实时性和并发性。

3）在“A-S 对”中，可以不受浏览器功能的限制，充分发挥 Java 语言的优势，如使用 Java2D 进行数据的图形化处理等。

4）在“A-S 对”中，Applet 完成客户端计算，Servlet 完成服务器端计算，同时由 Serv-

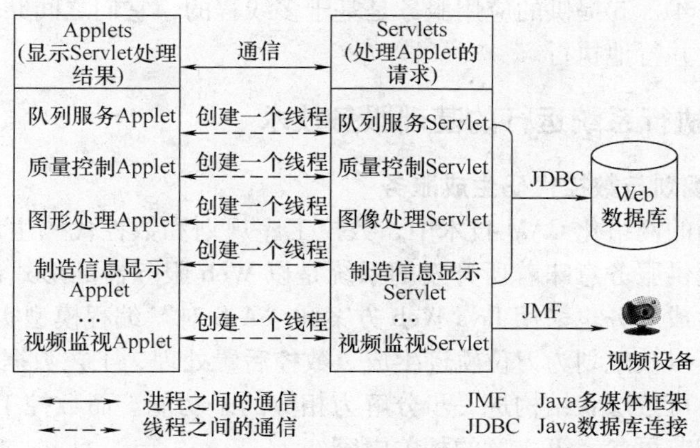

图5-25 设备“电子化”软件中“A-S对”的通信模式

let操作数据库和捕获音、视频信息。

基于上述原理和技术开发的制造设备加工实时监控服务软件的主要功能及模块如图5-26所示。

1）身份验证。出于网络安全性的考虑，只有授权用户才可以登录系统（见图5-26①）。

2）队列服务。通过与电子制造单元调度系统的实时通信，获取当前该设备的任务队列并以甘特图的形式体现（见图5-26②）。

3）在线质量控制服务。基于统计理论知识对当前工序的制造状况进行在线控制（见图5-26③）。

4）可视化服务。提供当前制造任务的动态数据信息和现场视频监视（见图5-26④）。

5）协同服务。为不同用户之间的协调和客户参与制造过程等提供文本交互、白板和音频交互的协同工作环境（见图5-26⑤）。

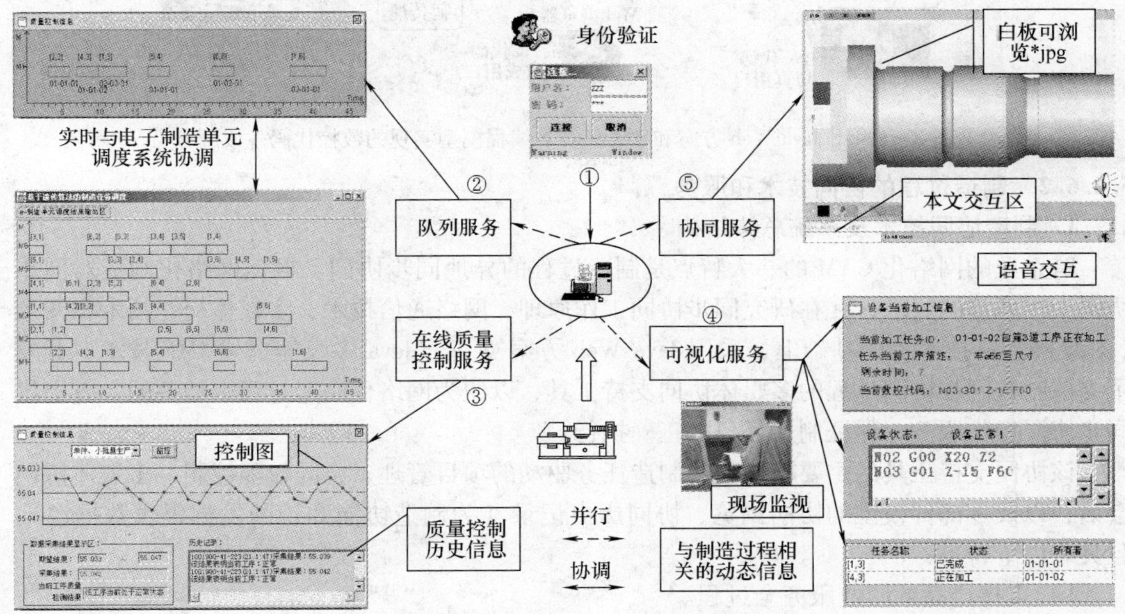

图5-26 制造设备加工实时监控服务软件的主要功能及模块

这里，②、③、④、⑤提供的应用服务是基于多线程的，它们之间共享与当前制造活动相关的动态数据，且并行地执行。

5.4.6 支撑制造执行系统运行的基础服务技术

5.4.6.1 数控工序规划与数控代码生成服务

在电子服务驱动的网络化 CAM 技术中，数控工序规划和数控代码生成是极为重要的基础支撑技术。由于提供服务意味着所开发的系统是以 Web 服务器的形式出现，为此数控工序规划和数控代码生成服务也采用 Java Web 方案和“A-S 对”编程模型实现。在图 5-27 中，数控代码生成功能可以被规划为刀位轨迹生成、数控后置处理、工艺数据库操作支持、数控代码仿真等部分，并可按层状结构进一步分解为相应的子功能。而数控工序规划则是 CAPP 的重要内容，有关细节可参考第 4 章的相关内容。

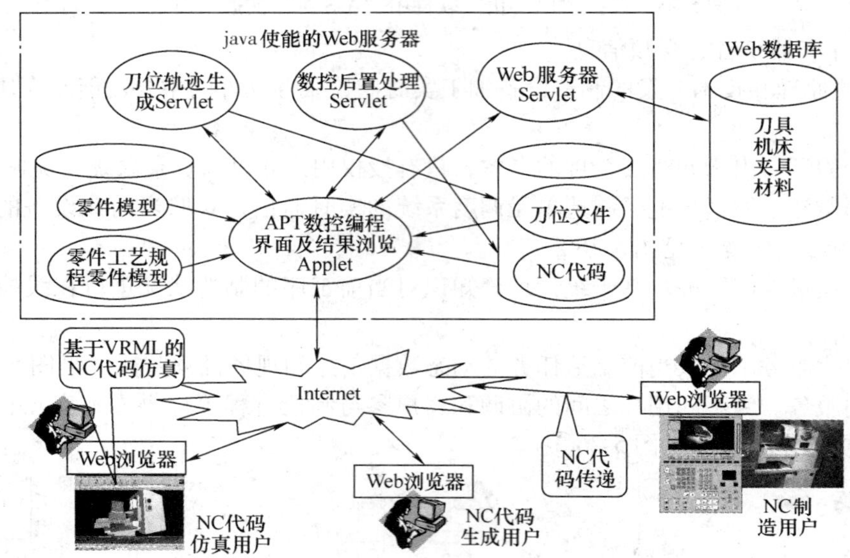

图 5-27 采用 Java Web 方案和“A-S 对”编程模型实现的数控代码生成服务

5.4.6.2 制造过程的协同技术和服务

1. 制造协同技术及系统总体结构

跨企业的网络化 CAM 的一大特点是制造过程的异地同步协同。根据网络化制造对同步协同工作环境的要求，并在研究同步协同工作原理、网络通信技术、多媒体交互技术和图形（图像）浏览技术等的基础上，采用 Java Web 方案及基于 Java 多媒体框架 JMF 技术，开发了支撑制造同步协同过程的多媒体协同支持工具，以便为网络化制造过程中相关的各方提供同步协同操作服务，保证制造任务的正确执行。

该协同支持工具的主要功能包括制造任务驱动的项目管理、协同权限控制、多媒体协同会话，以及零部件模型的协同浏览、协同历史记录（为制造协同知识的发掘提供数据源），且具有以下特点：

1）支持产品的制造服务全过程。

2）每次协同工作针对一个专门的“主题”，该主题用“Project”组织。

3）采用同步浏览、交流、会议等形式实现针对主题的协同工作。相关工具包括白板、多媒体音视频、文字交流、CAD 图档浏览器等。

4）协同历史纪录采用“类似 BBS”结构组织，可按时间和话题等分类。

5）通过把所有“projects”安排到一个“project-time”二维空间，并建立“projects”间的关系，可形成协同链。

图 5-28 所示为制造过程同步协同支持工具的系统总体结构图。该同步协同支持工具采用“A-S 对”编程模型实现。相关人员只需通过 Java 使能的 Web 浏览器启动“Applet-Servlet 对”即可实现同步协同。

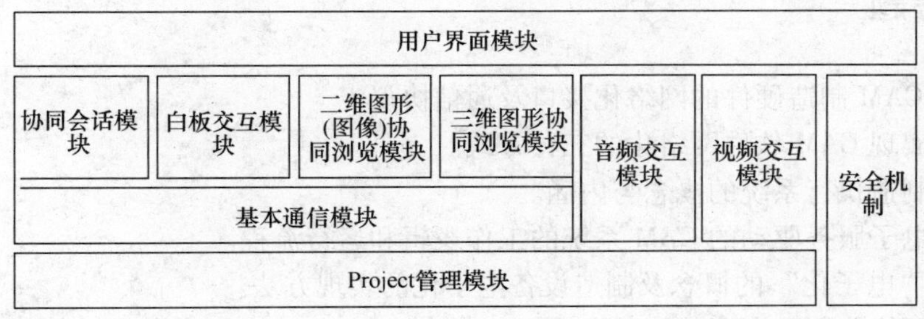

图 5-28　制造过程同步协同支持工具的体系结构

2. 基于 Project 的协同支持工具的应用实例

根据以上同步协同原理，图 5-29 展示了分布在不同地理位置上的相关人员采用基于 Project 的同步协同支持工具，实现针对阀零件的工艺设计过程协同服务实例。

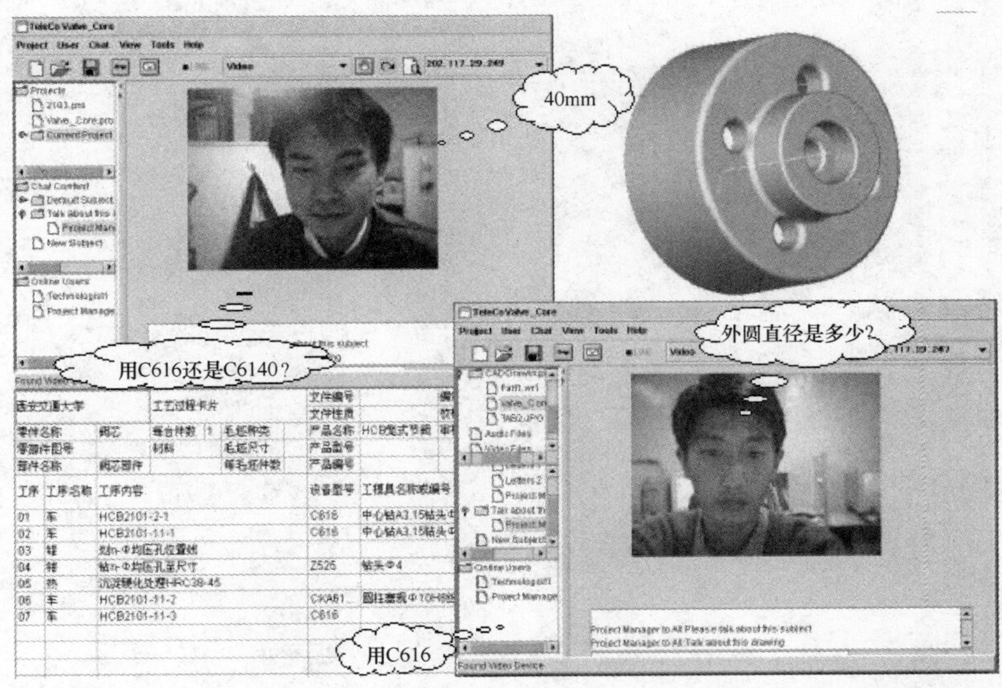

图 5-29　采用基于 Project 的协同支持工具实现工艺设计过程的同步协同服务

5.4.6.3 基于BOM的制造信息流跟踪与管理技术及服务

在网络化制造过程中，所有的信息都是通过基于BOM的制造信息流展开的。利用BOM为基准来拓展制造信息流便于实现对制造信息的跟踪与管理。此外，参考生产计划结果所形成的制造链形态对基于BOM的制造信息流管理也起重要作用。

基于BOM的制造信息流分散地存储在Web数据库群中，用户只需单击相关的JSP页面的链接访问相应的Web数据库，即可实现对基于BOM的制造信息流的查询、更新、删除等操作，从而从另一角度为整个网络化制造过程的信息管理提供支持。

5.5 思考题

1. 简述CAM制造硬件的网络化接口及通信协议。
2. 简述实现CAM软件网络化的三种方式。
3. 简述制造执行系统的概念与内涵。
4. 简述电子服务驱动的CAM系统的工作逻辑和运行流程。
5. 简述“电子化”的概念及制造设备电子化的实现方法。
6. 简述网络化制造资源的配置方法。
7. 试设计基于制造设备的生产调度的方法。
8. 简述支撑制造执行系统运行的基础服务技术。

第6章　网络化 CAD/CAM 系统集成技术

6.1　网络化 CAD/CAM 系统集成技术的概念

6.1.1　网络化 CAD/CAM 系统集成的意义

设计信息和制造信息是企业信息的核心。CAD/CAM 技术把人和机器各自的优点结合起来，大幅度提高劳动生产率，是衡量国家科技现代化和工业现代化程度的重要标志之一。CAD/CAM 系统集成的目的是提供一种能覆盖以某类产品为主的、更高效能的设计与制造整体系统，实现各个应用程序所需及产生的信息的存储和交流，达到软件资源和信息共享，减少重复和冗余。网络 CAD 本身注重系统环境共享、软件共享的机制以及信息一致性的控制及管理，从硬件集成和软件集成两方面为 CAD/CAM 提供了柔性集成。

以 CAD 技术为核心的现代产品开发技术包括各种计算机辅助工具 CAX 以及各种面向过程的设计技术 DFX，其内涵和功能都有了很大的扩展。各种 CAX 工具之间、CAX 工具与 CAD 之间以及各 CAD 系统之间远比传统计算机辅助系统之间的信息交互更为频繁和复杂。例如，CAX 与 DFX 之间的信息应能双向传递，且应具备依据阶段性不完整设计信息进行相关设计的能力。因此，产品设计和制造过程设计之间的集成成为必然。

网络化设计与制造系统与技术是随着因特网、经济全球化以及先进制造系统与技术的发展而产生的。网络化设计与制造集成主要是指采用因特网技术，有效地实现研究、设计、生产和销售等各种资源的重组，从而提高企业的市场快速响应和竞争能力的新模式。

网络化制造模式下，信息集成共享具有异地信息可访问性、异构环境的互操作性、分布信息的集成性与可配置性、信息传输的安全与可靠性、自治信息的可重用性与可扩展性，以及数据视图的全局统一性的特点。网络化制造过程中的 CAD/CAM 系统由于所部署的平台不同而存在较大差异。

在网络环境下，CAD/CAM 系统集成不仅避免了自动化孤岛的出现，减少了数据冗余，便于数据的合理规划、分布和优化，而且可使不同平台下的异构系统统一数据、协调工作，消除系统之间通信和数据结构的差异，提高企业的工作效率与效益，有利于跨部门、跨地域的相互协同。因此，网络化 CAD/CAM 系统集成是制造业信息化发展的趋势。

6.1.2　设计信息与制造信息的关系

CAD 和 CAM 是产品开发的两个重要过程，CAD 帮助人们把所希望的产品性能功能要求转换成一种对产品结构现状的描述，这种描述就称为设计信息。而 CAM 则帮助人们把 CAD 所给出的设计信息转换成加工制造方法的描述，这种描述就称为制造信息。要进行 CAD/CAM 系统集成，必然要涉及设计信息和制造信息这两个重要概念。

在机械设计中，设计信息是指设计人员设计出的具体产品的几何位置和形体信息（如长、宽、高等)、几何形体物理信息(如强度、刚度、硬度、磁性等)、表面信息(表面质量、位置形状尺寸)等。设计信息主要涉及两个因素:产品的功能与性能需求和设计约束条件。设计约束条件是指产品以及零件的几何空间位置、尺寸、制造手段、资源以及费用等的限制。任何产品都具有一定的使用功能和性能需求,比如一个简单的螺钉,设计之前就要考虑具体的使用条件、连接方式、受力大小以及是否有特殊要求等条件,再综合这些需求和约束就产生了螺钉的尺寸和强度等设计信息。产品设计信息的产生过程可以抽象为图 6-1 所示的过程。

制造过程是把设计信息所描述的产品实体化的过程。因此,制造信息包括需要哪些制造资源和对制造资源进行控制(即对资源的使用、使用的顺序和要求等)的信息,它通过安排制造资源和制造资源的控制要求,达到设计信息所提出的几何尺寸、精度等要求,通常表现为加工工艺规程、装配工艺规程等生产指导文件。仍以螺钉为例,设计出了螺钉的几何尺寸和强度要求后,接下来通常就是根据生产现场所具有的设备、手段、技术及人员技术水平,制定出能够满足使用需求的生产信息。其中设备、手段、技术和人员技术水平都属于制造约束条件的内容,制造约束条件包括加工设备和方法的限制、人员与技术的限制和生产管理信息。产品制造信息的产生过程可以抽象为图 6-2 所示过程。

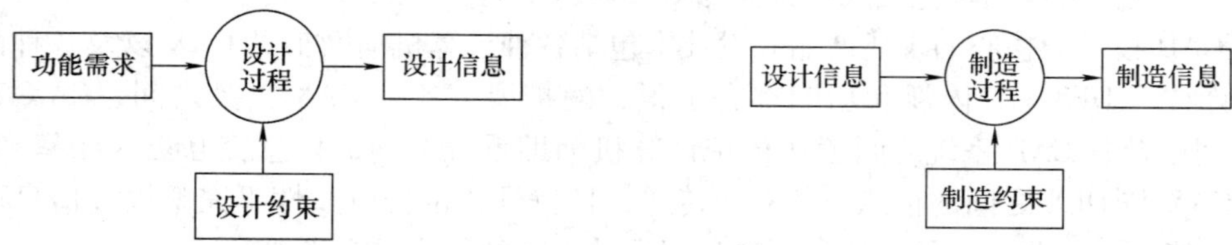

图 6-1 产品设计信息产生过程

图 6-2 产品制造信息产生过程

从信息处理的角度来讲,产品设计过程把功能以及性能要求的信息映射为产品设计信息,制造过程把产品设计信息映射为制造过程控制信息。因此,产品设计过程和制造过程不是产品开发的两个孤立过程,而是相互关联、相互依赖的一个整体。设计与制造过程信息流关系如图 6-3 所示。

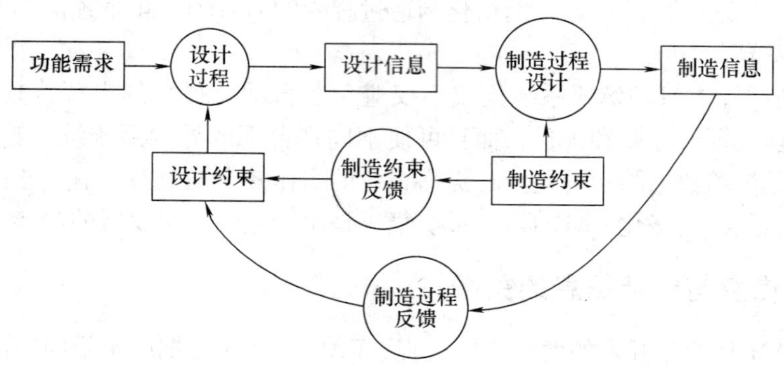

图 6-3 设计与制造过程信息流关系

在图 6-3 中,有正向的功能需求、设计信息、制造信息的产品信息生成流,也有反方向的制造过程信息反馈和制造约束反馈信息流。

从上面的分析可以得到设计信息和制造信息之间的如下关系：

1）设计信息决定制造信息：在产品开发过程中，设计决定制造，基于功能需求进行的设计产生的产品性能要求和几何尺寸等信息是制造信息的输入，决定了产品本身的可制造性、制造方法和制造过程。

2）制造信息约束设计信息：制造是设计信息的物化过程，制造过程需要的及产生的相关信息对产品设计提出了可行的设计信息要求，同时制造信息也是产品设计与方案选择的重要约束与参考。

3）设计信息与制造信息相统一：设计与制造表现为决定和被决定、制约和被制约的关系，设计所考虑的是产品功能的实现，而制造考虑的是如何实现设计，它们之间会产生矛盾，有时甚至是完全对立的，但是它们之间在全局上是统一的，其最终目的是得到所希望的产品。

设计和制造是整个产品开发过程的两个阶段，设计与制造信息两者集成交互、相互作用才能保证产品开发过程顺利进行。

在现代集成制造系统中，制造信息内容极其广泛，包括产品、工艺、质量等各种工程技术信息，设备、工装及库存物料等企业资源与环境信息，项目、计划、调度等生产计划与组织管理信息以及实例化的制造结果等信息。网络化集成环境下的制造信息突破了传统的制造信息的范畴，将参与制造过程的企业内外软硬件资源、虚拟组织、仿真信息也融入到了制造信息中来。

6.1.3 设计信息与制造信息集成的 XML 表达

网络化环境的设计信息与制造信息的计算机表达是解决其信息交互、实现信息共享与集成的前提。

在 CAD 的早期，人们使用计算机还只是作为一种绘图工具，得到的结果仍然是给人看的工程图。因此，对产品数据的描述，大多以“图形”的方式进行，计算机对图形的描述采用如 PLOT 10，IGES（初始图形交换规范，Initial Graphics Exchange Specification）等格式把零件设计信息等同于工程图表达。这种方式没有考虑计算机进行制造信息处理时的直接设计信息读取，它必须通过人的识别来进行信息的交换。随着计算机技术的发展，计算机语言表达能力也日趋丰富，利用计算机可识别的语言表达设计信息的方法被人们逐渐接受。

基于特征的信息表达和面向对象（Object - Oriented，OO）的信息处理方法是面向计算机的信息表示的重要手段。它用特征属性的方法，表达描述对象的不同信息，通过特征关系和层次结构来表达各种关系信息，因而在 CAD/CAM 系统集成中已被越来越广泛地采用，产品模型数据转换标准（STandard for the Exchange of Product model data，STEP）就是一种用特征和特征关系表达产品信息的标准。

可扩展标记语言（eXtensible Markup Language，XML）是由 World Wide Web 组织（W3C）开发的一种标记语言，是当前网络上的一种通用数据传输格式，自 1996 年开始研究，并于 1998 年 2 月开始成为 W3C 标准。

XML 具有简单易懂、表达描述能力强大、易于扩展、移植性强等特点，在异构系统之间的信息集成中起到了重要作用，成为 CAD/CAM 系统对设计、制造信息表达与信息集成的首选语言。

将XML语言应用在制造领域的CAD/CAM数据交换与信息集成，建立以XML语言为标准的信息标记体系，就可以利用XML特有的结构化标记方式描述产品信息模型，通过XML文件的共享，就可以实现产品信息在企业内部或者企业之间的信息共享与传递，实现不同应用系统之间的信息集成。

产品结构是产品设计信息的重要内容之一，其树形结构的数据组织形式可以由XML文件完整准确地表达出来，产品结构树的XML表达示例如图6-4所示。

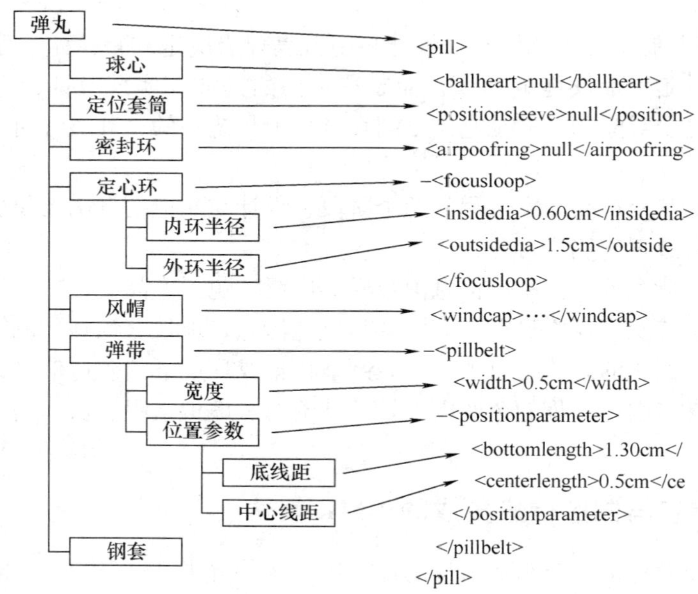

图6-4 产品结构树的XML表达示例

6.1.4 网络化集成的模式与层次

6.1.4.1 网络化集成模式

网络化集成根据集成模式可以分为应用封装模式、接口模式和紧密集成模式。

（1）应用封装模式

应用封装模式的集成是指应用系统以工具的形式封装在平台系统（如PDM系统）中，可以只是简单地通过操作文件类型与平台系统进行关联，应用系统产生的文件交由平台系统存储管理。所谓“封装”是指把对象的属性和操作方法同时隐藏在定义对象中。封装意味着操作可见，而将数据和操作的实现方法隐藏在所定义的对象中，使数据和操作有了统一的模型界面，提供了逻辑独立性。用操作集来描述可见的模块外部接口，从而保证了对象的界面独立于对象的内部表达。对象的操作方法和结构是不可见的，接口是作用于对象上的操作集的说明，这是对象唯一的可见部分。

封装模式使不同的应用系统间能够共享信息，并在统一的平台下对它们产生的数据进行统一管理。在平台系统中可以直接激活封装的CAD、CAM等应用系统，使用户拥有统一的操作界面，并在平台系统中对这些应用系统产生的数据进行统一的管理，实现应用系统间的信息共享。

应用封装模式的特点是：应用工具及应用工具产生的数据文件都保持相对的独立性，各应用工具产生的数据文件能被平台系统识别。通过平台系统应用封装，平台系统不仅要管理封装的应用程序，还要对由应用程序所产生的数据文件进行管理。平台系统通过文件主记录的方式记录应用程序文件的名称、路径等基本信息，同时还记录文件的类型信息。当平台系统打开文件时，通过类型信息查找对应的应用程序并激活该应用程序，打开对应的程序文件。

这种集成模式只能管理文件整体，不能管理文件内部数据。平台系统只对文档文件进行管理，对文件信息的编辑操作通过其他程序完成，因此比较简单，易于开发。但这种集成模式提供的功能较少，只能满足以文件形式进行集成的需求，无法管理应用系统的内部数据，如特征、约束、装配关系等。

(2) 接口模式

接口模式提供了较为紧密的系统集成。在统一的数据结构模型的基础上，建立数据集成接口，应用系统之间通过调用对方开放的集成接口就可以获得对方共享的内部数据。接口模式的特点是：通过数据接口，应用系统可以从其他系统中获取所需的数据对象，使系统间保持异步一致。

专用接口技术是实现接口集成模式的主要方法之一。在应用系统之间建立专用接口程序，应用系统可以通过专用接口与其他应用系统进行数据传递和共享。利用专用接口，CAD/CAM系统可以从对方系统中获得相关信息；当各应用系统完成数据编辑后，通过专用接口还可以将各系统产生的数据传递到平台系统中进行统一管理。

专用接口还是实现应用系统之间通信的必要工具。当应用系统文档的属性或者状态发生变化时，应用系统将通过专用接口通知其他应用系统，并通过系统之间的互操作改变应用系统中的特性。

这种集成模式功能较强，利用该模式，应用系统能够接管对方系统中的内部数据，具有较强的开放性和灵活性，便于保证系统之间的数据同步。不过这种集成模式的开发难度较大，实现这种模式必须了解数据的组织形式，同时需要较长的开发周期。

(3) 紧密集成模式

在紧密集成模式下，应用系统不仅可以相互获取共享的内部数据，还可以在系统之间相互调用共享的操作服务，通过执行这些服务，实现系统之间的互操作和更加紧密的集成。紧密集成模式下，应用系统间所有信息都能够全自动地双向交换，用户能够在前后一致的环境里工作，应用系统之间可以互相调用相关服务，执行相关操作，形成紧密的关系，真正实现一体化。

采用紧密集成模式时，需要详细分析各应用系统的信息结构，制定统一的数据结构关系，在应用系统之间建立互动的共享产品信息模型，使应用系统在操作对方的数据时，可以保证系统之间的数据同步。保证在一个系统中创建或修改共享数据时，会同时更新另一个系统的相关数据，从而保证双方数据的一致性。

这种集成模式是非常理想的集成模式，应用系统之间无论从数据还是过程上都紧密地联系在一起，可达到理想的集成程度，但开发难度相对较大。

6.1.4.2 网络化集成层次

信息集成通常包括3个层次，即数据集成、过程集成和企业集成。数据集成、过程集成和企业集成都是互相影响、互相促进的，三者之间是相互嵌套、相互推动的辩证关系。

(1) 数据集成

数据集成是应用系统之间在系统数据层次上的集成。由于各应用系统是独立开发的，各自具有独立的数据结构，输入输出的数据形式也各不相同，因此各应用系统产生的数据可能存在不一致、冗余等问题。数据集成的目的就是消除数据不一致、冗余，解决由于各应用系统之间数据结构或形式不同而引起的各种问题，实现应用系统在数据层面上的统一，使产品数据在应用系统之间实现交换和共享，充分保证系统之间的数据一致性。

数据集成可以分为信息通信、数据共享、互操作、数据与知识重用4个层次：

1) 信息通信：信息通信是最低级的数据集成层次，是目前绝大部分软件所采取的方式，也是现有操作系统如Windows、UNIX所支持的方式，包括一些通信机制及通信协议。

2) 数据共享：即各应用系统之间共享各自的数据，并保持数据源统一，目前多采用数据交换标准、扩展标记语言XML、产品信息模型和共享数据库4种方式来实现数据共享。

3) 互操作：数据共享对于企业级产品信息集成还远远不够，还需要应用系统能够支持对其他系统数据的加工操作，这种方式使得原来的绑定数据游离分层，便于企业级进行互操作。

4) 数据与知识重用：这是数据集成的最高层次，在传输、共享和操作的基础上进行数据的重复提取和使用，并且可以变成系统知识，在以后系统使用过程中再利用。

数据集成是过程集成和企业集成的基础和关键，并制约着信息系统向高级阶段的发展。数据集成的策略是研究集成问题的重点，是系统集成的基础，是实现产品协同设计和自动化设计的关键。

随着网络的发展，从异地获取集成数据已经变得越来越容易和快捷。企业内部各个部门之间要求信息共享与交流，对企业在设计、管理、加工制造过程中需要和产生的大量数据进行统一管理，解决自动化孤岛问题，达到正确、高效的数据交换与共享的目的。

(2) 过程集成

过程集成是在数据集成的基础上，企业业务过程之间的集成。面向过程的集成实际上就是利用计算机工具实现企业应用系统之间的数据、资源的共享和应用系统之间的协同工作，将孤立的应用系统集成起来，使各系统的工作过程有机地集成在一起。

过程集成的条件如下：

1) 目标一致：在过程集成中，各子过程应当以总体的目标为最终目标，目标一致是集成的前提。

2) 互通：过程集成中，各过程之间必须建立物理上的通信联系，实现必要的信息共享，应用系统之间应当能够相互通信。

3) 语义一致：过程之间要进行交换的数据格式、术语和含义必须保持一致。

4) 互操作：过程之间、应用系统之间应当保持互操作的特性。

过程集成可以分为横向集成和纵向集成两个方面。横向集成是指平行或并行过程之间的集成，是多个过程或应用系统之间的协同设计和协同制造；纵向集成是指产品生命周期运作过程中，上下游过程之间或先后过程之间的集成。在实际的过程集成中，横向和纵向集成是交织在一起的。对于上游的同类过程或其他过程中相同的部分，在过程集成中可以直接重用，也可以根据需要只集成其中的一部分。这样，可以消除过程中的冗余子过程或活动，避免重复劳动；对于上游的同类过程或者其他过程中相似的部分，在过程集成中可以根据需要对其进行移植，以消除过程中的冗余子过程或活动。

过程集成应当进行产品开发过程的建模和重构，分析传统产品开发过程和计算机辅助设计工具的特点，采用并行工程建模方法，尽可能地将串行设计作业过程转变成并行设计作业过程，并且建立并行产品开发过程模型。

(3) 企业集成

随着对产品开发过程要求的提高，企业之间竞争的加剧，这就需要各企业间高效、快速地进行生产合作，形成动态虚拟企业联盟，适应快速多变的市场要求。

企业集成的目标是为了完成一定的市场需求或经济目标，而使企业中发生交互作用的组织、个体及系统的协调能力及协同效果提高和增强，以加快对市场变化的反映，提高企业竞争力。企业集成通常包括两部分内容，分别是企业内集成（Intra-enterprise integration）和企业间集成（Inter-enterprise integration），但其重心已经由企业内集成转向企业间集成。

企业内集成可以描述为：通过连接企业内所有信息系统、设备、应用和人员，全面实现“人、经营、技术”的集成，实现跨越组织边界的信息流、控制流和物料流的集成，使企业内实现纵向和横向的集成，紧密结合并相互配合，从而提高企业内通信、合作、协调的能力和水平，使企业的应用形成一个集成的系统，达到提高企业生产率、柔性和对市场响应速度的目的。

企业间集成是通过利用多个企业的资源，使企业之间优势互补，实现企业联盟的快速响应性、鲁棒性和柔性。企业间集成分为两类，即不同类型企业沿着供应链的集成，以及同类型企业基于不同的核心能力、为同一个目标形成虚拟企业而进行的集成。

企业集成的关键技术包括如下几方面：

1）支持敏捷制造的使能技术，涉及资源共享、信息共享、虚拟制造、并行工程、建模、仿真和加工智能。

2）供应链的建模和管理，人才资源、物质资源、信息资源的优化等。

3）支持系统，如网络、数据库、集成框架等。

数据集成是实现企业集成的基础，它为企业内部组织之间以及企业与企业之间的通信、信息、知识和数据交换与共享，提供企业集成的基础支持。企业集成遵循由“数据集成”到“过程集成”，再由“过程集成”到“企业集成”的发展规律，并进而形成全球范围内的动态虚拟企业联盟，以适应快速多变的市场需求。

6.2 网络化CAD/CAM系统集成的基础架构

6.2.1 基于B/S和C/S的网络化CAD/CAM系统集成架构

C/S架构，即Client/Server架构，也称客户/服务器的集成架构；B/S架构，即Browser/Server架构，也称浏览器/服务器架构。随着因特网技术的进步和Web的普及，B/S架构受到人们越来越多的关注，已经成为当今应用软件的首选体系结构。

C/S架构的应用系统是由若干个客户程序和一个服务器共同组成的，其特点是整个软件系统可以分为客户端和服务器端两部分，服务器端提供服务，客户端主要提供用户界面、上层应用、逻辑计算和一部分业务处理功能，客户端根据业务处理及计算的需要，向服务器端提出服务请求，服务器端响应客户端的请求并进行处理，将结果返回给客户端，由客户端将最终计算结果以界面方式显示给用户，如图6-5所示。

B/S架构应用系统的客户端通过浏览器来实现，而其主要事务逻辑在服务器端实现，数据、Web页面和应用程序等都存放在服务器端。这种架构的软件系统从逻辑上可以分为客户端、应用服务器和数据库服务器3部分，如图6-6所示。在3层结构中，客户端接受用户的请求，然后向应用服务器提出请求；应用服务器从数据库服务器中获得数据，然后将数据进行计算并将结果提交给客户端；最后由客户端将结果呈现给用户。

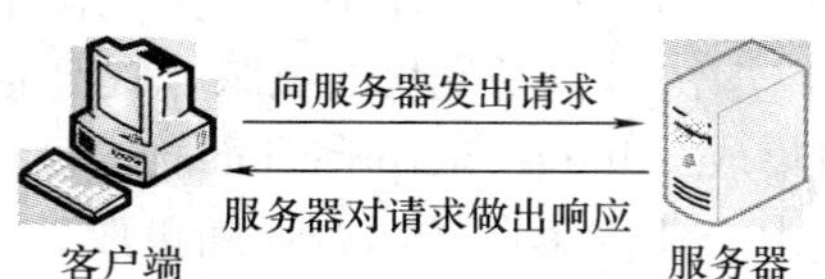

图6-5 C/S架构

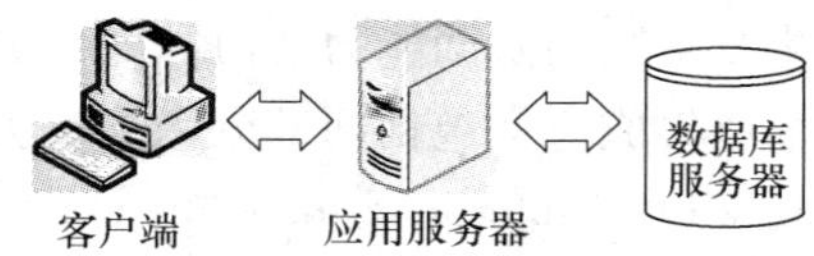

图6-6 B/S架构

C/S架构和B/S架构的对比见表6-1。

表6-1 C/S与B/S的网络化集成框架对比

对比项	C/S	B/S
逻辑处理	由客户端、服务器端分别承担	最主要在服务器端
使用范围	局域网环境	广域网环境
安装维护	每个客户端安装应用程序，系统扩展维护复杂	客户端只需标准的浏览器，程序只需在服务器端部署，系统扩展维护简单
开发难易	代码可重用性差，开发费用较低，开发周期较短	开发费用较高，开发周期较长
并发用户	可连接用户数有限，当用户数量增多时，性能会明显下降	支持更多的客户，可根据访问量动态配置Web服务器、应用服务器，以保证系统性能

6.2.2 基于CORBA的网络化CAD/CAM系统集成架构

公共对象请求代理体系结构（Common Object Request Broker Architecture，CORBA）是由对象管理组织（Object Management Group，OMG）在1991年提出的应用软件体系结构和对象技术规范，其核心是一套标准的语言、接口和协议，以支持异构分布应用程序间的互操作性及独立于平台和编程语言的对象重用。

CORBA提供了面向对象的分布式软件所需要的许多通用服务，如对象事务处理服务、通知服务、交易服务、命名服务、事件服务及生命周期服务等。另一方面，CORBA还把各种对象的操作和属性封装在不同的接口中，通过对象请求代理来调用接口中的操作，完成指定的功能。这种体系结构为开发大型的分布式异构应用软件系统提供了独立于计算机操作系统、编程语言、硬件平台和网络传输协议的平台。因此，CORBA不仅是一种体系结构，同时又是一种服务环境。

CORBA的底层结构是基于面向对象模型的，由OMG接口定义语言（OMG Interface Definition Language，OMG IDL）、对象请求代理（Object Request Broker，ORB）和IIOP（Internet Inter-ORB Protocol）标准协议 3 个关键模块组成。

为了保持 CORBA 的商业中立性和语言中立性，必须有一个中介，存在于 CORBA 服务器和 CORBA 客户机的中间，这就是 IDL。IDL 是一种说明性语言，它的语法类似于 C++。一个底层对象的若干相关方法和属性被 IDL 集成到一个单一接口。一旦 IDL 接口定义完成，它可以以 Stub 码或框架代码的形式编译成所选用的语言。

使用 IDL 编写的对象接口，使得与语言无关的独立性成为可能。IDL 使得所有 CORBA 对象以一种方式被描述，仅仅需要一个由本地语言（C/C++、Java）到 IDL 的“桥梁”，ORB 就是这样一个桥梁。ORB 提供了对象定位、对象激活和对象通信的透明机制。客户发出要求服务的请求，而对象则提供服务，ORB 把请求发送给对象，把输出值返回给客户。这种互通信可以在多种流行通信协议（如 TCP/IP 或 IPX/SPX 等）之上实现。在 TCP/IP 上，来自于不同开发商的 ORB 用 IIOP 标准协议进行通信。对象的实现（Object Implementation）通过 IDL 静态骨架（IDL Static Skeleton）或动态骨架（Dynamic Skeleton）的调用来接受请求。为了创建一个遵从 CORBA 规范的应用程序，ORB 是 CORBA 必须提供的。

基于 CORBA 集成的特点总结如下：

1）从集成开发上看，CORBA 定义了一种面向对象的软件构件构造方法，使得在任何环境下，采用任何语言开发的软件只要符合接口规范的定义，均能够集成到分布式系统中，使不同的应用可以共享由此构造出来的软件构件，最大程度上实现软件重用，降低应用系统的开发难度和软件开发费用。

2）从集成应用上看，CORBA 的平台无关性实现了对象的跨平台引用，开发人员可以在更大的范围内选择最实用的对象加入到自己的应用系统之中。基于 CORBA 将企业的应用系统移植到网上，使企业内部的应用系统通过网络协同工作，从而提升应用系统的有效性，为企业带来更大的效益。

3）从资源利用上看，CORBA 能使每一个对象同时在两个或多个服务器上运行，ORB 可以在多个服务器之间实现负载均衡，当系统负载较重时，可以更充分地利用系统硬件资源。当其中的一个出现故障时，系统能自动切换到另一个服务器，从而提高应用系统的容错性。

4）CORBA 促进了对象的重用，但其细粒度模型过于复杂，难以用于企业级软件重用。

6.2.3 基于智能代理的网络化 CAD/CAM 系统集成架构

智能代理的概念出现于 20 世纪 70 年代的人工智能（AI）中，20 世纪 80 年代后期才成长起来。Wooldridge 等人提出，智能代理的定义包括强定义和弱定义两种。智能代理弱定义是指一个基于软件或硬件的计算机系统，它拥有自治性、社会能力、反应性和能动性等特性；智能代理强定义在弱定义的特性基础上，又包括情感人类的特性。

人们在研究分布计算的过程中发现，网络化分布式系统中广泛存在着用已有的计算机概念难以准确描述的自主行为实体，于是引入了“智能代理”的概念。在计算机应用领域，特别是 CAD/CAM 领域中，智能代理通常是指分布式系统或协作系统中能持续自主发挥作用的计算实体，具有自主性、交互性、反应性和主动性的特征。在分布式人工智能（Distributed Artificial Intelligence，DAI）研究领域，智能代理是 DAI 系统的组成部分，每个智能代理又是一个半自治系统，这些智能代理之间以及智能代理与环境之间都是并发的，需要进行交互。智能代理具有学习性、协作性、个性化、智能化和社会性等特点。

典型的智能代理结构是由Nwana定义的3层概念结构，即定义层、组织层和合作层。在定义层中，智能代理被描述为一个自治的理性实体，包括智能代理的推理学习机制、目标、资源、技能等；组织层定义了智能代理与其他智能代理的关系；合作层指明了智能代理的社会能力，如它的合作和协商。

一个智能代理可以包括局部数据、历史经验库、处理过程和处理机几个部分。局部数据是指封装在智能代理内部的、只能通过智能代理的处理过程所存取的数据；处理过程定义了智能代理的行为模式，是智能代理对外的窗口；处理机是智能代理处理能力的提供者，智能代理的处理过程以进程的形式在处理机上执行。一个智能代理自创建之日起，就通过处理过程来对外界提供服务和不断自我发展。因此，不仅需要定义完成其功能所必需的处理过程，还必须建立用以自我调节、自我完善的处理过程。

智能代理的构造基于智能代理的体系结构实现，智能代理的体系结构是指构造智能代理的特殊方法学，它描述了组成智能代理的基本成分及其作用、各成分的联系与交互机制、通过感知得到的内外部状态而确定智能代理应采取行动的算法，以及智能代理的行为对其内部状态和外部环境的影响等。目前，智能代理的体系结构主要包括审慎式体系结构、反应式体系结构和混合式体系结构3类。

单个智能代理所具备的能力是有限的，为了提高智能代理的处理能力，通常采用多个智能代理之间的协作，形成多智能代理系统（Multi-Agent System，MAS）。利用MAS，能够与已有系统或软件进行互操作，求解那些数据、能力和控制具有分布特性的问题以及提高系统的效率和鲁棒性。MAS研究的主要方面包括MAS理论、多智能代理协商和多智能代理规划等。

6.2.4 基于SOA的网络化CAD/CAM系统集成架构

面向服务架构（Service-Oriented Architecture，SOA）是指为了解决在因特网环境下业务集成的需要，通过连接能完成特定任务的独立功能实体实现的一种软件系统架构。在这种系统架构中，所有都定义为独立的服务，这些服务带有定义明确的可调用接口，可以以定义好的顺序调用这些服务来形成业务流程。SOA采用中立的方式定义接口，独立于实现服务的硬件平台、操作系统和编程语言，这使得构建在各种这样的系统中的服务可以以一种统一和通用的方式进行交互。所以，SOA并不是一种现成的技术，而是一种架构和组织IT基础结构以及业务功能的方法。

典型的SOA为Web服务架构，Web服务的体系架构如图6-7所示。

图6-7三角架构中3个核心对象分别为服务提供者（Service Provider）、服务请求者（Service Consumer）和服务代理者（Service Broker）。服务提供者（Service Provider）提供符合契约的服务，并将它们发布到服务代理。服务请求者（Service Consumer）也叫服务使用者，负责发现并调用其他的软件服务来提供解决方案。服务代理者（Service Broker）作为储存库、电话黄页或票据交换所，产生由服务提供者发布的软件接口。

同时，三角架构中包括WSDL、UDDI和SOAP 3个基础规范协议。其中，WSDL用来描述服务；UDDI用来注册和查找服务；而SOAP作为传输协议，主要用于在服务请求者和服务提供者之间传送消息。SOAP是Web服务的默认机制。用户可以在UDDI注册表中查找服

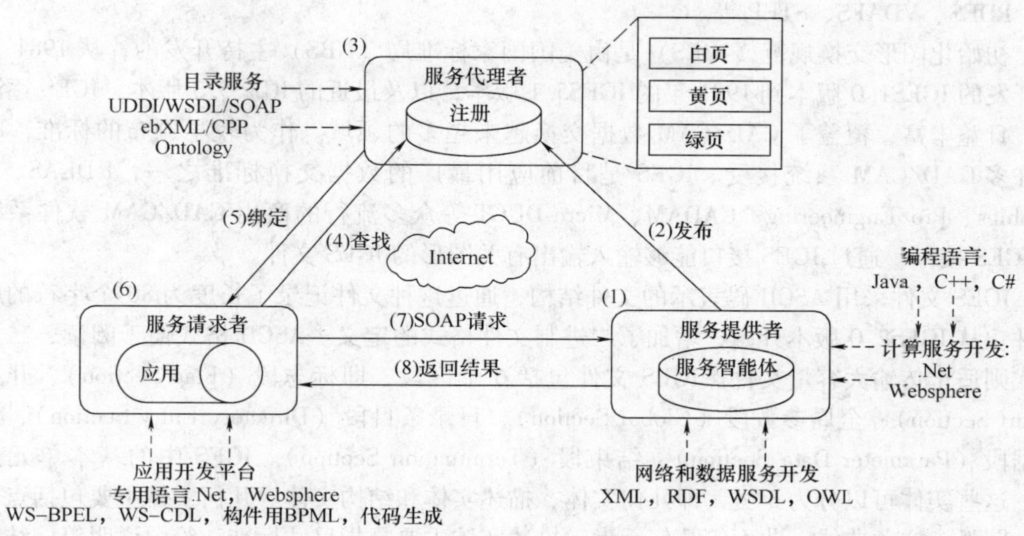

图 6-7　Web 服务的体系架构

务，取得服务的 WSDL 描述，然后通过 SOAP 来调用服务。

基于 SOA 三角架构的业务逻辑基本操作主要包括发布（publish）、查找（find）、绑定（bind）。发布过程主要是服务的提供者利用 WSDL，将其开发的服务接口采用 UDDI 方式，在服务注册中心中进行服务注册；查找过程是服务请求者通过服务代理者，在服务注册中心中找寻相应服务；绑定过程是服务请求者与服务提供者之间在统一传输协议 SOAP 下进行信息交互的过程。

服务具有业务一致、规范、可重用，以及承载和可发现等特点。基于服务构建统一平台具有下面几个方面的优点：从数据角度来看，服务平台以中性文件传递数据，数据与业务解耦，同时这种解耦的服务单元可以对来自于不同系统、平台、阶段的数据进行服务组合和流程重构，构建服务视图，实现数据的服务重用；从协同化角度来看，服务化的平台提供了规范化的服务提供与调用机制，保证产品协同设计、各阶段的仿真能适时获取到正确的服务，支持其完成相应的任务；从系统集成的角度来看，基于服务的平台以中性的格式传递信息保证信息不依赖于具体的系统，在集成过程中减少了各种应用系统之间接口的开发，同时，在进行后续系统扩展的过程中，只需向统一服务平台提供服务接口即可实现集成，解决了 CORBA 细粒度模型过于复杂，难以用于企业级软件重用的问题。

6.3　面向网络化信息传输的产品数据交换标准

6.3.1　IGES 标准及网络化传输的考虑

6.3.1.1　IGES 概述和文件构成

自 20 世纪 80 年代初以来，CAD/CAM 技术迅猛发展，但是各 CAD/CAM 软件内部数据结构及其处理方式不尽相同，产品的数据交换和信息共享成为其面临的重要课题，为解决异构系统之间信息交换，新的产品数据交换规范不断提出，其中典型的包括 IGES、SET、PD-

DI、PDES、VDAFS、STEP 等。

初始化图形交换规范（IGES）是由美国国家标准局（NBS）主持开发的，从1981年最初开发的IGES1.0版本到1991年的IGES5.1版本，以及最近的IGES5.3版本，IGES逐渐成熟、日益丰富，覆盖了CAD/CAM数据交换越来越多的领域。作为较早颁布的标准，IGES被许多CAD/CAM系统接受。IGES是目前应用最广的数据交换标准之一，I-DEAS、Unigraphics、Pro/Engineering、CADAM、Micro-DUCT等众多流行的商用CAD/CAM软件系统都有IGES接口，通过IGES接口能够输入输出有关图形的IGES文件。

IGES文件采用ASCII码表示的文件结构，通过这种文件记录了长度为80个字符的顺序文件。从IGES2.0版本开始，增加了二进制文件格式的定义。ASCII格式便于阅读，二进制格式则适于传输大容量文件。IGES文件包括6个区段，即标志段（Flag Section）、开始段（Start Section）、全局参数段（Global Section）、目录条目段（Directory Entry Section）、参数数据段（Parameter Data Section）、结束段（Termination Section）。IGES中的基本单元是实体，这些实体可以分为3类，即几何实体、描述实体和结构实体。几何实体主要包括点、直线、圆弧、样条曲线、曲面等几何元素；描述实体主要是指尺寸标准、绘图说明等；结构实体是指结合项、图组、特性等。

6.3.1.2 基于IGES文件的CAD/CAM信息传递与集成

在不同的CAD/CAM系统中，用IGES文件实现数据交换是通过图6-8所示的前置处理和后置处理来进行的。利用IGES数据交换标准在CAD/CAM系统间进行数据传递时，首先在上游CAD系统中，由IGES前置处理程序把需要传递的CAD图形文件数据转换成IGES中性文件格式，通过网络环境下的信息传输手段，将IGES文件传递到下游CAPP、CAM等系统中，在这些系统中，IGES的实体数据由IGES后置处理程序处理转化成数据接收系统的内部数据格式，这样就实现了基于IGES中性文件格式的数据传递。

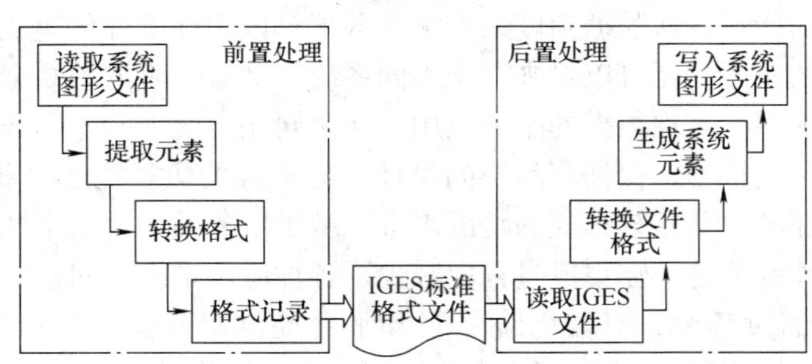

图6-8 IGES文件集成及前、后置处理过程

目前很多CAD系统中，都具有IGES的前、后置处理程序，但为了满足具体应用系统数据要求，后置处理程序有时需自行设计。

由于IGES的图形元素种类繁多，存储信息量大，结构复杂，各个CAD、CAM系统又有自己的数据模型和存储结构且各不相同，所以IGES文件的前置和后置处理程序的设计工作是IGES文件在CAD/CAM系统之间传递、集成的重要内容和技术前提。

IGES标准格式的发展已有二十多年的历史，不过IGES在实际应用中仍存在一些问题。这些问题主要包括以下几点：

1）产生的数据量大，数据文件过大，数据转换处理时间过长，以致许多CAX系统难以处理。

2）某些几何类型转换不稳定，本身也不够完善，数据格式过于复杂，不易阅读。

3）只注意了图形数据，完成了工程图的传输，却忽略了其他信息的交换，无法描述工业环境所需的产品定义数据全部信息。

4）定义不够严密，有些元素类之间界限模糊，造成数据交换不稳定，使表面定义数据等定义数据易丢失。

这些问题在一定程度上限制了 IGES 技术的发展与进一步的应用。为克服上述缺陷，国际标准化组织在吸取了 IGES 的优点的基础上又发展了其他的一些更具优越性的数据交换规范，STEP 标准就是其中非常著名的一个数据交换标准。

6.3.2　STEP 标准及 XML 映射

6.3.2.1　STEP 概述

产品模型数据转换标准 STEP 是一个能够描述整个产品生命周期数据的中性机制，是可进行交换的、计算机可理解的国际标准。

STEP 规定了产品设计、开发、制造，甚至于产品全部生命周期中的信息定义和数据交换的外部描述。STEP 的数据模型定义了覆盖产品整个生命周期产品相关数据元，包括进行设计、分析、制造、测试、检验所需的几何、拓扑、公差、关系、属性和性能等数据，它对于生产制造，直接质量控制、测试和支持产品新功能的开发提供了全面的信息，它为描述产品全生命周期的数据提供了一种中性机制的描述形式。在 STEP 数据模型中，不但包含了产品的几何信息，还包含了丰富的制造信息。因此，STEP 能够描述应用系统之间统一的产品信息模型，为应用系统集成提供了统一的数据交换标准。STEP 的出现，为 CAD/CAPP/CAM 系统的集成提供了一条有效的途径。

在 STEP 中，产品模型信息分为三层结构，即应用层、逻辑层和物理层。底层是物理层，给出在计算机上的实现形式；第二层是逻辑层，包括集成资源，是一个完整的产品模型，从实际应用中抽象出来，与具体实现无关；最上层是应用层，包括应用协议及对应的抽象测试集，这是与应用有关的一个层次。

到目前为止，STEP 中确立的部分共有 36 个，分成 7 个系列，即描述方法、一般资源、应用资源、应用协议、一致性测试方法论和框架、抽象测试集和实现方法，每一系列包括若干部分。

STEP 作为一个综合技术，主要用于信息建模和信息管理，建模是定义需要交换和共享的产品数据，管理是为了存储、检索、访问以及建立新的 STEP 数据和修改 STEP 数据。STEP 各个主题数据模型有几何、实体、公差、拓扑、形状特征和有限元分析等。

STEP 使用 EXPRESS 作为建模语言，EXPRESS 语言能够正确地描述需要交换的所有工程信息的结构、正确性条件，同时能高度结构化地描述产品模型信息，易于被计算机系统编译和使用；同时，EXPRESS 语言采用了可读性强的文字标示，也易于阅读。此外，在 STEP 中还提出了一种产品模型图形描述方法，被称为 EXPRESS-G，它与 EXPRESS 语言相对应的，用图形的方法更直观地描述概念与概念之间的关系，更加便于人们对 EXPRESS 语言的理解。

6.3.2.2 基于 STEP 标准的信息集成

STEP 标准完整地定义了产品信息模型的描述方法，能够准确详细地描述产品信息模型，因此近年来，STEP 标准成为应用系统之间信息集成的重要数据标准，对基于 STEP 标准的系统集成的研究越来越广泛和深入。

在应用 STEP 标准进行集成的研究中，AP203 和 AP224 是两个应用较为广泛的 STEP 标准协议。STEP AP203 文件主要包含的是零件的几何和拓扑信息，而这些低层次的信息缺乏面向制造的产品信息，远不能满足 CAPP 系统的需求。AP224 则是一个面向工艺设计的、用来描述单个机械加工零件各种制造信息的标准协议，它不但包含零件的几何和拓扑信息，还包含了公差、表面粗糙度、特征定义、材料和管理等高层次的信息。目前，大部分 CAD 系统都能输出符合 STEP 标准的中性文件，但这些系统多只能支持 AP203 文件格式的输出。因此，直接输出的 STEP 文件并不能满足下游集成 CAX 系统对产品信息的需求，需要建立一个 AP203 文件向 AP224 文件的转换器，以实现 CAPP 系统对 CAD 系统数据的利用。

为构建 AP203 文件向 AP224 文件的转换器，需要根据 CAD 系统中输出的 STEP AP203 格式文件，通过补充产品信息，生成面向制造的 STEP AP224 格式文件，其过程如图 6-9 所示。

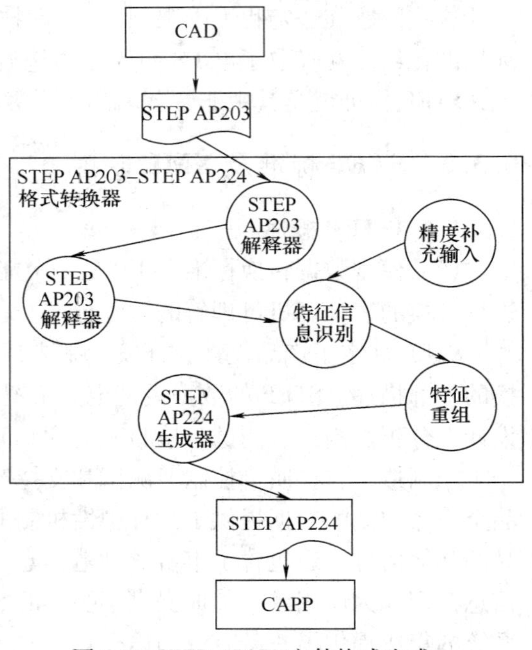

图 6-9 STEP AP203 文件格式生成 STEP AP224 文件格式的过程

为了实现 NC 程序在 CAD/CAM 系统之间的集成，以及在不同的 CNC 系统之间的交换和共享，国际标准化组织（ISO）制定了 CAD/CAM 和 CNC 系统之间可交换的数据接口标准——STEP-NC（ISO 14649）标准。

STEP-NC 数据接口独立于任何一个 CNC 系统。通过基于 STEP-NC 的数控程序，不但能够实现 CAM 和 CNC 系统间的信息交换和共享，而且可以实现不同 CNC 系统间的信息交换和共享。由于 STEP-NC 能够描述任务，因此通过 STEP-NC 程序不仅可以向车间提供拓扑几何信息，还能提供更高层次的任务和技术信息。另外，使用 STEP-NC 程序，还具备节省 CAM 计划时间和数据准备时间，削减由 CAD 向 CAM 传递的图形数量，省掉了后置处理，避免了不同阶段之间的信息丢失等优势。

6.3.2.3 STEP 的 XML 映射

STEP 采用 EXPRESS 语言来定义模型结构。然而，用 EXPRESS 语言建立的基于 STEP 的产品模型不易理解，而且 EXPRESS 语言所携带的产品数据不容易被 Web 页面支持和识别，因此通过 EXPRESS 描述的 STEP 标准文件在网络环境中传递和共享时受到了一定限制。由于 XML 语言具有良好的语言表达能力、易于在网络环境中传递，因此应用 XML 表达产品信息 STEP 数据，可以使产品信息更好地在网络环境中实现共享和传递，如图 6-10 所示。

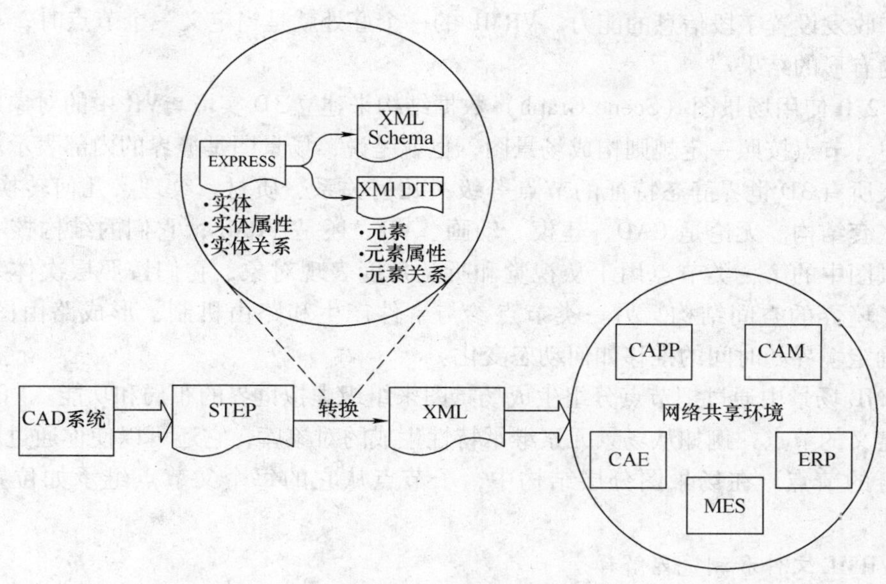

图 6-10　基于 XML 的 STEP 信息表达与共享

ISO 于 1999 年 11 月推出了 STEP Part28 标准，这个标准规定了 EXPRESS 到 XML Schema 模型转换的相关准则，利用这个标准，可以用 XML 对 EXPRESS 语言驱动数据表达进行分析，为 STEP 和 XML 的相互转化提供基础支持。STEP Part28 标准的基本思想是：利用 EXPRESS 定义产品数据模型，在 XML 中用 XML Schema 定义产品结构，在 EXPRESS 模型与 XML Schema 相对应的基础上，将 STEP 映射为 XML 文档，并将 XML 文档发布，使应用系统可以通过访问和解析 XML 文件获得产品数据，实现产品信息网络间的传递和共享。

目前，EXPRESS 到 XML 转换技术主要分为两种方式，分别是 EXPRESS 到 XML Schema 的映射方式以及 EXPRESS 到 XML 中的文档格式定义（DTD）文件的映射。

6.3.3　VRML/SVG 标准及其网络传输的轻量化

6.3.3.1　VRML 的概念和其基本原理

虚拟现实建模语言（Virtual Reality Modeling Language，VRML）是一种基于可计算信息的沉浸式交互环境，国际标准化组织于 1998 年 1 月正式将其批准为国际标准。按照 Web3D 协会的定义，VRML 是一种用于在因特网上构筑 3D 多媒体和共享虚拟世界的开放式语言标准。它是一种基于文本的、在因特网和 Web 超链接上的、多用户交互的、独立于计算机平台的通用建模语言，是一种在网络上使用的描述三维环境的场景描述语言，是 HTML 的 3D 模拟，可以描述虚拟世界（Virtual World）的显示、交互及网络互联。

VRML 的应用范围相当广泛，包括科学研究、教学、工程、建筑、商业、娱乐、广告、电子商务等，已经被越来越多的人们重视。VRML 的工作原理包括节点和场景图结构、VRML 文件和浏览器解释、事件驱动机制和传感器、动画的实现和内插器 4 个主要部分。

（1）节点和场景图结构

VRML 是一个基于对象的语言，它提供 3D 空间中描述对象的格式，称为节点（Node）。节点可以与面向对象程序设计语言中的对象相对应，每个对象节点都有共同的属性，如类型、名称和收发设置字段信息的能力。VRML的一个好处就是当定义一个节点时，总是包含一个可视的有形的结果。

VRML 2.0 使用场景图（Scene Graph）数据结构来建立3D实境。VR中的对象及其属性用节点描述，节点按照一定规则构成场景图，也就是说，场景图是境界的内部表示。场景图是一种代表所有3D世界静态特征的节点等级：几何关系、质材、纹理、几何转换、光线、视点以及嵌套结构。无论是CAD、建模、动画、VR，还是VRML，它们的结构核心都有场景图。场景图中的第一类节点用于从视觉和听觉角度表现对象，它们按照层次体系组织起来，反映了境界的空间结构。另一类节点参与事件产生和路由机制，形成路由图（Route Graph），确定境界随时间的推移如何动态变化。

在VRML场景中通过把节点分组生成场景图来组织虚拟世界的布局和功能。VRML提供了许多预定义的节点，例如从场景元素继承特性生成的对象库，它还可以使你通过原型派生和使用自身的节点。在场景图分层结构中，子节点从它的每个父节点继承如位置方向等特性。

（2）VRML文件和浏览器解释

VRML文件可以包括下列4个主要成分：VRML文件头、原型、造型和脚本、路由。并不是所有的文件都包括这些要素，唯一必需的是VRML文件头。VRML文件是以扩展名为wrl结尾的一种用来描述几何形体的ASCII文本文件，它不需要任何编译，直接由浏览器解释执行。

VRML的设计是从在Web上欣赏实时3D图像开始的。VRML文件的解释、执行和呈现通过浏览器实现，这与利用浏览器显示HTML文件的机制完全相同。浏览器把场景图中的形态和声音呈现给用户，这种视、听觉呈现就是所谓的VR。当用户打开VRML文件时，系统首先装入一个内嵌的VRML浏览器，该浏览器将VRML语言中的信息解释成空间中目标的几何形体描述，如长方体、球体等三维物体，实时显示在用户的计算机上，形成活动场景的感觉。

VRML的访问方式是基于客户机/服务器模式的。其中，服务器提供VRML文件及支持资源，客户端通过网络下载希望访问的文件，并通过本地平台上的VRML浏览器交互式地访问该文件描述的VR。由于浏览器是本地平台提供的，从而实现了平台无关性。

（3）事件驱动机制和传感器

与面向对象编程技术相似，VRML通过一个对象向另一个对象发出某个操作消息而实现对象之间的相互作用。VRML在两个要传递消息的节点之间创造一个路由（或称为路径），于是，第一个节点就可以通过路由传递消息给第二个节点。这样的消息称为事件（Event），它包含的是一个值，即节点内需要传递的某个域值。当一个节点接收到某个事件时，它将根据新得到的域值，去进行一次数据更新，从而可能引发某个动作。通过绑定多个节点，就可以创建出复杂的线路，从而使创造出的世界充满动感和交互性。

传感器（Sensor，或称检测器）是VRML中提供交互能力和动态行为的基元。一个具有动态能力的节点需包含传感器。它们提供了用户与虚拟世界中的物体进行交互的机制：根据时钟或者用户的动作，它们可以产生一个相应的事件，这事件沿着事先设定好的路由传递下去，从而使得虚拟世界对用户做出反应，实现交互。

（4）动画的实现和内插器

当VRML在播放动画时没有一个固定的帧速率，如果动画是由时钟传感器（Time Sensor）节点驱动的，它就可以确保动画在固定的周期间隔（Cycle Interval）时间内完成，这样做的好处是可以使动画与声音或其他时间固定的媒体同步。VRML动画的另一个特点是，用户在一个虚拟世界中漫游时，他可以从各种角度来观察动画，而要完成一个复杂的从所有视点来看都成功的动画是很困难的。因此，VRML动画比普通动画更吸引人。

插补器（Interpolator，或称插补程序）是实现动画的重要手段之一。通过一个被启动的时钟传感器节点，不停地向插补器提供时间消息。插补器一旦接收到一个时间消息，就会结合其内的关键时刻列表，从自己的关键值表中，通过线形插值的算法，得到一个当前关键值，并经过路由送至变换（Transform）节点的相应域，从而实现动画。

6.3.3.2　SVG基本概念及其优点

可缩放矢量图形（Scalable Vector Graphics，SVG）是由W3C在2000年制定的基于可扩展标记语言（XML）来描述二维矢量图型的一个开放标准。使用SVG可以在网页上显示出各种各样的高质量的矢量图形，包括许多图像处理中常见的功能，如图形、文字、动画、颜色、滤镜效果等。SVG严格遵从XML语法，并用文本格式的描述性语言来描述图像内容，可扩展性很强，能够描述任意复杂的图像。因此SVG是一种和图像分辨率无关的矢量图形格式。

SVG具有以下优点：

1）SVG是纯XML的，是一个开发标准，能够得到更迅速的开发和应用。

2）作为基于文本的格式，SVG图像中的文字也是文本格式（而目前图像和动画中的文字实质上都是图像），同时可以很好地跨平台工作。

3）SVG图像是矢量图像，可以任意无损缩放，并以任何分辨率高清晰打印，具有文件量小、可无级缩放的优点。

4）SVG图像可以由程序语言来动态地生成，对于一些数据库制表非常实用，在线图像可以根据后台数据库中的关系量实时地改变。

5）SVG与现有的Web技术可以互相融合（如与HTML、GIF、JPEG、PNG、SMIL、ASP、JSP集成），SVG文件还可嵌入JavaScript脚本来控制SVG对象。

6）SVG完全支持DOM（文本对象模型），SVG以及SVG中的对象可以通过脚本语言接受外部事件的驱动，制作交互式的图像和动画。

7）SVG图形格式支持多种滤镜和特殊效果，SVG在不改变图像内容的前提下可以实现位图格式中类似文字阴影的效果。

SVG面临的主要问题是与非开放式的Flash竞争以及SVG的本地运行环境的厂家支持程度。SWF（Shockwave Format）文件格式是Flash的输出文件格式。某种意义上，SWF与SVG有许多惊人的相似之处，如文件小、传输方便、矢量化图形等。在某些方面，SVG仍比SWF略胜一筹。

1）与网页整合能力强：SVG本身就是网页一部分，作为XML的子集，可以使用所有Web元素，因此在整合性方面，SWF几乎不能与SVG匹敌。

2）采用标记性语言，易学易用：SVG基于XML，是一种标记性语言。可以采用类似HTML的标记方式，借助简单的文本编辑器实现SVG编程。

3）支持二次编辑：SWF 文件一旦输出就无法修改。SVG 文件则可以由文本编辑器打开，随时进行二次编辑。

4）文字与字体分离：SVG 中把所需字体的轮廓与字体本身分离，两部分内容作为逻辑上相对独立的部分嵌入到同一个 SVG 文件中。

5）采用公开的标准：SWF 的第三方支持较少，而 SVG 是 W3C 制定的公开格式，使该标准更加科学和强大，未来将会有更多的软件支持 SVG 格式。

6.3.3.3 基于 VRML/SVG 标准的网络传输轻量化

VRML 和 SVG 都是因特网环境下的 3D 建模语言标准，利用这两种标准建模语言，能够以文本方式描述图形和多媒体信息，大大减小信息文件的体积，以轻量化的方式描述 3D 模型信息，从而促进网络环境下的 CAD/CAM 信息传递。

1. 基于 VRML 的网络传输

VRML 以其文件体积小、实时着色、全方位的观看效果等优势而逐渐成为新一代的网络三维技术，在建筑、天文、机械制图等领域应用得非常广泛。VRML 以因特网作为应用平台，最有希望成为构筑虚拟现实应用的基本构架。

（1）文本格式传输

VRML 用文本信息描述 3D 场景，在因特网上不需要传输大量的图像文件，在本地机上由 VRML 的浏览器自动进行计算、加工、着色等处理，解释生成三维场景，解释生成的标准规范即是 VRML 规范。由于文本描述的信息在网络上的传输比图形文件迅速，所以 VRML 避开在网络上直接传输图形文件而改用传输图形文件的文本描述信息，使传送的信息量将大为减少，把复杂的处理任务交给本地机从而减轻了网络的负荷，解决了网络传输速度的瓶颈问题。

（2）统分结合模式

VRML 的访问方式基于 C/S 模式，其中服务器提供 VRML 文件，客户通过网络下载希望访问的文件，并通过本地平台的浏览器（Viewer）对该文件描述的 VR 世界进行访问，即 VRML 文件包含了 VR 世界的逻辑结构信息，浏览器根据这些信息实现许多 VR 功能。这种由服务器提供统一的描述信息，客户机各自建立 VR 世界的访问方式被称为统分结合模式，也是 VRML 的基本概念。由于浏览器是本地平台提供的，从而实现了 VR 的平台无关性。

（3）基于 ASCII 码的低带宽可行性

VRML 像 HTML 一样，用 ASCII 文本格式来描述世界和链接，保证在各种平台上通用，同时也降低了数据量，达到了信息的轻量化描述的目的，从而实现在低带宽的网络上传输图形信息。

当前的工程很大程度上要依赖于图形工具，以便直观地显示各种产品，目前 CAD/CAM 已经成为机械、建筑等领域必不可少的软件工具。利用 VRML，只需传输用 VRML 描述的小型指令性数据集，就可以完成图像和动画传输，避免了在介质中传输内容大得惊人的图像和动画文件。因此，VRML 大大削减了三维模型的设计、交流和发布的成本，提高了工作效率。

2. 基于 SVG 的网络传输

SVG 作为矢量图像格式，同样具备了矢量图的诸多优点。它由计算机根据矢量数据计算后绘制而成。矢量图像具有文件量小、可无级缩放的优点，适合于网上传播，所以 SVG

更适合在网络中传输和应用。

SVG 的绘图可以通过动态和交互式方式进行，在实际操作中，则是以嵌入方式或脚本方式来实现的，SVG 提供了强大的其他语言支持能力。

这些特性使得 SVG 在网络环境下直接使用并被浏览器终端所识别，在互联网上将畅通无阻；同时，矢量化的图像文件使 3D 图形的描述更加轻量化，也更加易于在低带宽的网络条件下传输。因此，SVG 比起采用二进制文件格式不能与其他网页语言兼容的位图、FLASH、传统多媒体电影更胜一筹，是网络环境下 CAD/CAM 信息传递的重要手段之一。

6.3.4　网络传输的数据压缩技术

科学家在研究中发现，大多数信息的表达都存在着一定的冗余度，通过采用一定的模型和编码方法，可以降低这种冗余度。霍夫曼（D. A. Huffman）于 1952 年第一次发表了他的论文《最小冗余度代码的构造方法》（*A Method for the Construction of Minimum Redundancy Codes*）。从此，数据压缩开始在商业程序中实现并被应用在许多技术领域。

数据压缩（Data Compression），是指在一定的数据存储空间要求下，通过减少计算机中所存储数据或者通信传播中数据的冗余度，将相对庞大的原始数据，重组为满足空间要求的数据集合，使得从该数据集合中恢复出来的信息，能够与原始数据相一致，或者能够获得与原始数据一样的使用品质，达到增大数据密度，最终使数据的存储空间减少的技术。

数据压缩与编码技术联系紧密，压缩的实质就是根据数据的内在联系，将数据从一种编码映射为另一种编码。压缩编码的理论基础是信息论，压缩是去掉信息中的冗余部分，即确定的或可推知的部分，用一种更接近信息本质的描述来代替原有冗余的描述。压缩前的数据要被划分为一个一个的基本单元，这些基本单元称为源消息，所有的源消息构成源消息集。源消息集映射的结果为码字集。

数据压缩的一般方法，可以包括图 6-11 所示的 3 个主要步骤：

图 6-11　数据压缩的一般步骤

1）建模表达：建立一个数学模型，以便能更紧凑有效地重组原始数据，使其更加具有规律性。

2）二次量化：为区别对原始信号数字化时的量化过程。

3）熵编码：对模型参数的量化表示或消息流进行码字分配。

对于数据压缩技术而言，最基本的要求就是尽量降低数据冗余，同时仍保持一定的信号质量。数据压缩的方法有很多，但本质上不外乎完全可逆的冗余度压缩和实际上不可逆的熵压缩两类。

数据压缩可从数据压缩速度和数据压缩率两方面来衡量。当数据压缩应用于网络传输时，主要考虑速度快慢；当数据压缩应用于数据存储中，主要考虑压缩率，即压缩后数据的大小。这两方面是相辅相成的。

数据压缩常用的评价标准有冗余度、平均源信息长度、压缩率等。一种编码方式是否较好，主要看该编码的冗余度是否最小。

目前，操作简单、使用方便、功能强大的数据压缩工具有很多，最常见的数据压缩工具是 WinZip 和 WinRAR。

6.4 网络化 CAD/CAM 系统的数据集成技术

6.4.1 共享文件的网络化数据集成实现方法

共享文件是一种常见的实现多个不同信息处理模块间的数据集成技术。共享文件也是表达产品设计和制造信息的一种数据文件，只是共享文件采用某种中性格式，而实际需要集成的 CAD 和 CAM 系统则有其各自的数据格式。图 6-12 所示的几个设计和制造分系统，它们都有各自的数据格式，分别处于网络环境下的不同区域中，实现这几个分系统之间的数据集成采用了共享文件的方式。图中，设计系统 1、加工系统 1、加工系统 2、加工系统 3 之间通过中性文件 S 进行数据交换和共享，各个分系统与共享文件之间都有标准的输入输出接口，从而在网络环境下，实现了多个系统间的数据集成。

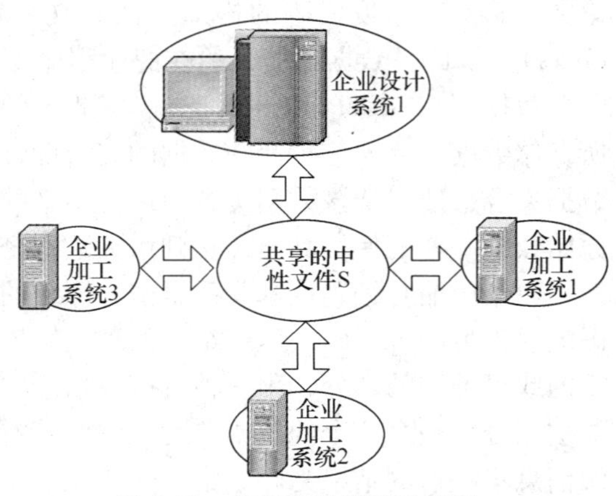

图 6-12 共享文件使用示意图

事实上现代企业进行产品的开发和研制都遵循图 6-12 中所示结构，这些企业多处在所谓的核心企业位置，它们提供设计图纸实现异地的加工和制造，这也能够充分发挥参与协同设计各方的优势，将在异地完成的设计，拿到具有加工优势的地方进行加工制造。这就更加需要 CAD/CAM 数据实现集成，使数据文件能够被异地多点的加工中心共享。

目前，实现异构系统间产品数据交换的基本方法有点对点的数据交换、通用的数据格式数据交换和交换平台式产品数据交换 3 种。

（1） *点对点的数据交换*

点对点的数据交换，为集成系统内部特定的两个 CAX 软件建立专用的数据格式转换接口模块。由于目前缺乏有效的产品数据表达方式，转换过程中数据定义和表达的不同，将产生产品信息的损失。

即使产品数据信息交换时的信息损失能够满足要求，一对一的产品数据交换接口的开发工作量也太大，假设 N 个 CAX 系统，显然其总接口模块数为 $N\times(N-1)$ 个，当新的 CAX 系统不断出现时，必须不断为之补充 N 个新的数据转换接口，因此这种方案的集成性较差。

（2） *通用的数据格式数据交换*

通用的数据格式是采用一种大家广为认同的 CAX 数据格式，或者建立一个国际标准。这种方法已经被 CAD/CAM 系统广泛采用。为了便于交换数据，不同的应用 CAD 软件都尽可能地采用较为通用的信息输入输出形式。从 IGES 标准开始，STEP AP203 成为标准以后，许多 CAD/CAM 软件分别向其靠拢，采用了 STEP（AP203）的格式。它是一种三维的产品数据模型，描述了产品的几何与拓扑信息。

基于通用数据格式的信息集成提供统一形式和统一格式的中性数据或接口，CAX系统进行集成时，只需做一次开发，就可以与其他所有完成了相同开发工作的应用系统进行数据交互和共享，从而实现与多个应用系统的集成，使CAX系统间的信息集成具有通用性。

标准数据交换格式的文件通常都能够表达丰富的产品信息，能够实现不同应用系统之间数据表达的需求，然而这些标准格式的文件都只能够存储数据信息，通过标准格式文件实现的集成也只能在系统之间共享和传递数据信息，而不能实现不同系统之间的即时通信和功能调用，因此不能实现系统之间的互操作，集成程度不很紧密。

（3）交换平台式产品数据交换

交换平台式产品数据交换方法在平台的基础上建立与各个CAX系统的接口，通过平台实现异构CAX系统之间的数据交换。

目前，有很多学者在研究交换平台的建立，北京航空航天大学工业与制造系统系也在这方面做了很多工作，他们利用特征技术架构的异构集成平台，采用基于产品特征及其关系的动态的数据交换方案。动态产品数据交换平台如图6-13所示，在这个平台内部采用基于特征关系的产品特征模型，并采用动态的数据交换机制以保证产品数据信息的完整性与适应性。平台上建立了与不同CAX之间一一对应的产品数据转换接口，这一接口不涉及具体CAX系统内部结构和算法，因此开发工作可以由用户自己完成。一个CAX系统仅与一个转换接口对接，一旦建立了这种数据交换平台，不同CAX系统之间的集成开发工作量大大减少，使这一异构集成方案具有良好的集成性，适应于现代网络环境以及异构环境下CAX软件的迅速发展。

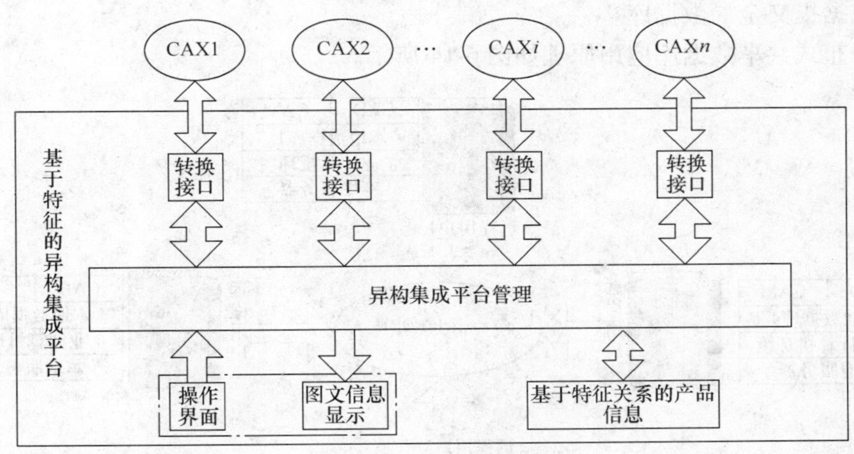

图6-13　动态产品数据交换平台

图6-13中，转换接口是平台与具体CAX系统之间的双向通信接口。它完成具体CAX系统向平台以及平台向CAX系统的数据解释和传递工作，具体的CAX系统需要通过接口向平台内部传达特征信息，同时把特征之间的关系进行分析与运算的结果存入平台，实现具体CAX系统向平台产品数据格式的转换。平台通过接口向具体CAX系统内部传递特征的具体几何定义以及特征的操作方式，完成产品信息在CAX系统内部的表达，实现平台产品数据格式向具体CAX系统内部格式的转换。基于特征关系的产品数据交换平台模型的本质是在产品信息的表达与传递在“高层次”上进行的，即在保证正确的特征关系的前提下在特征

以及特征拼装的层次上，而不是在几何层次上进行。

此平台是以特征关系为核心的数据交换方式，而非数据文件为中心的交换方式，避开了具体的CAX系统之间的差异，双向的数据传送过程不仅仅是一个映射过程，也是数据的再加工过程，它可有效地克服由于CAX系统升级而引起的产品数据文件变化的问题。

6.4.2 基于Web共享数据库的作用及其应用

数据库技术是实现信息共享的一种方法，也是实现数据集成的一个重要途径。

单一集中式的数据库是最初级的数据集成方式，也是最简单的数据库共享模式。单一数据库可以直接为各CAX系统服务，该数据库中用于交换的各种数据包括产品的设计信息、工艺与制造信息，还可以包括为生成工艺与制造信息所用到的企业资源数据、管理数据、组织数据以及用户数据。分布式数据库是在单一集中式数据库的基础上发展起来的，是数据库技术与计算机网络技术结合的产物。它允许将其常用数据存在本地，实现就地存放、就地使用，降低通信费用，提高响应速度。同时，分布式数据库可以将数据分布在多个节点上，增加适当的冗余，可以提高系统的可靠性。分布式数据库系统结构的特点使它和集中数据库相比有利于改善性能，可用性好、可扩展性好，为扩展系统的处理能力提供了较好的途径。

为满足集成和分布式要求，常常采用集中分布式的数据模型。将需要共享并集中管理的数据存放在中央全局数据库中，通过为数据库管理系统设置集中统一的逻辑规则，保证数据的一致性和完整性，提高数据集成度并减少数据冗余。各个功能模块的内部数据库和未经加工的原始数据分布于各站点的局部数据库中，由功能模块负责管理维护，仅将必要的处理结果和共享数据提交全局数据库。

集中分布式共享数据库应用原理如图6-14所示。

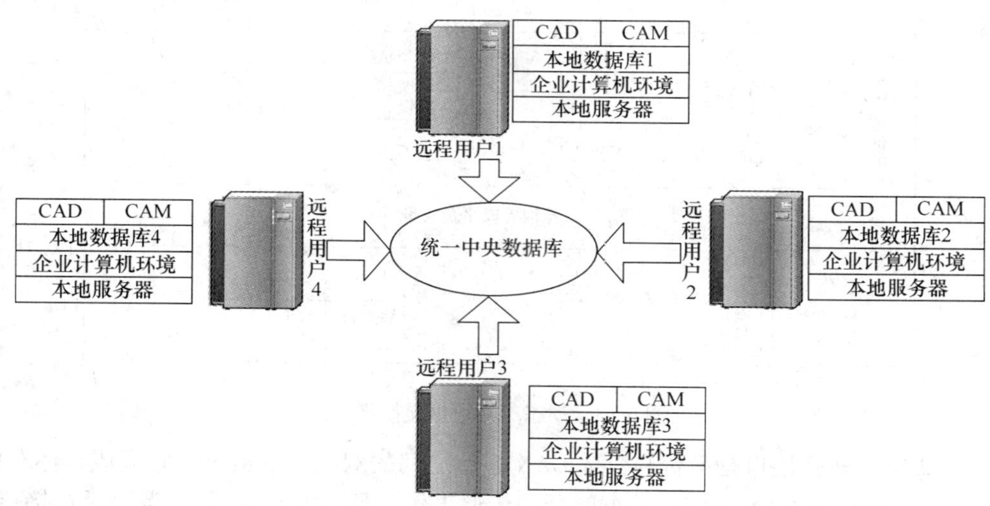

图6-14 集中分布式共享数据库应用原理示意图

图6-14中，在分布式网络环境下，采用的共享数据库是基于网络的分布式数据库，数据库物理上呈分布状态，数据分布在多个节点上，逻辑上具有相关性，数据之间具有联系在一起的共同特性。这种分布式数据库模式减小了系统的数据组织与管理难度和C/S之间的数据流量，减轻了网络传输压力，提高了通信响应速度。

事实上，由于 Web 技术的发展以及数据库技术几十年的发展，各种数据库系统，如 SQL Server、Oracle、Sybase 等，完全具有了对大量数据进行有效的组织管理和快速查询的检索功能。因此，将 Web 技术与数据库技术结合，开发动态的 Web 数据库应用，成为研究的必然趋势。网络数据库的应用一般可以采用两种做法：一种是在 Web 服务器端提供中间件连接 Web 服务器和数据库服务器，另一种是把应用程序下载到客户端直接访问数据库。Web 数据库的应用结构如图 6-15 所示。

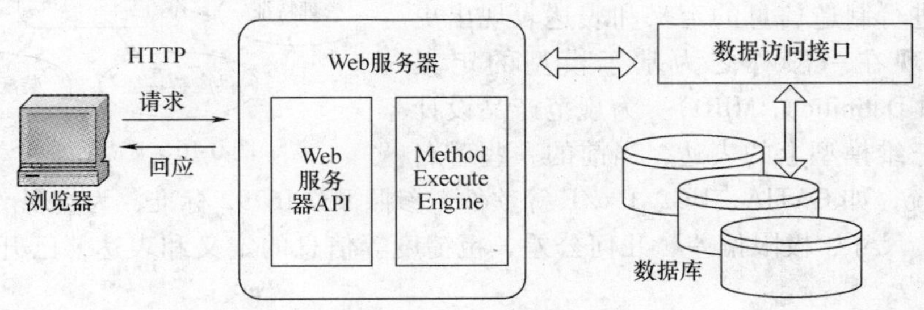

图 6-15　Web 数据库应用的一般结构

中间件负责管理 Web 服务器和数据库服务器之间的通信并提供应用程序服务，它能够直接或调用外部程序或脚本代码来访问数据库，因此可以提供与数据库相关的动态 HTML 页面，或执行用户查询，并将查询结构格式转化成 HTML 页面，通过 Web 服务器返回给浏览器。最基本的中间件技术有通用网关接口（CGI）、ASP（Active Server Pages）、应用程序接口（API）和 JDBC 技术 4 种。

6.4.3　基于统一产品信息模型的网络化数据集成

产品设计是开展后续相关制造活动的基础，其对工艺设计、制造执行以及供应过程等产品生命周期下游过程具有重要的影响，下游活动大量信息产生于产品设计阶段，要保证各种应用系统的无缝集成以及产品全生命各个阶段信息的统一，需要构建一个面向产品全生命周期、规范化、标准化和一致表达的统一信息模型，这是实现网络化数据集成、异构平台协同作业的必然要求。

构建能支持产品全生命周期的统一产品信息模型是解决网络化集成的基础。eP^3R（extended Product，Process，Plant，Resource）是一个由北京航空航天大学建立的统一产品信息模型。通过从面向制造的角度对产品生命周期过程涉及的相关信息进行深入分析与总结，采用多维度建模方法，即从信息的通用性维度、信息生命周期维度以及信息的服务维度，对产品设计制造等过程所涉及的产品、工艺过程、生产厂（外协）和资源 4 类核心对象和项目、计划和实例等扩展对象以及这些对象之间的关系，进行统一的定义与描述，并运用过程描述语言（Process Specification Language，PSL）和 XML 对工艺过程等过程信息进行统一的描述与表达，从而实现用统一的产品信息模型，将复杂的产品设计制造数据结构关系和时序关系，在本体语义下进行标准化和中性化的描述。

对于产品而言，结构、零部件尺寸、配合、材料等是产品开发下游活动的重要输入。这些信息种类多、数据量大，为保证产品信息能准确、规范与标准地传递，特征信息建模方法是一种有效途径。可将产品特征信息分为管理特征、材料特征、质量特征、功能特征、检测特征、供应能力特征、装配特征等信息，并按照信息层次和粒度分别与产品零件模型、几何形状、零件间配合要求等进行关联。产品特征分类如图6-16所示。

图6-16 产品特征分类

二维工程图是长期使用的产品设计制造信息表达方式，随着产品种类增多和复杂度的提高，三维建模、设计和分析、仿真等技术的发展，应用三维模型进行制造信息的定义和表达表现出更大的优势，现在一般称之为基于模型的定义（Model Based Definition，MBD）。为规范产品设计制造信息在三维模型上的表达，当前的一些著名CAD软件系统，如CATIA、UG、Pro/E等软件，参照ISO 16792标准，为实现产品设计制造相关的注释、尺寸、极限偏差、几何公差、粗糙度等信息的定义和表达，已开发三维标注工具。

应用特征信息建模方法和基于模型的定义进行产品信息建模时，可采用三维实体模型和（或）轻量化模型结合的方式进行面向制造的产品信息表达。实体模型可以弥补轻量化模型难以用于分析、仿真等过程的不足，而轻量化模型便于传输，易于实现网络化环境中的设计制造并行协作和信息共享。例如，在产品设计中可以基于三维实体模型进行定义，将产品本身的制造、装配、仿真等相关信息采用MBD思想进行定义，定义和描述方法的规范可保证所定义信息能在产品开发下游的各个集成系统中方便调用，并保证信息在全生命周期的一致和准确。而对于协同过程中示意图的传递、装配现场的可视化指导等，均可采用基于实体模型生成的轻量化模型。轻量化模型一方面保证其定义的信息集能全部保留到轻量化模型中，不会导致定义信息丢失，从而保证各个阶段仍能获取其原始定义的数据，满足其相关需求；另一方面由于轻量化模型采用面片化“去心”处理，将实体模型中的内部实体去除，大大减小了其模型的大小，从而易于网络传播，方便协作与共享。

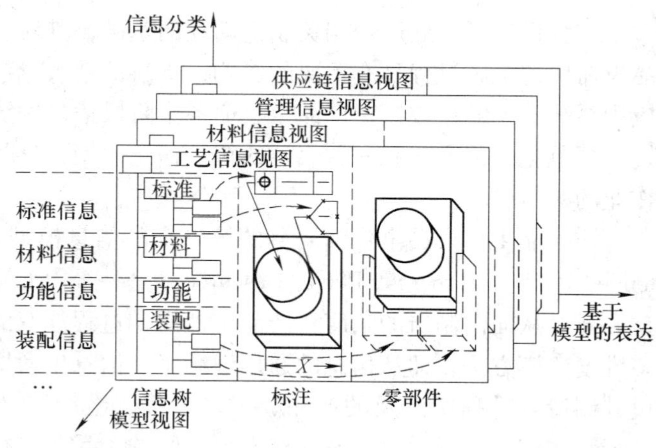

图6-17 基于模型定义的信息表达

在基于模型的定义和表达中，可根据产品设计下游活动、信息类型、设计要求选择模型的种类，图6-17是从制造活动角度来划分集成信息在模型中的视图，并在相应视图上通过信息树、标注、模型等形式建立制造信息与相关产品、零件或者几何形状的联系。在制造信息的应用和传递过程中，根据活动所需视图的信息模型，从单一数据源组织数据视图，生成用于传递的集成数据中性文件，保证信息的完整性和一致性。

基于统一产品信息模型（eP^3R）的建模方法在设计过程中，能够从本质上反映产品设计所包含的信息以及这些信息与下游活动的关系，利用特征建模的设计方法将产品信息进行标准化和规范化地组织，通过基于模型的定义方式来实现产品信息的完整定义，并将产品信息按过程视图、信息类型进行有效表达，从而形成了一套能够支持网络化集成的模型构建体系。

6.5 网络化 CAD/CAM 系统的过程集成技术

6.5.1 网络化 CAD/CAM 系统集成的运行过程流分析

CAD/CAM 系统集成，是把 CAD、CAM 系统有机地结合起来，用统一的执行控制程序来组织各种信息的提取、交换、共享和处理，以保证各系统间的信息流通畅、数据共享和交换以及系统之间的通信操作。通过 CAD/CAM 系统集成的应用，保证产品开发过程的顺利高效运行。

传统的 CAD/CAM 系统是一种串行的工作方式，它主要使用 CAD 进行产品设计，并把 CAD 的数据转换为 CAM 可以接受的格式，使用 CAM 进行后续的工作，从而实现 CAD、CAM 间产品信息的共享。并行工程（Concurrent Engineering，CE）的产品开发模式是对传统产品串行开发模式的一次变革，其主要思想是集成地、并行地设计产品及其过程的系统化方法，它要求产品开发人员在设计的一开始就考虑产品生命周期中的各种因素。并行工程作为一种有效的过程集成模型，已经成为先进制造技术研究领域的热点之一。并行工程在 CAD/CAM 信息集成的基础上，实现 CAD/CAM 系统过程的重构、集成和优化。并行工程把传统的串行产品设计、开发过程转变为并行模式。

传统的产品开发模式中，设计与加工生产是两个独立的功能部门，缺乏数字化产品定义、DFX 工具和产品数据管理，缺乏支持群组协同工作的计算机与网络环境。并行工程思想的提出，为 CAD/CAM 一体化研究提供了新的思路，使 CAD/CAM 向集成化、网络化和智能化的方向发展。在并行工程环境下，CAD/CAM 集成系统将利用并行工程的原理，在设计阶段就考虑产品生命周期其他阶段的问题，以优化产品的开发过程，串行与并行的产品开发过程对比如图 6-18 所示。并行工程采用各种 CAX、DFX 工具考虑设计对象的可制造性、可装配性、可维护性、质量和环境等问题，避免返工，缩短开发时间，使产品设计开发一次成功。CAD/CAM 系统集成的并行过程是产品信息集成和开发过程集成的统一。

CAD/CAM 系统集成的并行过程是由各种技术相互结合实现的，包括产品开发过程建模、仿真与优化分析、产品生命周期数据管理、各种 CAX/DFX 技术。在并行工程环境下，利用这些技术来描述、分析与规划、管理和维护产品开发过程，即在建立了支持产品全生命周期各个阶段业务需求的统一信息模型的基础上，带动过程模型的建立。

基于并行工程的 CAD/CAM 过程集成可以适时、动态地进行信息交换，打破产品开发过程的时空界限，并能对企业进行远程管理与监控，实现异地协同产品设计、开发和试验以及仿真等。

6.5.2 网络化过程模型的概念与建立方法

产品开发过程是一个将工程技术、方法、工具和人员集成并付诸实践的活动集。产品开发过程模型是对产品开发过程的合理定义与描述，是产品开发过程研究和应用的首要问题；

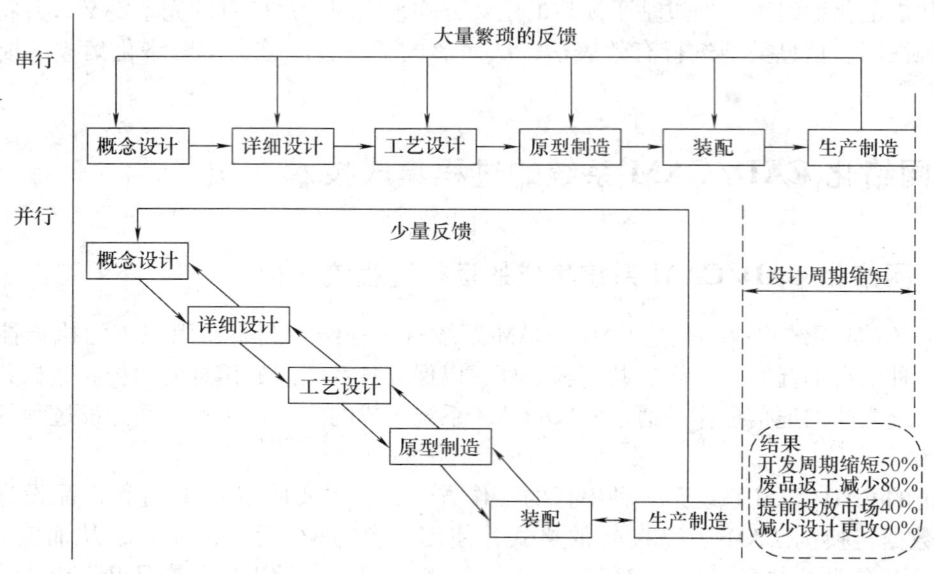

图 6-18 串行和并行的产品开发过程对比

产品开发过程模型可以看做是制造企业经营过程，而且是企业的核心活动。

过程建模的作用主要是完成产品开发过程的计算机化的定义，利用一个或多个建模方法以及相应的建模工具，完成实际的产品开发过程到计算机可处理的形式化定义的转化。

当前，对应于各种已有的过程建模方法，存在数量众多的商品化过程建模工具系统和实验室原型建模系统。这些系统有的是基于单一的过程建模方法，有的则是基于多种过程建模方法。应用比较广泛的有 IDEF3、工作流过程建模技术、基于 Petri 网的过程建模技术、基于集成多视图的过程建模技术和过程规范语言（PSL）等，具体介绍参见第 3.2.3 节。

6.5.3 同构网络化 CAD/CAM 系统的过程集成

在同构网络化 CAD/CAM 系统中由于采用统一的标准，应用面向对象技术建立了相同的产品数据模型，因此系统中各个子系统之间通过规范一致的接口形式进行集成，这在各个 CAD/CAM 软件内部集成体现得更加明显。

例如，CAXA 软件是由北京北航海尔软件有限公司自行研制开发的 CAD 软件，它基于特征造型技术，结合三维 NURBS 曲面造型，创造复杂形体，效果逼真，实现零件的“未造先得”，直接观察零件的实际效果。实现二维、三维实体造型集成，转换设计空间，生成完备的工程图纸，尤其是三维造型的实现，奠定了该系统实现 CAD/CAM 集成的基础。下面通过摩擦楔块锻模的加工进行说明，该锻模零件的造型实体图如图 6-19 所示。

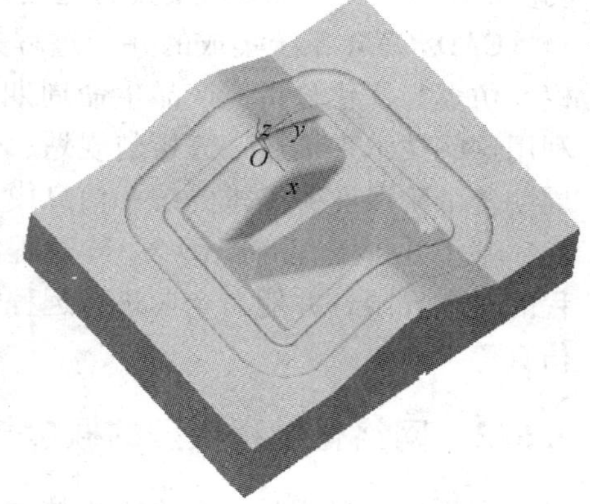

图 6-19 摩擦楔块锻模造型实体图

该产品零件的开发过程如下：

（1）零件数据准备

系统自设计和造型功能或通过数据接口传入 CAD 数据，如 STEP、IGES、SAT、DXF、X-T 等；在实际的数控加工中，零件数据不仅仅来自图纸，而且还通过测量或标准数据接口传输等方式得到。需要准备的数据包括加工刀具及切削参数设定、NC 系统后置设置，以及加工范围设定。

（2）锻模的知识加工

CAXA 制造工程师专门提供了知识加工功能，针对复杂曲面的加工，为用户提供一种零件整体加工思路，用户只需观察出零件整体模型是平坦还是陡峭，便可运用系统所提供的加工知识和经验，快速地完成加工过程。这些知识包括：

1）知识库参数设置。

2）粗加工模板参数设置。

3）半精加工模板参数设置。

4）精加工模板参数设置。

5）知识加工操作。

在锻模知识库模板参数设置的基础上，选择参数文件、零件的整体特征以及零件加工过程的加工轨迹、加工代码以及加工工艺单。

（3）G 代码生成与轨迹仿真

CAXA 制造工程师在各种参数设置后，可直接生成曲面加工的 G 代码数控指令，并可以利用轨迹仿真模块进行加工轨迹仿真。加工轨迹仿真有 3 个作用：一是可以看到加工的真实过程；二是可以检查轨迹有无过切；三是可以告诉机床的操作者，要加工工件的什么部位，刀具是怎样进行加工的。图 6-20 是加工仿真结果示意图。

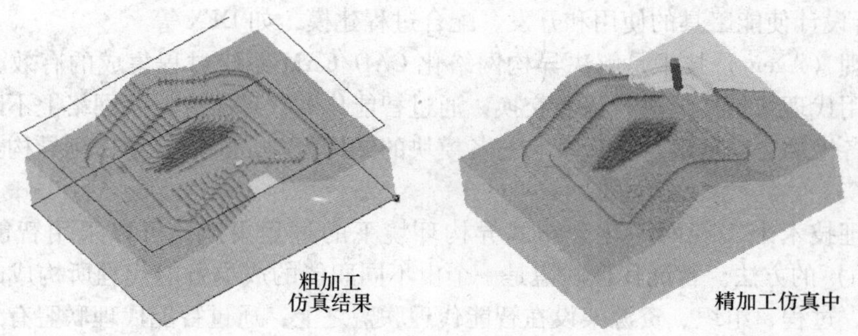

图 6-20 加工仿真结果示意图

（4）生成加工工序单

生成加工工序单的目的有 3 个：一是车间加工的需要，当加工程序较多时可以使加工有条理，不会产生混乱；二是方便编程者和机床操作者的交流；三是车间生产和技术管理上的需要。加工完的工件的图形档案、G 代码程序可以和加工工序单一起保存，以后如需要再加工此工件，可以立即取出来就加工，不需要再做重复的劳动。生成的结果见表 6-2。

表 6-2 加工轨迹明细单

序号	代码名称	刀具号	刀具参数	切削速度	加工方式	加工时间
1	t1. cut	0	刀具直径 = 10.00 刀角半径 = 5.00 刀刃长度 = 30.00	10	曲面区域	3113min
2	t. cut	0	刀具直径 = 10.00 刀角半径 = 5.00 刀刃长度 = 30.00	10	粗加工	1980min

通过上例可以看出，同构软件系统的集成是在统一的产品过程模型基础上，利用 CAD 生成的数据实现其 NC 系统及工艺图表系统（具有一定的 CAPP 功能），不需要与外部系统的数据进行交换。

6.5.4 异构网络化 CAD/CAM 系统的过程集成

在大型复杂的产品开发和研制全过程中，往往涉及不同的异构信息，随着 CAD/CAM 技术的不断发展，各个 CAD/CAM 软件的完善以及新的 CAD 软件的出现，不同的 CAD/CAM 软件在竞争中不断追求各自的特色，形成了 CAD/CAM 系统明显的异构性。异构网络化 CAD/CAM 系统的过程集成成为当前集成技术研究的一个热点，它应该解决的技术问题包括：

1）过程的建模和重构，分析各种开发过程和计算机辅助工具特点，尽可能地将串行作业改为并行作业。

2）以计算机网络和产品数据管理为支持环境，以计算机辅助设计为手段，建立协同工作环境。

3）并行设计使能工具的使用和开发，配合过程建模，如 DFX 等。

智能代理（Agent）技术是解决异构网络化 CAD/CAM 系统过程集成的有效方法，因为代理技术使用代理通信协议进行信息交换，通过智能化的代理服务器从网络上不断取回所需信息，实现各模块之间的信息集成，它与各模块的结构无关，因此容易做到异构集成，并适应分布式环境。

利用代理技术来实现网络化分布式异构环境下的过程集成，可以采用智能代理联盟（Agent Union）的方法。智能代理联盟是一个由不同职能的成员智能代理所构成的协作开发环境，项目、过程、组织、资源架设在智能代理联盟之上，通过智能代理联盟有效地组织起来，从而实现产品的协同开发。智能代理联盟为集中式结构，由接口智能代理、总体智能代理、项目智能代理、产品智能代理、资源智能代理、组织智能代理、监控智能代理、协调智能代理组成，总体智能代理为智能代理联盟的核心。这样，通过定义不同性能、不同地理位置的智能代理，可以组成一个有机的整体，协同进行工作。

目前，企业应用的一些 CAD/CAM 系统，主要是针对产品全生命周期中某些阶段的解决方案，难以支持企业作为一个整体来获得更高的效率、取得更多的创新以满足客户的特殊需求，企业迫切需要一种将这些单独的系统集成到一起的企业信息化策略。通过网络化集成，达到信息共享和数据集成越来越成为众所关注的关键问题。面向产品全生命周期建立产品的信息模型并进行全程管理是一种战略方法，其将产品的开发设计与制造以及经营销售作为一个统一的过程，支持过程和数据的集成。要实现在总的目标驱动下，面向产品生命周期进行动态的过程优化（也是目前过程建模的重要理论）需要以下步骤的工作来完成。

（1）基于统一产品信息模型的异构网络化集成

实现集成的关键技术之一是建立产品信息模型。然而在产品生命周期中，产品数据产生于企业的多个业务过程和不同部门，并为多个业务过程和不同部门所使用。产品需要通过由项目、物料和资源所构成的生产要素在时间和空间、技术和商务等多个方面、多个层次进行业务协作及协同而产生，这就对企业的产品数据和产品过程数据的完整、全面和标准化的表达，以及对它们的集成管理提出了更高、更新的要求。

支撑整个产品生命周期业务过程的统一产品信息模型是实现异构网络化集成的关键。因为统一产品信息模型从产品全生命周期所包含的信息内容及其关系入手，将产品全生命周期的信息进行统一定义和标准化，保证了产品信息的完整、单一与规范。统一产品信息模型不仅涵盖了产品零件设计、工艺设计、制造等业务阶段的各种要素及其相互关系，还包含各个业务阶段本身的过程信息，为产品设计、工艺设计、制造等过程提供了单一数据源，使得产品全生命周期各个业务阶段能从单一数据源中方便抽取相应数据视图，满足业务需求。同时，统一产品信息模型为产品研制过程中快速获取、交换和操作数据提供了统一的管理机制，保证了各异构系统迅速获取信息的需求。

（2）建立产品数据的共享、交换和互操作机制

由于在产品全生命周期中各个阶段各有特点，所需要的数据形式互不相同，所需交换和集成的数据也分为结构化和非结构化两种，因此，如何建立支持这种复杂的数据交换、共享机制，使之提供准确有效的接口是关键。根据集成范围，对工程数据的转化能力及对网络的支持等特点，结合不同的集成情况而采取相应的接口方式，将把产品的全生命周期过程看做完整的项目，运用项目管理和过程集成技术，以高效率实现项目目标为目的，在一定的约束条件下，按照项目内在的逻辑规律进行有效的计划、运作、组织、协调、控制的系统管理。使产品的全生命周期中由需求分析、设计、制造到销售、服务等多个业务过程交织在一起而形成的过程网络成为统一、动态的整体。通过项目与过程的集成管理，即通过提供在产品全生命周期内对企业业务过程合理组织及有效管理的技术，解决产品全生命周期中的过程建模与优化问题。

6.6 网络化 CAD/CAM 系统集成技术的应用

6.6.1 商品化 CAD/CAM 系统中的网络化集成

NX（UG）、Pro/E 和 CATIA 是当前 CAD/CAM 领域中著名的商品化软件，下面以这 3 个流行的商业软件为例，进行 CAD/CAM 集成应用的说明。

6.6.1.1 NX 系统的网络化集成

NX 是西门子公司 Siemens PLM Software 中关于产品开发的解决方案套件，包括了从设计、分析到制造应用的 CAD、CAM、CAE 和 PDM 应用程序。

NX（UG）的 CAD 模块主要包括实体建模（UG/Solid Modeling）、用户自定义特征（UG/User Defined Feature）、自由曲面建模（UG/Free Form Modeling）、工程绘图（UG/

Drafting)、装配建模（UG/Assembly Modeling)、高级装配（UG/Advanced Assemblies）等。

NX（UG）的CAM模块包括UG/Nurbs样条轨迹生成器（UG/Nurbs Path Generator)、车削（UG/Lathe)、UG型芯、型腔铣削（UG/Core & Cavity Milling)、UG平面铣削（UG/Planar Milling)、UG定轴铣削（UG/Fixed Axis Milling)、UG自动清根（UG/Flow Cut)、UG可变轴铣削（UG/Variable Axis Milling)、UG顺序铣（UG/Sequential Milling)、UG线切割(UG/Wire EDM)。

由于NX采用统一的共享数据库技术，真正实现了CAD/CAM/CAE等各个模块之间的无数据交换的自由切换。图6-21所示为CAD模块建立的箱盖类零件的三维几何造型，可以利用这个三维几何模型直接生成数控代码，形成图6-22所示的刀具轨迹，其后置处理可以支持多种类型的数控机床，用户可以进行加工类型和刀具的选择，同时采用了复合建模技术，将实体建模、曲面建模、线框建模、显示几何建模与参数化建模融为一体。在设计过程中可以进行有限元分析、机构运动分析、动力学分析和动态仿真的模拟，提高了设计的可靠性。

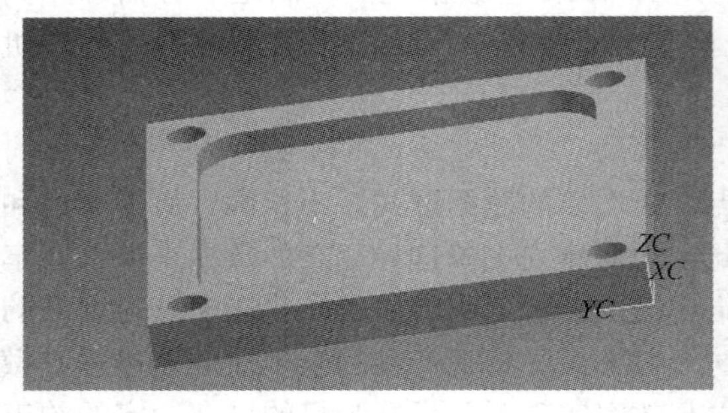

图6-21 箱盖类零件三维几何造型

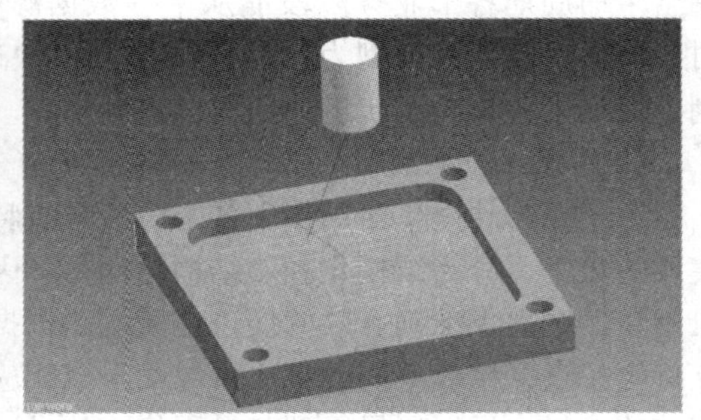
图6-22 零件的刀具轨迹

NX可以通过转换接口实现与其他软件共享数据，即NX可将其模型转换成多种数据格式文件，被其他软件调用。同时，NX也可以读取由其他软件所生成的各种格式文件。NX数据转换主要是通过文件的输入输出来实现的。输入输出格式主要有CGM、DXF、STL、IGES等，通过这些数据格式可以和AutoCAD、3DMAX、SolidEdge、ANSYS等软件进行数据交换。为了实现与其他软件的数据共享，NX还可以转换为IGES、STEP203、STEP214标准格式的中性文件，如和Pro/E实现三维造型图纸的文件数据共享就可采用IGES格式进行输入输出数据的存取。

通过西门子公司的PDM系统TeamCenter，可以实现在网络化分布式平台下的多系统集成，同时也可以利用CGM、DXF等标准格式文件与其他CAD/CAM系统集成，在异地异构系统中集成几何信息。

6.6.1.2 Pro/E的网络化集成

Pro/E是美国参数技术公司（Parametric Technology Corporation）的产品，是一个参数化、基于特征的实体造型系统，并且具有单一数据库功能。

Pro/E整个系统建立在统一的数据库上，具有完整而统一的模型，能将整个设计至生产过程集成在一起，它一共有二十多个模块供用户选择。单一数据库Pro/Engineer建立在统一基层上的数据库上，不像一些传统的CAD/CAM系统建立在多个数据库上。所谓单一数据库，就是工程中的资料全部来自一个库，使得每一个独立用户在为一件产品造型而工作，而不管他是哪一个部门的。换言之，在整个设计过程的任何一处发生改动，也可以前后反映在整个设计过程的相关环节上。例如，一旦工程详图有改变，NC（数控）工具路径也会自动更新；组装工程图如有任何变动，也完全同样反映在整个三维模型上。这种独特的数据结构与工程设计的完整的结合，使得一件产品的设计与制造结合起来。基于单一数据库可以实现在网络平台上协同设计，并保证其模型一致。

同时，PTC 公司具有一系列的支持相关的集成技术的产品。例如，通过 Pro/Intralink 进行信息沟通，可以实现实时设计、制造和 NC 编码。Pro/E 可以通过 STEP 标准与其他 CAD 软件进行数据共享，支持 IGES、STEP、DXF、VDAFS、SET 等。

6.6.1.3　CATIA

CATIA 是由法国飞机制造公司 Dassault 开发的 CAD/CAM/CAE 应用系统。

CATIA 系统支持从产品的概念设计到最终产品的形成，提供产品 2D、3D 参数化建模、电子样机建立及数据管理手段。同时，作为一个集成化的软件系统，CATIA 将机械设计、工程分析仿真、数控加工及 CATweb 网上解决方案结合在一起。

CATIA 中支持 CAD/CAM 集成的主要技术包括：

1）提供多种集成接口，如 DXF、IGES 和 STEP AP214 等图形集成接口，以实现异构 CAD/CAM 系统间的数据交换；与 ANSYS 分析软件的接口，可实现设计与工程分析的集成。

2）对产品零件设计提供了多种集成化工具，如运动机构仿真及 4D 漫游、大型通用结构有限元分析及建模、专用工程自动热分析、求解高度非线形、瞬态动力学、流体及流固耦合等工具。

6.6.2　新一代网络化 CAD/CAM 系统集成

Internet/Intranet 的兴起以及蓬勃发展带来了许多新的应用契机，网络将全球的商业伙伴连接起来，使他们能够互相收发数据、获取文件以及交流信息，同时也印证了网络化集成平台是异构集成的必然趋势和手段，现在的研究者正在努力作这方面的研究和探索。有关产品开发过程的前沿研究课题有以下几个方面：产品开发过程的并行协同理论和方法，开发过程的建模、仿真验证、优化与监控，以及统一协同平台的开发与应用。

信息集成技术日新月异的发展为新一代网络化 CAD/CAM 系统集成奠定了坚实的基础。统一产品模型、协同图形区、轻量化数据传输以及数据交换标准的应用等技术，是新一代网络化集成技术的典型代表。

统一产品信息模型是包括设计和制造阶段在内的、产品全生命周期范围内的、统一的信息模型。统一产品信息模型从本质上反映产品设计所包含的信息和这些信息与下游活动的关系，采用了统一标准化、规范化的方式对产品的管理特征、技术特征、材料特征、热处理特征、形状特征、精度特征进行组织、存储和表达，并采取统一的扩展手段对其进行扩展维护。

以此模型为基础，运用产品数据交换技术，实现 CAD、CAPP、CAM 等系统之间的数据交换与共享。统一产品信息模型通过映射规则，将 CAD 系统中的应用特征映射到 CAM 系统中，实现 CAD/CAM 系统之间信息的传递。该模型不仅应能支持设计与制造各阶段所需的产品定义信息（几何信息、工艺和加工信息），而且还应能提供符合人们思维方式的高层次工程描述——特征。能表达工程师的设计与制造意图。统一产品信息模型是CAD/CAM系统集成的重要基础，是保证CAD/CAM系统数据一致的前提。

在整个产品生命周期中，由于涉及了多个部门甚至多个企业，必然会涉及不同的应用系统。企业的研发中心在进行产品设计时，常常会需要借助其他企业或者部门来完成部分设计工作。可以说，产品创新已经不再是企业内部的事情，而是要通过一个跨地域、跨部门、跨企业，甚至跨国的创新网络来实现协同。因此，地域协同、部门协同、企业协同是现代化制造企业面临的重要问题。协同图形区等协同技术，是使不同部门、企业、地域中的设计者，利用同一个设计平台或共享同一套数据，实现网络环境下的异构CAD/CAM系统集成，完成各自的设计工作，使部门间、企业间协同工作。

企业中，一个产品的相关零件可能是由不同的CAD系统设计的。目前，要使所有的协同设计者都统一到同一设计平台还不太现实。因此，要有效管理这样一个创新网络，就需要一个支持多CAD的开放式环境，支持异构环境下的产品协同设计。更进一步地，可通过传输轻量化的产品数据，实现不同平台下产品数据的可视化。通过轻量化数据技术，能够在更广泛的层面上，较好解决网络环境下企业间协同设计与制造可视化的问题。

在当今倡导的异地协同设计模式中，更需要保证异构背景下CAD的协同设计，也就是CAD设计信息的共享，表现为用户在不同CAD软件系统中可以自由使用所需的数据，这就需要共享设计基准的建立，即需要一个共同的数据转换标准来实现跨地区、跨部门和跨企业的异构产品数据集成，所以更需要加强数据交换标准的应用，如本章提到的STEP标准及XML等。

6.7 思考题

1. 简述网络化CAD/CAM系统集成的概念及意义。
2. 网络化CAD/CAM系统集成的基础架构有哪几种，各有什么特点。
3. 简述IGES标准的特点以及基于IGES的信息集成的方法。
4. 简述STEP标准的特点以及基于IGES的信息集成的方法。
5. 简述基于STEP的产品数据项XML映射的方法与步骤。
6. 简述VRML的概念和它的基本原理。
7. 简述SVG的基本概念及其优点。
8. 简述基于VRML和SVG标准的轻量化网络传输的实现方法。
9. 简述网络化CAD/CAM系统信息集成的方法。
10. 简述网络化CAD/CAM系统过程集成的概念及实现方法。
11. 试简述一款商用化CAD/CAM系统的网络化集成方法。

第7章 网络化CAD/CAM系统实现的实例分析

前6章分别从网络化CAD/CAM技术概述、网络化CAD/CAM的支持技术与实现结构、网络化CAD技术、网络化CAPP技术、网络化CAM和MES技术、网络化CAD/CAM集成技术等方面介绍了相关的概念、原理、方法与系统实现途径。本章将综合运用以上所学到的知识，通过剖析由西安交通大学CAD/CAM研究所开发的网络化CAD/CAPP/CAM系统TeleDM，以及美国加利福尼亚州立大学伯克利分校机械工程系保罗·赖特（Paul Wright）教授课题组所开发的CyberCut系统，来了解相应的系统实现基础信息框架、所用到的使能技术、软件原型的开发与运行等。

7.1 网络化CAD/CAPP/CAM集成系统TeleDM

7.1.1 网络化CAD/CAPP/CAM集成系统TeleDM简介

TeleDM系统的开发始于1997年，其目标是借助于快速成型设备，在基于活动的并行产品设计模型的支持下，建立一个Web驱动的协同产品快速开发方法体系。就其功能而言，TeleDM系统能在Web环境下实现：

1）基于物理原型验证的并行快速产品设计方法。

2）使用传统的CAD系统完成产品设计与再设计活动。

3）使用各种网上协同工具如FTP、NetMeeting等完成信息传输及协同活动。

4）使用面向快速成型制造的工艺设计工具完成工艺设计活动。

5）使用快速成型制造服务工具完成零件物理原型制造活动。

6）使用网上协同工具完成基于原型的设计评价与再设计建议活动。

从TeleDM系统开发的角度看，其包括基于Web的基础信息架构的建立、传统CAD与设计支持工具向Web环境的集成、面向快速成型制造的工艺设计工具TelePlan的开发、快速成型制造服务工具TeleRP的开发等。而TeleDM系统的运行则在实物原型评价驱动的并行设计模型的指导下进行。

7.1.2 建立TeleDM的Web基础信息架构

TeleDM系统建立在一个Web基础信息架构上，其要求该构架不仅具备集成已有的各种传统CAX系统和协同工具的能力，而且也能运行基于Java方案的、以“Applet-Servlet对”形式出现的TelePlan和TeleRP工具。参考第2章内容，TeleDM系统所采用的Web基础信息架构如图7-1所示。

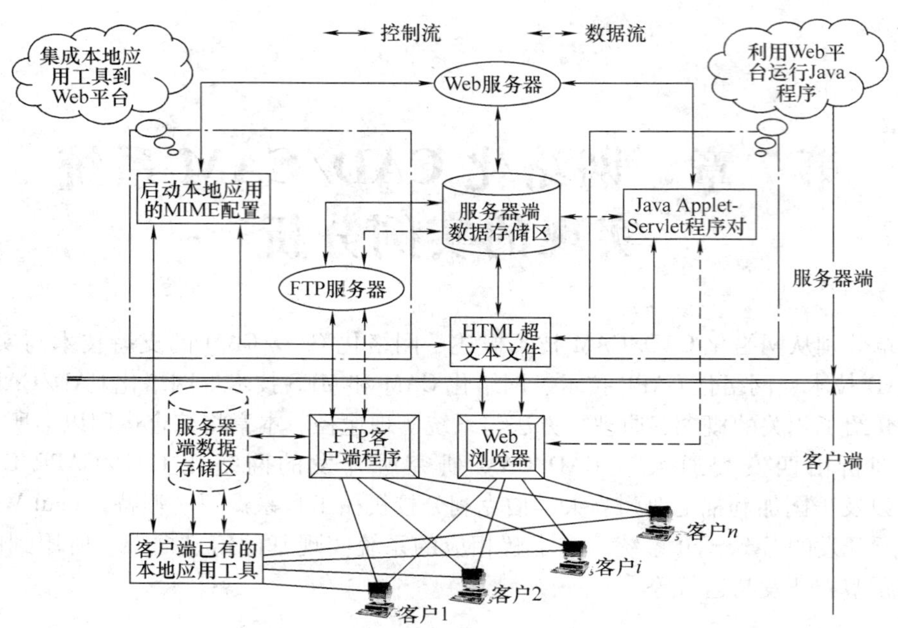

图 7-1 TeleDM 系统所采用的 Web 基础信息架构

7.1.3 实物原型评价驱动的并行设计模型

设计方法应与相应的制造模式相匹配。因此，实物原型驱动的产品快速设计方法的并行设计模型在用于指导设计进程时，必须体现两方面的特点：

1）面向 DFRP（Design for Rapid Prototyping）的活动链表示。

2）基于实物原型的协同评价。

通常，活动链的构建可采用并行工程的思想，将设计相关的技术人员整合在相应的并行设计活动链下，且将基于实物原型的协同评价活动作为活动链的一个特殊环节。

当将活动链的问题放在一个更为广义的产品设计方法环境里考虑时，反复的再设计逻辑将在产品设计过程中占据重要地位。而再设计的主要依据则来自 DFX 中的 X 性能相关的评价。如回到狭义的实物原型驱动的快速设计方法的范畴内，X 则代表实物原型相关的设计评价。可以认为，再设计作为产品设计中协同操作的主要目标之一，应是组成产品设计活动链的主体之一。据此，一种基于层次的“活动—子活动—操作（或动作元）”的活动链模型可被建立，如图 7-2 所示。

由图 7-2 可知，活动涉及预定义、随机活动两类，且预定义活动又由“设计”、“协调”、“再设计”3 个子活动组合而成的循环构成，随机活动则为由“协调”、“再设计”两个子活动组合而成的循环构成。而子活动又由相应的动作元组成，动作元也可嵌入其他动作元。其中，“协调”子活动的工作模式取决于该子活动的发起者并关联到相应的 X 相关人员及设计人员。这里，相关人员以某个成员为中心的协调模式包括：

1）用于预定义活动的协调模式是：①设计人员按计划调用 X 性能评价软件进行自评；②设计人员按计划与 X 相关人员间进行点对点的交互、咨询与评价；③设计人员按计划参加预定义的协调例会。

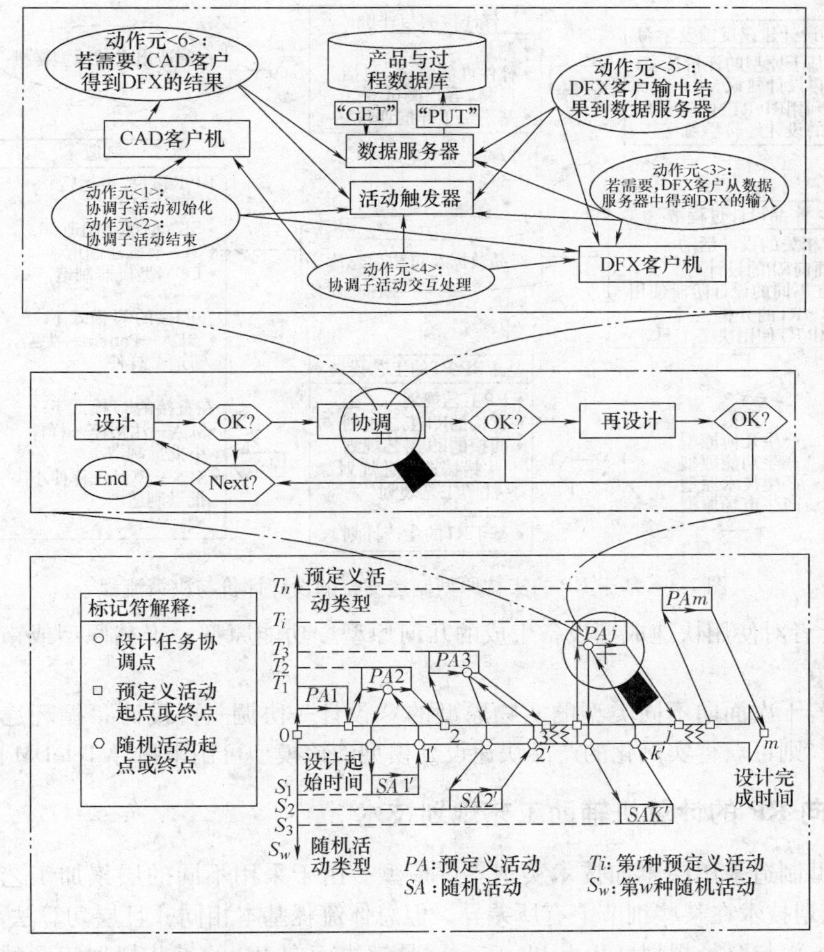

图7-2 基于层次的“活动—子活动—操作（或动作元）”的活动链模型

2）用于随机活动的协调模式是：①其他设计人员或X相关人员浏览该设计人员的工作进展过程中发现问题，并向设计人员提出，进而与其进行点对点交互、协商、评价；②设计人员自身发现问题并调用X性能评价软件进行自评；③设计人员自身发现问题并与X相关人员进行点对点交互、协商、评价；④设计人员参加随机的协调例会。

在实际产品设计过程中，上述活动链的生成依赖于与Web工作模式一致的“请求—响应”触发机理，而这种触发机理实质上是一种在智能信息导航引导下的人机交互。智能信息导航的依据是能触发相关活动的原始信息元、设计进程中最新生成的信息、活动空间表述以及如德国VDI2210、VDI2221、VDI2222那样的设计方法指南。

上述活动链模型可用于进行基于实物原型的设计评价过程。其中，针对一次RP制造所产生的实物原型的设计评价实际上是一个“设计—协调—再设计”循环，这种循环的一种扩展表示如图7-3所示，且在“协调”子活动中涉及以下内容：

1）实物原型的快速成型制造，包括零件数据准备或产生STL文件、快速成型工艺规划、制造等。

2）对实物原型进行必要的测试、使用等。

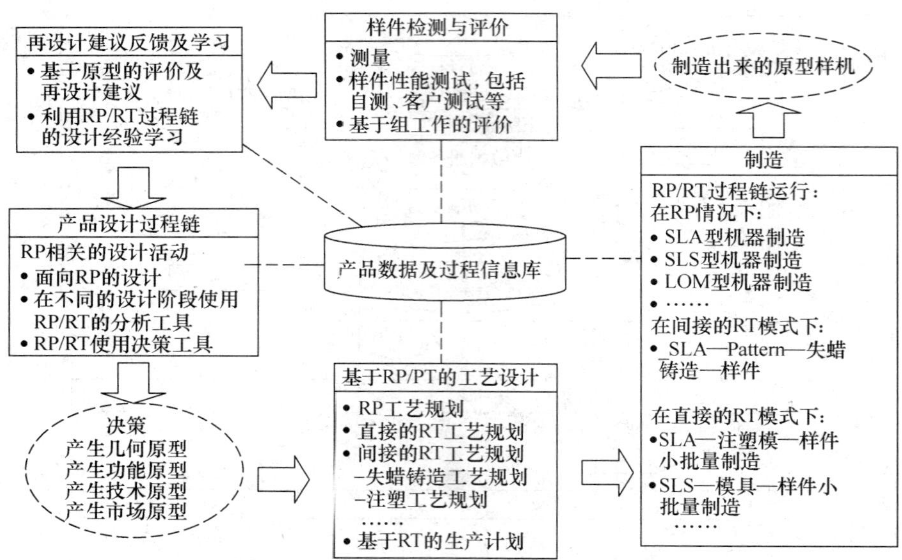

图 7-3 基于 RP 的实物原型制造支持的设计评价与决策流程

3）设计者对使用快速成型设备生成的几何原型、功能原型、工艺原型或市场原型的协同评价与决策。

通过将若干次面向不同类型的实物原型的“设计—协调—再设计”循环连接到上述活动链模型中，则可获得实例化的产品快速设计模型，该模型可用来指导 TeleDM 的运行。

7.1.4 面向 RP 的计算机辅助工艺规划技术

快速成型制造采用层累加技术实现零件造型。由于采用不同的层累加工艺，因此面向 RP 的工艺规划技术在某些细节上有所差异，但总体流程基本相同，且层切算法（Object Slicing Algorithm）与路径规划（Path Planning）是解决面向 RP 的工艺规划问题的关键。在图 7-4 中，与 3D-CAD 系统集成的、面向 RP 的计算机辅助工艺规划软件主要执行由以下两个方面组成的任务：

（1）CAD 方面

1）确定零件累加制造的方向（简称 Z 向）。

2）对于在层累加制造过程中需要支撑的场合（如 SLA 造型方法），进行支撑设计。

3）产生由零件本体、支撑组成的形体的 STL 文件。

（2）基于 RP 的 CAPP 方面

1）设置层累加造型参数，如层厚、激光画速、画模式（Hatch Mode）、画模式相关的几何尺寸、激光功率、激光束光斑直径等。

2）形体的层切。

3）参考层切结果，并依据画模式及相关尺寸，计算出激光画出的每层的路径，进而进行总体综合，完成路径规划。

4）根据路径规划结果估算造型时间、造型质量与成本。

5）后置辅助处理操作规划，如 LOM 造型方式下的形体多余部分的去除、SLA 支撑的去除与零件的烘烤等。

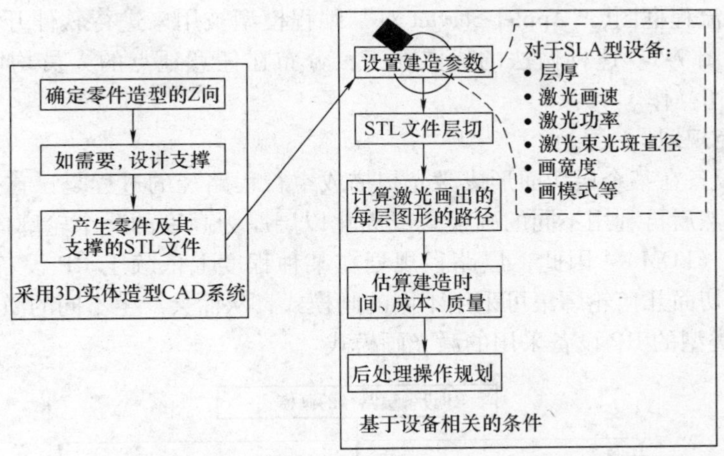

图 7-4　面向 RP 的计算机辅助工艺规划工作流程

7.1.4.1　层切算法

层切算法是指将 3D 形体沿零件累加制造的 Z 向按等层厚平行面截取零件，以产生由内、外轮廓线构成的层切面几何轮廓线集的计算方法。通常，用作层切的零件 3D 几何模型既可以是 CAD 造型软件包原有的模型（如 B-Rep 表达模型），也可以是 STL 模型。这里，基于前一种的层切技术称为直接层切技术。参见第 5 章的内容可知，STL 文件格式采用含法向量的三角面片集表达零件的几何信息，且已被用作 RP 设备进行数据处理的事实工业标准。因此，层切算法的输入为 STL 文件，输出为各层切面的几何轮廓集。层切算法流程及程序运行界面如图 7-5 所示。

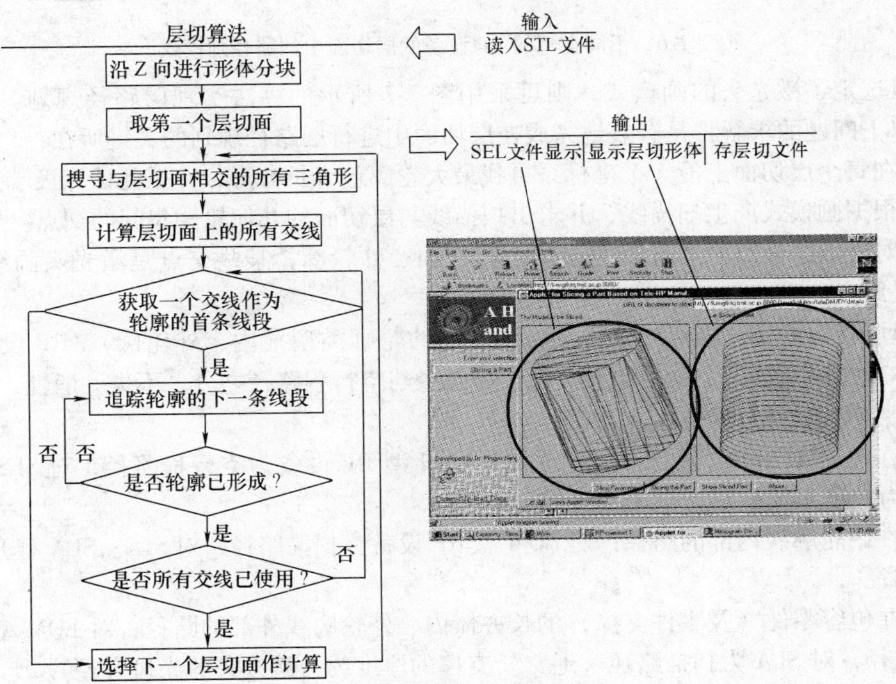

图 7-5　层切算法流程及程序运行界面

依据该算法流程框图，“Applet-Servlet 对”编程模型被用来进行软件开发，相应的软件运行界面可参见图 7-5。这种做法的优点在于：分布在任意地点的人员均可使用该软件对 STL 文件进行层切操作。

7.1.4.2 层路径规划

通常，RP 设备在某个层切面形成激光扫描或空行程路径的过程是：首先扫描层切面上的几何轮廓集，然后再利用不同的画模式或固化以层厚为高度的一个轮廓体（SLA、SLS）、或切除多余形体（LOM）。因此，层路径规划在某种程度上依赖于 RP 设备的激光画模式，且对于相同的层切面几何轮廓集可采用不同的画模式，从而会产生不同的激光头画路径。图 7-6 显示了不同类型的 RP 设备采用的激光画模式。

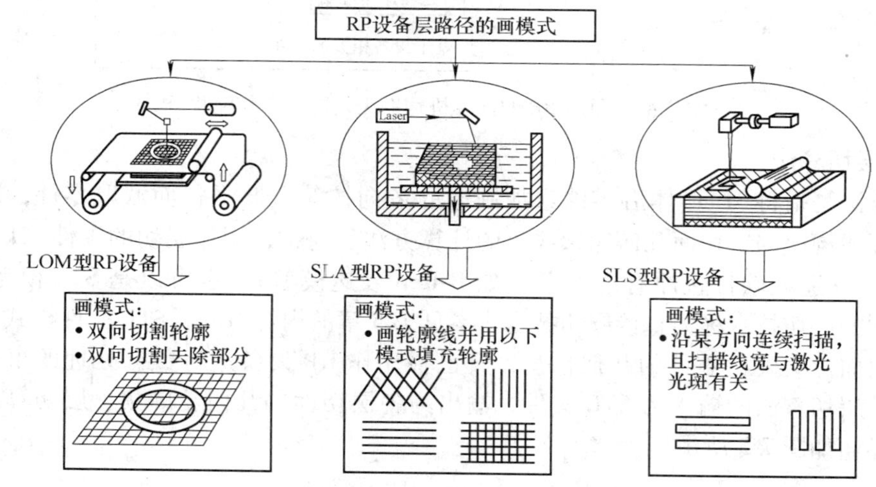

图 7-6 不同类型的 RP 设备的层切面中的路径画模式

一旦选定了激光头的画模式，则可采用图 7-7 所示的算法实现层路径规划。在此算法中，对以下问题的求解将是有效地完成在层切面中进行层路径规划的关键所在：

1）在每个层切面上沿 *X-Y* 坐标系寻找最大轮廓包容长方形，并据此计算极端点。

2）根据画模式产生扫描线，并求出扫描线与层切面的几何轮廓集间的交点。

3）对交点的分类。这是因为层切面存在内、外轮廓，某些交点是激光头画线的起点，有些则是终点。

这里应指出的是，交点的分类与层切面中的轮廓类型（内、外轮廓）、RP 设备的类型有关，体现在路径特征上就是激光头的扫描路径与空行程路径之分。不失一般性，下列原则将用于区分上述两种路径：

1）在内轮廓与外轮廓之间的路径：对 LOM 型 RP 设备为空行程路径，对 SLS、SLA 型 RP 设备为扫描路径。

2）在内轮廓线内部的路径：对 LOM 型 RP 设备为扫描路径，对 SLS、SLA 型 RP 设备为空行程路径。

3）在包容零件（及零件支撑）的长方体内、外轮廓线外部的路径：对 LOM 型 RP 设备为扫描路径，对 SLA 为扫描路径（通常，支撑的厚度约为激光头的光斑直径）。

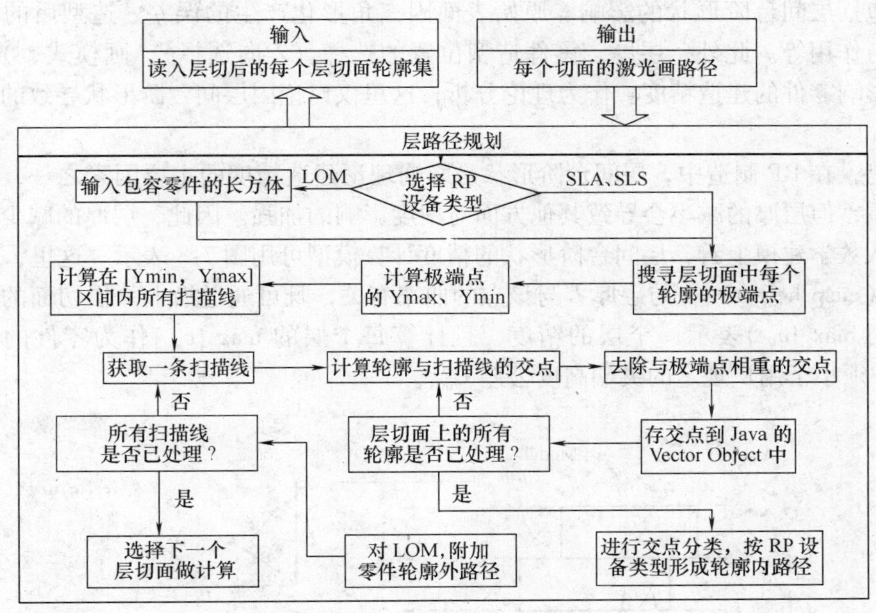

图7-7 路径规划算法流程框图

7.1.4.3 估计层累加造型时间

层累加造型时间的估计将用于后续的RP制造服务排队及交货期预测。如将其乘以单位时间成本，则可获得造型成本。

由于每个层切面的扫描路径和空行程路径可通过路径规划来获取，因此零件造型时间可用以下公式计算得出

$$\begin{cases} T_p = \sum_{i=1}^{N}(t_s + t_e + t_a) + T_{pt} \\ t_s = L_{scan}/V_{scan}, t_e = L_{empty}/V_{empty} \end{cases} \tag{7-1}$$

式中，N表示层数，T_p表示零件建造时间，t_s表示某一层激光头的扫描时间，L_{scan}表示某一层扫描路径总长度，V_{scan}表示该层所用的扫描速度，t_e表示某一层激光头的空行程时间，L_{empty}表示某一层空行程路径总长度，V_{empty}表示该层所用的空行程速度，t_a表示从当前层造型完成到移至下一层开始造型所花费的时间，T_{pt}表示零件建造的后处理时间（如SLA造型时的支撑去除与零件烘烤时间、LOM造型时的多余形体的剥离时间等）。

采用上述公式进行层累加造型的时间估计计算流程可归纳如下：

1）输入采用不同RP设备（SLA、SLS和LOM）进行零件建造时间估计的必要参数：①零件成型方面的参数：包括激光扫描速度、层切面上的扫描路径、空行程路径；②层间辅助操作方面的参数：移动至下一层的时间、层切面平整时间等；③后处理时间参数。

2）按式（7-1）计算t_s和t_e。

3）按层间辅助操作参数计算辅助时间。

4）按式（7-1）计算零件建造时间。

7.1.4.4 零件建造的理论精度预测

采用RP设备进行零件造型的精度受诸多因素的影响且十分复杂。其中，典型的建造精

度影响源包括层间台阶形状的影响、原始表面因三角形化产生的误差、造型后的收缩与变形、内应力作用等。此外，层厚、零件造型位置的选择（Z 向选择）、画模式、光斑直径、材料等也影响零件的建造精度。作为理论分析，这里仅讨论因层间台阶形状导致的建造精度问题。

事实上，在 RP 制造中，层间台阶形状是影响理论建造精度的主要因素之一，减少层厚可减小误差，但层厚的减小会导致其他方面对精度影响的加强。因此，层厚的减少是受相关约束的。从数学建模上看，层间台阶形状的精度计算模型可用图 7-8 表示。这里，在 P 点的尖端高度（cusp height）c_h 与层厚 L 与该点的曲率有关，且可通过沿上一层切面的法向量估计。若使用 max $\{c_h\}$表示一个层的精度，且计算每个层的 max $\{c_h\}$作为零件的精度，则 max $\{c_h\}$必须小于用户规定的尖端高度公差 $C_{\max}$。

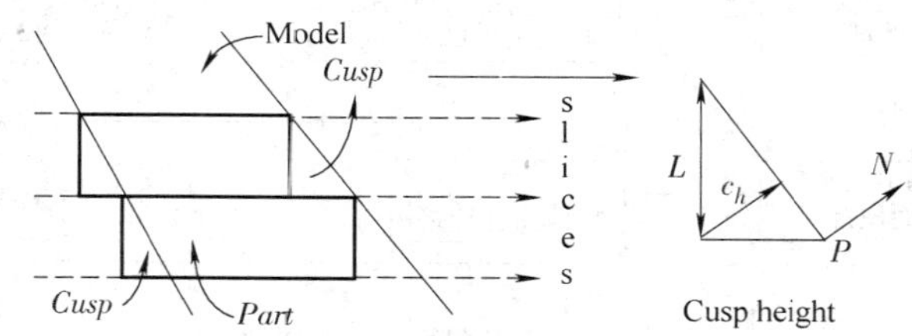

图 7-8 基于台阶形状的尖端高度误差定义

若 $\boldsymbol{N}=(N_x, N_y, N_z)$ 表示点 P 的单位法向量，则尖端向量为 $\boldsymbol{C}=c\boldsymbol{N}$。

由于层厚已知，则尖端高度可由式（7-2）计算得出

$$c_h=\begin{cases}L \cdot N_z & N_z \neq 0 \\ 0 & N_z=0\end{cases} \tag{7-2}$$

对于零件的侧面，未获得 max $\{c_h\}$，如最大的轴向分量 N_z，需沿每层轮廓的侧面的法向量搜寻最大的轴向分量。这样，零件精度的计算可由下式决定

$$SF = \mathrm{Max}\{\max\{c_h\}_i, i=0,1,\cdots,N\} \leqslant C_{\max} \tag{7-3}$$

式中，SF 代表由尖端高度表示的零件精度，N 表示总层数。

7.1.5 电子服务驱动的 RP 远程制造

7.1.5.1 基于 RP 的远程制造服务及平台的概念

RP 设备作为一种特殊的制造设备，可通过提供制造服务来发挥其优势，而这种服务不应受地理位置的制约。据此，远程制造服务的概念被自然地提出。

基于 RP 的远程制造服务是指在 RP 设备前端设置一个逻辑上的 Web 服务器，通过 Web 服务器提供制造任务提交、排队、加工监控、结果报告等机制，从而使分布在任意地点的用户能利用 RP 设备完成零件原型的制作。图 7-9 表示采用“Applet-Servlet 对”编程模型实现基于 RP 设备的远程制造的工作原理。以零件原型制造任务提交与排队为例，其经历了以下几个步骤：

1）通过 Applet 提供的交互界面，客户输入零件原型制造任务。

2）当 Applet 接收到该任务后，通过 Web 服务器激活对应的 Servlet，以便完成 STL 文件

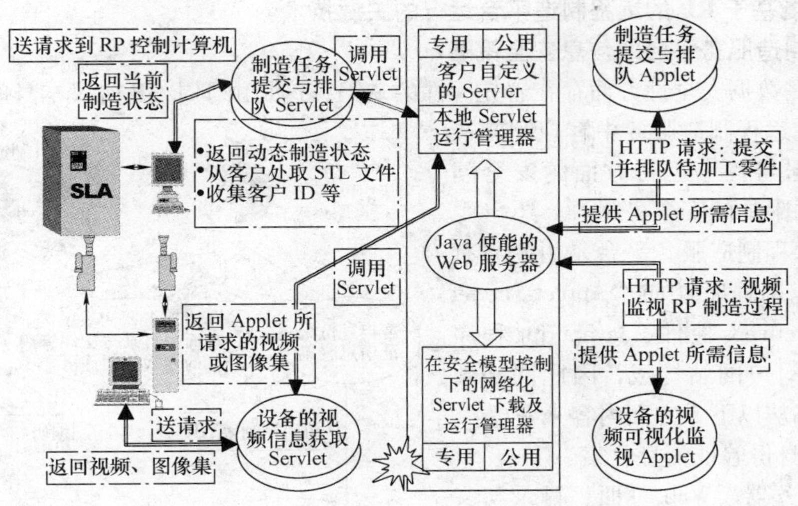

图7-9 基于RP设备的零件原型远程制造的工作原理

的提交与存储、客户ID的标识等。当这些工作完成后，此“Applet-Servlet对”模块被“悬置”待激活。

3）一旦STL文件被存储在服务器相关的数据区内，则通过调用实现RP-CAPP功能的“Applet-Servlet对”，估算零件可能的制造时间。

4）用于制造任务提交与排队的“Applet-Servlet对”模块再次被激活，参考获取的零件建造时间，按交货期原则决定是否将该任务置入设备的加工队列中。

应指出的是，当RP设备前端逻辑上的Web服务器的功能由与任何RP设备无关的第三方Web服务提供时，则构成了基于RP的远程制造服务平台。这里，平台除保留面向RP设备的原有制造任务提交、排队、加工监控和结果报告等功能外，还将提供涉及远程制造平台管理的以下功能：

1）任意地点的RP设备、制造商注册与管理。

2）客户关系与RP设备使用权限管理。

3）远程制造服务安全管理。

为便于理解基于RP的远程制造服务平台的功能，定义与平台有关的一些概念如下：

1）制造场所：指在平台上注册的一个制造地点，该地点安装有至少1台的RP设备。

2）制造商：负责管理制造场所、运行RP设备、与客户交互的工作人员。

3）客户：制造任务的拥有和提交者。

4）制造任务：指零件原型造型任务，其以STL文件描述零件模型，文本文件描述件数及其他技术要求。制造任务有3种形式，即“常规”任务、“快件”任务、“急件”任务。①“常规”任务：指可按制造商规定的常规交货期进行交货的制造任务；②“快件”任务：指按制造商规定的特殊交货期或与客户协商的特殊交货期进行交货的制造任务；③“急件”任务：指“即来即加工”的制造任务。若当前RP设备空闲，则直接制造；若RP设备正忙，则该设备加工完成后立即处理所提交的制造任务。

5）制造队列：用于存放客户制造任务的、主要具备“先进先出”特征的一种线性表。

7.1.5.2 使能基于 RP 的远程制造平台运行的关键技术

1. 远程制造服务平台的信息安全策略

Internet 在数据安全性方面存在着先天性的缺陷，这是由 TCP/IP 协议本身的特性所决定的。为解决在远程制造服务中客户和制造商双方对数据与程序运行方面的安全问题，必须增添附加的安全机制。

考虑到远程制造服务平台是由附着有各种类型的应用程序（如“Applet-Servlet 对”模块、ActiveX 控件、JavaScript 程序等）的 Web 门户网站构成，因此网络数据安全机制将从以下 3 方面内容来考虑：

1）客户身份验证信息收集。

2）对服务器、Web 页面、目录与文件等的分级访问许可。

3）编码式加密数据的网络传输。

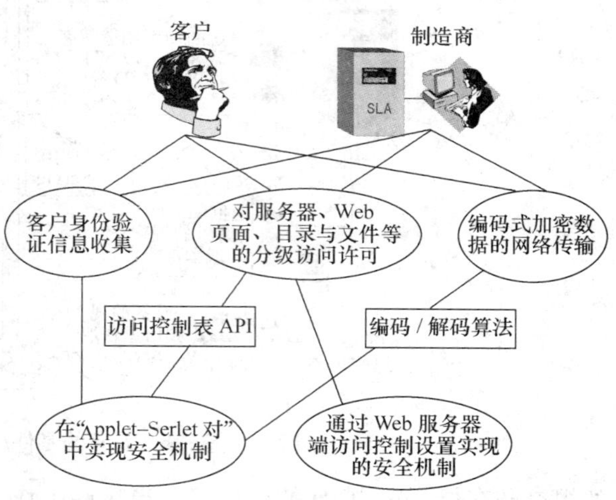

图 7-10 基于 RP 的远程制造平台的网络安全策略与实现

在图 7-10 中，上述 3 方面的安全考虑将通过访问控制表 API、编码/解码算法、Web 服务自身的安全设置作用在 Web 服务器与附着的各种应用程序上。

然而，上述安全策略还属初级范畴。目前，已有网上商用安全认证机制可供保证在 Internet 上实现安全的信息访问，如 RSA 认证、数字签名技术、安全套接层（Security Socket Layer，SSL）技术、用于 Web 访问的安全传输协议（Secure HTTP，SHTTP）等。

2. 为零件原型制造任务选择一个可行的制造场所与设备

为零件原型制造任务选择一个可行的制造场所依赖于两方面的因素，即制造场所的加工能力和交货期约束。

（1）制造场所的加工能力评估

制造场所的加工能力评判取决于以下因素：

1）制造场所的制造设备资源情况。包括该制造场所拥有的 RP 设备数量、类型（SLS、SLA 或 LOM）、设备的最高加工精度和经济加工精度、设备的零件最大造型尺寸、可用材料系列、每周设备运行小时数等。

2）制造场所的人力资源情况。包括 RP 设备操作工的技术等级、熟练程度，现场工程师个人能力等。

3）制造场所的制造服务信誉。包括按期交货能力、制造质量达标能力、商务运作能力等。

4）对制造场所已承接过的制造任务（制造历史）的评估。包括在有限条件下对已完成的制造任务的查询与浏览，以度量其能够完成的零件原型制造的复杂程度。

对基于 RP 的制造场所的加工能力评估可采用计算机自动评价和人工交互评价两种方法完成。其中，计算机自动评价基于如模糊评价法、层次分析法等这样的评价算法，评价指标与相关的指标权重体系的确定是这些算法能有效工作的关键。一般而言，当进行多制造场所加工能力排序时，通过变权重的设置，可获取制造场所在某方面的能力排序。然而，当评价指标数量较多时，不同的权重设置下产生的制造场所加工能力的排序不尽相同，进而导致基于自动评价结果的计算机决策的困难或不可靠性。

为解决上述难题，一般将在各种权重设置下的评估结果作为人工交互评价的参考数据。在人工交互评价中，评估专家根据其个人经验，并结合自身对所评价的制造场所相关信息的查询、浏览，在参考计算机自动评标结果的基础上做出基于经验的判断。

一旦候选的制造场所选定，还必须检查待提交的制造任务是否能置入该制造场所的 RP 设备的加工队列中。检查方法是基于交货期的零件制造任务提交判断准则与方法，即首先估算出待制造零件原型的建造时间，当将其加入到某个 RP 设备的加工队列中时，判别方法之一是队列中已有任务的总加工时间加上拟提交的制造任务的加工时间之和不能超过拟提交的制造任务的交货期。其中，估计拟提交的零件原型制造任务的建造时间的方法可参见第 7.1.4 节的相关内容。

(2) 基于交货期的制造场所和制造设备选择

如前定义，拟提交的制造任务有“常规”任务、“快件”任务和“急件”任务之分。其中，前两种制造任务的最迟交货期可由制造场所确定。例如，一个制造场所可规定一个零件原型制造的“常规”任务最迟 1 周交货，“快件”任务 3 天交货。

基于交货期的拟提交的制造任务是否能够被置入到一个 RP 设备的加工队列依赖于这样的原则，即队列中已有任务的总加工时间加上拟提交的制造任务的加工时间之和，不能超过拟提交的制造任务的交货期。

对于“常规”任务，由于拟提交的制造任务将置于队尾，因此其判断公式为式 (7-4)。

对于“快件”任务，在不影响队列中已有制造任务的交货期的前提下，可将其插入到队列中若干个“常规”任务前面或最后一个“快件”任务之后的适当位置，在此情况下，相应的判断公式为式 (7-5)。

$$\sum_{i=1}^{n}(T_{\mathrm{npi}}-T'_{\mathrm{npi}})+\sum_{j=1}^{m}(T_{\mathrm{upj}}-T'_{\mathrm{upj}})+\sum_{k=1}^{w}(T_{\mathrm{epk}}-T'_{\mathrm{epk}})+T_{\mathrm{p}}\leqslant T_{\mathrm{nmax}} \tag{7-4}$$

$$\sum_{i=1}^{n}(T_{\mathrm{npi}}-T'_{\mathrm{npi}})+\sum_{j=1}^{m}(T_{\mathrm{upj}}-T'_{\mathrm{upj}})+\sum_{k=1}^{w}(T_{\mathrm{epk}}-T'_{\mathrm{epk}})+T_{\mathrm{p}}\leqslant T_{\mathrm{umax}} \tag{7-5}$$

式中，T_{npi}、T_{upj} 和 T_{epk} 指队列中第 i 个“常规”任务、第 j 个“快件”任务、第 k 个“急件”任务的零件原型建造时间，且由式 (7-1) 计算得出；$T_{\mathrm{npi}}-T'_{\mathrm{npi}}$ 是指正在制造的第 i 个“常规”任务的剩余建造时间；$T_{\mathrm{upj}}-T'_{\mathrm{upj}}$ 是指正在制造的第 j 个“快件”任务的剩余建造时间；$T_{\mathrm{epk}}-T'_{\mathrm{epk}}$ 是指正在制造的第 k 个“急件”任务的剩余建造时间；当第 i、j 或 k 个制造任务当前未被加工时，T'_{npi}、T'_{upj} 或 T'_{epk} 等于零；T_{p} 则代表拟提交的制造任务的可能建造时间；T_{nmax} 表示“常规”任务的最迟交货期；T_{umax} 表示“快件”任务的最迟交货期。n 表示在拟提交的制造任务前已有 n 个“常规”任务在队列中；m 表示在拟提交的制造任务前已有 m 个“快件”任务在队列中；w 表示在拟提交的制造任务前已有 w 个“急件”任务在队列中。

此外，由于“快件”任务的插入，导致必须检查后续的“常规”任务的交货期是否满足。具体的检查方法是逐个将在插入位置以后的“常规”任务当做拟提交的任务，用式 (7-4) 检查。

对于“急件”任务，由于其即来即加工的特性，当将其置入队列的首位时，也必须检查其是否影响队列中的其他制造任务的交货期。方法与处理“快件”任务插入相同。若后面的是“快件”任务，则用式（7-5）判断，否则用式（7-4）判断。

上述两个公式的物理意义在于，插入任意一个新的制造任务到RP设备的队列时，除满足其自身交货期要求外，还不得影响已在队列中的其他所有制造任务的交货期。据此准则，一旦候选的制造场所的某台RP设备的队列可置入拟提交的制造任务，则该候选制造场所将成为选中的制造场所，相关的接受新任务的RP设备即成为新任务的承接设备。

3. 零件原型制造任务的提交与排队

（1）客户端进行的零件原型制造任务提交与排队

根据制造场所及其对应的RP设备的选择结果，拟提交的制造任务在相应RP设备的队列中的位置可被确定。这时，客户可在任意地点进行其制造任务的提交。新制造任务的提交也是客户进行注册的过程，因此，客户需执行以下几个步骤：

1）注册客户信息。包括客户名称、客户进入系统的口令、地址、联系方式、电子邮件等，并获取相应的客户ID标识号及制造任务订单号。

2）上载表达零件原型的STL文件及相关的技术要求文件到公共缓存区。

3）按照客户的任务类型、要求将任务添加到相关RP设备的加工队列的缓冲区中。

（2）零件原型制造的任务提交与排队的校验

一旦制造场所接收到客户提交的新制造任务，则制造场所端将有专门的联系人负责客户身份的安全性检验及通过客户关系管理机制确认客户的诚信度。当客户被授权作为制造场所的顾客后，以下步骤将被执行：

1）向客户发出接受制造任务的确认信息。

2）将客户制造任务从缓冲区中取出，置入指定的RP设备的加工队列中，并遵循以下策略：①对于“常规”任务，一般至于队尾位置；②对于“快件”任务，一般置于队列中紧跟最后一个“快件”任务后的位置上，或队列中最后一个“快件”任务后的若干个“常规”任务前的位置上；③对于“急件”任务，则置于队列中紧跟最后一个“急件”任务后的位置上。

3）向客户确认制造任务已置入队列中，并给客户分配用户名与密码，以便在后续时间段内使用加工现场监视模块查看客户制造任务的加工状态信息。

4）为客户指定制造场所端负责该制造任务的联系人。

4. 远程制造任务执行状态的监控

（1）监控过程中制造任务的访问许可

RP设备操作者将从对应于该设备的加工队列中依次取出制造任务，并根据所取出的制造任务要求进行零件原型的建造。在基于制造任务的零件原型建造过程中，客户、制造商均可在线参与制造任务的执行，但客户和制造商对制造任务拥有不同的访问权限。这里，在对远程制造任务执行状态的监控中，对应的访问权限的设置基于以下原则：

1）对于任一客户，他只能访问与自己制造任务相关的信息。

2）对于任一制造商，他只能访问与自己制造场所及其RP设备、加工队列与其中的制造任务相关的信息。

(2) 基于文本、图像与视频的远程制造监控

制造商与客户共同参与制造现场的监控是远程制造服务的显著特点之一。然而，客户仅起监视作用，而制造商起监视、控制与调度作用。客户与制造商所接触的信息媒介则是文本数据、图形、图像和视频信号等。

从远程制造执行的现场监视的角度看，下列信息可由授权的客户查询与浏览：

1）基于请求的 RP 设备前端计算机屏幕图像的 Web 发布。前端计算机包括 CNC 控制计算机、CAD 终端等。

2）基于请求的 RP 设备工作台图像的 Web 发布。

3）RP 设备运行过程的 Web 视频流信息。

4）利用当前制造状态数据与层切面数据构造的加工仿真模型。

5）以设定时间间隔发布的当前加工状态的文本报告。

6）利用 Web 视频装置传送的多视角、可缩放情况下的最终零件原型。

7）电子版的最终制造报告。

从远程制造执行的现场监控与调度的角度看，下列信息可由授权的制造商控制、调度、查询与浏览：

1）制造场所内所有设备的工况及故障信息。

2）关联到制造场所某一 RP 设备的加工队列信息。

3）基于 RP 设备的加工队列间的制造任务相互调剂与调度。

4）关联到该制造场所的所有客户能查看和浏览的信息等。

当然，一个制造场所的制造商不能访问其他制造场所的信息。

应指出的是，上面所论述的方法未涉及制造场所内 RP 设备的优化调度问题。为使得制造场所内 RP 设备的应用更趋合理，可采用遗传算法等进行求解。

(3) 通过实时加工仿真的零件原型远程制造监控

零件每层的轮廓集数据、每层中激光头扫描与空行程路径、激光头画模式与运行速度以及其他技术参数是构成该零件原型加工过程仿真模型的基础。当上述数据来自于一个正在运行的 RP 设备时，则由这些实时数据构成的模型是当前 RP 设备加工运行的实时仿真模型。否则为离线加工过程仿真模型。当在加工过程仿真中考虑零件的收缩与变形问题时，则仿真加工出的零件原型在尺寸与精度等方面更接近真实的零件原型。

为构造零件原型加工过程的仿真模型，至少需要实现以下几方面的内容：

1）一个用每层轮廓集数据、激光头扫描与空行程路径、激光头画模式等构成的零件层几何模型。

2）一个 RP 设备几何模型。包括设备、升降台、树脂或粉末容器、工作台、层平整装置、激光头装置等。

3）一套用于加工过程仿真的参数及其取值：①用于在线实时仿真的参数与取值。包括取自加工现场的当前激光扫描或空行程速度、升降台速度、层平整速度、当前的层号以及来自现场的其他参数与取值；②用于离线仿真的参数与取值。所包括的参数数量同上，但参数取值由仿真模型运行者确定。

4）零件原型的后处理装置模型。

5）零件仿真结果输出：由于基于实时参数的加工过程仿真模型可以被记录下来，并被

方便地回放、暂停，因此它能为分析制造过程中所出现的问题提供重要的现场回溯机制。例如，当零件原型制造出现质量问题时，制造商与客户间可利用协同工具，并启动仿真模型以便观察加工过程，从而为质量分析提供重要的依据。

(4) 基于文本的零件原型远程制造的工况信息获取与显示

当前加工状态的文本报告是客户乃至制造商了解加工进程的重要信息，这些信息的发布与刷新按一定的时间间隔进行，而发布方式则采用填充基于 Web 的加工状态文本报告模板来实现。图 7-11 所示为 4 个加工状态模板，即客户相关的状态模板、制造场所相关的状态模板、零件相关的状态模板和制造现场设备工况模板。

这里，前 3 个模板状态数据的填充采用自动的方式实现。最后一个模板的状态数据、尤其是某些由 CNC 控制系统所决定的状态数据的填充或由 RP 设备操作者手工填写完成，或通过开发一个接口程序来自动获取，而后一种方式实现难度大。

上述状态数据将被存放在 Web 数据库中，并作为加工历史数据供后续环节使用。

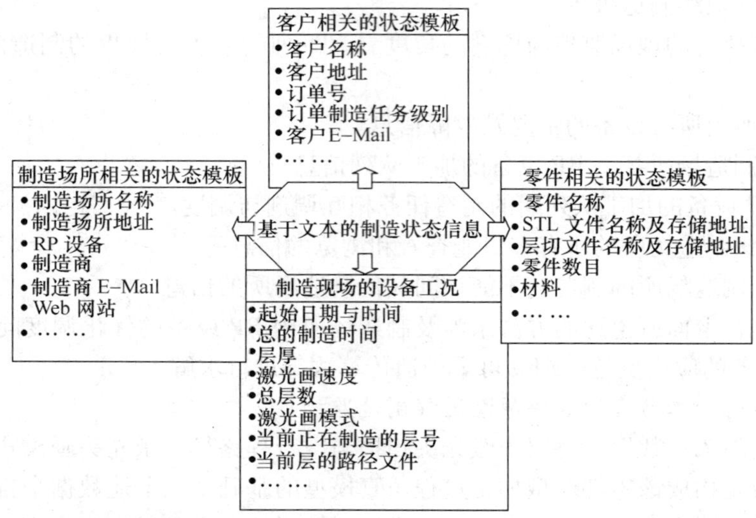

图 7-11 基于文本的零件原型远程制造的状态数据模板集

7.1.5.3 基于 RP 的远程制造服务平台的管理技术

1. 零件原型远程制造队列的在线管理

(1) 制造队列管理的访问权限设置与管理功能描述

客户和制造商对 RP 设备的加工队列的在线访问权限设置与他们对制造任务的访问权限设置有关。从原理上看，客户不能操作整个加工队列，而只能操作加工队列中特定的、属于自己的制造任务。而制造队列的在线管理者则是制造商。

从对加工队列中制造任务的操作管理方面来看，客户以在线的方式访问零件原型远程制造的加工队列时，其具备下列在线管理功能：

1) 请求将自己提交的制造任务加入到加工队列中。

2) 浏览属于自己的制造任务。

3) 请求修改属于自己的制造任务。

4) 请求删除属于自己的制造任务。

客户浏览自己在加工队列中的制造任务的主要目标是希望了解属于自己的任务将何时被加工，在自己制造任务前还有多少制造任务要加工，自己的制造任务预计的加工时间等信息；客户请求修改属于自己的制造任务的目的主要涉及改动零件原型的制造数量、改动零件几何造型（STL 文件内容）或两者的组合；客户请求删除自己的制造任务的目的是希望取消属于自己的制造任务。

制造商是加工队列在线管理的主角。其需要完成以下在线管理功能：

1）放置客户的新制造任务到加工队列的相关位置。

2）浏览加工队列中的所有制造任务与所关联的信息。

3）对客户的修改和删除请求进行处理。

4）当制造场所具有 1 台以上的 RP 设备时，对加工队列中的制造任务进行调剂。

5）对加工队列中已完成的制造任务及相关信息的实时存储。

这里应强调的是，在对客户的修改请求进行处理时，需按是否满足交货期的原则对制造队列中的制造任务进行再校核。如所请求的修改导致了加工队列中某个（些）制造任务不满足交货期要求，则首先向制造场所内的其他 RP 设备调剂，若调剂不成，则客户的修改请求将被拒绝；在对客户的删除请求进行处理时，制造商与客户需先就违约责任进行协商，然后再删除相应的制造任务。此外，当加工队列中的一个制造任务被完成后，与该任务相关的信息将被实时地存储到 Web 数据库中。

(2) 基于制造队列管理的 RP 设备故障处理

RP 设备的故障处理是加工队列维护的关键环节之一。在加工队列在线管理功能中，制造任务调剂可用来从信息处理的角度实现因 RP 设备故障而导致的制造迟滞。但这种调剂主要考虑在同一制造场所内的不同 RP 设备间进行，且调剂信息需及时通知客户。

2. 制造场所的离线管理

(1) 相关于制造场所管理的访问权限设置

制造场所信息管理由制造商完成。相关的权限设置是：

1）制造商可以作为客户浏览其他制造场所的公开信息。

2）制造商有权管理自己制造场所的所有信息，包括浏览、录入、添加、修改、删除等。

从系统实现的角度看，制造商的权限由远程制造服务平台的管理者通过 Web 服务器的安全机制、访问控制表等来设置。

(2) 制造场所的制造能力展示与管理

如前所述，制造场所的加工能力展示与制造场所的制造设备资源信息、制造场所的人力资源信息、制造场所的制造服务信誉信息和制造场所已承接过的制造任务（制造历史）信息等有关。将这些信息用一种可视化的方式展示出来亦是制造场所离线管理的主要任务。

对于制造场所的设备资源信息，可采用布局管理器将制造场所的设备布局情况展现出来，并能研究相应的物流情况。进一步可将布局中的设备节点与加工过程仿真模型联系起来，在设备级展示零件原型的虚拟加工情况。

对于制造场所的人力资源信息与制造服务信息，可采用统计图显示出来。

当 RP 设备的加工队列中的一个制造任务完成后，将对该制造任务及相关信息进行实时存储。而对所存储的制造历史数据进行二次加工所产生的新数据进行统计分析，可用来展示制造场所已承接过的制造任务（制造历史）情况。同样，上述统计数据可用图示方法展现出来，包括以下内容：

1）制造设备相关的数据。包括某台RP设备承接的制造任务总数、设备每周运行时间、所用材料种类、零件尺寸范围、精度范围等。

2）零件原型实物图谱。

3）制造任务相关的数据。包括客户单位与类型、零件实物图及复杂度、所用材料、建造时间、建造尺寸范围、精度等。

7.1.5.4 基于RP的远程制造服务平台TeleRP的开发

基于RP的远程制造服务平台TeleRP系统依据上述方法学，并采用“Applet-Servlet对”编程模型实现。该平台可通过Web环境对多制造场所进行管理与维护。位于任意地点的客户可以通过注册来使用TeleRP系统，并实现制造场所的选择、客户制造任务的提交、排队、加工监控、在线协商、在线管理等功能，最终达到制造零件原型的目的。

1. TeleRP的运行环境配置

（1）Java使能的Web服务器安装

SUN公司的Java Web Server1.1（JWS）服务器被选择作为Web服务器，以用来使能基于RP的远程制造服务平台。由于JWS服务器的系统维护界面也以Java Applet的形式出现，因此对Web服务器的维护工作也可以不受地理位置的限制。

此外，为附加一些其他网络服务功能，一个FTP服务器和自动获取Web摄像机的图像的服务程序Get_eye也被安装在JWS服务器所在的计算机上。

（2）基于RP设备的远程制造场所配置

基于RP的制造场所的配置涉及RP设备的选型、设备的布局设计、物流设计等内容。为测试上述远程制造服务技术，一个简化的制造场所可配置如下：

1）一台由索尼（SONY）公司制造的SLA型RP设备SCS-1000 HD。

2）两台由AXIS公司制造的Web摄像机AXIS NetEye 200。

3）一个运行TeleRP的PC-Web服务器。

4）充当RP设备操作者和客户联系人双重角色的技术人员。

2. 基于“Applet-Servlet对”编程模型的TeleRP实现

（1）TeleRP的主要功能模块化分

TeleRP系统可划分成6个功能模块，具体列举如下：

- 制造场所选择模块；
- 制造任务提交和排队模块；
- 制造任务的加工监控模块；
- 加工队列维护与管理模块；
- 制造场所维护与管理模块；
- 制造协同模块。

TeleRP系统的系统级维护与安全管理由系统管理员完成，而TeleRP系统的使用者分别为客户和制造商。对于不同的模块，客户和制造商有不同的访问权限。例如，对于制造任务的加工监控模块，客户的使用权限是通过其监视自己的制造任务的加工情况；而制造商则可以监控其制造场所内的所有制造任务。

(2) TeleRP的层次式用户界面与控制策略设计

镶嵌在HTML页面内的Applet是TeleRP系统启动的前端。当单击在Web浏览器中显示的Web页面的Applet链接后，TeleRP被启动，并进入一个基于框架的Web页面。在图7-12中，该页面划分成两个显示框架（Frame），右框架内采用HTML文件显示TeleRP系统的使用指南；左框架内显示用于启动TeleRP系统各个功能模块的按钮。

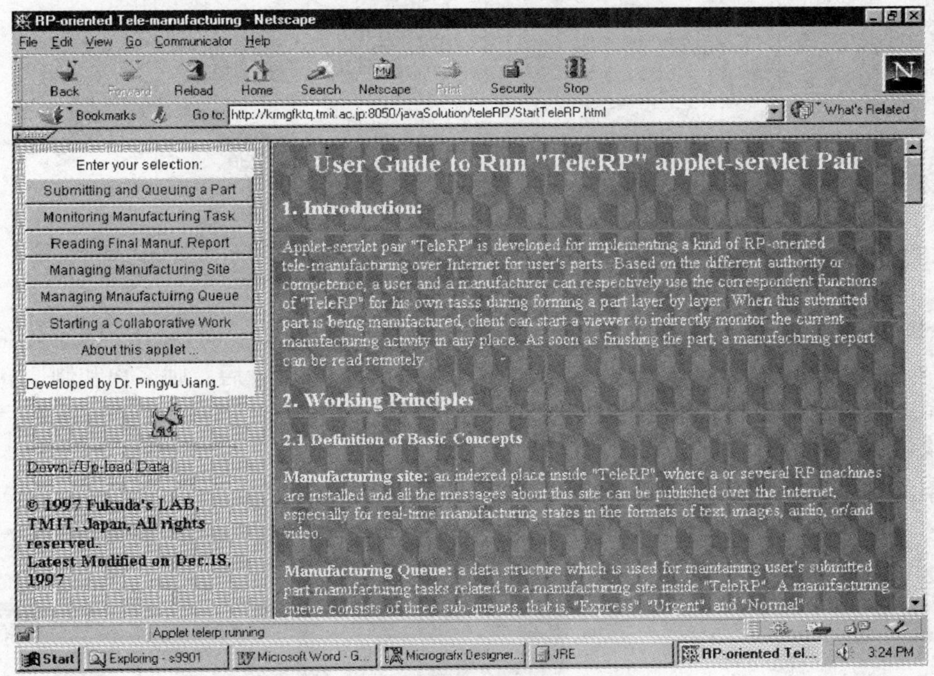

图7-12 TeleRP系统的启动界面

当左框架内的任意一个按钮被单击时，一个独立于浏览器窗口的浮动窗口将被启动。根据按钮所代表的模块的相关功能要求，可采用层次化的一系列Java-AWT图形界面元件（如按钮、标记域、列表框、对话框、菜单等）作为人机交互介质来启动相应的层次化的子功能集。以此方法可形成TeleRP系统的一个层次化的用户界面关系，并据此控制相关模块的各个功能与子功能的实现。

由于采用将TeleRP系统中每个模块的每个（子）功能对应于一个AWT图形元件，因此，形成功能层次与AWT图形元件层次间的对应关系十分重要，这也是顺利实现TeleRP系统编程的关键。以“制造任务的加工监控模块”中的“显示基于文本的制造工况数据”子功能实现为例，其子功能实现的层次分解元素集如图7-13的右侧部分所示，包括：

1）启动和弹出对话框。

2）设置放置制造状态信息的对话与显示区域：①使用相关数据结构放置制造状态信息；②刷新或退出功能的使能及对话框设置：退出控制和刷新控制。

而图7-13的左侧部分则显示了相关的AWT图形元件层次，图中的连线则表明AWT图形元件与相关的子功能分解元素间的关系。例如，功能分解元素“设置放置制造状态信息的对话与显示区域”可由AWT的Dialog元件实现；其进一步分解的功能元素“使用相关数据结构放置制造状态信息”可用AWT的一组Labels元件实现。

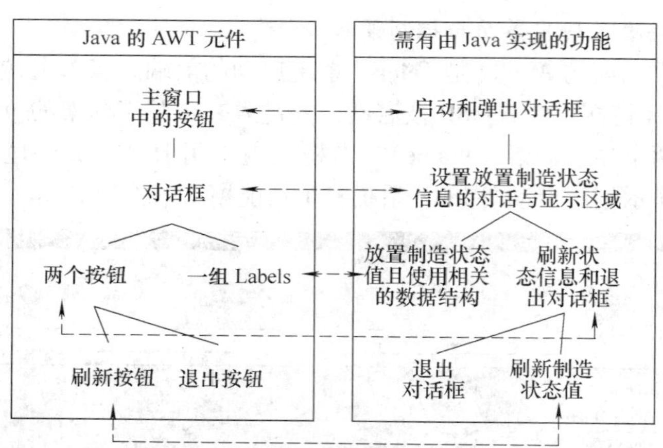

图 7-13 用于制造状态信息显示的 AWT 图形元件与功能分界要素间的层次对应关系

7.1.5.5 基于 RP 的远程制造服务平台 TeleRP 的运行

TeleRP 系统的 Applet 将安装在 Web 服务器端的相关目录中，而 Servlet 则安装在系统目录“…/servlets”下的子目录中。当通过 HTML 链接启动 TeleRP 后，则客户和制造商首先将在该平台上进行注册，然后从事包括选择制造场所与设备、制造任务提交与排队、制造监控、在线协商与在线管理等远程制造活动。

以图 7-14 所示的连杆零件快速成型制造为例，其基于层切算法的加工时间估算界面如

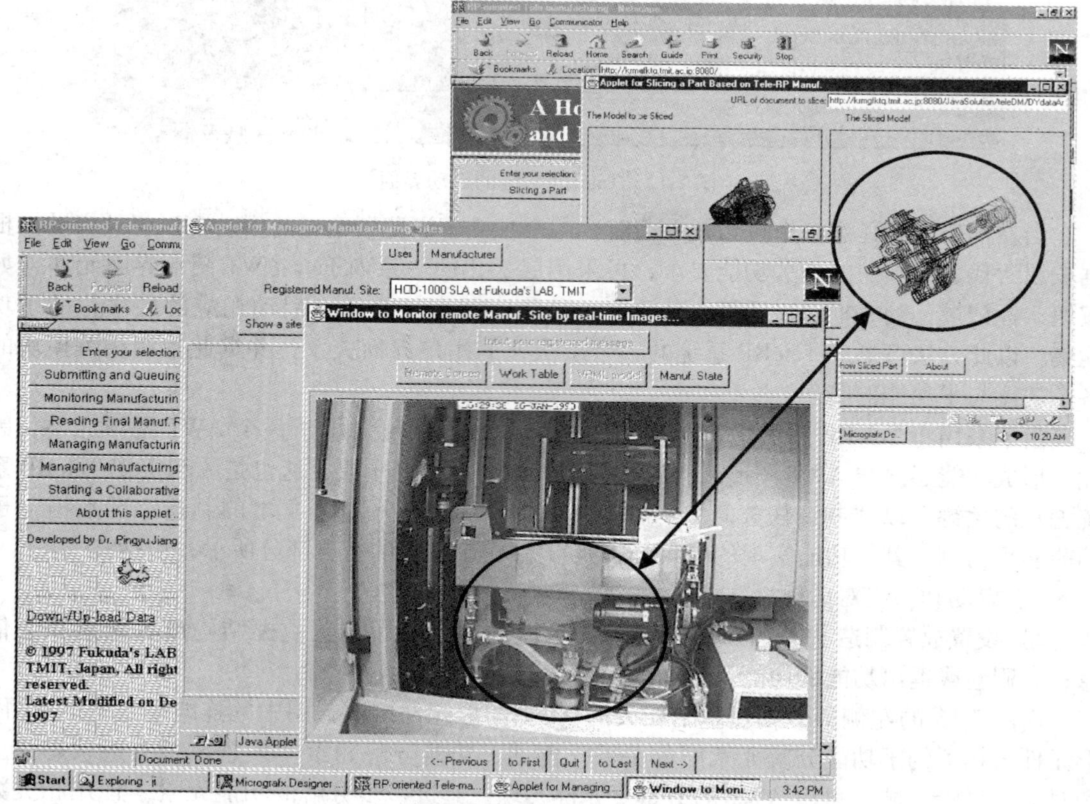

图 7-14 采用 TeleRP 进行零件原型制造的程序

图7-14中右上图所示，而在SLA型RP设备SCS-1000 HD上加工的视频实况则由AXIS的NetEye 200摄录并显示。

7.1.6 支持RP驱动的并行设计过程的协同技术

7.1.6.1 同步协同支持工具TeleCO简介

同步协同支持工具TeleCO同样采用“Applet-Servlet对”编程模型开发，通过分布在异地的不同使用者启动一个Applet副本及建立相应的基于线程的信息交互通道，可构造出一个虚拟工作空间。不同的协同参与者通过该空间来感知其他成员的协同操作及意图，从而实现对特定的协同任务的求解。

与传统的同步协同工具不同，TeleCO系统引入了工作流管理机制，并以Project作为协同任务的索引、组织与度量单位。这里，一个Project是指一次协同任务。例如，当TeleRP系统正在制造客户i所提交的制造任务时，客户i需要制造商解释若干加工状态参数的变化趋势。这时，客户和制造商可以共同启动TeleCO，并设立一个称之为“解释加工状态参数变化趋势”的Project。此外，TeleCO系统采用“类BBS”结构对协同历史进行记录，使协同活动的参与者能回溯协同过程，了解作决策的上下文或因果联系。

参见第5章图5-28，基于Project的同步协同支持工具TeleCO共由10个模块组成，它们是用户界面模块、协同会话模块、白板交互模块、二维图形（图像）协同浏览模块、三维图形协同浏览模块、基本通信模块、音频交互模块、视频交互模块、Project管理模块、安全机制模块。相应的各模块功能描述如下：

1）用户界面模块：是TeleCO工具与用户进行双向交互的窗口。它基于其他各功能模块及安全机制，是各功能模块及安全机制的外在表现。

2）协同会话模块：对应于TeleCO工具所提供的协同会话功能。它的通信基于基本通信模块，输入输出依赖于用户界面模块。

3）白板交互模块：实现TeleCO工具中的白板交互功能。这个模块从用户界面模块获取输入信息，经本模块处理后，再把输出信息发送给用户界面模块。这个模块的通信依赖于基本通信模块。

4）二维图形（图像）协同浏览模块：其输入是用户对二维图形（图像）的操作，输出是所有用户端对该操作的实现。本模块的输入输出通过用户界面模块反映，实现依赖于基本通信模块。

5）三维图形协同浏览模块：实现所有用户对三维图形的协同浏览。本模块以基本通信模块为基础，以用户界面模块为反映。

6）基本通信模块：是TeleCO工具实现的基础。它为协同会话模块、白板交互模块、二维图形（图像）协同浏览模块、三维图形协同浏览模块等提供通信的基础，同时，它也为Project管理模块提供实现的可能。

7）音频交互模块：实现TeleCO工具中声音的多向实时采集、传输和播放。它的活动受制于Project管理模块，它的界面依赖于用户界面模块。

8）视频交互模块：实现图像信息在用户端之间的实时多向的采集、传输和播放。它的输入输出在用户界面模块中体现，但它要受到项目管理模块的调度。

9）项目管理模块：是TeleCO工具工作流程管理的核心。它根据用户的需求、工作流程和工作习惯，设计出规范、方便的工作模式。协同会话模块、白板交互模块、二维图形（图像）协同浏览模块、三维图形协同浏览模块、音频交互模块和视频交互模块的工作内容都要由项目管理模块来决定。

10）安全机制模块：为用户界面模块的实现提供安全方面的保障。它根据用户界面模块要实现的功能，提供适合的安全权限。

TeleCO 工具的开发也借用了 Jave 多媒体框架（Java Multimedia Framework，JMF）实现相关的音视频信息处理功能的开发；图形处理则使用了 Java3D 的 API 及各种 3D 图形格式的加载器（Loader）。图 7-15 则展示了 TeleCO 工具的程序界面。这里，项目结构树用于显示项目的组织结构；会话内容树用于显示会话内容，并以主题的方式进行组织；在线用户列表用于显示当前在线的用户；白板、视频窗口、图形窗口用于显示白板、视频窗口和图形窗口及相关信息，某一时刻只能有一个工作区通过按钮被激活；文本输出用于显示会话过程中的所有文本；文本输入为用户发言时进行输入的地方；而用户选择则实现发言对象的选取。

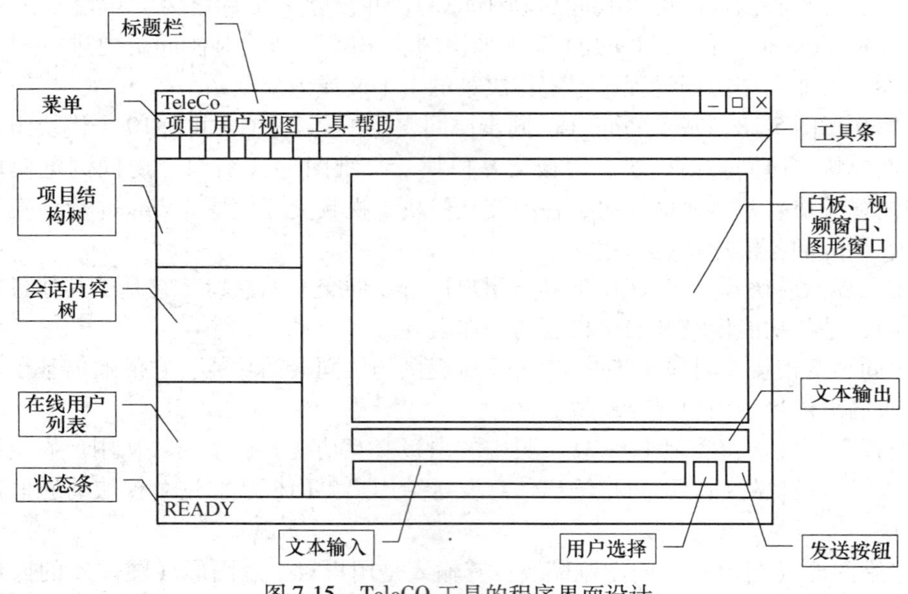

图 7-15 TeleCO 工具的程序界面设计

7.1.6.2 基于实物原型的快速产品设计的协同环境

在图 7-16 中，以 TeleCO 系统为中心，构成了一个基于 Web 的实物原型驱动的快速产品设计协同工作环境。这里，制造商派生出操作者、工艺员等协同角色；客户派生出任务提交者、设计者等协同角色。这些角色既可以是协同任务的发起者，亦可以是协同任务的参与者。一旦一个协同任务被发起，则将在 TeleCO 系统内命名一个 Project，并以此为基点进行协同的索引与组织。

从实物原型评价驱动的快速产品设计流程来看，主要在以下几个阶段会产生协同任务，从而使用到上述协同支持工具：

1）CAD 阶段：不同的设计人员间就设计方案形成过程中所遇到的问题进行的协同。

2）CAPP 阶段：设计者与工艺员间就零件几何模型的可制造性进行的协同。

3）在零件原型制造阶段：任务提交者（客户）与 RP 设备操作者（制造商）间就加工

过程情况进行的协同。

4）在零件原型评价阶段：零件原型制造出来后，设计者间甚至设计者与制造商间根据实物原型对设计方案的协同评价。

其中，零件原型评价阶段所涉及的同步协同技术对上述快速产品设计方法的影响最大。

7.1.6.3　原型制造评价的同步协同技术

1. 支持产品快速设计的实物原型分类

在实物原型驱动的快速产品设计过程中，不同的设计阶段可以使用不同类型的实物原型进行产品设计方案的评价。而按设计阶段划分的实物原型主要包括：

1）用于概念与形状评价的几何实物原型。

2）用于产品功能测试的功能实物原型。

3）用于工艺稳定性测试的技术实物原型。

4）用于上市前进行用户测试的市场实物原型。

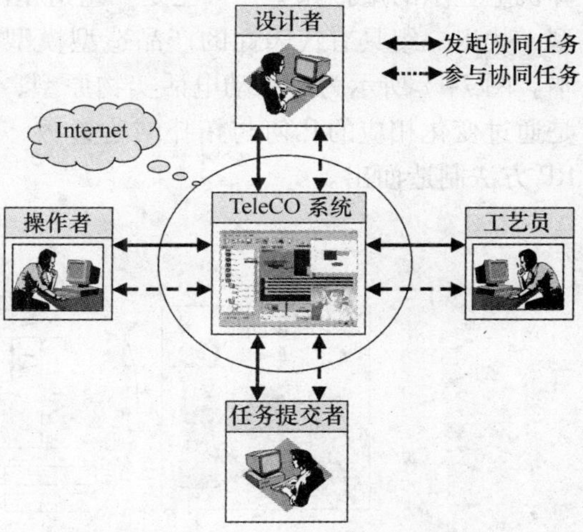

图 7-16　多角色参与的实物原型驱动的快速产品设计环境

以移动电话为例，其构成主要包括机壳、按键机构、集成电路板、LCD 显示屏、电池、连接件（如螺钉）等。在概念与形状设计阶段，为评估移动电话的外形设计成效，常采用 RP 设备建造外壳的实物原型，用于从工业设计的角度评价造型感；在产品详细设计阶段，为有效地实现设计定型，常需组装出一两件或更多件产品，以便进行功能测试。此时，可采用 RP 设备建造出机壳、按键机构等，并将它们与集成电路板、LCD 显示屏、电池等组装在一起，并用连接件紧固。而功能测试的内容可以涉及通信软件的功能测试、面板操作测试等。在设计定性及批量生产前，有时需对工艺稳定性进行测试。为此，可采用同上的方法组装出 5 ~ 10 个或更多的移动电话，用于涉及含微处理器的集成电路板等制造的工艺稳定性测试。同理，可组装出 10 个以上的移动电话供用户测试。

2. 实物原型驱动的协同评价的评价指标问题

实物原型驱动的设计评价则希望从实物展示与使用的角度发现进行设计变更的切入点，而评价指标与相关的权重体系、各方人员从协同的角度进行基于组工作的评价决策则是问题求解的关键。应指出的是，产品的功能实物原型、技术实物原型和市场实物原型的评价指标与相关的权重体系的设置与产品的类型、所涉及的技术领域有关。而几何实物原型的评价主要涉及在满足功能实现约束条件下的造型感方面的问题，有一定的通用性。

3. 一种基于感性工程技术的产品造型感协同评价方法

以在概念与形状设计阶段常遇到的造型感评价为例，可用基于感性工程（Kansei Engineering）的方法对产品的造型感进行量化评价，并通过将评价信息与造型的相关几何与拓扑参数的统计关联，做出修改设计方案的决策。

应用感性工程技术对产品的几何造型感评价的工作流程将主要涉及 4 个方面，即感性意象认知的识别、定性分析、定量分析、决策。

（1）感性意象认知识别

首先是广泛搜集待评价产品的各种造型模型，这些模型既可以是实物模型，也可是在计算机上显示的虚拟原型，甚至是一组造型图片。将这些模型进行初分类，去除类型接近的模型，找出一组具有代表性的产品造型模型，并据此模型制成用于调查的产品的造型模型样本。图7-17所示为由移动电话实物原型、虚拟原型构成的产品造型样本。其中，虚拟原型是通过变化相应的几何与拓扑结构参数、色彩参数等而获得的，且实物原型的机壳等可用RP方法制造而出。

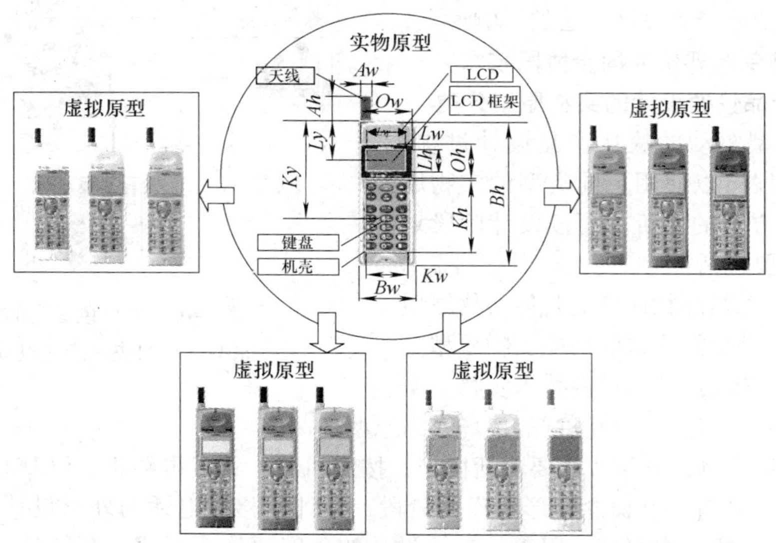

图7-17 由实物原型和虚拟原型所构成的造型感评价样本

其次，为测试评价者对上述模型所展示的产品造型的感觉与偏好，采用“形容词汇对”的集合来表达所有可能的感性意象，即用它们来体现对产品的感觉，以便反映对产品语意的解读。据此，先列出搜集的“形容词汇对”集合，从中剔除明显不合适的词汇对，再加上一对反映偏好程度的词组，即喜欢与不喜欢，作为初次调查的意象词汇集合。

第三，形成调查表。其内容涉及每一个产品造型模型样本的感性意象语汇对集合及偏好程度。意象语汇对集合即为选择的形容词对集合，而每个意象语汇对用7个等级来区分偏好程度。

第四，建立意象看板。由于每个人对感性意象词汇的理解有偏差，因此在评价时会产生一些个体误差，为减小该误差，采用意象看板来统一评价者的认识。意象看板也是通过大量的调查和统计来建立的。

最后进行调查和数据分析。填写调查表前每个评价者首先通过意象看板来确定各种意象，然后再填写。

由每个评价词作为独立维所构成的认知空间尽管可用来表示评价者对产品造型感的认知，但这个空间过于复杂，且很难认知清楚。因此，应采用统计学的因子分析法来降低认知空间的维数，简化认知空间结构。由因子分析可知，产品的造型感可由若干因素来解释，且每个因素都有其所代表的含义。根据各“形容词汇对”的因素负荷量再进行统计学的数据聚类分析，可识别出能显著反映评价者感性意象认知的几对意象词汇。

（2）定性分析

首先运用形态分析法，配合调查表及对设计者的访谈，归纳出构成产品的主要要素及其形态分类，并依此建立形态要素表。

然后，除参考之前的造型模型样本外，再依据上述所归纳出的产品要素，配合形态要素表，予以交叉变化组合，重新构建新的产品模型的实验样本。依据前面提取的几对代表性感性意象语汇对，建立新的调查表，再由评价者评价并填表。

将调查表的结果加以整理，并求出各个模型样本在各意象语汇下的平均数，然后以感性意象词汇集评价数据为因变量，形态要素类目为自变量，进行统计学的多元回归分析，由此可以获得各个意象词汇集对所对应的形态要素类目系数，称之为类目得分。根据类目得分可求得各个模型样本的形态要素对感性意象的贡献，然后进行统计学的偏相关分析，获得各个形态要素的偏相关系数得分，据此可以进一步了解意象语汇与产品形态要素间所呈现的对应关系，归纳出在定性层面上的基于感性意象语汇集的产品造型感描述。

（3）定量分析

本阶段的目的是以数值方式建立感性意象语汇集与产品造型参数间的关联关系，以此评价产品的造型感，并据此指导产品造型的改进方向。定量分析方法可根据所使用的产品参数的不同而分为连续法和离散法两种。

连续法也可称为点描述法。其以点描绘手法逐一对先前的产品模型样本进行描绘，并记录每一个描绘点的坐标值，然后分别以每位评价者对每个产品模型样本的感性评价平均值为因变量，产品模型样本的坐标描述变量为自变量，进行多元回归分析，整理出多元回归方程式，从而达到量化分析的目的。应指出的是，该方法较适合于对图片或二维图形的处理。

离散法则指抽取出表达产品造型特征的一组特征参数，特征参数的不同赋值对应于不同的产品造型样本。同样以特征参数为自变量，每位评价者对每个产品模型样本的感性评价平均值为因变量，进行统计回归分析。

（4）采用 TeleCO 系统的产品造型感评价及改进决策

产品模型的造型感的评价及改进决策用 TeleCO 系统完成。而评价者填写调查表、基于调查信息的定性与定量分析也在网上完成，基于感性工程的、图片驱动的网上产品造型感信息调查如图 7-18 所示。其中，形容词汇对集、产品特征参数集或坐标描述变量集等构成了

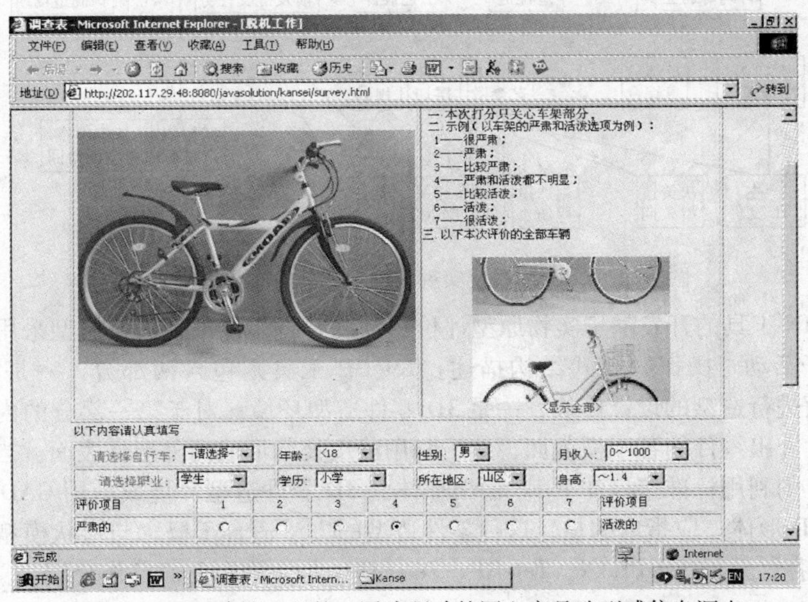

图 7-18　基于感性工程的、图片驱动的网上产品造型感信息调查

感性工程基础信息库，且该库采用 Web 数据库实现。

当上述评价信息计算完成后，所有的评价者将在 TeleCO 系统上进行注册，且这些初始与结果数据将以文档、Web 页面等的形式加载到 TeleCO 系统中供使用。

由于计算结果已给出了初始的评价结果，这时评价者在协同环境内要做的事情是确认自己的思路、相互交流，以修正定性、定量的评价结果。以图 7-17 中的移动电话为例，如所评价的实物原型获得最好的综合评价值，则进行产品几何造型的定版决策；若所评价的实物原型造型感与虚拟原型有差距，则作出调整与最显著的感性意向语汇子集相关联的特征参数子集或坐标描述变量子集的决策，以达到修正产品模型、获取更佳造型感的目的。

应指出的是，采用感性工程技术建立的评价指标由感性意象语汇集、特征参数集（或坐标描述变量）两块构成，评价算法则是利用统计学方法在两者之间建立统计关联。

7.1.7 TeleDM 系统的实现与运行

7.1.7.1 TeleDM 系统的理想实现形式

实物原型驱动的快速产品设计系统 TeleDM 的一种理想实现模式如图 7-19 所示。其中，使能 TeleDM 系统的主要“Applet-Servlet 对”或工具包括 TeleCHAIN、TeleCO、TeleDE、TelePLAN 和 TeleRP。

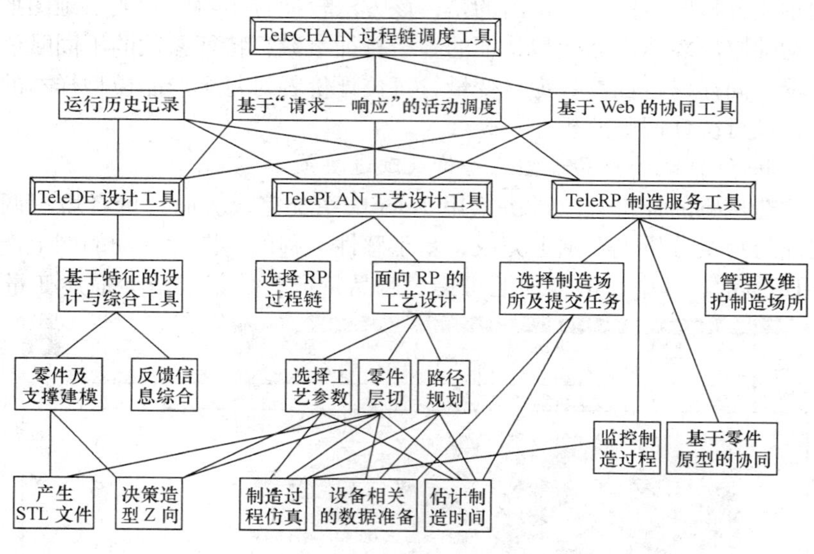

图 7-19 TeleDM 系统实现的理想工具构成及相互关系

TeleCHAIN 工具的开发基于实物原型评价驱动的并行设计模型。该模型采用了一种分层的“活动—子活动—操作”链式结构描述。TeleDE 工具则包含两部分，一是面向 RP 的、利用零件截面进行造型的设计模块，一是 3D 零件造型环境。对于第一部分的内容，其基本思想是首先设计出零件的各个横截面，然后利用蒙皮技术形成内外形体表面。当所构造的形体获得确认，则利用标准接口如 IGES 输出形体到 3D 零件造型环境或商用 CAD 系统中，以获得精确的 3D 形体。应指出的是，这种零件造型的方法适合于概念与形状模型的生成，且与 RP 制造兼容。至于 TelePLAN、TeleRP、TeleCO 工具，则在前面已作介绍。

7.1.7.2　TeleDM 的当前实现模式

就目前而言，TeleDM 系统采用了商用 CAD 系统、FTP 工具、CU-SeeMe 协同工具、TelePLAN 工具、TeleCO 工具、TeleRP 工具与相关的制造场所配置的组合来实现实物原型驱动的快速产品设计方法。其采用的基础信息架构如图 7-1 所示。其中，TelePLAN、TeleRP TeleCO 工具为“Applet-Servlet 对”；商用 CAD 系统为 SolidWorks，且通过 MIME 配置达到能在 Web 页面控制下启动的目的，相应的配置界面则如图 7-20 所示。

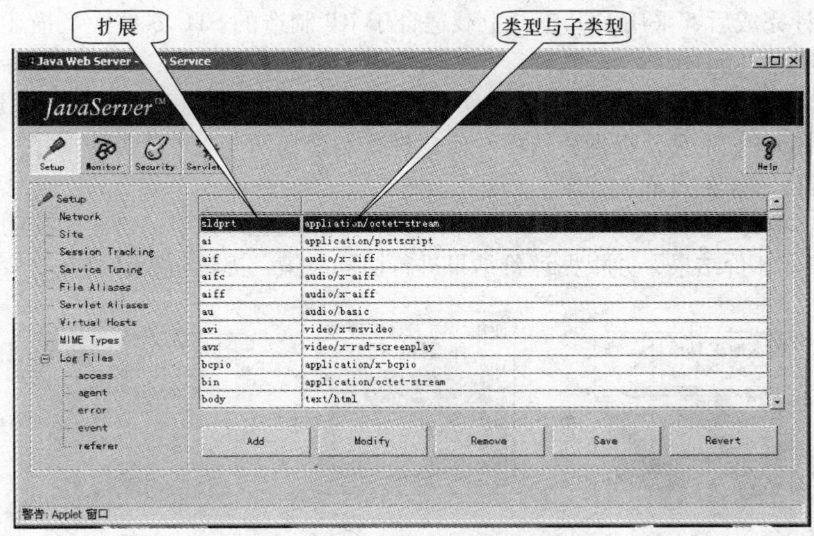

图 7-20　使能在 Web 页面中启动本地工具的 MIME 配置

除对本地工具的调用外，TeleDM 系统的其他工具、所有的数据均存放在 Web 服务器端。为保证 Applet 能在“沙盒（Sand Box）”模型下运行并对数据进行操作，TeleDM 系统采用了图 7-21 所示的目录结构，用于 Applets、Servlets、HTML 文件、各种文档文件、数据库

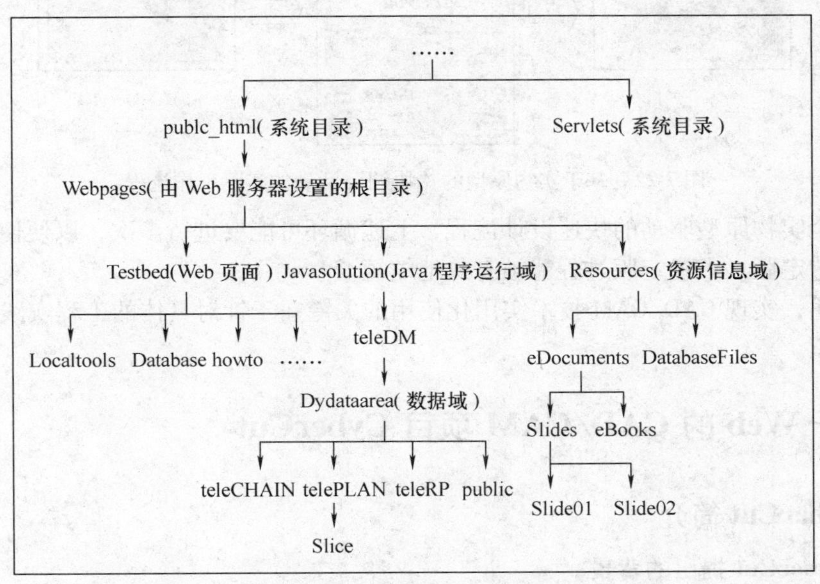

图 7-21　TeleDM 系统服务器端的数据存储目录结构

文件、产品设计与 RP 制造过程中产生的动态数据等的存取与调用。

7.1.7.3 TeleDM 系统的运行

在图 7-22 中，以采用 TeleDM 系统进行零件设计为例，在实物原型驱动的快速设计模型的导航下，一次基于实物原型的评价与决策过程的步骤及相关的工具调用情况如下：

1）采用商用 CAD 工具 SolidWorks 进行零件的造型设计。

2）若需要，使用 CU-SeeMe 协同工具或 TeleCO 工具对设计中出现的问题进行协商。

3）当设计完成后，采用 FTP 工具上载适合于 RP 制造的 STL 零件模型描述文件到 Web 服务器的对应数据域中。

4）启动 TelePLAN 工具，读入 STL 零件模型描述文件并作路径规划、计算零件建造时间等。

5）启动 TeleRP 工具，根据待造零件信息进行制造场所与 RP 设备的选择、零件制造任务的提交与排队、加工过程监控等工作。

6）启动 TeleCO 工具或 CU-SeeMe 系统，根据实物原型的类型，建立相关的评价指标与权重体系，产生评价结果，并根据评价结果进行协同决策，提出再设计意见。

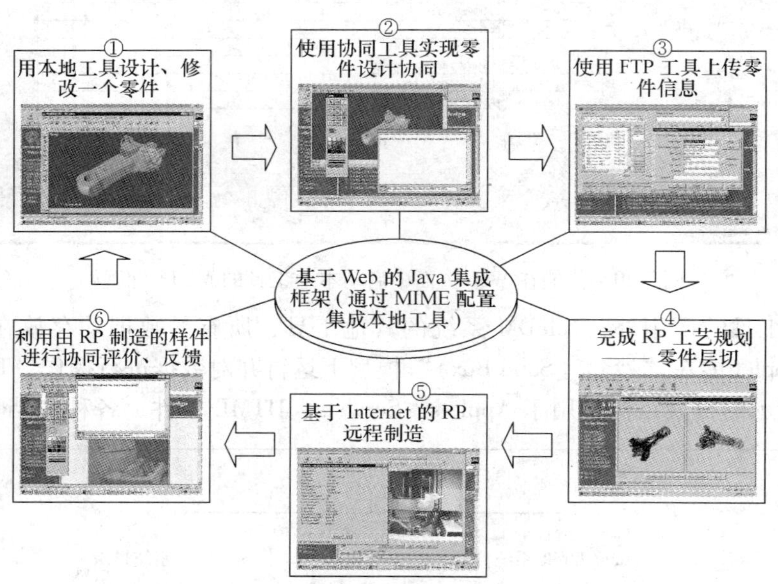

图 7-22 基于实物原型的“协调”活动的实际工作流程

对于整个实物原型驱动的快速设计流程，上述循环可能要进行多次，以便使得产品的设计定版、工艺定版、市场定版过程能被有效地缩短。

综上所述，实现 CAD/CAM 技术实用化使用的关键在于针对具体的工程实践问题活用相关的基础知识。

7.2 基于 Web 的 CAD/CAM 项目 CyberCut

7.2.1 CyberCut 简介

7.2.1.1 CyberCut 提出的背景

CyberCut 是美国加利福尼亚大学伯克利分校集成制造实验室承担的研究项目，它的主要目的是开发能在 Internet 上快速进行产品设计和制造的网络化分散制造基础环境和服务。该项目在调研目前传统 CAD/CAM 工具功能的基础上，提出采用 Java 方案和网络化开放式 CNC 控制结构相结合的方法，构造基于 Web 的分散制造 CAD/CAPP/CAM 集成环境，并实现各子系统之间的信息交互和共享。该项目自 1996 年起至 2001 年止，连续受到美国国家科学基金（National Science Foundation，NSF）的资助。

7.2.1.2　CyberCut 的基本特点

随着 Internet 技术和信息技术的发展，传统的、孤立的 CAD/CAM 环境已经逐渐进化为基于全球的、以网络为中心的集成化 CAD/CAM 环境。在这种环境下，传统 CAD/CAM 环境的瓶颈问题——地域性问题的影响可以减至最小甚至可以忽略不计。集成环境中的各种不同的成员可以通过网络，为异地分布式设计和制造应用提供不同的软件工具、制造设备以及设计分析服务，并且这些工具、设备以及服务可以在集成环境中的成员之间共享。CyberCut 项目正是基于上述的目标提出。其基本理念是基于“概念—零件”，也就是实现从零件的概念设计到零件的最终加工完成的整个过程并提供过程的全程服务。CyberCut 不但具备上述集成环境的基本特点，它还具备以下的优点：

1）CyberCut 是一个分布和共享式设计环境，它不但支持设计信息的共享，而且支持设计工具的共享和互操作。

2）CyberCut 是一个全球的网络化制造环境，各种异地不同的制造工具和设备以及服务，均可以被集成到统一的基础架构当中并提供相关的制造服务。

3）CyberCut 提供一个制造咨询服务模块，以方便用户优化选择相关的加工设备和工具。

CyberCut 的软件开发基于 Java 方案，其网络计算模型基于“浏览器/服务器/数据库”的三层结构。

7.2.2　CyberCut 的基本框架

图 7-23 所示为 CyberCut 的逻辑架构和基本的工作流程，它由一系列的功能模块（图中由方框表示）和可视化界面（图中由箭头表示）组成。其具体的工作流程为：当一个用户或设计者有一个具体零件的设计需求时，通过制造咨询服务（Manufacturing Advisory Service，MAS）模块对其设计要求进行评价，并根据评价结果产生一种或几种设计与制造方案。当用户选择了其中的一个方案作为其设计/制造方案后，他就可以采用具体的 CAD 工具（如 WebCAD、传统的商用 CAD 工具等）实现对零件的详细设计和造型。当设计完成以后，其设计结果就被发送到远程的工艺规划器（分为宏观工艺规划器、微观工艺规划器以及刀具路径规划器）进行具体的工艺设计以生成加工指令。当工艺设计完成以后，这些工艺指令就被发送到具体的开放式 CNC 加工系统，以执行对零件的具体加工操作。当加工操作完成以后，加工结果被最终返回给提交任务的用户或设计者。这样，整个工作循环就结束，新的工作循环将开始。

从图 7-23 中可以看出，整个系统在逻辑上可以分为 5 个层次，分别为服务层、制造咨询服务层、设计层、工艺层和加工层。其主要功能分述如下：

1）服务层：服务层主要由 Java Communication Server 构成，用于管理整个系统运作过程中的服务连接和数据的存储、交互和传输。

2）制造咨询服务层：制造咨询层主要由制造咨询服务（MAS）模块组成，用于为设计

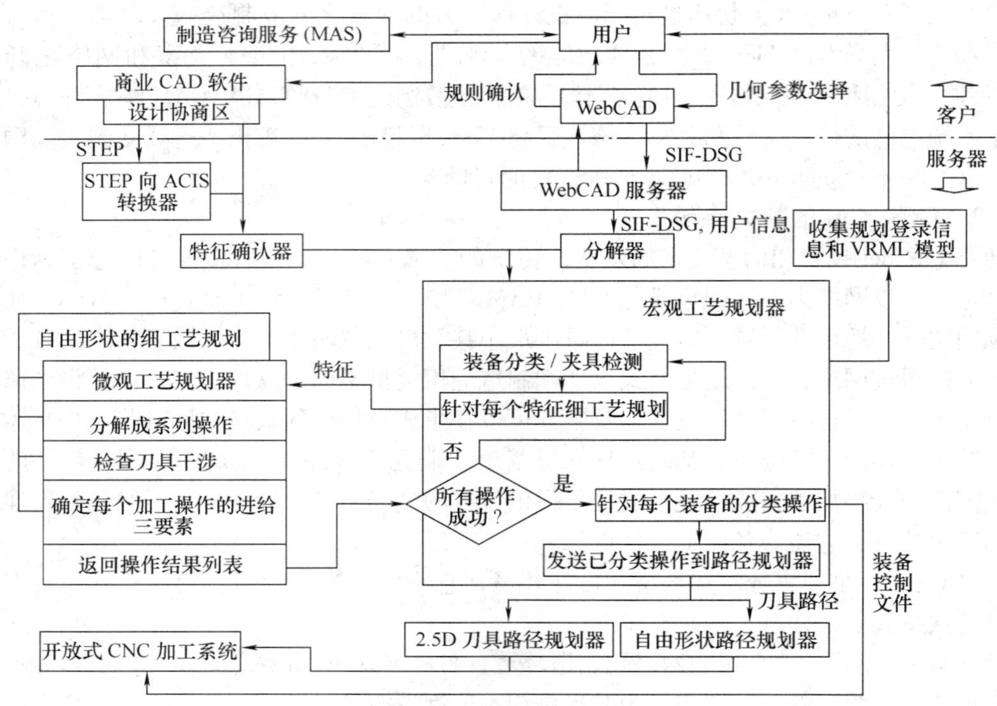

图 7-23 CyberCut 逻辑构架及工作流程

者或用户的零件的概念设计模型提供一系列可行的制造方案。

3）设计层：设计层主要由一系列基于 Web（或 Java）的设计工具（如 WebCAD 或传统的商业 CAD 软件如 SolidWorks 等）构成，用于零件的具体设计和造型。

4）工艺层：工艺层主要包括 3 大部分，即宏观工艺规划（Macro Planning）、微观工艺规划（Micro Planning）以及刀具路径规划（Tool Path Planning），主要用于对零件的具体工艺设计并生成具体的 NC 加工代码。

5）加工层：加工层主要由一系列的开放式 CNC 加工系统组成，完成零件的具体加工操作，目前，在 CyberCut 中，它是由一台三轴数控铣床构成。

图 7-24 所示为 CyberCut 各功能模块的主要内容及相互间的工作关系。在图中，圆角方框和向左的箭头描述了各个功能模块的主要功能；向右的箭头注释了各模块之间的数据流，描述了上下箭头所包含的信息；图中的椭圆形框表示了 CyberCut 所包含的所有主要功能模块。

7.2.3 使能 CyberCut 的 WebCAD 技术

7.2.3.1 基本定义

WebCAD 作为使能 CyberCut 的关键技术之一，是一种在线式的 CAD 工具。其目的是为设计者提供基于 Web 的网络化 CAD 设计工具，以实现零件的在线设计和造型。在设计过程中，WebCAD 将自动检测设计的柔性度，确保最终的设计结果在基于 CyberCut 资源的条件下可以被成功加工出来。使用 WebCAD 进行零件设计主要分为以下的 4 个步骤：

1）选择最初工件的尺寸（或者使用 WebCAD 提供的默认值）。

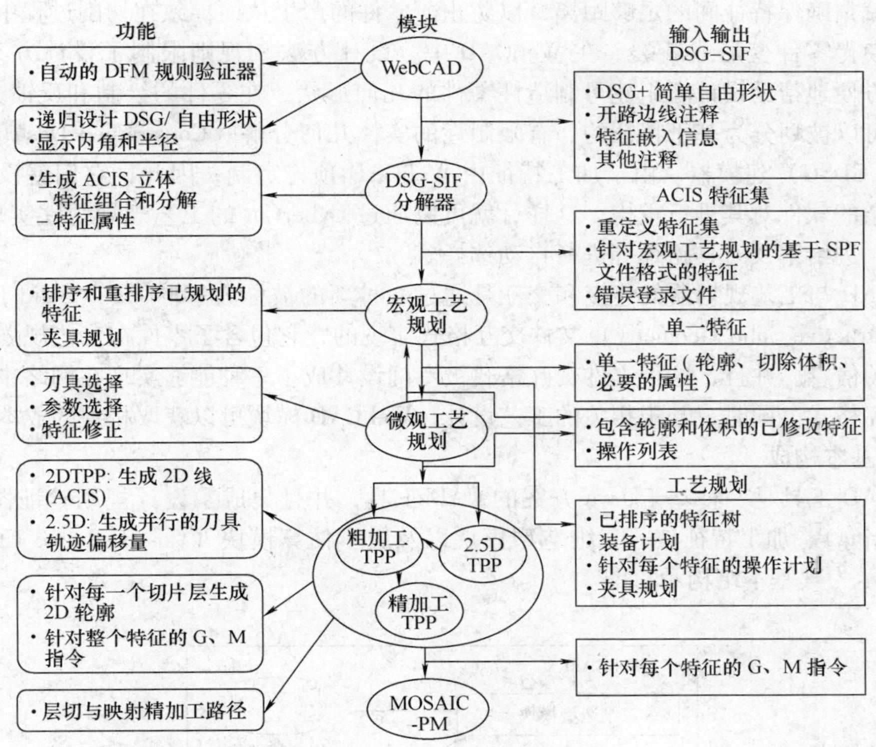

图7-24 CyberCut主要功能模块及相互间的关系

2）添加特征。

3）修剪、构造或合并特征以产生零件设计的最终结果。

4）在IML服务器上保存设计结果，CyberCut通过本服务器启动和初始化工艺设计和制造模块，完成本零件的工艺设计和最终的加工制造。

7.2.3.2 工作原理

WebCAD是一种3D的基于线框建模的设计工具。它的设计理念是通过移除原材料的原始加工面的材料的方法实现对零件的设计。在每一次设计操作中，其都包含对切削工具的选择。如果设计者选择钻孔操作，WebCAD系统将要求设计者定义钻削深度和选择标准的钻头。例如，如果要钻一个40mm深的孔，WebCAD系统将为用户选择一个40mm或长于40mm的钻头。

对于不能执行钻削操作的特征，设计者可以选择铣削加工并定义其铣削深度，通过铣削操作加以实现。

WebCAD提供了一系列编辑和图形功能集，主要包括平移（Pan）、缩放（Zoom）、剪切（Cut）、复制（Copy）、粘贴（Paste）、镜像（Mirror）、旋转（Rotate）、比例（Scale）、VRML输出、栅格（Grid）、栅格捕捉（Snap）、简单尺寸计算（Simple Dimensioning）等。运用这些功能集，WebCAD系统可以方便快捷地设计出符合要求的零件。

在设计过程当中，如果特征的轮廓线是自相交的，或者加工区域太窄以至于刀具不能进入该区域，WebCAD将警告设计者修改轮廓线的几何参数。在设计过程中，另一个较重要的验证操作就是确保特征间的足够距离，以防止薄壁件的产生从而导致在切削过程中由于切削力的作用使得零件变形或断裂。在 WebCAD 中，设计方法和规则限制了设计方案的选择，从而可以方便地帮助设计者组建可制造性零件的几何形状。在零件的绘制和反馈方法之间，WebCAD 可以被划分为基于特征的、有限制性的实体几何分解（Constrained Destructive Solid Geometry，CDSG）建模器。由于加工特征由 WebCAD 预先定制，因此，它们就没有必要由人或者复杂的软件对其进行重构，这样，就可以通过 CyberCut 的工艺规划软件实现对设备、切削速度、进给率及刀具路径等进行自动选择。

WebCAD 与工艺规划器的连接和交互是通过一种新的被称为 SIF-DSG（Solid Interchange Format-Destructive Solid Geometry）文件交互格式实现的，它包含了零件在工艺规划所必需的设计方面的信息。并且，这种文件交互格式被专门设计成了一种能够实现在网络中快速传递的文件交互格式。同时，基于相关的工艺设计，WebCAD 模块可以获取相关的成本估算值。

7.2.3.3 基本构成

WebCAD 工具是一种基于 Java 方案的 CAD 工具，并且集成了设计规则验证器（Design Rule Checking）、加工特征集、三维造型模块以及成本估算模块（Cost Estimate Utility）等。图 7-25 所示为其基本结构示意图。

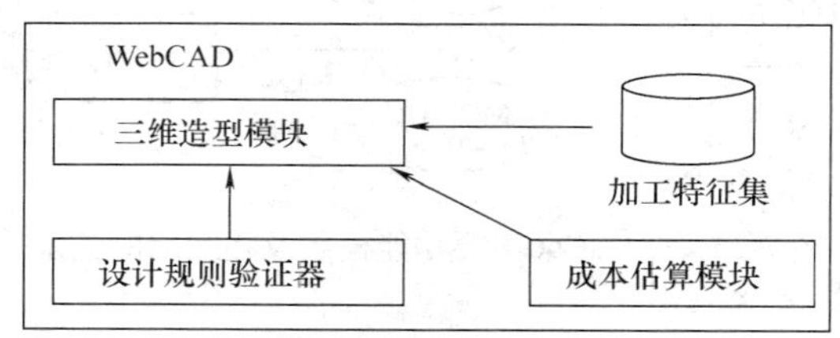

图 7-25 WebCAD 基本构成模块

（1）设计规则验证器

设计规则验证器主要用于协助、导航用户设计出可制造性部件或零件。据统计，一个部件 70% 左右的制造成本是花费在其设计阶段。设计人员在设计一个零件或部件时，对其制造知识或制造难度了解或估计不够，其在设计过程中基本上对其设计的部件或零件的可制造性不加以考虑。因此，设计规则验证器的主要目标是设计和开发一系列设计规则来导航设计人员或用户创建出经济型的可制造性零部件。这些设计规则已经被集成到三维 WebCAD 设计工具中。

目前，已经开发出了 3 种规则并已经集成到了三维 WebCAD 工具当中。这 3 种设计规则分别为：

1）孔的直径和深度比，以保证在切削压力下刀具不发生倾斜。

2）型腔的深度和圆角半径比，以保证在切削压力下刀具不发生倾斜。

3）薄壁应当避免。

前两个规则的数据信息主要从加工数据手册中收集起来，第 3 个规则的数据由伊利诺斯州立大学开发的 EMSIM 软件得到。

（2）加工特征集

加工特征集主要是由一系列面向加工的典型零部件的设计特征组成，通过加工特征集，设计人员就可以通过 WebCAD 的三维造型模块，通过拼装操作，实现零部件的三维造型。

（3）三维造型模块

三维造型模块主要执行基于特征的零部件的三维造型操作。

（4）成本估算模块

成本估算模块作为一个软件，在基于零件典型工艺的情况下，实现对零部件的制造成本的估算。成本估算模块的软件开发是基于 Internet 和 Web 技术的浏览器/服务器/数据库的三层结构。

近年来，随着 Internet 技术和信息技术的发展，成本估算作为一个重要的研究领域，引起了制造界和商业界的广泛兴趣。特别是随着全球化市场竞争的愈演愈烈和全球分散制造环境的形成，精确和及时的成本估算为减少制造成本提供了重要的方法并起着关键的作用。因此，成本估算模块的目标就是在满足自动化理念和基于 Internet 技术的基础上，通过开发成本估算软件以执行成本估算操作。

利用 Internet 技术，成本估算可以以并行的方式执行。由于本软件采用三层计算模型构建，数据库主要包括原材料价格、供应商信息、加工能力等信息，并且允许同步共享最新数据以用于成本估算。同时，基于 Internet 技术和 Java 方案的用户界面提供了分布的、与平台无关的源代码，从而减少了软件的安装成本。

目前，成本估算模块已经在 CyberCut 项目中得到了验证，特别是在 WebCAD 和工艺规划器之间进行了验证。当用户通过 WebCAD 设计完了一个零件并且要求对其进行成本估算时，宏观工艺规划器和微观工艺规划器计算其加工时间和每一个特征的加工成本，并将总制造成本返回给用户。图 7-26 所示为 WebCAD 和工艺规划器之间的交互过程。

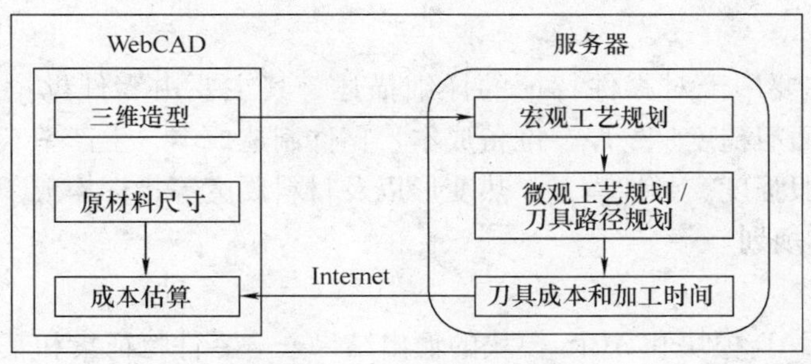

图 7-26 WebCAD 和工艺规划器之间的交互过程

7.2.4 使能 CyberCut 的加工咨询与工艺设计

在 CyberCut 项目中，加工咨询和工艺设计模块是 WebCAD 模块和远程加工模块之间的衔接模块，主要由 4 大部分组成，即制造咨询服务（Manufacturing Advisory Service，MAS）、宏观工艺规划（Macro Planning）、微观工艺规划（Micro Planning）和刀具路径规划 TPP（Tool Path Planning），用于实现对零件的可制造性咨询、加工队列决策，零件工艺路线的制定，工序工步决策、刀具路径规划以及 NC 指令的生成等与工艺相关的内容。下面，根据以上 4 个部分的划分，对本模块的基本功能分别加以描述。

7.2.4.1 制造咨询服务MAS

1. 基本定义

制造咨询服务是一种基于概念层次的制造过程和材料选择工具，用于帮助缺乏制造工艺知识的设计人员选择合适的方法以设计出符合制造条件的零件。其运行机理是通过产生一个对话框实现与设计者交互，在这个对话框中包括零件生产批量、典型的公差、尺寸、整体形状以及成本需求等。MAS将根据用户的输入，产生零件的可制造性方法列表。对于原材料的选择，其实现机理类似于制造过程的选择，在选择过程当中，用户输入的信息包括材料的屈服强度、密度等，MAS的输出结果就是满足要求的原材料的分类列表。

从某种意义上来说，MAS在整个CyberCut运行流程当中作为一个“滤布”存在，起着过滤的作用。如果设计者要设计的零件不满足加工要求，MAS将拒绝其使用WebCAD进行设计。

MAS的开发基于Java方案和Web技术，并且采用“浏览器/服务器/数据库”三层计算模型实现。客户端通过下载和运行相应的Applet程序以实现对制造过程和原材料的选择。MAS中与决策相关的制造信息和材料信息存储在异地数据库中，通过MAS服务器实现对其的访问。

2. MAS的信息构成

MAS所提供的信息从功能上可以划分为3个部分，即制造过程（Manufacturing Processes）、材料描述（Material Description）和表面信息（Facet Explanations）。

1）制造过程信息主要包括过程的基本操作信息、生产信息、几何信息以及材料的兼容性信息等，它们存储于MAS的数据库当中并且以网页的形式显示。同时，某些过程还包括典型样件以及分析实例等信息。

2）材料描述信息在MAS当中以在线帮助的形式为设计者提供通用材料的典型信息的索引。

3）表面信息主要用于对零件特征的详细描述，其主要由零件批量、形状、尺寸、材料、尺寸公差、表面粗糙度、壁厚、准备成本、零件制造成本、生产率、准备时间、材料成本、材料密度、屈服强度、弹性模量、热变形以及材料硬度等指标构成。

7.2.4.2 宏观工艺规划

1. 基本定义

通过输入WebCAD模块和ACIS模块的输出结果——零件特征集和基本几何参数，宏观工艺规划（Macro Planning）的主要功能是自动生成柔性制造计划、设备操作计划以及加工操作队列，从宏观上对零件加工计划进行控制和设定。

我们知道，从一般的设计环境到精确的加工制造过程的转变主要是取决于对零件特征的可制造性的标识。目前，对零件特征的标识问题已经引起了国内外CAD/CAM界的广泛兴趣和研究热潮。尽管在特征标识过程中存在计算上的复杂性，但是，不可否认的是它是实现CAD和CAM集成的桥梁并且是工艺规划自动化的核心之一。它可以方便设计者在不太了解制造过程的前提下使用商用CAD软件设计零部件。同时，它可以使制造者接受标准的CAD输入信息。在这种情况下，不同应用领域的特征之间可以相互转换，这样，就大大地减轻了设计人员、工艺人员、测量人员对彼此之间的各自的命名术语的理解负担。

2. 关键内容

在本模块中，对零件特征的标识的主要目的是用于自动化工艺规划，因此要求特征必须能够适应工艺规划规则，这就需要对其进行仔细定义。工艺规划指的就是将输入的产品设计信息转变为最终的加工计划，这些制造加工计划主要内容包括设备的排列次序、夹具计划、操作次序、操作计划以及刀具轨迹等。宏观工艺规划主要聚焦于设备排列次序、夹具工作和操作次序等的高层次决策。这些问题在工业界、计算机科学以及机械工程领域引起了广泛的重视。

3. 目前取得的进展

目前，在 CyberCut 项目中，已经开发出了一个功能强大的特征识别器，用于对 2.5 维部件或有限种类的三维部件（如自由曲面部件）的识别。特征器的输出结果是一种 spf 格式的特征图表文件。spf 格式的文件被输入到宏观工艺规划器中以产生设备和操作次序表，同时对装夹能力进行定量分析。

4. 下一步发展方向

目前的特征识别器受限于6 直角方向。因此，下一步的发展目标是扩展特征识别器的功能，使之能适应于任何方向。针对这个问题的几个研究重点主要包括：

1）建立刀具的走刀方向，特别是针对自由表面的走刀方向。

2）复杂的计算问题。

3）针对典型特征加工的装夹规划，特别是针对稳定性和最大限度支撑目标的夹具的配置问题。

7.2.4.3 微观工艺规划

1. 基本定义

微观工艺规划（Micro Planning）主要应用于无人工干预的情况下，自动生成基于特征模型的用于 NC 加工的一系列针对子特征的加工操作列表。

在 CyberCut 项目中，WebCAD 工具捕捉的零件的几何参数并不是简单地作为一种无结构的边界表示法，而是保存为能被设计者使用的特征。零件的描述使用 SIF-DSG 标准文件格式发送给制造者进行具体的加工制造。这里，SIF-DSG 文件作为一种标准的中性文件，专门用于描述面向加工的零件几何形状。宏观工艺规划主要用于确定设备、加工次序和操作，而在微观工艺规划阶段，工艺规划器将进一步把特征分解为相关操作列表，并为每个操作选择相应刀具和切削参数。当加工序列确定以后，已分解的操作将被输入到刀具路径规划器。在刀具路径规划器中，根据每个操作的输入的几何特征和参数，以及已选择出的刀具和优化的切削用量，刀具路径将最终被确定。图 7-27 所示为宏观工艺规划与微观工艺规划的相互关系及功能。

2. 关键内容

微观工艺规划器和刀具路径规划器的主要目标是，根据零件特征列表为 NC 机床加工自动生成基于子特征的加工操作列表，为达到这个目标，以下 4 个方面应是其聚焦的重点：

（1）制造能力验证

在 CyberCut 环境当中，针对某一零件，存在两个方面的制造能力有待于验证：第一是可达能力，即零件的几何形状和质量需求是否满足特定机床的加工要求；第二是制造成本，即加工某一零件所需时间。在微观规划层次，规划器主要验证某一加工操作的加工问题，如

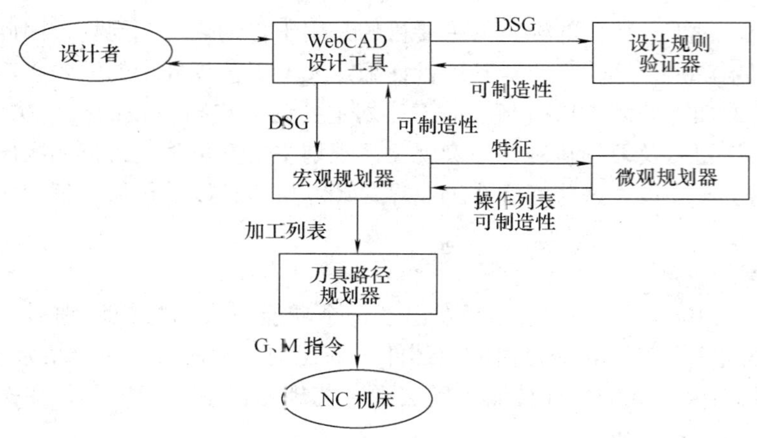

图 7-27 宏观工艺规划与微观工艺规划的关系及功能

验证在合理的成本（加工时间）的基础上，为某一操作选择正确的刀具和满足需求（如粗糙度、公差、机床安全度等）的切削参数的可能性。

（2）操作分解

在特征造型 CAD 系统中，一个零件被描述为一个初始体积块和一个加工特征集，这个加工特征集用于表述在切削加工过程中被移除的体积块。保存在特征当中的加工信息可以以相关的几何形状为媒介从设计阶段转移到工艺规划阶段。从某种意义上来说，基于特征的 CAD 系统为自动化工艺规划提供了一种可行的方案。但是对于复杂特征，特别是自由曲面特征，其加工过程通常是由一系列操作构成的，如粗加工（Roughing）、精加工（Finishing）、斜度/锥度加工（Tapering）以及圆角加工（Corner Rounding）等。因此，这种特征不能直接由设计层面向刀具轨迹生成层面传递。为达到在两者之间传递和使能刀具轨迹生成器正确工作的目的，这些特征首先必须被分解为一系列关联的、低层次的操作集。

（3）切削用量优化

切削用量优化部分的主要功能是实现在特定粗糙度、公差和机床安全性的条件下，寻求和选择最优化的切削参数以满足成本最小化（加工时间最小化）的要求。

（4）针对开放式边界的型腔的刀具路径规划

型腔当中的开放式边界是 3 轴铣特征间交叉的主要外在表现形式。它削弱了封闭式边界在刀具路径规划过程中的限制，并且针对可制造能力提供了更大的自由度。另一方面，为达到切除开放式边界材料的目的，刀具在加工过程中不得不在型腔的外部走刀，这样，有可能导致刀具与封闭式边界或其他相邻特征的干涉。这些新问题的出现成为阻碍刀具路径规划自动化的主要因素之一。

3. 目前取得的进展

目前，针对微观工艺规划部分，CyberCut 项目已经在以下 3 个方面取得了显著的进展：

1）基于特征的可加工性指标的刀具选择。这些指标主要包括最小化通路、最小化曲率、边界轮廓线和底面的圆角半径以及型腔的深度等。

2）针对多种刀具和不同的刀具路径方式的操作分解。

3）开发出了分别应用于2.5D型腔、平自由表面、陡峭的自由表面的3种通用刀具路径规划算法，这3种通用算法涵盖了CyberCut项目当中开放式边界型腔所有可能的结构构造。

4. 下一步发展方向

微观工艺规划的下一步的发展方向主要聚焦在以下两个方面：

1）通过使用仿真工具选择和优化刀具切削用量。

2）简单特征的制造能力提供定量描述方法。这些定量参数主要包括成本估算、操作分解、切削用量等。

7.2.4.4 刀具路径规划

刀具路径规划（Tool Path Planning，TPP）的主要功能是接收来自微观工艺规划器传送来的操作列表，产生刀具刀尖中心线的行进轨迹，再将这些行进轨迹转变为直接能够在铣床上加工的G和M指令。CyberCut提供两种不同的刀具路径规划软件：2.5D刀具路径规划和3D刀具路径规划。

（1）2.5D刀具路径规划

刀具路径规划器将微观工艺规划器输出的不同操作转换为一系列加工指令。针对每一操作中的子特征的切削深度和宽度，产生与特征轮廓线平行的刀具加工轨迹。刀具路径规划器自动识别刀具啮合区等于刀具直径的刀具路径，并且调整其刀具进给量。同时，刀具路径规划器也对实际加工时刀具进入和离开操作的刀具路径进行识别。实际的加工时间和空闲时间同时被计算出来，并且用于计算刀具的磨损成本和加工成本。刀具路径规划器的输出结果是G和M代码文件，用于在Haas—VF0型3轴NC机床执行操作。

（2）3D刀具路径规划

当针对零件的手工工艺规划从2.5D向复杂的3D自由表面，如B样条或曲线曲面的非均匀有理样条转变时，其整个工艺规划过程将变得十分复杂和困难。对于三维表面，一个特征没有一种明确的刀具运行方向。事实上，要加工一个自由特征可能需要两个或多个走刀方向。在加工一个具有平坦面和陡峭面的特征时，标准的商用刀具路径方案将导致精加工方法的频繁变化。因此，自动和优化的工艺规划已经变得十分重要。

一个曲面通常可以划分为“平坦”和“陡峭”区域。CyberCut充分利用不同的刀具路径，实现对自由形状特征的“平面”和陡峭的“墙面”的加工，在不延长加工时间的前提下达到特征的优化精度。通常，对于“平坦”区域的加工采用凸面螺旋刀具路径，而对于“陡峭”区域的加工，则采用ISO-PLAN限制方法实现。

由于大量的待加工零件使用2.5D刀具规划器进行规划，它相对于3D自由形状特征的加工来说，需要更少的计算资源，因此，2.5D规划器在CyberCut中被作为一个独立的模块维护。

7.2.5 基于网络的开放式数控结构的远程加工

一旦零件通过WebCAD被设计出来，并且经过宏观工艺规划和微观工艺规划阶段，其工艺计划被设计完成，其相关信息将被派送到基于网络的开放式数控结构的远程加工中心以实现精确的加工（MOSAIC-PM：Machine Tool Open System Advanced Intelligent Controller for Precision Machining）。这里，远程加工中心由一台3轴数控铣床和与它对应的具备开放式结构的机床控制器组成。

7.2.5.1 具备开放结构的机床控制器

1. 基本定义

具备开放结构的机床控制器（Open Architecture Machine Tool Controller）是加工中心的核心和“大脑”，用于总体控制3轴铣床的具体加工操作。基于网络的开放式数控结构的远程加工中心是在去掉传统的NC控制器和采用新的具备开放结构的机床控制器的基础上构建的，并且通过本控制器实现与VME总线和Internet的连接。机床控制器的开放结构特性主要表现在以下两点：

1）控制结构的开放性。其可以简单地集成新的传感器和其他相关的功能模块。

2）控制软件的开放性。其通过提供相应的API函数，允许编程人员实现对加工过程的全方位的控制，包括高层程序编制以实现自动地完成复杂的加工任务、中层的点对点的移动，以及低层的针对伺服电动机的电压输入的实时控制。

2. 工作机理

传统的机床控制器利用G和M（RS 274）加工指令集所提供的加工功能来实现对机床的加工控制，而具备开放结构的机床控制器是通过C++程序类库编制，并且运行于DECELX环境下——一种实时的UNIX操作系统。控制器的CPU通过控制卡片实现铣床与VME总线的连接。控制机床的3个主轴的直线运动和心轴的旋转运动的伺服电动机由两个运动控制卡操作。另外一个辅助卡片用于控制各种各样的数字或模拟输入和输出信息。在这里，应当强调的是，构建这个开放式结构的机床控制器，在复制传统的CNC控制器的“黑匣”功能方面（如点对点移动、刀具变换等）应当做大量的工作，以作为制造业界的标准G和M指令的示例。

具备开放结构的机床控制器不但能够实现对机床的中、高层控制，而且能够实现对机床的低层操作。这就意味着，编程人员可以调节标准的速度梯形图的加速度值，或者创建定制的电动机控制器，实现基于不同传感器的输出信息的输出电压到伺服电动机，实现对伺服电动机的控制。因此，MOSAIC-PM系统的开放式结构的特性为机床的低、中、高层控制和相关的传感器的控制提供了途径，超越当前由不需定制的CNC机床提供的柔性和可扩展性层次，实现了更高层次的控制。

7.2.5.2 3轴数控铣床

3轴数控铣床作为远程加工中心的主要物理加工设备，其主要任务就是接收机床控制器发出的G和M控制指令，实现对零件的具体加工操作。

7.2.6 CyberCut的实现与运行

基于以上对CyberCut的工作机理的描述，CyberCut项目组开发了相关的原型系统对其进行了验证。图7-28、图7-29所示为MAS模块的运行界面，通过对MAS的运行，实现了待设计零件的可加工性的咨询和加工方法的选择。

一旦设计人员确定了零件设计的可行性方案后，就可以运行WebCAD系统，实现对零件的详细设计。图7-30、图7-31所示为WebCAD系统的运行界面，图7-32所示为自由形状表面设计的运行界面。

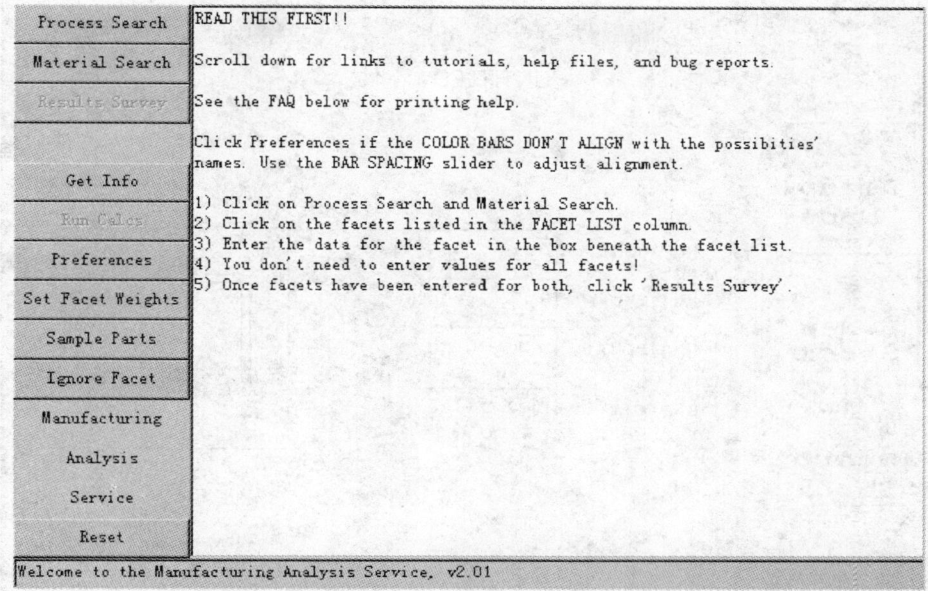

图 7-28　MAS 模块的运行界面 1

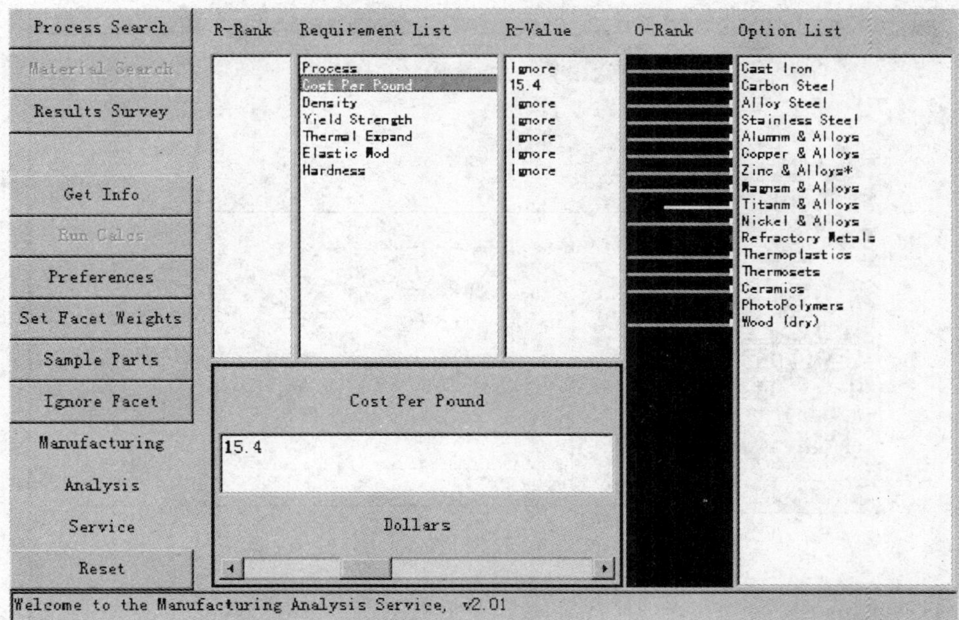

图 7-29　MAS 模块的运行界面 2

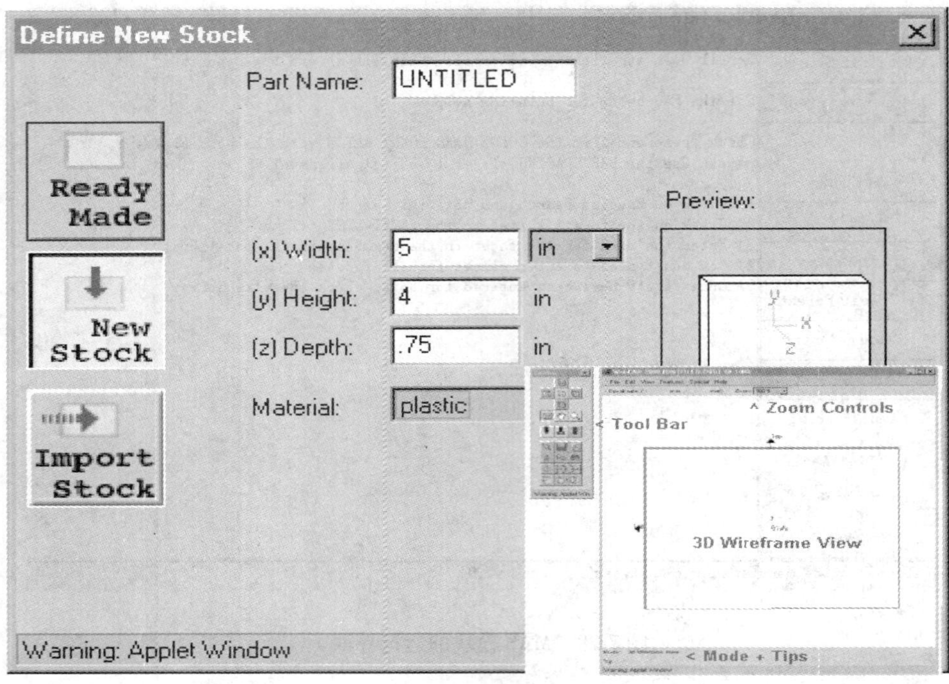

图7-30 WebCAD 系统的运行界面1

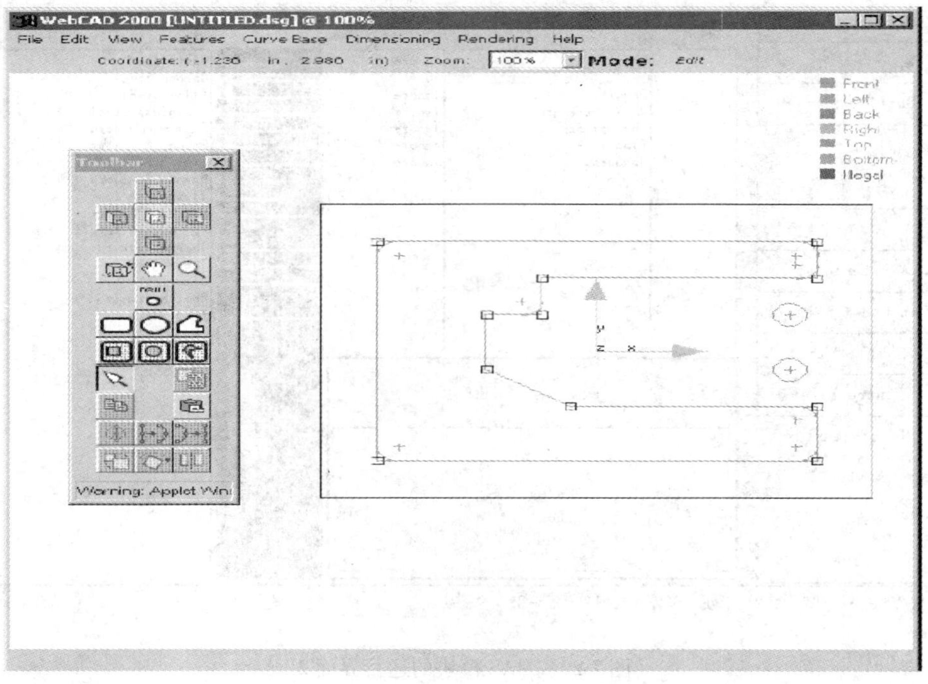

图7-31 WebCAD 系统的运行界面2

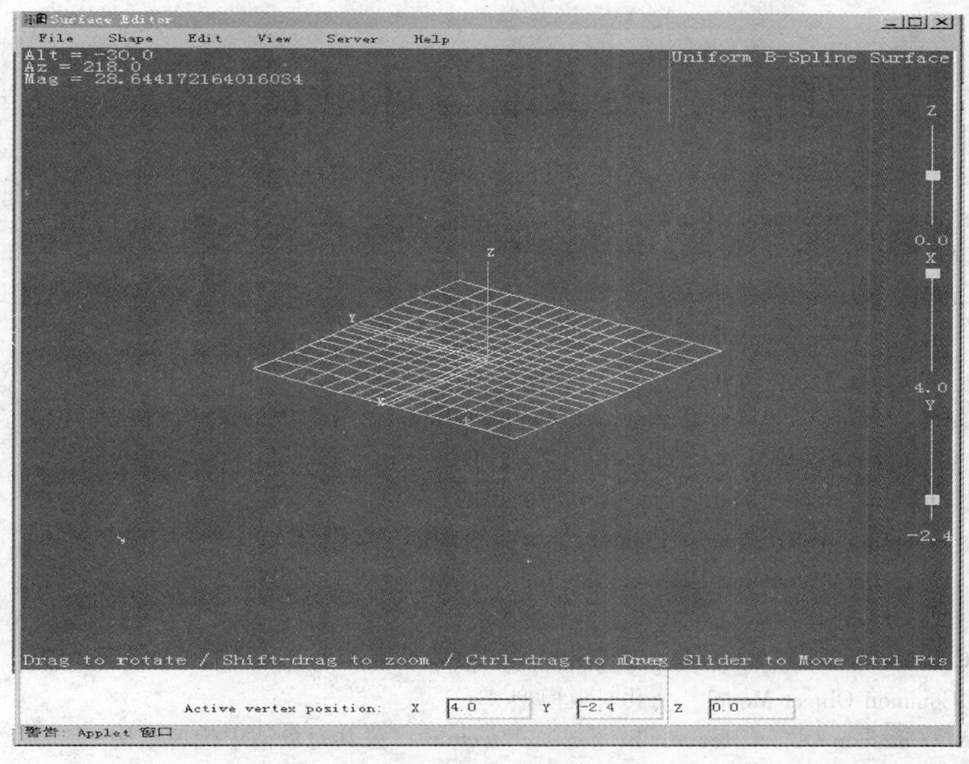

图7-32　自由形状表面设计的运行界面

7.3　思考题

1. 简述设计一个网络化CAD/CAM系统的步骤。

2. 试设计一个网络化CAD/CAM系统，包括体系结构、基础信息架构、运行模式及关键技术的实现途径等。

附录　英文缩写对照表

AAB　Attributed Abstracted B-rep　归结抽象化的边界表示法
AHP　Analytic Hierarchy Process　层次分析法
BOM　Bill of Materials　物料清单
B-rep　Boundary representation　边界表示法
CAD　Computer Aided Design　计算机辅助设计
CAD/CAM　Computer Aided Design and Manufacturing　计算机辅助设计与制造
CAM　Computer Aided Manufacturing　计算机辅助制造
CAP　Computer Aided Planning　计算机辅助规划
CAPP　Computer Aided Process Planning　计算机辅助工艺设计
CAPP　Computer Automated Process Planning　计算机自动工艺过程设计
CBR　Case-Based Reasoning　基于实例的推理
CGI　Common Gateway Interface　通用网关接口
COM　Common Object Model　公共对象模型
CORBA　Common Object Request Broker Architectuire　公共对象请求代理结构
CORBA　Common Object Request Broker Architecture　公共对象请求代理体系结构
CSPoMM　Client Site Post-Modified Model　客户端修改后的模型
CSPrMM　Client Site Pre-Modified Model　客户端修改前的模型
DCA　Design Chain Associations　设计链协会
DCE　Distributed Computing Environment　分布式计算环境
DCOM　Distributed Common Object Model　分布式公共对象模型
DCOR　Design Chain Operation Reference Model　设计链参考模型
DDBS　Distributed Database System　分布式数据库系统
DFA　Design for Assembly　面向装配的设计
DFE　Design for Environment　面向环境的设计
DFL　Design for Logistics　面向后勤支持的设计
DFM　Design for Manufacturing　面向制造的设计
DFQ　Design for Quality　面向质量的设计
OFT　Design for TEST　面向测试的设计
DSM　Design Structure Matrix　设计结构矩阵
DVR　Distributed Virtual Reality　分布式虚拟现实
EDBS　Engineering Database System　工程数据库系统
FCFS　First Come First Serve　先到先服务
FDBS　Federal Database System　联邦数据库系统
FWFMS　Flexible Workflow Management System　柔性工作流管理系统

GT Group Technology 成组技术

HDBMS Hierarchical Database Management System 基于层次模型数据库管理系统

IDEF Integrated Computer Aided Manufacturing Definition 集成计算机辅助制造定义

IDS Integrated Data Store 集中数据库

IGES Initial Graphics Exchange Specification 初始图形交换规范

IPSS Industrial Product Service System 工业产品服务系统

JMF Java Multimedia Framework Java 多媒体框架

KDD Konwledge Discovery in Database 知识发现

LAN Local Area Network 局域网

LCA Life Cycle Assessment 生命周期分析

MAN Metropolitan Area Network 城域网

MAS Manufacturing Advisory Service 制造咨询服务

MBD Model Based Definition 基于模型的定义

MOBS Multimedia Database System 多媒体数据库系统

MES Manufacturing Executive Systsm 制造执行系统

MOM Message-Oriented Middleware 面向信息的中间件

MOSAIC-PM Machine Tool Open System Advanced Intelligent Controller for Precision Machining 面向精密加工的开放式数控结构的先进智能控制器

NVR Networked Virtual Reality 网络化虚拟现实

ODBC Open Database Connectivity 开放数据库互联

OODBS Object-Oriented Database System 面向对象数据库系统

OEM Original Equipment Manufacture 定点生产

OMA Object Management Architecture 对象管理体系结构

OMG Object Management Group 对象管理组织

OMG Object Management Group 对象管理组织机构

OMG IDL OMG Interface Definition Language OMG 接口定义语言

ORB Object Request Broker 对象请求代理

OSF Open Software Foundation 开放软件基金会

PDBMS Parallel Database Management System 并行数据库系统

PDC Product Design Chain 产品设计链

PSS Product Service System 产品服务系统

RAD Rapid Application Development 快速应用开发

RP Rapid Prototype 快速原型制造

RPC Remote Procedure Call 远程过程调用

SAPI Server Application Programming Interface 服务器应用编程接口

SAX Simple APIs for XML XML 简单应用程序接口

SCC Supply Chain Council 供应链协会

SSPoMM Server Site Post-Modified Model 服务器端修改后的模型

SSPrMM Server Site Pre-Modified Model 服务器端修改前的模型

STEP STandard for the Exchange of Product model data 产品模型数据转换标准
SVG Scalable Vector Graphics 可缩放矢量图形
TP Monitor Transaction Processing Monitor 事务处理监视器
TPP Tool Path Planning 刀具路径规划
VR Virtual Reality 虚拟现实
WAN Wide Area Network 广域网
WDBS Web-based Database SystemWeb 数据库系统
WFMS Workflow Management System 工作流管理系统
XML eXtended Markup Language 可扩展标记语言
XVL eXtensible Virtual world description Language 可扩展虚拟世界描述语言

参 考 文 献

[1] UNEP. The role of product service systems in a sustainable society [EB/OL]. http: //www. unep. fr/scp/design/ pdf/pss-brochure-final. pdf, 2010-9-8.

[2] Meier H, Krug M. Managing the capacity of industrial product-service-systems [J]. PPS Management, 2006, 11: 48-51.

[3] Aurich J, Schweitzer E, Fuchs C. Life cycle management of industrial product-service systems [C]. Shozo Takata, Yasushi Umeda. Advances in life cycl engineering for sustainable manufacturing bussiness——Proceedings of the 14th CIRP Conference on Life Cycle Engineering. London: Springer-Verlag, 2007: 171-176.

[4] Evans S, Partidario P, Lambert J. Industrialization as a key element of sustainable product-service solutions [J]. International Journal of Production Research. 2007, 45 (18-19): 4225-4246.

[5] Baines T, Lightfoot H, Evans S, et al. State-of-the-art in product-service systems [J]. Proceedings of the Institution of Mechanical Engineers Part B: Journal of Engineering Manufacture, 2007, 221 (10): 1543-1552.

[6] Xun Xu, Andrew Y C Nee. Advanced Design and Manufacturing Based on STEP [M]. London: Springer-Verlag, 2009.

[7] Menon J, Regli W. Special Issue: Network-Centric CAD [J]. Computer-Aided Design, 1998, 30 (6): 409.

[8] 唐荣锡，席平，宁涛. 协同设计特征造型软件发展概况 [J]. 计算机辅助设计与图形学学报，2003，15 (1): 15-20.

[9] Wang F, Wright P K. Web-based CAD Tools for a Networked Manufacturing Service [A]. In: Proceedings of DETC'98 ASME Design Engineering Technical Conferences [C], Atlanta, Georgia, USA, September 1998.

[10] 叶修梓，彭维，何利力. 从工业界的角度看 CAD 技术的研究主题与发展方向 [J]. 计算机辅助设计与图形学学报，2003，15 (10): 1194-1199.

[11] 曾建超，俞志和，等. 虚拟现实的技术及其应用 [M]. 北京：清华大学出版社，1996.

[12] 郭达伟. 分布式虚拟现实研究 [D]，西安：西北工业大学，2000.

[13] 熊光楞，郭斌，陈晓波，等. 协同仿真与虚拟样机技术 [M]. 北京：清华大学出版社，2004.

[14] Stork A, Jasnoch U. A Collaborative Engineering Environment [J], Proceedings TeamCAD: GVU/NIST Workshop on Collaborative Design, Atlanta, GA, 1997: 25-33.

[15] Wendenburg M. Collaborative Engineering, Technical Whitepaper, CoCreate Software GmbH [EB/OL], 2000. http: //www. cocreate. com/onespace/.

[16] 刘侃. 基于网络化的快速成型制造技术研究 [D]. 大连：大连理工大学，2000.

[17] 刘宏增，黄靖远. 虚拟设计 [M]. 北京：机械工业出版社，1999.

[18] 熊光楞. 并行工程的理论与实践 [M]. 北京：清华大学出版社，2001.

[19] 彭毅，吴祚宝. 并行工程产品开发过程的建模方法学 [J]. 系统仿真学报，1996，8 (3): 14-18.

[20] Kusiak A, Yang H H. Modeling the Design Process with Petri Nets [J]. Concurrent Engineering Contemporary Issues and Modern Design Tools, 1993: 447-464.

[21] Christoph Von Uthmann. Improving the Use of Petri Nets for Business Process Modeling [EB/OL]. http: //www. wi. uni-muenster. de/is/mitarbeiter/ischut/PN-BPM. pdf, 2010-9-20.

[22] 李伟刚. 复杂产品协同开发支撑环境的关键技术研究 [D]. 西安：西北工业大学，2002.

[23] Mohan C. Recent Trends in Workflow Management Products, Standards and Research [C]. Proc. NATO Ad-

vanced Study Institute (ASI) on Workflow Management Systems and Interoperability, Istanbul, August 1997. http://www.almaden.ibm.com/u/mohan.

[24] Camarinha-Matos L M, Afsarmanesh H, Osorio A L. Flexibility and Safety in a Web-based Infrastructure for Virtual Enterprises [J]. International Journal of Computer Integrated Manufacturing, 2001, 14 (1): 66-82.

[25] 王健. 虚拟企业产品信息共享关键技术研究 [D]. 西安: 西北工业大学, 2000.

[26] Lee J Y, Kim H, Han S B, etal. Network-centric feature-based modeling [A]. In: Proceedings of Pacific Graphics' 99 [C], IEEE Computer Society, Seoul, Korea, 1999: 280-289.

[27] 周勋, 李洁, 何发智, 高曙明. 基于 Web 的同步协同实体建模系统 [J]. 计算机集成制造系统——CIMS, 2003, 9 (11): 960-965.

[28] 张军波. 基于 Web 的分布式协同 CAD 系统关键技术研究 [D]. 西安: 西北工业大学, 2004.

[29] Akira Wakita, Makoto Yajima, Tsuyoshi Harada, et al. XVL: A Compact And Qualified 3D Representation With Lattice Mesh and Surface for the Internet [A]. In: Proceedings of ACM Web3D-VRML2000 Conference [C], Monterey, California, 2000.

[30] D Luebke. A Survey of Polygonal Simplification Algorithms [R/OL]. UNC Technical report TR97-045, December 1997. http://www.cs.virginia.edu/~luebke/publications.

[31] M Deering. Geometric compression [A]. In: Proceedings of SIGGRAPH [C]. ACM SIGGRAPH, August 1995: 13-20.

[32] Di Wu, Swati Bhargava, Radha Sarma. Solid Model Streaming as a Basis for a Distributed Design Environment [A]. In: Proceedings of DETC 2000 ASME Design Engineering Technical Conferences [CD], Baltimore, Maryland, 2000. DETC2000/DAC-14250.

[33] 张必强, 刑渊, 阮雪榆. 分布式同步协同设计中基于三角网格模型的实时传输 [J]. 中国机械工程, 2003, 14 (4): 304-308.

[34] H Hoppe. Progressive meshes [A]. In: Proceedings of SIGGRAPH [C]. ACM SIGGRAPH, August 1996: 99-108.

[35] Di Wu, Radha Sarma. Dynamic Segmentation and Incremental Editing of Boundary Representations in a Collaborative Design Environment [A]. In: Proceedings of the sixth ACM symposium on Solid modeling and applications [C], Ann Arbor, Michigan, United States, 2001: 289-300.

[36] Jie Li, Shuming Gao, Xun Zhou. Direct Incremental Transmission of Boundary Representation [A]. In: Proceedings of ACM Solid Modeling' 03 Conference [C]. New York: ACM Press, 2003: 203-298.

[37] 彭维, 莫蓉, 张铁昌. 以网络为中心的协同特征造型 [J]. 计算机辅助设计与图形学学报, 2001 (7): 647-654.

[38] Prateek Mishra, Amitabh Varshney, Arie Kaufman. CollabCAD: A Toolkit for Integrated Synchronous and Asynchronous Sharing of CAD Applications [A]. In: Proceedings of the TeamCAD' 97 [C], Atlanta, GA, 1997: 131-137.

[39] 彭维, 莫蓉, 李波. Internet 环境三维流式传输算法研究 [J]. 小型微型计算机系统, 2001, 22 (8): 924-928.

[40] 彭维. 网络化协同 CAD 系统的关键技术研究 [D]. 西安: 西北工业大学, 2001.

[41] 张毅澜. 面向装配模型的协同浏览、批注、查询技术研究 [D]. 西安: 西北工业大学, 2004.

[42] 朱剑飞. 网络环境下三维模型的协同浏览、查询和批注技术研究 [D]. 西安: 西北工业大学, 2003.

[43] 常智勇. 网络环境下产品协同开发关键技术研究 [D]. 西安: 西北工业大学, 2004.

[44] 罗晓沛. 数据库技术及其发展 [J]. 电子导报, 1999 (3): 2-5.

[45] 罗可. 数据库技术及其最新发展 [J]. 计算机工程与应用, 1999 (5): 78-81.

[46] 黄尧民. 机械 CAD [M]. 北京: 机械工业出版社, 1995.

[47] 董逸生，等．CIMS 中的数据库技术［M］. 北京：机械工业出版社，1997.

[48] 黄利平，彭继忠，许隆文．并行设计及其支持环境［J］. 计算机集成制造系统，2001，7（11）：39-44.

[49] 王宏典，张友良，曹健，等. CSCW 及其在先进制造技术中的应用研究［J］. 机械科学与技术，1998，17（4）：676-678.

[50] 赵松年，等．现代设计方法［M］. 北京：机械工业出版社，1996.

[51] 李靖谊．计算机集成制造［M］. 北京：航空工业出版社，1996.

[52] 宁汝新，徐弘山．机械制造中的 CAD/CAM 技术［M］. 北京：北京理工大学出版社，1991.

[53] ANSYS 用户手册．美国 ANSYS 公司，1998.

[54] 冯绍军，陈禹六．过程集成的设计和实施框架［J］. 计算机集成制造系统，2001，7（5）：1-5.

[55] 徐文胜，熊光楞，钟佩思．并行工程冲突管理总论［J］. 计算机集成制造系统，2001，7（1）：2-6.

[56] 徐文胜，常天庆，张新访，等．并行工程基于实例的冲突解决的研究［J］. 中国机械工程，1999，10（4）：384-387.

[57] 邹慧君，汪利，王石刚，等．机械产品概念设计及其方法综述［J］. 机械设计与研究，1998（2）：9-13.

[58] Wynne Hsu，Irene M Y Woon. Current research in the conceptual design of mechanical products［J］. Computer-Aided Design，1998，30（5）：377-389.

[59] 唐林，邹慧君．德国机械产品方案设计方法研究动态［J］. 机械设计，1999（8）：1-6.

[60] 唐林，邹慧君．机械产品方案的现代设计方法及发展趋势［J］. 机械科学与技术，2000，19（2）：192-196.

[61] 孙守迁，包恩伟，陈薪，等．计算机辅助概念设计研究现状和发展趋势［J］. 中国机械工程，1999，10（6）：697-702.

[62] 刘华峰，党岗，金士尧．X3D：新一代面向 Web 的交互式三维图形规范［J］. 系统仿真学报，2001，13（增刊）：199-203.

[63] 王映辉，王琼芳．虚拟现实可视化技术纵横谈［J］. 计算机应用研究，2002（5）：4-8.

[64] Web3D 的由来、现状和展望［OL］. http：//www. cnvrml. org/word/words/web3d. htm.

[65] 高嵩，阎童，聂义勇．协同工作支撑技术研究［J］. 小型微型计算机系统，2000，21（4）：413-415.

[66] 童秉枢，等．现代 CAD 技术［M］. 北京：清华大学出版社，2000.

[67] 陈晓川，刘晓冰，冯辛安．面向成本的设计中的成本构成及其估算框架的研究［J］. 中国机械工程，2001，12（5）：510-515.

[68] 曾庆良，万丽荣，熊光楞，方佳雨．面向装配、制造与成本的产品设计［J］. 煤炭学报，2000，25（6）：636-640.

[69] 管强，刘继红，钟毅芳，等．面向产品再设计的装配性评价体系研究［J］. 中国机械工程，2002，13（2）：111-115.

[70] 程炜，杨宗凯，乐春晖．基于 Web Service 的一种分布式体系结构［J］. 计算机应用研究，2002（3）：105-108.

[71] DFX——面向产品生命周期的设计［OL］. http：//www. cims. edu. cn/MonographicTech/modemplantech/ DFX/index. htm.

[72] DFM 技术背景［OL］. http：//www. cims. edu. cn/MonographicTech/modemplantech/DFX/dfm _ jishu21. htm.

[73] 产品装配建模［OL］. http：//www. cims. edu. cn/MonographicTech/modemplantech/DFX/dfa _ jinamo32. htm.

[74] DFX 方法的主要步骤［OL］. http：//www. cims. edu. cn/MonographicTech/modemplantech/DFX/DFX_

buzhou5. htm.

[75] 其他 DFX 技术，http：//www. cims. edu. cn/MonographicTech/modemplantech/DFx/qita_ DFx4. htm.

[76] 张树友，谭建荣，陆国栋．可重用设计信息的产品设计与进化［J］．计算机集成制造系统，2000，6（3）：36-41.

[77] 谢友柏．知识服务——互联网上合作设计的基础［J］．中国机械工程，2002，13（4）：290-299.

[78] 顾新建，陈芨熙，杨志雄，祁国宁．网络化协同设计方法的研究［J］．中国机械工程，2002，13（6）：481-484.

[79] 王书庆，谭利彬．基于 Web 服务的桥梁设计资源管理系统［J］．同济大学学报，2001，29（1）：109-113.

[80] 苏宝华，祁国宁，顾新建，等．零件库的基本原理及其在产品设计中的应用［J］．工程设计，1998（4）：30-34.

[81] 迟毅林，杨建明，刘康．计算机辅助设计技术基础［M］．重庆：重庆大学出版社，2000.

[82] 赵良才．计算机辅助工艺设计——CAPP 系统设计［M］．北京：机械工业出版社，1999.

[83] 机电一体化技术手册编委会．机电一体化技术手册：第 1 卷下册［M］．2 版．北京：机械工业出版社，1999.

[84] 王贤坤，陈淑梅，陈亮．机械 CAD/CAM 技术、应用与开发［M］．北京：机械工业出版社，2002.

[85] 刘剑，苏静．基于 Web 的企业级 CAPP 系统支持环境的信息建模［J］．机械制造，2001，39（12）：48-50.

[86] 宁汝新，赵汝嘉．CAD/CAM 技术［M］．北京：机械工业出版社，2001.

[87] 黄晓宇．计算机辅助制造［M］．北京：机械工业出版社，2002.

[88] 赵汝嘉．计算机辅助工艺设计（CAPP）［M］．北京：机械工业出版社，1995.

[89] 白英彩，唐治文，余巍．计算机集成制造系统——CIMS 概论［M］．北京：清华大学出版社，1997.

[90] 黄远文，邵新宇，蔡力刚，等．基于 ASP 的 Web-CAPP 关键技术［J］．制造业自动化，2000，22（8）：38-41.

[91] 黄翔，葛友华，曾荣，等．基于 Web 的智能 CAPP 系统的研究［J］．中国机械工程，2002，13（10）：867-872.

[92] 吴伯杰，覃建周，郝康平．网络化 CAPP 系统的设计研究［J］．机械制造，2002，40（6）：21-23.

[93] 颜永年．先进制造技术［M］．北京：化学工业出版社，2002.

[94] 江平宇．电子制造系统的实现方法与应用［J］．计算机集成制造系统，2003，9（4）：253-259.

[95] 余忠华，吴昭同．面向小批量制造过程的质量控制方法研究［J］．机械工程学报，2001，37（8）：60-64.

[96] M A Barrientos，J E Vargas. A framework for the analysis of dynamic processes based on Bayesian networks and case-based reasoning［J］. Expert Systems with Applications，1998（15）：287-294.

[97] Escobar D Michael. Nonparametric Bayesian methods in hierarchical models［J］. Journal of Statistical Planning and Inference，1995（43）：97-106.

[98] 张孝令，刘福升，张承进，等．贝叶斯动态模型及其预测［M］．济南：山东科学技术出版社，1992.

[99] 迟永琳，明良玉，吴祖育，蔡建国．基于 Windows NT 和 Linux 的开放式数控系统［J］．上海交通大学学报，2003，37（1）：44-46，53.

[100] 裴葆青，陈五一，吴淑琴．基于运动控制器的开放式数控系统研究应用［J］．组合机床与自动化加工技术，2003（2）：41-43.

[101] 刘日良，张承瑞，王恒．基于 STEP-NC 的数控编程概要［J］．机电一体化，2002（5）：19-22.

[102] 陈凯云，叶佩青，王劲松．基于 STEP-NC 数控系统的研究［J］．中国机械工程，2003 14（9）：721-723.

[103] 陈昌文，席华荣，童劲松．最新 DNC 软件功能分析［J］．机械工程师，2000（1）：25-28.

[104] 饶运清，李培根，李淑霞，等．制造执行系统的现状与发展趋势［J］．机械科学与技术，2002，21（6）：1011-1016.

[105] 宋海生，王家海，张曙．网络联盟企业中基于 Web 的制造执行系统［J］．制造业自动化，2001，23（2）：20-23.

[106] 宋海生．面向敏捷制造的制造执行系统研究［J］．河北科技大学学报，2002，23（3）：35-39.

[107] 于海斌，朱云龙．可集成的制造执行系统［J］．计算机集成制造系统，2000，6（6）：1-6.

[108] 江平宇．基于 ASP 理念的 Web 工艺设计系统的研究［J］．制造业自动化，2001（2）：24-28.

[109] 张志英，唐承统，张建民，等．基于多代理的制造执行系统的研究［J］．组合机床与自动化加工技术，2002（7）：20-23.

[110] 胡素云，王应德．基于成组加工单元的初级柔性制造车间［J］．中南工学院学报，1999，13（3）：48-51.

[111] 刘志存．计算机辅助成组生产单元设计［J］．河北理工学院学报，1999，21（4）：51-57.

[112] 杨东勇，蒋静坪．新一代智能数控的研究现状与发展［J］．组合机床与自动化加工技术，2001（7）：51-55.

[113] 王文，王威，戴晓华，陈子辰．基于 COM 标准的可重构数控系统研究［J］．计算机辅助设计与图形学学报，2001，13（8）：718-723.

[114] Pingyu Jiang, Yingfeng Zhang. Visualized Part Manufacturing via an Online e-Service Platform on Web［J］. Int. Journal of Concurrent Engineering: Researches and Application, 2002, 10（4）：268-278.

[115] Pingyu Jiang, Shuichi Fukuda, Stephen A Raper. TeleDM: An Internet Web e-Service Testbed for Fast Product Design Supported by Prototype Manufacturing［J］. Transactions of the ASME: Journal of Computing and Information Science in Engineering, 2002, 2（2）：125-131.

[116] Pingyu Jiang, Shuichi Fukuda. Internet service and maintenance for RP-oriented tele-manufacturing［J］. International Journal of Concurrent Engineering: Research and Applications, 1999, 7（3）：179-189.

[117] Pingyu Jiang, Shuichi Fukuda, Jin Huang. Object Slicing as a Basis for Determining the Submitted Site and Simulating RP-Manufacturing Process on Internet［C］. Proceedings of 3rd Internatinoal Workshop on CSCW in Design, Tokyo, Japan, July 15-18, 1998: 327-332.

[118] Pingyu Jiang, Shuichi Fukuda. An Infrastructure for Closed Loop Product Development Using Rapid Prototyping［C］. Proceedings of 1998 Japan-USA Symposium on Flexible Automation, Otsu, Japan, July 12-15, 1998, Volume 1: 339-346.

[119] 黄进，江平宇，等．基于 Internet/Web 的快速成型远程制造服务系统［J］．上海交通大学学报，2000，34（3）：433-436.

[120] Pingyu Jiang, Shuichi Fukuda. Modeling and Scheduling the Concurrent Part Design Process Chain on Internet［C］. Proceedings of International Conference on Advanced Manufacturing Technology, Xi'an, China, June 16-18, 1999: 722-726.

[121] Pingyu Jiang, Shuichi Fukuda. An Internet-based Infrastructure to Service and Maintain RP-oriented Telemanufacturing［C］. The 75th JSME Spring Annual Meeting, in Tokyo Institute of Technology, Tokyo, April 2-4, 1998: 475-476.

[122] Pingyu Jiang, Shuichi Fukuda. Implementing a Testbed for Distributive Design and RP-driven Manufacturing over the Internet［C］. International Conference on Information Technology Integration for Manufacturing, Bangalore, India, Dec. 28-30, 1998.

[123] 苏建宁，江平宇，朱斌，李鹤岐．感性工学及其在产品设计中的应用研究［J］．西安交通大学学报，2003（11）：60-63.

[124] 朱斌，江平宇．一种基于感性工程的产品平台参数的识别方法研究［J］．机械工程学报，2004(2)：87-91.

[125] 周光辉．面向网络化制造 e-Service 平台的制造链建模和调度研究［D］．西安：西安交通大学，2003.

[126] 江平宇．制造业的明天：Internet 能为我们做什么？［EB/OL］．http：//globalPIE. xjtu. edu. cn：8080/demo. html，2000-06.

《网络化计算机辅助设计与制造技术》

第 2 版

江平宇　主编

读者信息反馈表

尊敬的老师：

您好！感谢您多年来对机械工业出版社的支持和厚爱！为了进一步提高我社教材的出版质量，更好地为我国高等教育发展服务，欢迎您对我社的教材多提宝贵意见和建议。另外，如果您在教学中选用了本书，欢迎您对本书提出修改建议和意见。

机械工业出版社教材服务网网址：http：//www. cmpedu. com

一、基本信息

姓名：______　性别：______　职称：______　职务：__________________

邮编：______　地址：____

任教课程：______________　电话：____-______（H）____________（O）

电子邮件：__________________________________　手机：______________

二、您对本书的意见和建议

（欢迎您指出本书的疏误之处）

三、您对我们的其他意见和建议

请与我们联系：

100037　机械工业出版社·高等教育分社　刘小慧　收

Tel：010-88379712，88379715，68994030（Fax）

E-mail：lxh9592@126. com

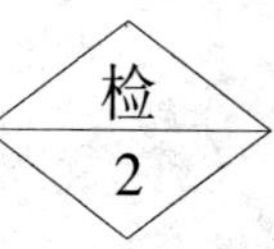
检
2